鄂尔多斯盆地西缘麻黄山探区延安组碎屑岩储层测井评价

ORDOS PENDI XIYUAN MAHUANGSHAN TANQU
YAN'ANZU SUIXIEYAN CHUCENG CEJING PINGJIA

赵永刚　李功强　骆　淼　常文会　著

内容提要

麻黄山探区位于鄂尔多斯盆地西缘，勘探井在麻黄山探区延安组陆续发现工业油气流，证明除了延长组，延安组可能也是有巨大潜力的油气储层。本书综合地质、钻井、录井、测井等资料，对麻黄山探区延安组储层的测井评价方法进行了研究与应用。主要内容包括：①麻黄山探区延安组砂岩储层的小层划分与对比以及各小层的分布特点；②储层的孔渗特性、岩性与电性特征分析；③低电阻率储层的成因；④泥浆侵入的影响与校正方法；⑤延安组储层参数测井计算方法与流体识别技术。

本书可供从事测井地层评价、油气藏勘探与开发等方向的科研人员和高校师生阅读。

图书在版编目(CIP)数据

鄂尔多斯盆地西缘麻黄山探区延安组碎屑岩储层测井评价/赵永刚等著．—武汉：中国地质大学出版社，2021.4

ISBN 978-7-5625-5001-3

Ⅰ.①鄂…
Ⅱ.①赵…
Ⅲ.①鄂尔多斯盆地-碎屑岩-储集层-油气测井-评价
Ⅳ.①P631.8

中国版本图书馆CIP数据核字(2021)第062712号

鄂尔多斯盆地西缘麻黄山探区延安组碎屑岩储层测井评价　　赵永刚　李功强　骆　森　常文会　著

责任编辑：周　豪　　选题策划：周　豪　叶友志　　责任校对：徐蕾蕾

出版发行：中国地质大学出版社(武汉市洪山区鲁磨路388号)　　邮政编码：430074
电　　话：(027)67883511　　传　　真：(027)67883580　　E-mail：cbb@cug.edu.cn
经　　销：全国新华书店　　http://cugp.cug.edu.cn

开本：880毫米×1230毫米　1/16　　字数：460千字　　印张：14.5
版次：2021年4月第1版　　印次：2021年4月第1次印刷
印刷：武汉中远印务有限公司

ISBN 978-7-5625-5001-3　　定价：98.00元

前 言

麻黄山探区位于鄂尔多斯盆地西缘，地跨宁夏回族自治区盐池县和甘肃省环县，主体部分位于宁夏回族自治区盐池县。探区东西宽约19.3km，南北长约46.4km，面积约848.55km²。探区内分布摆宴井油田和环池油田，周边分布有大水坑油田和红井子油田。

麻黄山探区延长组为一套河湖相沉积，地层厚度普遍在800～1000m之间。到晚三叠世末，受西南印度洋板块碰撞挤压，盆地西南部、西部开始抬升，形成延长组顶部侵蚀地貌和从西向东的侵蚀古河道，但并未形成断裂。由此可见，在晚三叠世，西缘断褶带还没有开始形成，只是沉积面貌带有古生界构造格架的印记，随后接受了印支运动的改造。早侏罗世延安期初期构造运动平静，开始接受沉积，前期形成的侵蚀古河道开始填平补齐，至延安期中期基本填平，前期形成的古高地逐渐变为南北向隆洼相间的沉积区带。延安期末期，受燕山运动的影响，整体抬升，延安组顶部地层受到不同程度的剥蚀，但此时西缘断褶带仍未形成。因此，延安组与下伏延长组、上覆直罗组均为不整合接触。延安组的厚度横向上变化较大(280～380m)。根据延安组油气层旋回组合，将延安组自上而下划分为10个油层组，即延1—延10。

延长组砂岩一直是鄂尔多斯盆地中南部的主要石油产层，备受重视，文献中有大量报道，而延安组砂体规模相对较小，所以一直不受重视，相关研究和报道也比较少。本书则以延安组砂岩为重点研究对象，对其储层特性和测井评价方法进行了系统研究。

全书一共分九章。第一章为区域地质概况，介绍了研究区域的地理位置、构造特征、地层分布与含油气层分布。第二章为测井曲线质量控制及标准化，介绍了测井曲线的环境校正和标准化。第三章为延安组小层划分对比，介绍了小层划分对比的原则、模式和步骤，以及在研究区对延安组小层的划分结果。第四章为储层“四性”关系研究，介绍了研究区延安组砂岩储层的岩性、物性、电性与含油性之间的关系，对延安组砂岩进行了细分类(粗砂、中砂、细砂、粉砂)。第五章为低阻油层成因分析，介绍了低电阻率油层的形成原因，并对研究区内低阻油层的成因进行了分析。第六章为泥浆侵入校正方法研究，介绍了泥浆侵入作用对测井曲线与测井解释的干扰，然后根据数值模拟方法定量分析了泥浆侵入作用对地层电阻率的影响，提出了一种校正电阻率曲线的方法。第七章为储层参数计算方法研究，介绍了针对麻黄山地区延安组砂岩储层的测井解释方法和模型，包括模型的构建方法、选择以及适用范围。第八章为流体性质识别方法研究，介绍了测井解释中常用的流体识别方法，对比了各种方法的优劣，在研究区分井区、分层段建立了油水层的识别标准，并探索了油水层计算机自动识别方法。第九章为结论与建议。

由于笔者知识水平有限，加之时间仓促，书中难免存在一些错误与不足，敬请广大读者批评指正！

笔 者

2020年12月

目　录

区域地质概况

第一节 地理位置

鄂尔多斯盆地是我国大型沉积盆地之一，总面积 $25\times10^4km^2$，是我国第二大含油气盆地。盆地周边断续被山系包围，山脉海拔一般在2000m左右。东以吕梁山，南以金华山、峨眉山、五峰山、岐山，西以桌子山、牛首山、罗山，北以黄河断裂为界，轮廓呈矩形。盆地内部海拔相对较低，一般在800～1700m之间。盆地跨陕、甘、宁、蒙和晋五省(自治区)，是一个古生代地台及台缘坳陷与中新生代台内坳陷叠合的克拉通盆地。

麻黄山探区位于鄂尔多斯盆地西缘，地跨宁夏回族自治区盐池县和甘肃省环县，主体部分位于宁夏回族自治区盐池县(图1-1)。区块东西宽约19.3km，南北长约46.4km，面积约848.55km^2(不计摆宴井油田控制面积)。区块内分布摆宴井油田和环池油田，周边分布有大水坑油田和红井子油田。

区块南部为黄土高原区，北部(甜水堡以北)为沙漠或草原覆盖区。全区地势由南向北起伏多变，平均高差50m左右。海拔一般在1600～1700m之间。

区内气候属半干旱大陆性气候，年平均温度为9.8℃，春季多风，夏季干旱，秋季多雨，冬季寒冷，冰冻期达4个月以上。

第二节 构造特征

鄂尔多斯盆地为不对称的向斜盆地，向斜轴部位于天池-环县南北向狭窄区域，向斜东翼为西倾大单斜地层，地层倾角小于1°，构成了盆地的主体。根据盆地演化史和构造形态，盆地内部可以划分为5个一级构造单元：伊盟北部隆起、渭北隆起、晋西挠褶带、天环坳陷和伊陕斜坡(图1-1)。

麻黄山延长组为一套河湖相沉积，地层厚度普遍在800～1000m之间。到晚三叠世末，受西南印度洋板块碰撞挤压，盆地西南部、西部开始抬升，形成延长组顶部侵蚀地貌和从西向东的侵蚀古河道，但断裂并未形成。由此可见，在晚三叠世，西缘断褶带还没有开始形成，只是沉积面貌带有古

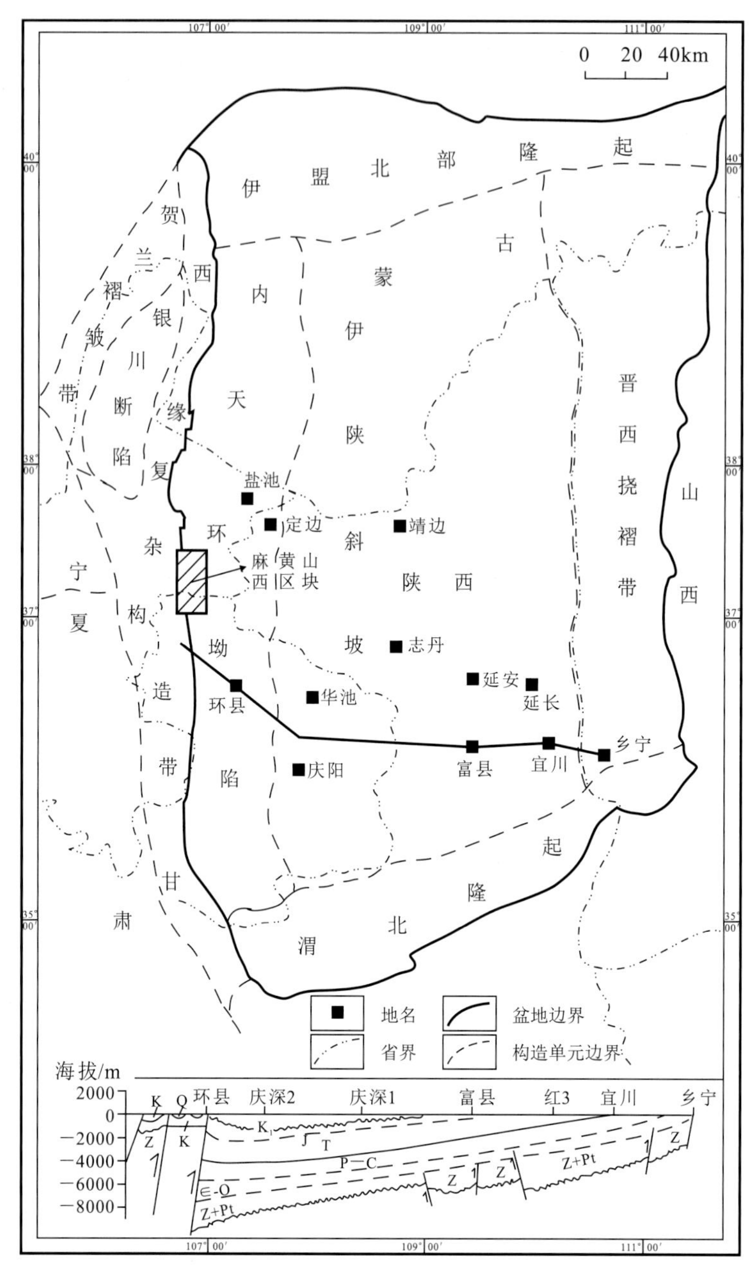

图 1-1 鄂尔多斯盆地区域构造单元划分图

生界构造格架的印记，随后接受了印支运动的改造。

早侏罗世延安期初期构造运动平静，开始接受沉积，前期形成的侵蚀古河道开始填平补齐，至延安期中期基本填平，前期形成的古高地逐渐变为南北向隆洼相间的沉积区带。延安期末期，受燕山运动的影响，整体抬升，延安期顶部地层受到不同程度的剥蚀，但此时西缘断褶带仍未形成。

中侏罗世直罗期马家滩-摆宴井坳陷区向东扩展至天池—麻黄山一线，之前隆洼相间的沉积格局被打破，西部李庄子—摆宴井为沉降区，接受沉积，沉积厚度 400～550m，往东沉积厚度逐渐变薄。这种沉积特征反映出区域构造应力场的变化，即燕山期受南北向左旋剪切作用的影响，区域构造开始由西高东低逐渐转为东高西低，但西缘断褶带仍未形成。

中侏罗世安定期西缘逆冲推覆构造开始活动，由西向东逆冲，在其前缘和前缘外带，形成隆洼相间的沉积格局。在马家滩-马儿庄、安定堡、麻黄山-马家山等地区，地层厚度均小于150m，说明当时这些地区均接受了沉积，只是马家滩-马儿庄条带较窄，厚度变化的趋势快一些，而其他两处厚度变化平缓一些，反映了构造运动是在沉积后（或者沉积后期）才开始加剧的。

白垩纪是西缘逆冲推覆构造活动的鼎盛时期，马家滩-摆宴井坳陷区以西地层变薄，直至缺失，其缺失线与摆宴井断裂的位置基本相同，而在其东侧，以天池—红井子—麻黄山为沉积沉降中心，沉积厚度大于1000m，北窄南宽（形成原因推测与断层的特征和断距的大小有关：北部逆冲断层与南部断层相比断距较小，有石炭系—二叠系的煤系地层作为明显的滑脱面，而南部断距较大，为断至基底的深大断裂，推覆不明显。这种现象可能与古生代中央古隆起的展布有着某种联系），往东到盐池地区，地层减薄，整体面貌与构造一致。西缘构造带开始形成，在断层前沿形成前缘凹陷，往东逐步抬升，表现为西倾单斜地层。

古近纪、新近纪受喜马拉雅运动的右旋剪切拉张影响，周边开始断陷，盆地边部解体，接受沉积，呈现当今构造面貌。

由此推断西缘断褶带主要形成于燕山运动Ⅱ—Ⅲ幕，即晚侏罗世—早白垩世时期。

麻黄山探区西部位于推覆体前缘带，它是在逆冲推覆作用影响下形成的构造带，由后冲带和前缘三角地带组成。前缘外带位于前缘带的外侧，是逆冲作用波及的地区，岩层变形比较轻微，在工作区内主要由“两凹两凸”组成（图1-2）。

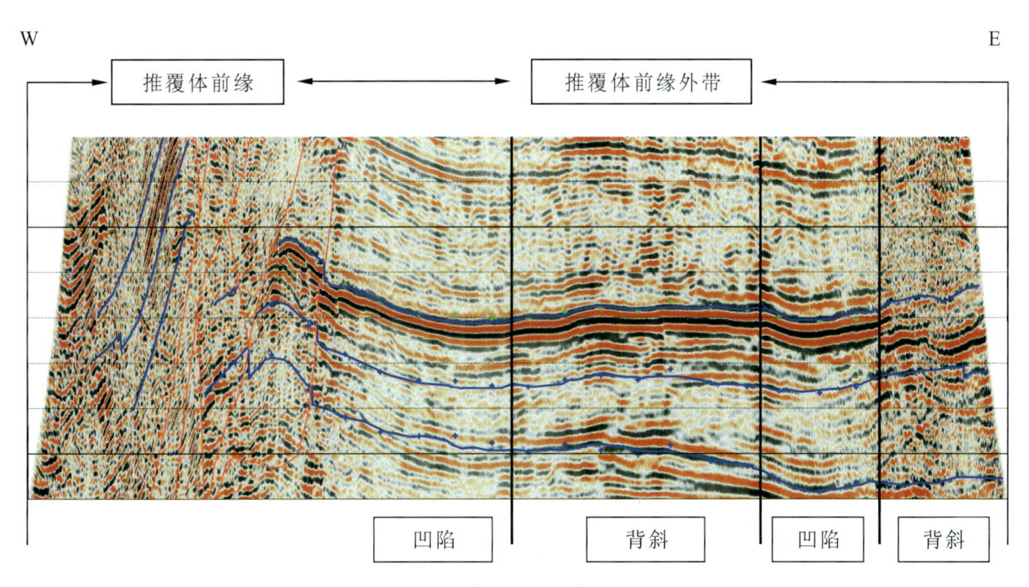

图1-2　麻黄山探区构造剖面图

麻黄山探区处于鄂尔多斯盆地西缘冲断带中段，向东与天环向斜中段衔接过渡。燕山运动中期，该区受到强烈的挤压与剪切，形成了向东逆冲并向东逐渐变缓抬升的基本面貌。由于遭受过强烈的挤压与剪切作用，区内近南北向断裂与各类背斜和断鼻构造发育，并成排成带分布，对油气的储集十分有利。在平面上，断裂由4条近平行的燕山期形变中的逆掩断层组成，呈明显的弯曲转折延伸，被分割成次级断块。在剖面上，整个断裂带可以看成是一个复背斜的一部分，其基底平均高于东侧鄂尔多斯地块1000～2000m，但并没有一个断距相当大的明显边界断层。以摆宴井断裂（F_4断层）为界，研究区西部侏罗系以逆冲推覆为主，地层倾角大，断层发育，地层复杂，东部侏罗系较平缓，断层较少。

至今已在研究区附近发现了10多个油田，除马家滩为三叠系油藏外，其余均为侏罗系油藏。鉴于麻黄山探区的构造特点，全区油藏类型主要为断裂所控制，西部断背斜、断鼻油藏发育，局部可见低幅度背斜油藏。而在东部，则以岩性油气藏为主。

第三节　地层特征

根据前人研究成果和钻井揭示，鄂尔多斯盆地自中元古界至第四系沉积岩累计厚度达5000～8000m（杨俊杰，2002）。工作区内从中生界上三叠统至第四系自下而上发育的地层有上三叠统延长组、中侏罗统直罗组和安定组、下侏罗统延安组、下白垩统志丹群、新生界古近系和第四系。地层发育较连续且齐全，揭示该套地层井深约3000m（表1-1，图1-3）。上三叠统延长组和下侏罗统延安组为本区主要勘探目的层系。

上三叠统延长组是鄂尔多斯盆地勘探的主要目的层之一，也是盆地中最早从其中获得油气田的地层，主要为一套由在半干旱气候条件下广泛分布的、冲积平原河流相的红色和灰绿色砂泥岩沉积，过渡为以黑色、灰色湖相泥页岩为主的沉积，中夹油页岩和透镜状细—粉砂岩，顶部为平原河湖相灰色、灰绿色和杂色的砂泥岩沉积。本区延长组埋深2600～2800m，总厚度715m。由于本区揭示该组地层的钻井中，南部区块MC2井及MC3井钻达延长组长8油层组以上地层，北部区块宁东2井、3井、4井钻达延长组长7油层组，宁东5井钻达延长组长8油层组，依据其岩性、旋回性及含油性将延长组地层由下到上划分为5段，并进一步细分为10个油层组。本区缺失延长组第五段长1油层组和第四段长2油层组。

下侏罗统延安组地层埋深2000～2400m，厚度270～380m，除延安组延1油层组为剥蚀残留厚度，局部地区完全缺失，其余油层组发育完整，总体上为一套以河流-沼泽相为主的含煤、含油地层组合，岩性由浅灰色、灰白色中细砂岩、细砂岩与灰黑色、深灰色泥质岩夹煤层等厚互层组成，含丰富的动植物化石。砂岩一般具有明显的正粒序特征，厚度一般在几米到十余米之间，局部厚度可达30余米；煤层一般发育于沉积旋回的上顶部，厚度0.5～8m不等，分布广泛、稳定，煤层的电性特征较为典型，低伽马、低密度、高电阻、高时差、高中子的特点易于识别，是区内层组划分对比的重要标志之一。自然电位曲线在第三段及以上地层，在砂质岩比较发育时，箱状负异常明显，而在泥质岩比较发育时则显示明显偏正。延安组与上覆地层易于区分，而与下伏地层则较难区分，主要是因为延10油层组岩性变化及下伏延长组顶部保留地层的层位不确定。

表 1-1 麻黄山探区地层简表

地层					井深/m	厚度/m	岩性简述
系	统	群/组	段				
第四系					30	30	黄土层，底部有砂砾石
古近系					254	254	棕红色、蓝灰色泥岩与棕红色砂质砾岩、中砂岩互层夹石膏层
白垩系	下统	志丹群			1437	1183	上部为棕红色、棕紫色、棕灰色砂质砾岩，含砾砂岩，夹棕红色、棕灰色泥岩；中、下部为棕红色、棕灰色、灰白色细砂岩、粉砂岩、中砂岩与棕红色、棕灰色泥岩不等厚互层
侏罗系	中统	安定组			1552	115	棕红色、棕褐色、深灰色泥岩与浅灰色细砂岩、粉砂岩不等厚互层
		直罗组			2222	670	深灰色、棕褐色、灰色泥岩与浅灰色、灰白色细砂岩、粉砂岩、中砂岩互层；下部为灰白色含砾砂岩
	下统	延安组	四段	延 1(Y1)	2245	23	灰白色细砂岩夹灰黑色碳质泥岩、深灰绿色泥岩，顶部见煤层
				延 2(Y2)	2298	53	灰褐色、灰绿色粉—细砂岩、泥岩、页岩互层，顶部有厚煤层
				延 3(Y3)	2346	48	灰白色细、粉砂岩夹煤层及黑色碳质泥岩
			三段	延 4+5(Y4+5)	2426	80	上部为灰色、灰黑色页岩，夹灰色、灰白色粉砂岩，下部岩性变粗为灰白色细砂岩，夹灰色、灰黑色粉砂质泥岩、泥岩及页岩，夹煤层
			二段	延 6(Y6)	2462	36	灰黑色、灰色泥岩与浅灰色细砂岩互层，夹煤层
				延 7(Y7)	2507	45	灰黑色泥岩与浅灰色细岩、粉砂岩互层，夹煤层
				延 8(Y8)	2537	30	灰黑色泥岩夹浅灰色细岩，夹煤层
			一段	延 9(Y9)	2569	32	灰黑色、灰色泥岩与浅灰色细砂岩不等厚互层，夹煤层
				延 10(Y10)	2580	11	浅灰色中砂岩夹灰黑色泥岩，顶部煤层，砂岩含油
三叠系	上统	延长组	四段	长 3	2651	72	灰白色、灰绿色、黄绿色中—细粒巨厚—块状砂岩夹长石砂岩，夹灰黑色、蓝灰色粉砂质泥岩及煤线
			三段	长 4+5	2808	157	深灰色泥岩、砂质泥岩及粉砂质泥岩夹灰色、灰白色细砂岩及薄煤层
				长 6	2923	115	浅灰色块状细—中砂岩夹深灰色泥岩、泥页岩。区块西南部为巨厚块状砂岩
				长 7	2968	45	黑色页岩夹浅灰色砂岩、黑色砂质泥岩及劣质煤层
			二段	长 8	3036	68	浅灰色、蓝灰色块状细砂岩、含中粒细砂岩夹深灰色砂质泥岩、页岩及劣质煤层。
				长 9	3143	107	上部为深灰色、灰黑色泥岩页岩、泥质粉砂岩夹浅蓝灰色、蓝灰色薄层粉细砂岩；下部为浅灰色、灰绿色块状、厚层状细砂岩
			一段	长 10	3258	115	灰绿色、绿灰色、灰色块状、厚层状细、中砂岩夹绿灰色、灰黑色砂质泥岩及粉砂岩
	中统	纸坊组				25（未见底）	深灰色、灰黑色砂质泥岩夹灰色细砂岩

地层				油层组	厚度/m	深度/m	剖面	地层及含油性综述	备注
系	统	群/组	段						
第四系					30			黄土层，底部有砂砾石	
古近系					223.5	400		棕红色、蓝灰色泥岩与棕红色砂质砾岩、中砂岩互层夹石膏层	
白垩系	下统	志丹群			1 183.5	800 1200		上部为棕红色、棕紫色、棕灰色砂质砾岩，含砾砂岩，夹棕红色、棕灰色泥岩；中、下部为棕红色、棕灰色、灰白色细砂岩、粉砂岩、中砂岩与棕红色、棕灰色泥岩不等厚互层	地层剖面以MC2井为主，井地层剖面等资料参考盐11MC2井
侏罗系	中统	安定组			115			棕红色、棕褐色、灰色泥岩与浅灰色、灰白色细砂岩、粉砂岩、中砂岩互层；下部为灰白色含砾砂岩	
		直罗组			670	1600 2000		深灰色、棕褐色、灰色泥岩与浅灰色、灰白色细砂岩、粉砂岩、中砂岩互层；下部为灰白色含砾砂岩	
	下统	延安组	四段	延1	23.5			灰色、深灰色泥岩与浅灰色细砂岩、中砂岩互层，夹煤层	
				延2	53	2300		灰色、灰黑色泥岩与浅灰色中砂岩互层，顶部有厚煤层 灰色泥岩夹浅灰色中砂岩、细砂岩及煤层	
				延3	48			浅灰色细砂岩、中砂岩与灰色泥岩互层，夹煤层	
			三段	延4+5	79.5	2400		灰色、灰黑色泥岩与浅灰色细砂岩、泥质细砂岩互层，夹煤层 灰黑色、灰色泥岩与浅灰色细砂岩互层，夹煤层	
			二段	延6	36			灰黑色泥岩与浅灰色细砂岩、粉砂岩互层，夹煤层	
				延7	45	2500		灰黑色泥岩夹浅灰色细砂岩，夹煤层	
				延8	30.5			灰黑色、灰色泥岩与浅灰色细砂岩不等厚互层，夹煤层	
			一段	延9	31.5			浅灰色中细砂岩与灰黑色泥岩及煤层间互，上部砂岩含油并获高产油流	
				延10	11			灰黑色、深灰色泥岩与浅灰色细砂岩互层，夹煤层。下部砂岩含油	
三叠系	上统	延长组	四段	长3	101	2600		深灰色、灰色泥岩与浅灰色细砂岩、粉砂岩互层	地层剖面用MC2井剖面资料建立
			三段	长4+5	165	2700 2800		深灰色、灰色泥岩、粉砂质泥岩与浅灰色粉砂岩、细砂岩不等厚互层	
				长6	81	2900		上部为深灰色、灰色泥岩、粉砂质泥岩夹灰色、浅灰色细砂岩；下部为浅灰色细砂岩夹深灰色、灰色泥岩。下部砂岩具油气显示，试油、试采见少量原油	
				长7	23			深灰色、灰色泥岩、粉砂质泥岩	

砂砾岩　含砾砂岩　粗砂岩　中砂岩　细砂岩　粉砂岩　泥质粉砂岩　粉砂质泥岩　泥岩　煤层　石膏层　含油层

图1-3　麻黄山探区地层综合柱状图

第四节 延安组含油气系统

海西运动使华北陆台解体，到晚三叠世早期，鄂尔多斯地区开始下拗，进入了湖盆发育阶段，沉积了一套湖相-三角洲相厚1000余米的碎屑岩建造，即闻名中外的上三叠统延长组含油层系。延长组根据沉积序列划分为5段，同时，根据油气层纵向分布规律自上而下将其划分为10个油层组，即长1—长10。晚三叠世末的印支运动使盆地整体抬升，形成侵蚀面古地貌；侏罗纪—白垩纪，沉积演化为充填式河流相-湖沼相-河流相，沉积岩厚约2200m(喻建等,2004)。

麻黄山探区下侏罗统延安组厚280～380m，为中生界第二套含油层系。延安组根据油气层上下旋回组合，自上而下划分为10个油层组，即延1—延10。

下侏罗统延安组的油源主要为三叠系延长组长7油层组，长7油层组主要生油岩厚度在60～80m之间，岩性主要为半深湖—深湖的湖相暗色泥岩，分布面积为$1.87\times10^4km^2$，有机碳含量为2%～5%，氯仿沥青“A”为0.3%～0.5%，烃含量为$(1833\sim3505)\times10^{-6}$(喻建等,2004)。

前人根据岩性变化、电性组合、沉积旋回、含油性及煤层发育特征，将延安组自下而上划分4个段，第一段延10、延9，第二段延8、延7、延6，第三段延5、延4，第四段延3、延2、延1，共10个油层组。各油层组多以煤层为顶，少数以泥页岩为顶。钻井剖面的对比表明，在麻黄山探区，延10、延9、延8、延6油层组为主要含油层位。区内延安组地层横向变化较稳定，组合特征明显，对比性强且易于识别和追踪。

根据含油气系统的基本概念，区内中生界共有3个含油气组合。

组合1:长7为烃源岩和盖层，储层为长8三角洲前缘水下分流河道砂岩，上生下储型。油气主要通过渗透层或断层进行运移。

组合2:长7为烃源岩，储层为长6三角洲前缘水下分流河道砂岩，下生上储型。油气主要通过渗透层或断层向上运移，盖层为长4+5的湖沼泥岩。

组合3:长7为烃源岩，储层为延8—延10的三角洲平原分流河道砂岩或辫状河道砂岩，下生上储型。油气的运移通道较复杂，可以通过断层或不整合面进行长距离的运移，也可以通过渗透层进行运移。区域盖层为延7的湖泛泥岩(图1-4)，圈闭类型主要有断块圈闭、岩性圈闭、背斜圈闭、断块-背斜圈闭，延安组成藏的关键是好砂体配合有效圈闭，且位于油气运移方向上。

延长组在不同层段都有三角洲沉积体发育，能否形成较大型的工业性油藏，一要看三角洲沉积体发育规模，二要看生、储、盖组合是否叠加发育和保存完整，三要看三角洲走向与油气区域运移方向是否一致。

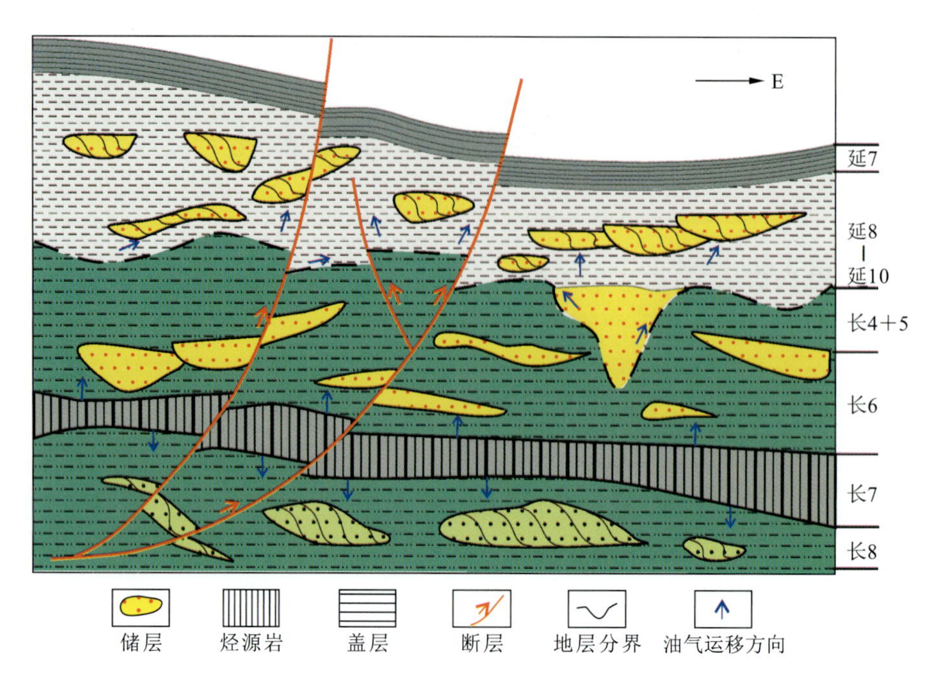

图 1-4 麻黄山探区延安组成藏模式图

测井曲线质量控制及标准化

测井曲线质量控制及标准化主要是针对各类测井数据进行整理、分析和严格检查，尽量排除非地质因素影响，确保基础资料的可靠性，使所用资料能够尽可能客观反映实际地质情况。

第一节　测井资料整理与编辑

一、测井系列与内容

麻黄山探区测井数据主要采用 HH2530、ERA2000C、SDZ3000 等全数字仪器进行采集。根据不同的钻探目的和不同的井况，主要从电阻率、声波、放射性 3 种系列中进行测井项目的设计和优选，以达到最经济、最大限度地利用测井资料解决麻黄山探区的地质问题。研究区目前采用的测井方法主要包括以下 4 个系列。

(1)电性：双感应(ILD+ILM)+八侧向(LL8)为主，特殊情况下加测双侧向(LLD、LLS)；

(2)划分渗透性地层和鉴别岩性：自然伽马(GR)、自然电位(SP)、声波时差(AC)、中子(CNL)、密度(DEN)，并结合其他测井方法综合解释；

(3)确定孔隙度：测量声波、中子和密度；

(4)几何参数：测量井径(CAL)、井斜。

二、测井质量控制

尽管测井资料都经过现场监督人员的验收，但在使用前还必须进行室内的二次严格检验，以确保基础资料的可靠性。本研究对麻黄山探区测井进行了质量检查，所测曲线基本能满足测井评价的需要。

三、曲线编辑与校正

对麻黄山探区各井测井曲线进行检查，发现部分井在井壁不规则处，由于仪器碰撞、遇卡等其他原因出现异常或波动，造成测井曲线局部出现毛刺。例如：声波曲线出现周波跳跃或数据明显增大;密度曲线由于接触井壁不好,出现明显降低,而不能反映地层实际情况。对这些不正常的部分都需要进行编辑与校正。

声波时差(AC)、密度(DEN)、自然伽马(GR)、中子(CNL)曲线局部异常的编辑方法是对正常段声波时差、密度、自然伽马、中子曲线进行相关分析,采用井眼校正公式,对声波时差、密度、自然伽马、中子异常曲线进行井眼编辑校正(图 2-1)。自然电位(SP)曲线主要是进行漂移校正(图 2-2)。

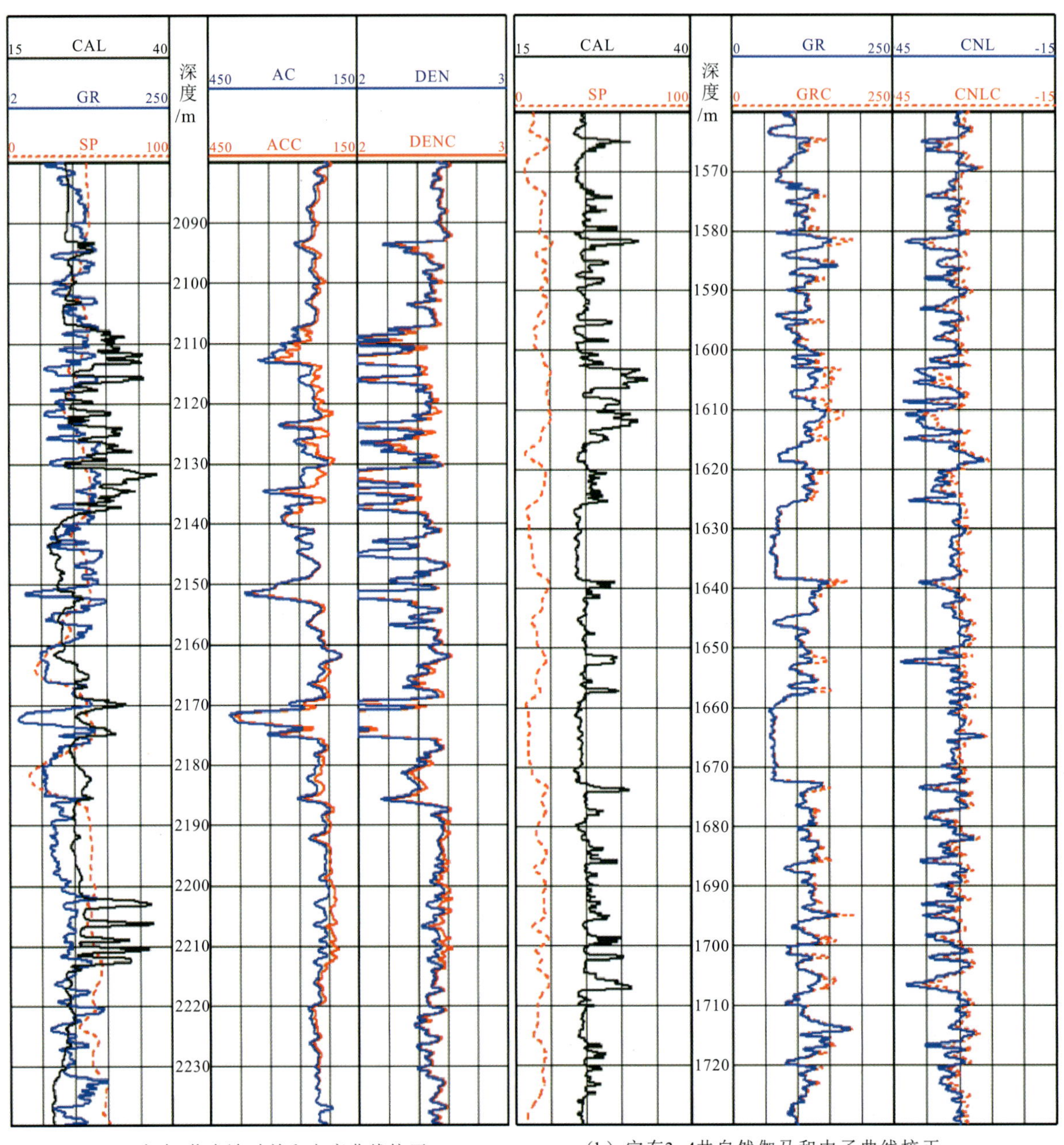

(a) 宁东2井声波时差和密度曲线校正

(b) 宁东3-4井自然伽马和中子曲线校正

图 2-1 声波时差、密度、自然伽马、中子曲线的校正效果图

(ACC、DENC、GRC、CNLC 分别为校正后的声波时差、密度、自然伽马、中子曲线)

利用声波时差测井曲线和密度测井曲线的扩径量简化校正模型对声波时差、密度进行校正的结果表明:校正后的扩径处声波时差值减小,密度值增大,符合校正要求。

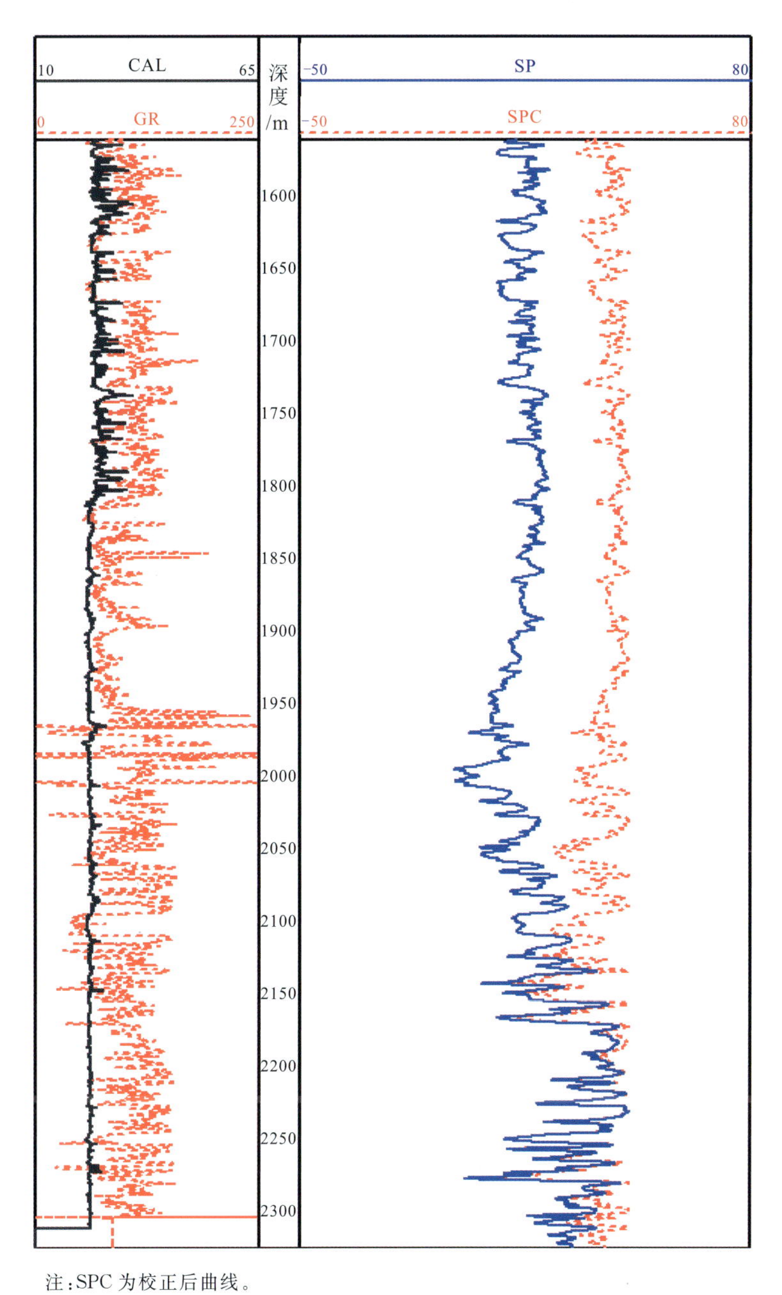

注:SPC 为校正后曲线。

图 2-2　宁东 3-4 井自然电位泥岩基线校正效果图

考虑到麻黄山探区的实际情况,以及地层水矿化度的变化,对该区块各井进行了自然电位 SP 曲线的校正。由于麻黄山探区的地层水矿化度(C_w)大于泥浆滤液矿化度(C_m),因此本区块渗透性地层处对应的测井曲线异常是负异常。经过计算并由校正结果可以看出,自然电位测井曲线只对其泥岩基线作出了改变,并未改变曲线与基线的幅度差,效果较好。因此,利用校正后的自然电位测井曲线确定整个井段的泥质含量,有利于准确地进行测井解释。

第二节　测井曲线标准化

在实际应用中，测井资料越多，测井资料的统一刻度，即标准化或归一化问题就越突出。一是刻度好的仪器不可能完全保证在运输和井下复杂条件下不改变性能；二是很难保证对某一地区所有井的测井曲线采用同一型号的仪器、相同的标准刻度以及统一的操作方式进行测量。这样就给测井曲线带来非地层特性引起的量值变化和误差。为了消除这些变化和误差，在多井测井资料解释和油藏描述工作前，就需要对测井曲线进行标准化处理。标准化的方法有标准层法、趋势面分析法等。

标准层法测井资料标准化的步骤一般为：①选择全区比较稳定的泥岩或者页岩层作为标准层；②提取所有井标准层的测井特征值（如平均值）；③统计所有井标准层的测井特征值，进而确定标准层的测井特征值，标准层的测井响应特征值便构成一口虚拟井（基准井）；④用实际井标准层的测井特征值减去虚拟井标准层的测井特征值就得到该实际井的标准化校正值；⑤根据每一口井的标准化校正值对测井曲线进行标准化校正。图 2－3 为测井曲线校正示意图，其中图 2－3(a)为校正前两口井的测井曲线频率图，其主峰值频率存在明显差异，校正后的两口井主频一致[图 2－3(b)]，满足校正要求。

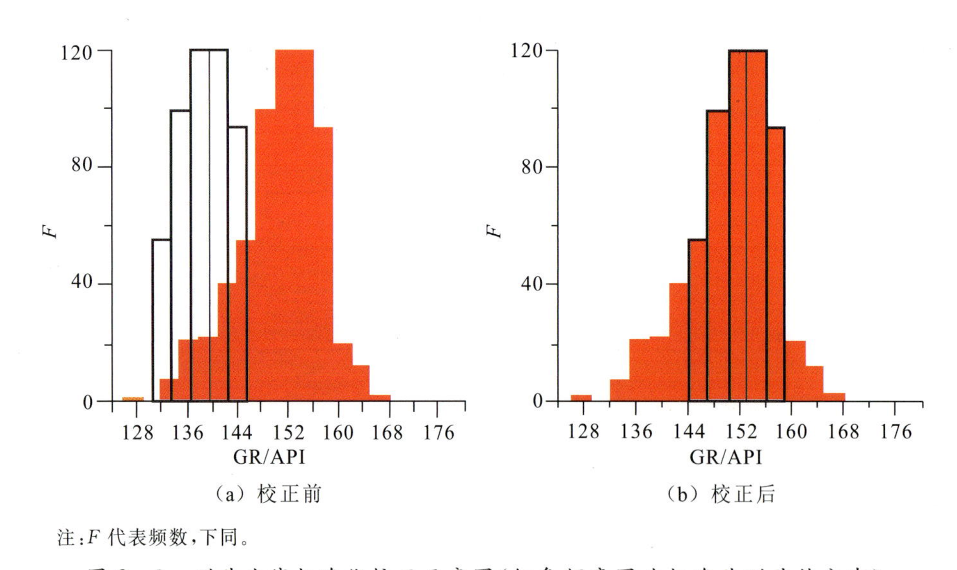

注：F 代表频数，下同。

图 2－3　测井曲线标准化校正示意图（红色频率图为标准井测井值分布）

一、标准层位的选取

根据麻黄山探区地层的实际分布情况，本研究分别选取延 6 油层组底部、延 7 油层组中部、延 10 油层组底部的泥岩层作为标准层进行了标准化的试验。通过对比发现，延 7 油层组中部的泥岩层沉积厚度大，区域分布稳定，所以本研究选取了延 7 油层组中部的泥岩层作为标准层。由图 2－4

可见，延7油层组中部的泥岩层厚度较大，测井响应稳定，是一个理想的标准层。

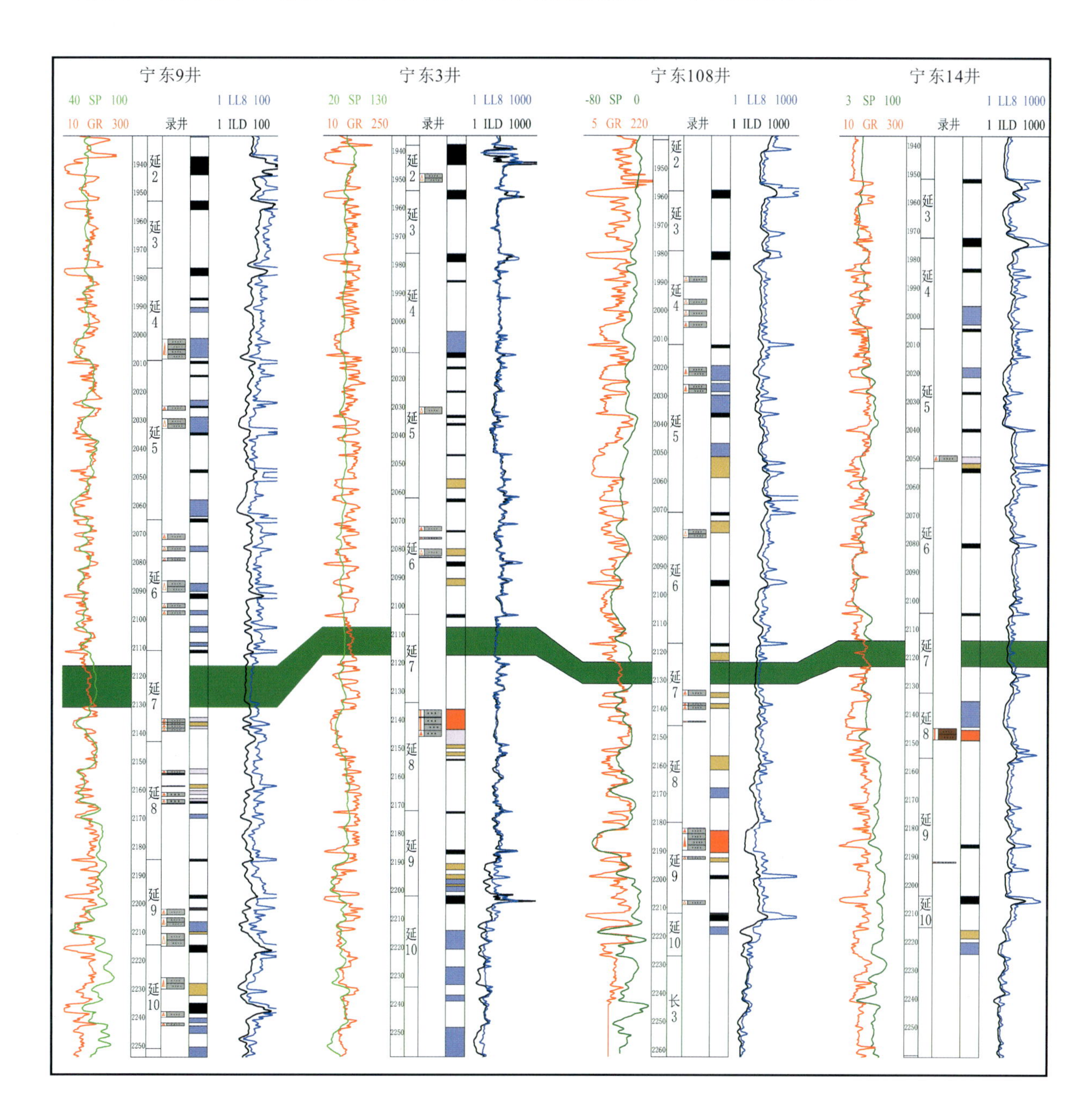

图2-4 延7油层组中部泥岩层的分布情况

二、建立基准井计算标准化校正值

首先统计各个井延7油层组泥岩标准层的测井响应特征值，然后求取所有井标准层的测井特征值的平均值，作为标准层的测井特征值，标准层的测井特征值便构成一口基准井（表2-1）。用实际井标准层的测井特征值减去虚拟井标准层的测井特征值就得到该实际井的标准化校正值（表2-2）。

表 2-1 虚拟井延 7 油层组泥岩标准层的测井特征值

测井指标	GR/API	AC/$\mu s \cdot m^{-1}$	DEN/$g \cdot cm^{-3}$	CNL/%
标准值	121	238	2.62	20.44

表 2-2 各井相对虚拟标准井的标准化校正值

井名	GR /API	AC /$\mu s \cdot m^{-1}$	DEN /$g \cdot cm^{-3}$	CNL /%	井名	GR /API	AC /$\mu s \cdot m^{-1}$	DEN /$g \cdot cm^{-3}$	CNL /%
宁东 5-1	2.063	−7.529	0.048	−1.028	宁东 108	−0.362	3.198	−0.013	1.849
宁东 5-2	0.059	−4.094	0.011	−0.597	宁东 1	−3.982	5.209	0.018	−0.088
宁东 5-3	−1.967	−8.197	0.034	−0.491	宁东 2-1	1.818	−0.562	0.043	−0.298
宁东 5-5	−1.053	−10.000	0.040	−1.587	宁东 2-2	−11.782	−4.604	−0.014	−1.102
宁东 5-6	3.242	−0.501	−0.036	−1.945	宁东 2-3	4.513	4.823	0.015	0.318
宁东 5	−9.421	−0.856	−0.012	1.859	宁东 2-5	3.147	1.408	−0.037	−0.883
宁东 6	1.567	6.391	−0.009	−0.687	宁东 2-6	5.137	2.465	0.038	−0.031
宁东 7	3.348	−3.885	−0.006	−0.901	宁东 2	−15.171	0.575	−0.053	−1.996
宁东 8	3.556	8.728	0.006	1.249	宁东 3-1	3.773	6.561	−0.020	0.483
宁东 9	−6.128	7.327	−0.051	0.608	宁东 3-2	3.490	−2.919	0.021	0.043
宁东 10	−0.506	−5.444	0.019	0.560	宁东 3-3	0.302	−2.211	0.022	−1.755
宁东 14	0.695	8.397	−0.051	0.792	宁东 3-4	−0.728	9.882	−0.006	−0.307
宁东 101	−1.530	−2.784	0.006	−0.876	宁东 3-5	0.850	7.811	0.018	0.037
宁东 102	4.707	−3.070	0.044	−0.263	宁东 3-6	0.195	1.572	−0.081	−1.776
宁东 103	5.703	−0.671	−0.008	−0.549	宁东 3-7	0.568	10.420	−0.058	−1.136
宁东 105	−1.590	0.307	0.012	0.665	宁东 3	−12.656	3.208	−0.054	−0.665
宁东 106	−4.710	5.497	−0.016	−0.353	宁东 4	−1.680	10.363	−0.039	1.526
宁东 107	2.327	8.006	0.013	0.694					

从表 2-2 中的标准化校正值来看，声波时差 AC 的偏差大部分小于 8 μs/m，密度 DEN 的偏差均小于 0.05g/cm^3，说明麻黄山探区井与井之间测井资料偏差较小，测井资料统一性好。

根据表 2-2 中的标准化校正值对宁东 2-5 井、宁东 3-2 井、宁东 3-3 井等的测井曲线进行标准化校正，结果如图 2-5—图 2-7 所示，图中 CGR、CAC、CDEN、CCNL 分别为标准化后的自然伽马、声波、密度、中子曲线。

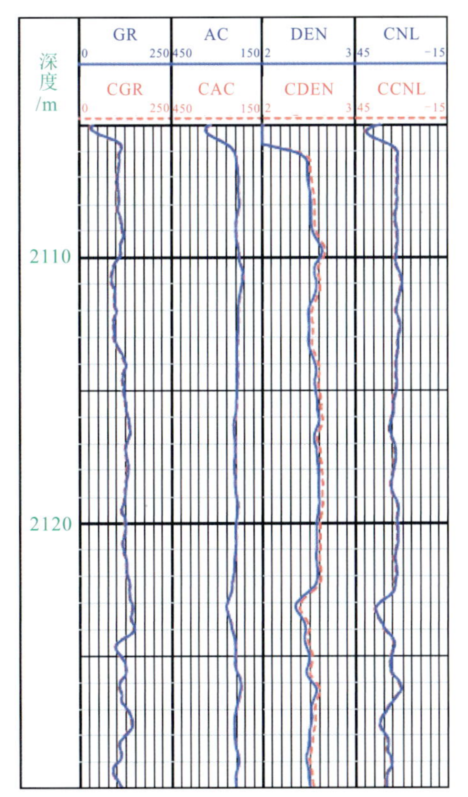

图 2-5　宁东 2-5 井标准化前后测井曲线的对比

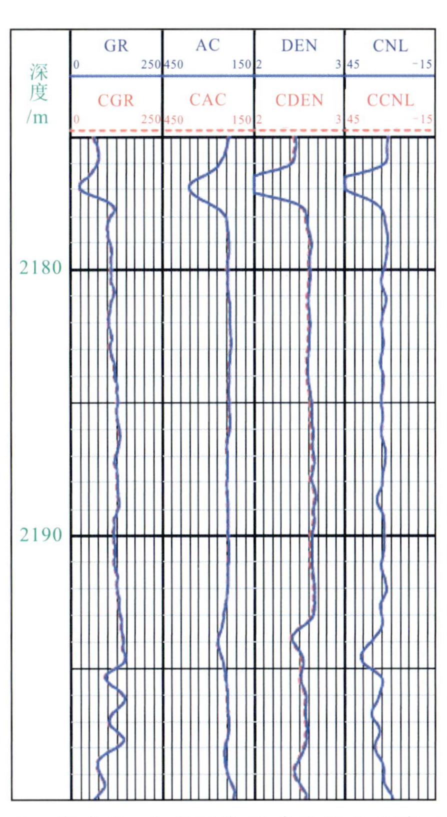

图 2-6　宁东 3-2 井标准化前后测井曲线的对比

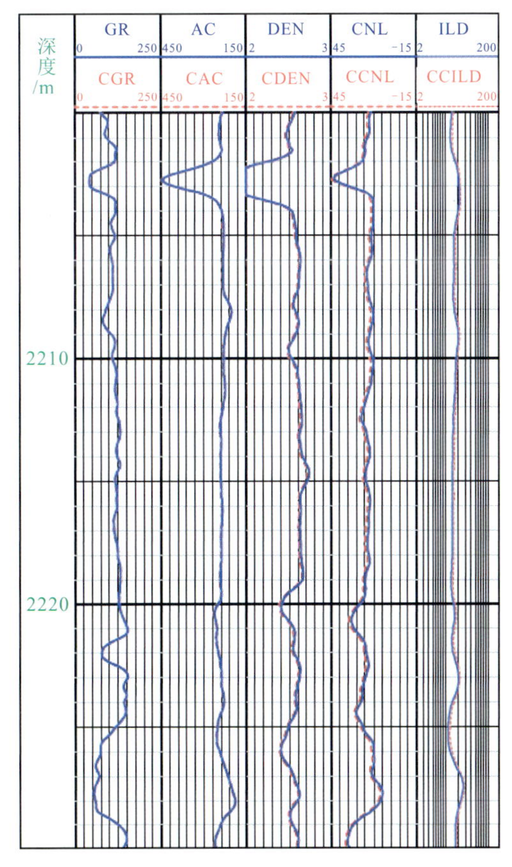

图 2-7　宁东 3-3 井标准化前后测井曲线的对比

延安组小层划分对比

第一节　划分对比原则和模式

钻井揭示目的层侏罗系延安组地层埋深2000～2400m，厚270～380m，为一套以河流-沼泽相为主的含煤、含油地层组合。前人根据岩性变化、沉积旋回、含油性及煤层发育特征，将延安组由下至上划分为4个段，共计10个油层组，分别为第一段延10(Y10)、延9(Y9)油层组，第二段延8(Y8)、延7(Y7)、延6(Y6)油层组，第三段延5(Y5)、延4(Y4)油层组，第四段延3(Y3)、延2(Y2)、延1(Y1)油层组，各油层组多以煤层为顶。

地层精细对比的总体思路是从岩心资料入手，建立岩相与测井相之间的对应关系，结合地震资料、钻井资料、生产测试资料，在区域沉积相模式的指导下，根据测井相特征，按照不同的地层对比模式精细对比划分各井点不同级次地层单元界线。地层单元的划分结果合理与否，既可以用各地层单元的空间演化特征是否与沉积相的总体演化规律相一致来判断，也可以用测试资料和生产动态资料来检验。

一、小层划分对比原则

“小层”从沉积上来讲，大致相当于一个“成因相”或“微相”。它是指在一次沉积事件中所沉积的全部岩系，包括渗透性和非渗透性岩层。为了进行沉积微相的研究，这个“全部岩系”又称为“沉积时间单元”。而在油田开发上，特指“沉积时间单元”中具有孔渗性的那部分砂体，也称“小层”(陆先亮等，2003；温亮等，2010)。

沉积过程是一个复杂的过程。后沉积的砂体对先沉积的砂体可以“叠加”，也可以“下切”和“切叠”。因此，“小层”事实上常常形成“小层复合体”，这种“小层复合体”在油田开发上称为“油砂体”。对于河流相砂体，由于砂体的迁移造成砂体展布的不稳定，在侧向上变化快，或分叉或尖灭。因此，对于河流相砂体的“油砂体”，事实上经常是以“小层复合体”的形式存在。基于这种认识，本研究在麻黄山西探区原有砂体划分的基础上，进一步细分沉积时间单元，即“小层”，并达到油藏精细描述的目的，划分对比时遵循以下原则(陆先亮等，2003；温亮等，2010)。

1. 逐级细分对比原则

首先将大级别的层系划分清楚并准确对比，识别区分出标准层，并详细研究标准层的垂向分布和横向分布，在大层系及标准层控制下进一步划分和对比砂层组、时间单元及韵律层。

2. 等高程对比原则

该模式是河流相储层小层精细划分与对比的主要原则之一。将河流从形成到改道废弃这一周期的沉积划为同一套地层单元，主要包括河道和溢岸沉积，其顶部的最大溢岸面为等时界面，河流沉积的顶面高程在一定范围内大致相近，因此可利用标准层或标志层控制河流顶面对比，从而在研究区内完成精细地层对比。等高程对比原则主要考虑地层及砂体在一定范围内的连续性和稳定性，目标层距标准层或标志层越近则对比精度越高。

3. 等厚切片对比原则

地形起伏较小的地区，同一时间单元其沉积厚度相同或相近，可采用等厚切片法进行对比。

4. 河流叠加砂体对比原则

垂向叠加通常有3种类型：①间歇叠加，即河道沉积保持完整层序，砂体间有泥岩隔开；②连续叠加，即垂向叠加的砂体无泥岩隔开；③侵蚀叠加，也称下切叠加，即上部(晚期)河道下切下伏(早期)河道而造成上下河道砂体叠加，表面上看像是一期河道砂体。在时间单元划分对比过程中，前两者通过岩性和电性特征变化可以比较容易地区别开来；对于后者，电性上区别不明显，划分较困难。但由于划分时间单元是油田开发和沉积微相编图的需要，因此必须用“劈层”的办法将它们分开。根据岩心观察，这种叠加砂体上部时间单元砂体的底部通常有底冲刷或泥砾出现、冲刷面上下砂岩粒度粗细变化或下部砂岩中有很薄的泥质夹层。这些微细变化，往往在自然电位、微电极和感应曲线上有所反映，因此“劈层”应按照下列原则进行：

(1)自然电位有明显的回返，而微电极曲线重叠并呈高阻尖峰，即可划分为不同沉积期的砂体；

(2)自然电位和微电极曲线均呈钟形，但微电极曲线是在钟形的背景下有明显回返，反映这部分砂层的孔渗性略有降低，可划分为不同沉积期的砂体；

(3)自然电位曲线呈箱形，但微电极曲线自下而上呈明显的台阶式，在微电极变化幅度最大处即可划分为不同沉积期的砂体；

(4)若没有上述标志时，经邻井对比，考虑时间单元的厚度在横向的变化趋势及河道迁移方向等，采用等分的方法或参考砂层组的界线划分不同沉积期的砂体。

二、小层划分对比模式

1. 等厚(等高程)砂体对比模式

等厚砂体对比模式是根据旋回厚度对比法，把电测曲线形态相似、地层厚度相近的砂层划分为同一小层或沉积时间单元。这种划分考虑到沉积砂体在近距离范围内的稳定性、连续性(图3-1)。

2. 相变砂体对比模式

相变砂体对比模式是对比其砂体相变。相变砂体表现为砂体突然变薄或尖灭，电测曲线也呈现自然电位幅度变小或变为平直，对比时根据其他标志(如声波时差特征等)将它们划分为同一沉积单元(图3-2)。

3. 叠置砂体对比模式

叠置砂体对比模式则与沉积作用有关。由于湖水进退作用，前期沉积物顶部受到冲刷，随后又沉积新的砂体，形成砂体叠置现象。若冲刷不彻底，上部沉积单元仍存在细粒沉积物，从电测曲线上可以见到夹层存在，据此可将其划分出来；若冲刷强烈，下部单元砂体被部分冲刷，两期砂体叠置，电测曲线呈箱形，无法识别出界线，只能通过岩心或邻井资料“劈层”。

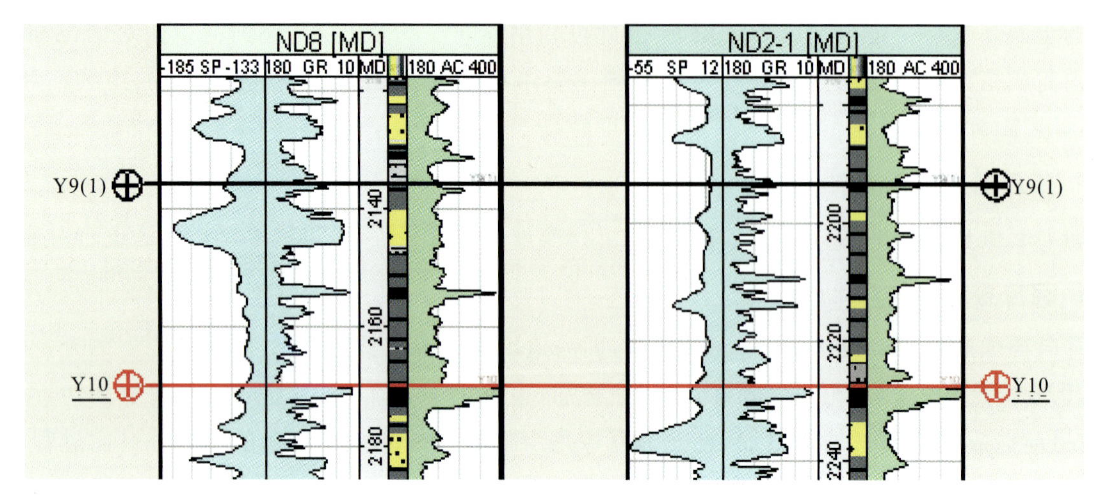

图 3-1　等厚砂体对比模式

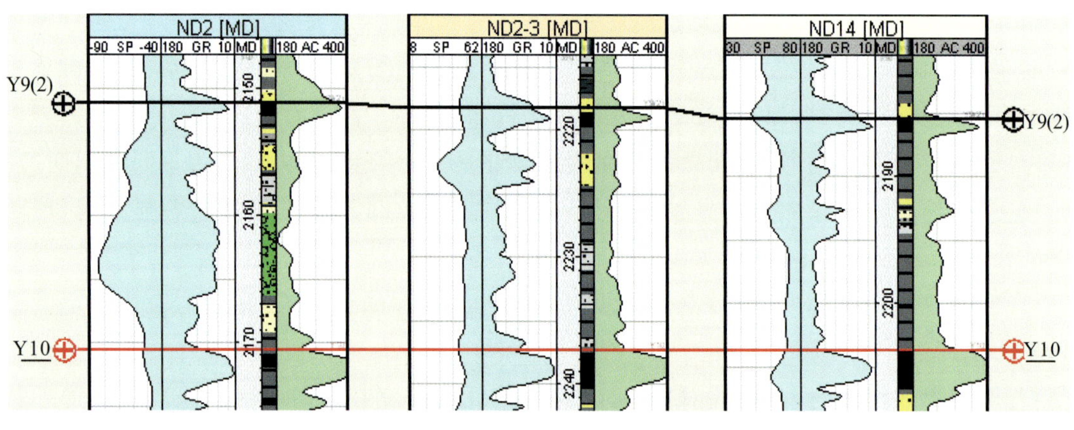

图 3-2　相变砂体对比模式

4. 下切砂体对比模式

下切砂体对比模式主要应用于分流河道沉积环境中。由于分流河道的主流线附近冲刷最强烈，砂体明显“下切”。对比此类砂体时，不能盲目应用等厚或相变等观点“劈层”。

第二节　划分对比步骤

地层划分对比并不是将地层单元分得越细越好，而是在考虑开发实用性基础上的合理细分。本次研究是在充分消化吸收前人大层划分成果的基础上，将岩心观察、测井资料、地震资料三者紧密结合，纵向上由组→段→油层组→小层进行逐级控制，平面上则以现代沉积学研究成果为指导，以取心井为基础，以自然电位、自然伽马、声波时差及录井资料为依据，结合所建立的各种砂体对比模式，采用由点到线、由线及面，点、线、面相结合，相互渗透的对比方法进行全区地层划分对比。即结合取心井资料，首先针对所分析的层段选择标准井→标志层→典型剖面，从标准井和地层发育全的井入手，分析小层的可对比性和可分性，寻找砂岩小层间稳定可对比的泥岩段（标志层），确定对比标志，然后以此为基础，按照上述小层细分对比的原则和步骤开展对比工作，最后达到小层划分对比结果的闭合。

一、标准井确定和划分对比

标准井确定应满足以下5个方面的条件：

（1）标准井最好是位于有利构造部位的垂直井，没有断层通过，避免出现地层的缺失和重复；

（2）标准井最好是钻遇地层最全的井，否则地层层序不完整而不具代表性；

（3）标准井必须井眼条件好、泥浆正常，并具备高质量的测井资料；

（4）标准井应有钻杆和电缆测试资料；

（5）标准井应有一定的取心进尺，分析、化验资料齐备。

通过系统分析，宁东2井地层齐全，测井资料和分析化验资料齐备。因此，在麻黄山西探区宁东2井、3井区和宁东5井区地层划分对比时，选择宁东2井作为标准井（图3-3）。

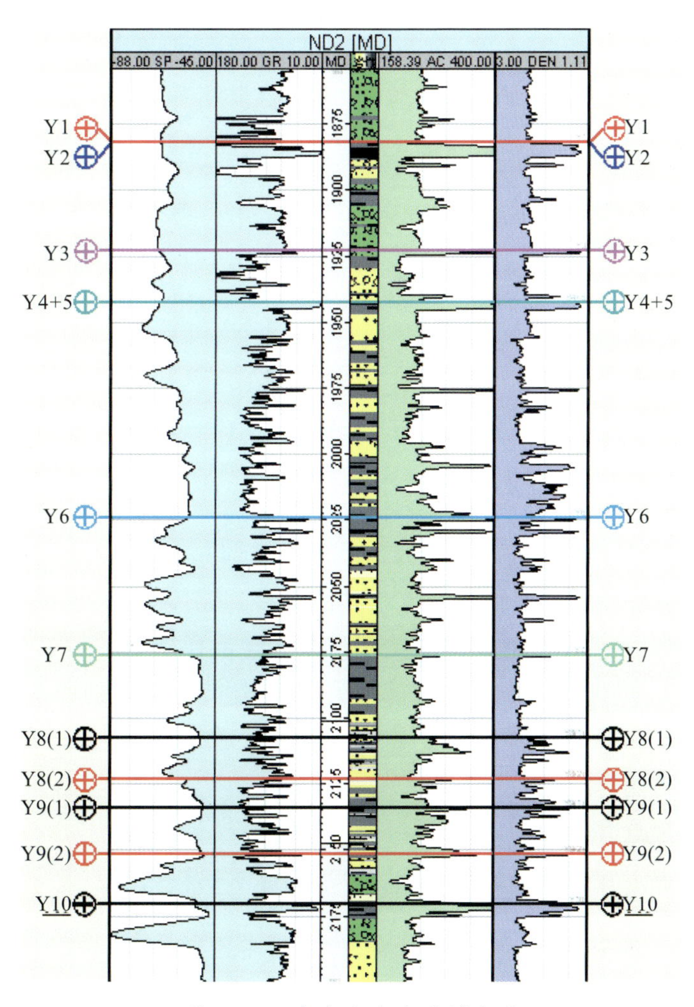

图3-3　宁东2井地层划分图

前人已对麻黄山西探区地层划分对比做了大量的工作，本次研究应用 Petrel 软件对原油层组划分方案进行了补充、调整和细化，将麻黄山西探区宁东 2 井、3 井区定为一个精细研究区，建立 5 条对比线进行分析（表 3-1），宁东 5 井区定为一个精细研究区，建立 3 条对比线进行分析（表 3-2），并以沉积演化规律为依据，根据岩性、旋回组合及含油性等特征，仍将延安组划分为 4 个段，共计 10 个油层组（延 1、延 2、延 3、延 4+5、延 6、延 7、延 8、延 9、延 10）。按等时地层单元的概念，再对目的层段延 8、延 9 油层组细分为延 8^1、延 8^2、延 9^1、延 9^2 小层，使本区层组划分和对比更加精细，有利于生产应用（表 3-3）。

表 3-1　宁东 2 井、3 井区对比剖面网络线

剖面	剖面线
剖面 1	D4—ND2-6—ND8—ND2-1—ND2—ND2-3—ND14
剖面 2	ND3-6—ND3-2—ND3—ND3-3—ND3-10—ND3-7
剖面 3	ND9—ND3-2—ND3-5—ND2-5—ND2-6
剖面 4	ND3-1—ND3—ND3-4—ND2-1—ND107
剖面 5	ND106—ND3-3—ND3-9—ND108—DD19—ND2-4—ND2—ND2-2

注：D—大；ND—宁东；DD—大东，下同。

表 3-2　宁东 5 井区对比剖面网络线

剖面	剖面线
剖面 1	ND105—ND5-2—ND5-1—ND5-6
剖面 2	ND10—ND5-5—ND5—ND5-4
剖面 3	ND5-3—ND5—ND5-1

表 3-3　麻黄山西探区小层划分结果

油层组	小层	小层代号
延 8	延 8^1	Y8(1)
	延 8^2	Y8(2)
延 9	延 9^1	Y9(1)
	延 9^2	Y9(2)

具体划分对比步骤如下：

（1）针对麻黄山西探区宁东 2 井、3 井区建立 5 条对比剖面；

（2）针对麻黄山西探区宁东 5 井区建立 3 条对比剖面；

（3）针对麻黄山西探区宁东 2 井、3 井区绘制 5 条对比剖面图（图 3-4），以延 1 顶界为标准拉平，进行延 1～延 10 大层的划分与对比；对宁东 5 井区，绘制 3 条对比剖面图（图 3-5），在大层划分对比的基础上，分别对宁东 2 井、3 井区和宁东 5 井区延 8、延 9 油层组进行小层划分对比；

（4）将对比剖面进行闭合；

（5）对比剖面外的散点井；

（6）在综合对比基础上建立单井地层对比及小层划分对比数据库。

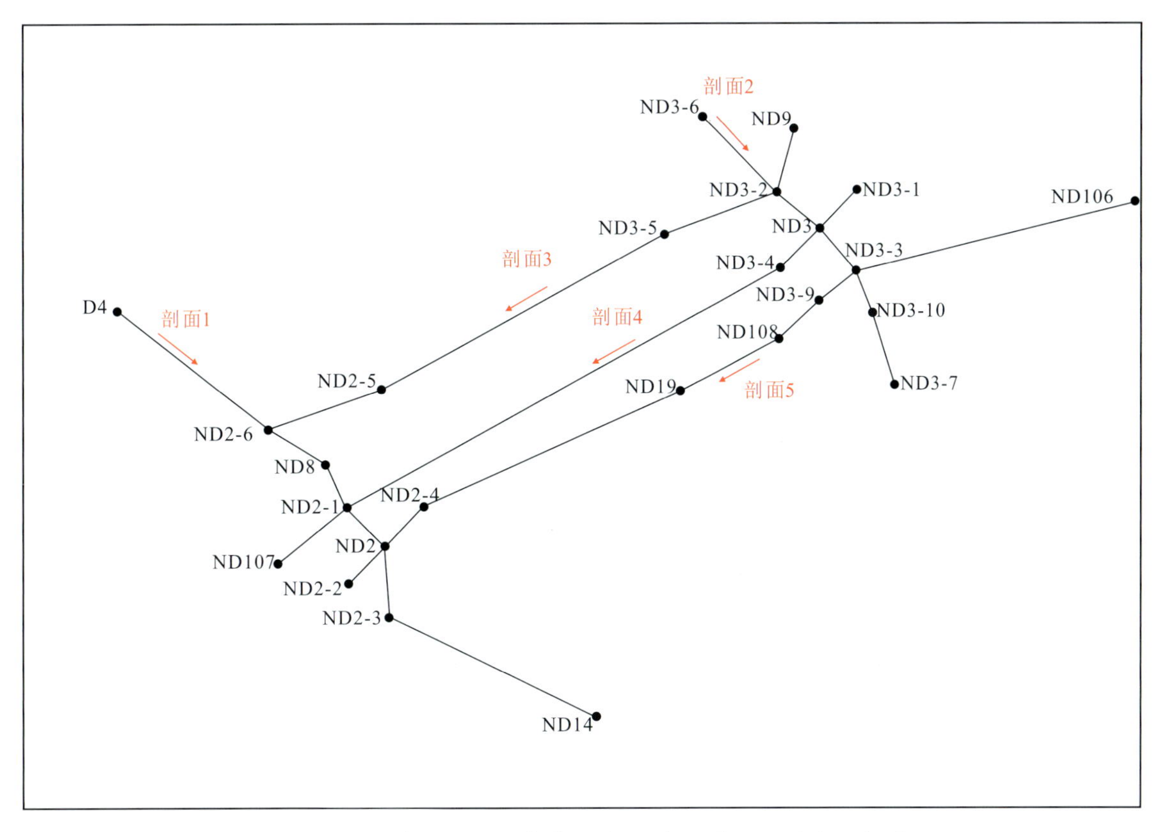

图 3-4 麻黄山西探区宁东 2 井、3 井区井位及对比网架图

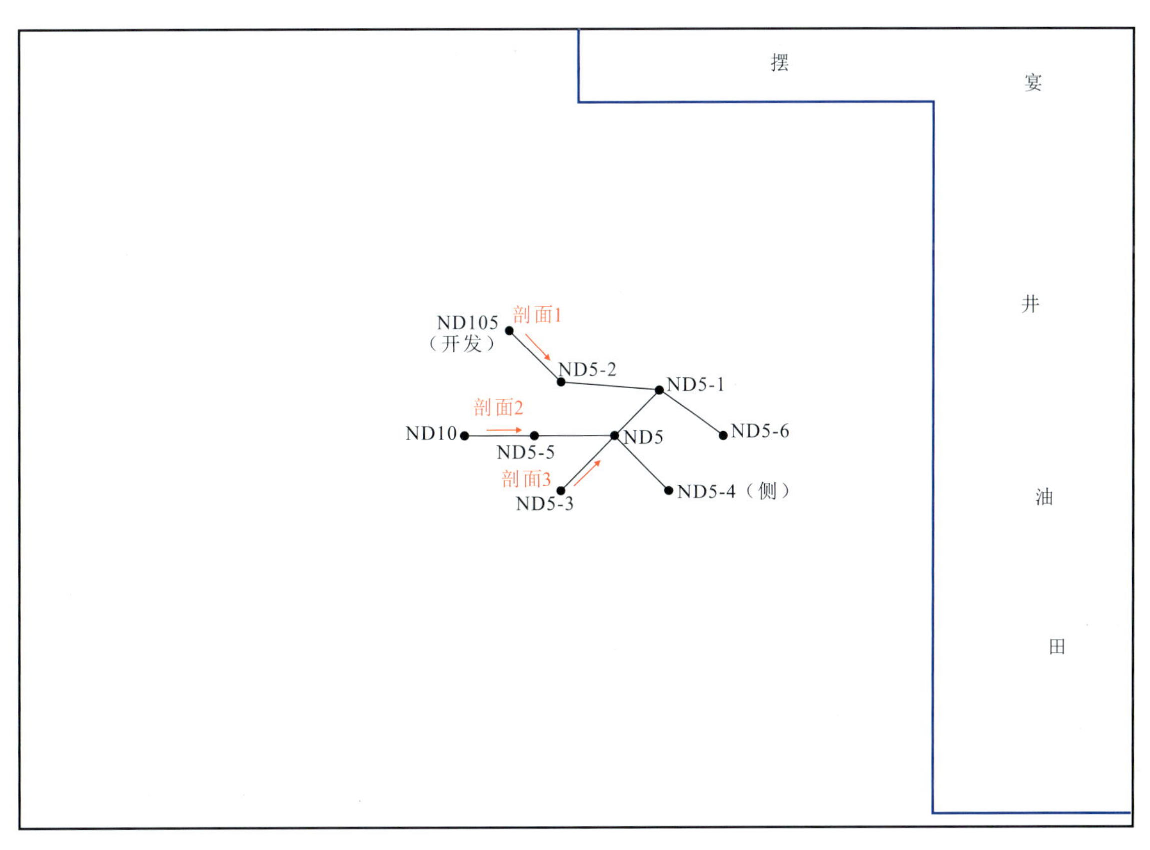

图 3-5 麻黄山西探区宁东 5 井区井位及对比网架图

二、划分对比标志层

标志层是指区域分布稳定，既有一定分布范围，又有一定的厚度，岩性、电性特征明显，易于识别，并且在剖面中有固定层位，易于横向追踪对比的地层(组)。沉积标志层的识别、对比有重要意义。要保证砂层组能够在对比中不出现“串层”或错误，就要正确识别标志层。一般选择煤层或稳定泥岩作为标志层。在地层对比中，标志层越多，剖面就越容易对比，对比也越准确。在具体进行地层划分和对比时，可选择主要的和辅助的标志层，有主有次，全面考虑，综合应用。

另外，沉积记录中的沉积旋回变化性或沉积韵律变化是进行地层划分对比的基本指导思想。在进行小层划分对比时主要考虑的原则有：

(1)综合考虑研究范围内同一砂层组中沉积事件或小砂层的发育情况，然后确定可以在大部分井中能识别的小砂层数目。

(2)综合砂层组内各小层的特征，在变化序列上一般包括3种情况，即向上变粗型、向上变细型和砂泥互层型。

(3)在进行小砂层对比时，若相应的砂层不发育，按照沉积事件基本等时和沉积上同期异相的原理进行处理。例如对应的砂层相变为泥岩，可考虑按照厚度比例进行“劈分”。

通过上述分析步骤和划分原则，在研究区划分出4个明显的标志层(图3-6)，具体描述如下。

延2:灰褐色、灰绿色粉—细砂岩、泥岩、页岩互层，局部砂层增厚。顶部煤层较厚，多数钻井可对比，分布广泛稳定。顶部煤层的电性特征较为明显，指状低自然伽马值、指状低密度值、指状高电阻率值、指状高声波时差值及高中子值和井径扩大的特点易于识别，全区分布稳定，是研究区最明显的标志层，为标志层1。

延3:灰白色细、粉砂岩夹煤层及黑色碳质泥岩。顶部煤层的电性特征较为明显，低自然伽马值、低密度值、高电阻率值、高声波时差值、高中子值，全区分布稳定，为标志层2。

延4+5:为延安组地层中相对较细的层组，上部为灰色、灰黑色页岩、碳质页岩，夹灰色、灰白色粉砂岩；下部岩性变粗，为灰白色细砂岩，夹灰色、灰黑色粉砂质泥岩、泥岩及页岩。延4顶部煤层的电性特征较为明显，低自然伽马值、低密度值、高电阻率值、高声波时差值、高中子值，全区分布稳定，为标志层3。

延10:发育了一套分布广泛的“宝塔状砂岩”。顶部煤层的电性特征较为明显，低自然伽马值、低密度值、高电阻率值、高声波时差值、高中子值，全区分布稳定，为标志层4。本组地层与下伏延长组为假整合接触关系。

在划分对比延8—延9油层组时，除考虑标志层外，还要选择一定厚度的稳定泥岩段或稳定煤层作为各个小层的辅助标志层。

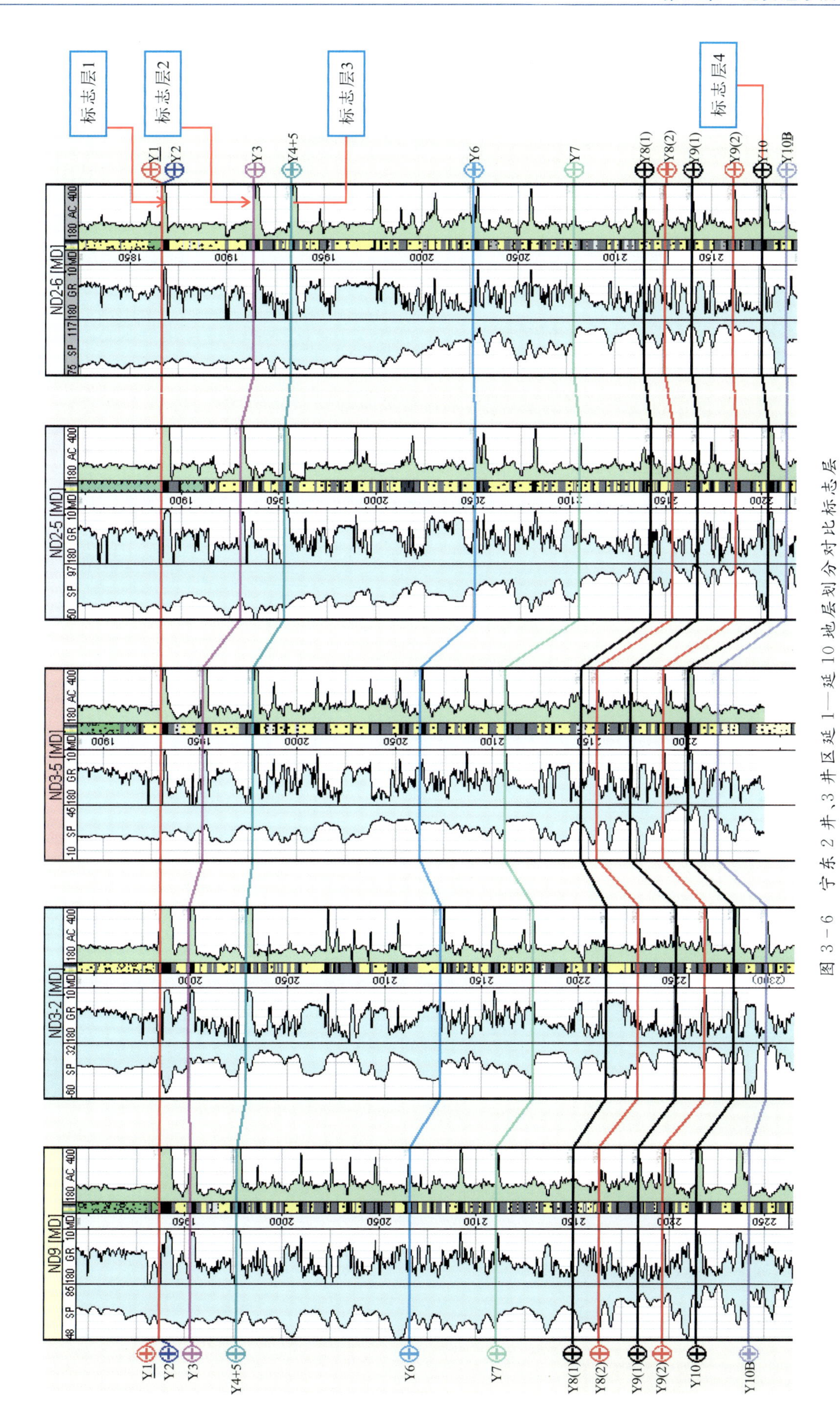

图3-6 宁东2井、3井区延1—延10地层划分对比标志层

第三节　划分对比结果

一、小层划分对比结果

以上述标志层和辅助标志层为主要控制格架，按照沉积演化的旋回性，进行小层划分与对比。本次对比划分出延1、延2、延3、延4+5、延6、延7、延8^1、延8^2、延9^1、延9^2、延10的顶界和延10的底界。其中延8和延9油层组在原分层的基础上，重新按等时地层单元的概念，将延8油层组分成2个时间地层单元，延9油层组分成2个时间地层单元。宁东2井的小层分层数据如表3-4所示，宁东5井的小层分层数据如表3-5所示。小层划分对比的结果如图3-7—图3-14所示。

表3-4　宁东2井的小层分层数据表

层号	小层	电测序号	井段/m			测井解释	φ/%	$K/\times10^{-3}\mu m^2$	S_o/%	小层数据	
			顶深	底深	砂厚					层号	砂厚/m
延8	1	2 107.8～2 123.4								1	6.1
			2 113.8	2 115.5	1.7		13.0	1.8	0.0		
			2 117.7	2 118.6	0.9		5.1	0.8	0.0		
			2 119.0	2 122.5	3.5		9.7	0.9	0.0		
	2	2 123.4～2 134.0								2	2.1
			2 125.3	2 126.3	1.0		13.9	3.7	0.0		
			2 129.2	2 130.3	1.1		11.2	1.2	0.0		
延9	1	2134～2 151.2								1	3.2
		23	2 141.0	2 142.7	1.7	油水同层	12.3	1.4	27.5		
		24	2 143.2	2 144.1	0.9	油水同层	13.1	1.8	32.0		
			2 150.5	2 151.2	0.7		13.2	4.6	0.0		
	2	2 151.2～2 170.6								2	9.1
		26	2 154.5	2 156.7	2.2	油层	13.1	2.0	56.2		
		27(1)	2 159.5	2 161.3	1.8	差油层	10.2	0.6	40.5		
		27(2)	2 161.3	2 162.6	1.3	干层	7.3	0.2	0.0		
		27(3)	2 162.6	2 166.4	3.8	油层	13.0	1.9	50.2		

注：φ为孔隙度，K为渗透率，S_o为含油饱和度，下同。

表 3-5　宁东 5 井的小层分层数据表

层号	小层	电测序号	井段/m			测井解释	φ/%	$K/\times10^{-3}\mu m^2$	S_o/%	小层数据	
			顶深	底深	砂厚					层号	砂厚/m
延 8	1	2 274.5～2 292.5								1	2.4
			2 288.6	2291	2.4		2.5	0.2	0.0		
	2	2 292.5～2 307.0								2	13.1
		28(1)	2 293.9	2 295.9	2	差油层	12.5	1.5	43.9		
		28(2)	2 295.9	2307	11.1	油层	15.5	3.7	62.3		
延 9	1	2 307.0～2 318.0								1	0
	2	2 318.0～2 341.0								2	14.0
			2 323.4	2 325.2	1.8		3.0	0.1	0.0		
		30	2 328.6	2 340.8	12.2	含油水层	14.1	2.4	11.6		

二、划分结果与原分层数据间的差异

根据以上小层划分的原则与步骤对麻黄山西探区目的层延安组延 8 和延 9 油层组进行了小层划分与对比，部分层位进行了调整（表 3-6）。

表 3-6　宁东 2 井、3 井区小层顶界划分与原分层数据对照表　　（单位：m）

层位	井区				
	宁东 2-3	宁东 2-5	宁东 2-6	宁东 14	大东 19
延 8^1	2 177.6\2 172.0	2 142.6	2 115.0\2 110.5	2 144.0\2 132.5	2 159.0
延 8^2	2 187.3	2 153.4	2 126.3	2 155.8	2 174.0
延 9^1	2 202.6\2 201.2	2 166.5\2 172.5	2 140.5	2 171.2\2 163.0	2 189.5\2 183.5

注："\"前的数据为现在的分层，"\"后的数据为原分层，其他数据与原分层基本一致。

1. 宁东 2 井、3 井区

宁东 2-3 井：延 8^1 顶界现在的分层深度为 2 177.6m，原分层深度为 2 172.0m；延 9^1 顶界现在的分层深度为 2 202.6m，原分层深度为 2 201.2m；划分依据可以参照其邻井宁东 2-2 井（图 3-15），该两个层在划分位置均可见标志层（煤层），从对比曲线 GR、SP、AC、CNL 的形态与变化特征，岩性与电性的旋回组合特征上均可确定该层段。

宁东 2-5 井：延 9^1 顶界现在的分层深度为 2 166.5m，原分层深度为 2 172.5m；划分依据可以参照其邻井宁东 2-6 井与宁东 8 井（图 3-16），以煤顶为标志层，且从对比曲线 GR、SP、AC、CNL 的形态与变化特征，岩性与电性的旋回组合特征上均可确定该层段。

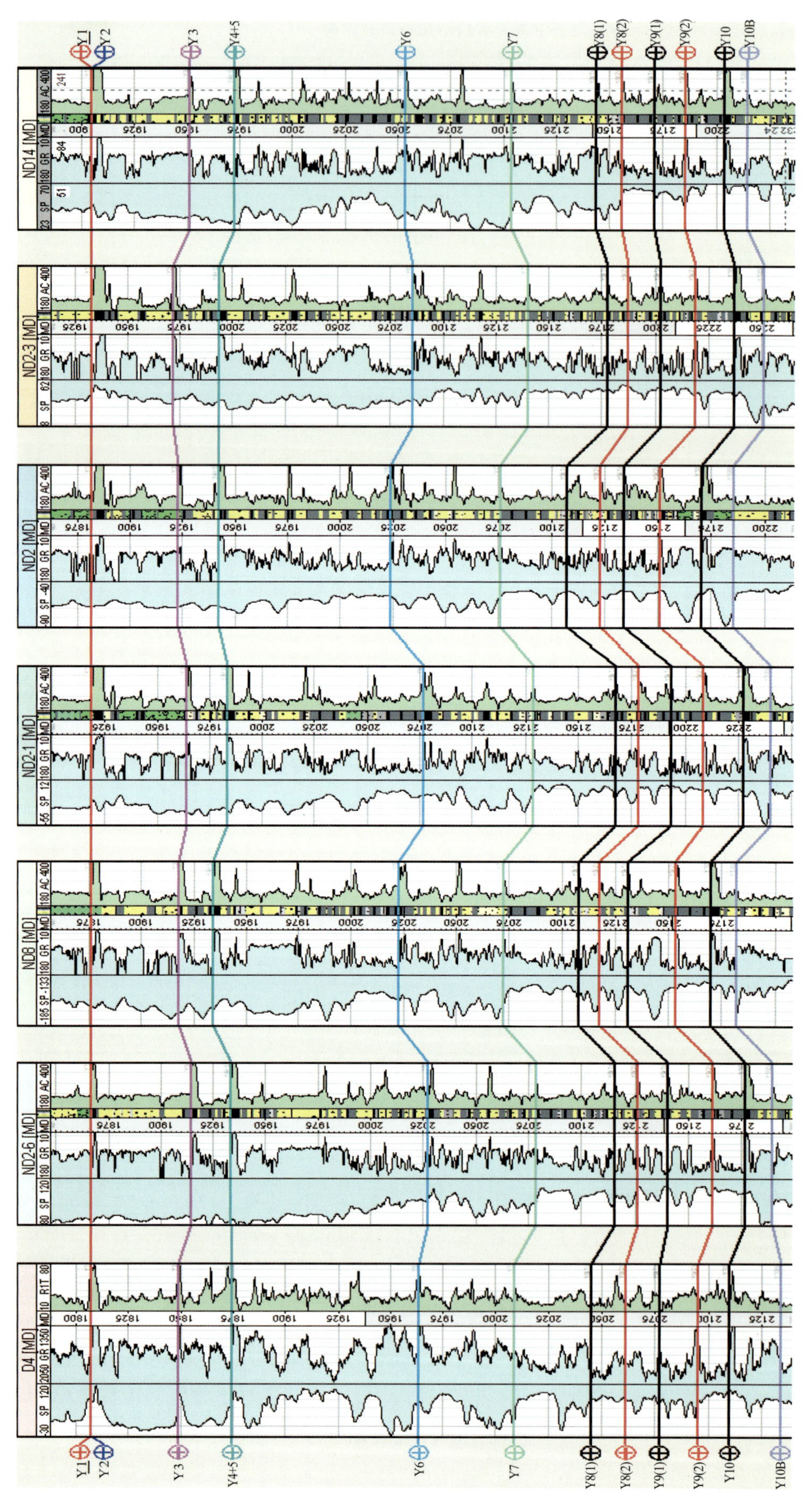

图3-7 宁东2井、3井区D4、ND2-6等井延1—延10地层划分对比图(剖面1)

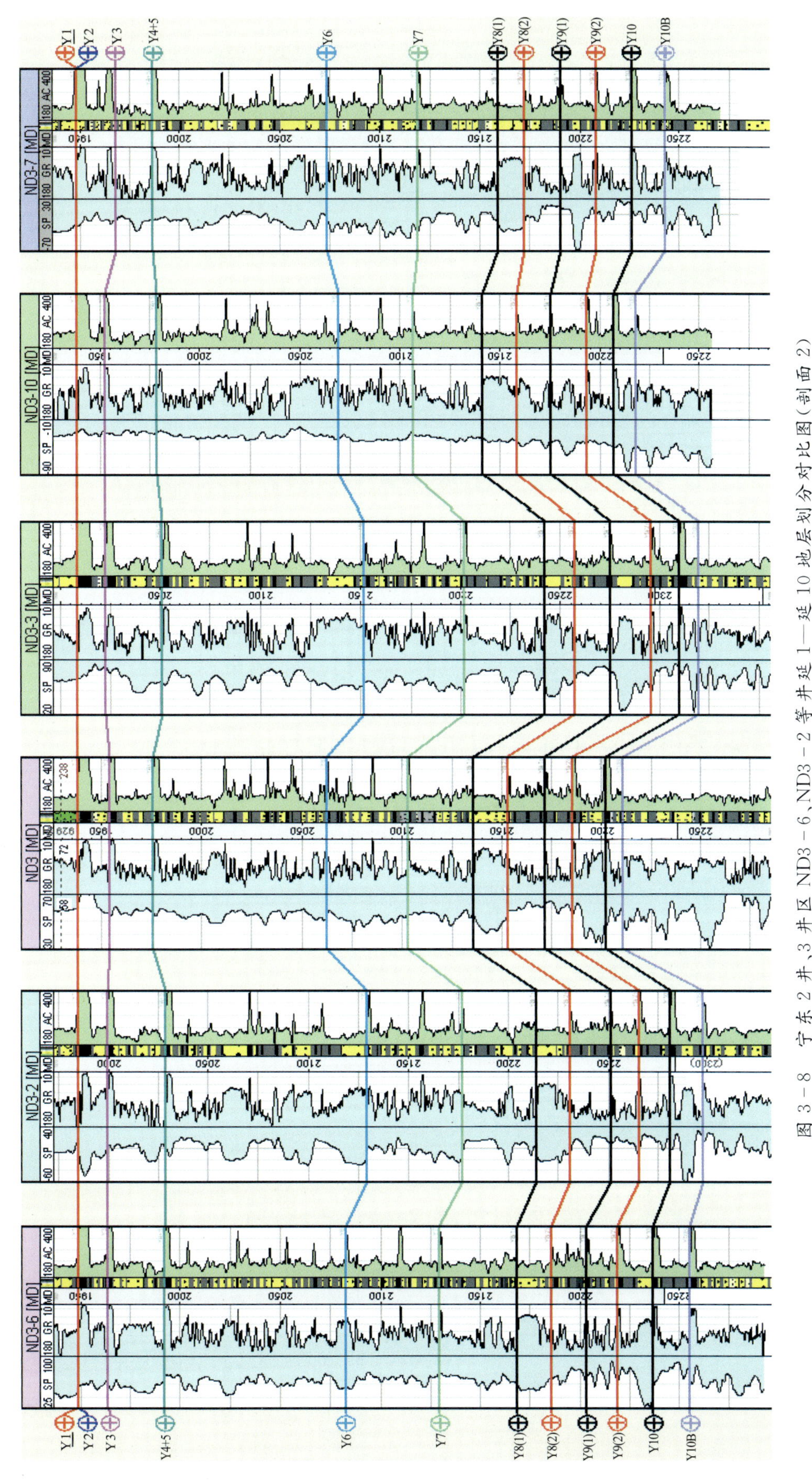

图3-8　宁东2井、3井区ND3-6、ND3-2等井延1—延10地层划分对比图(剖面2)

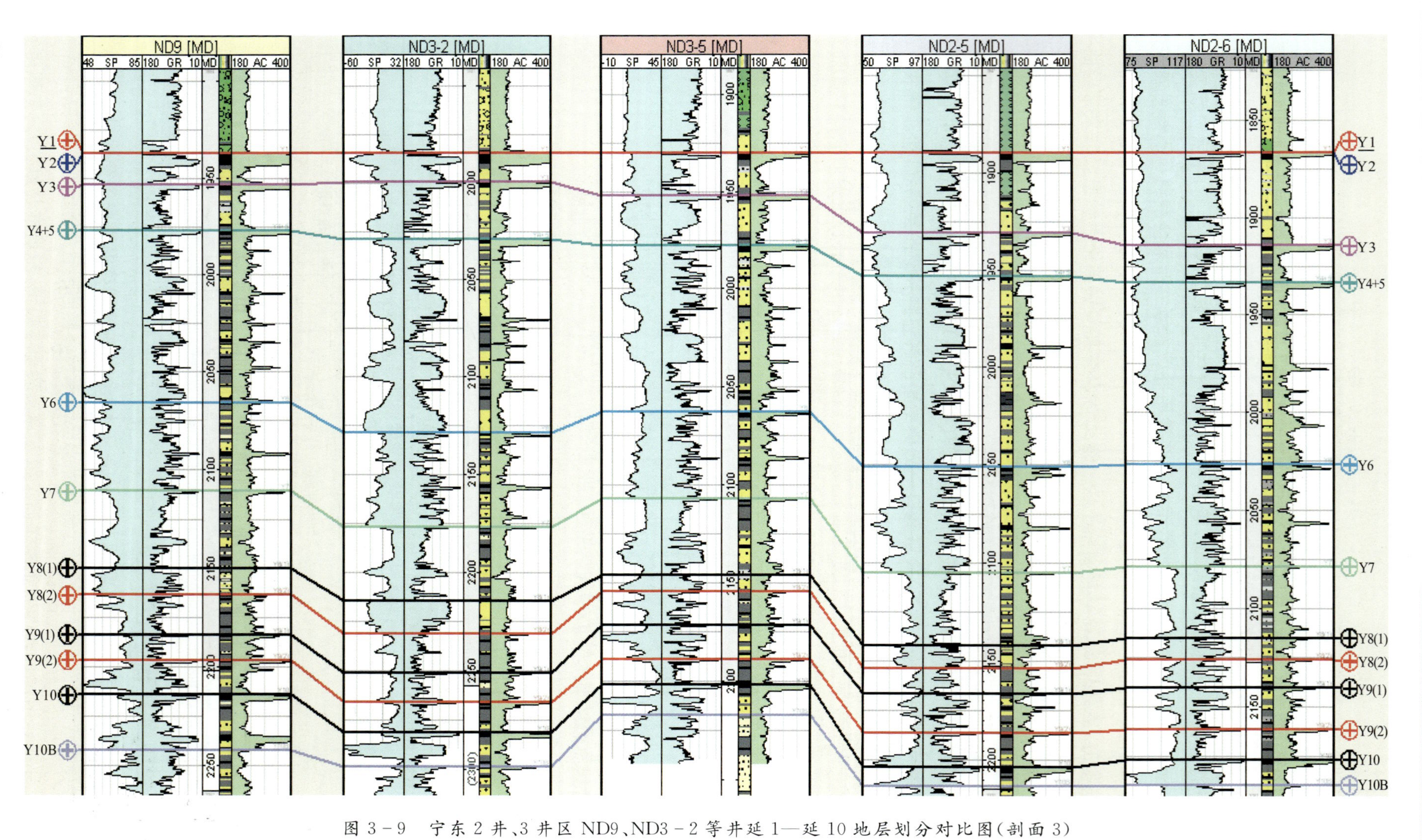

图3-9 宁东2井、3井区ND9、ND3-2等井延1—延10地层划分对比图(剖面3)

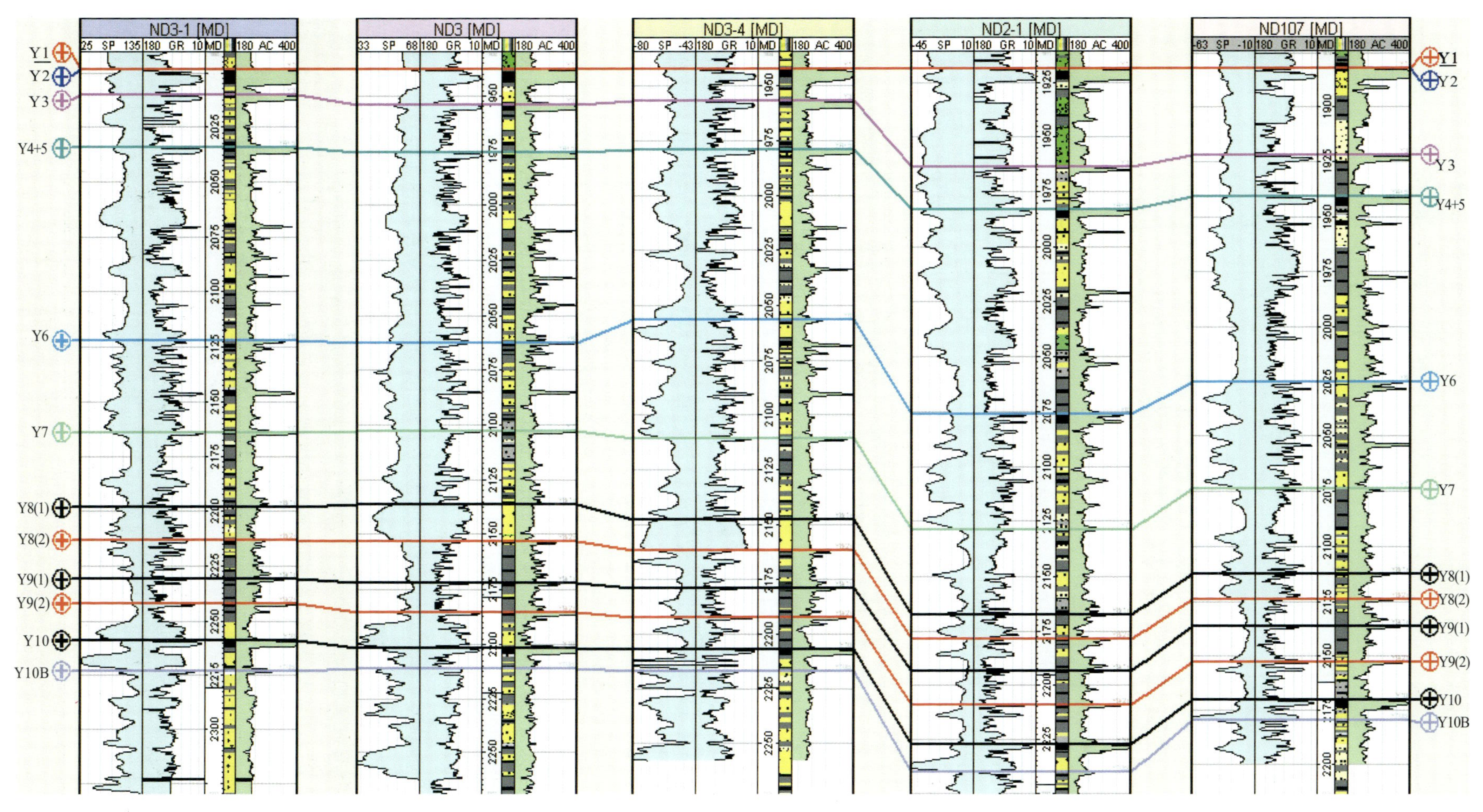

图3-10 宁东2井、3井区ND3-1、ND3等井延1—延10地层划分对比图(剖面4)

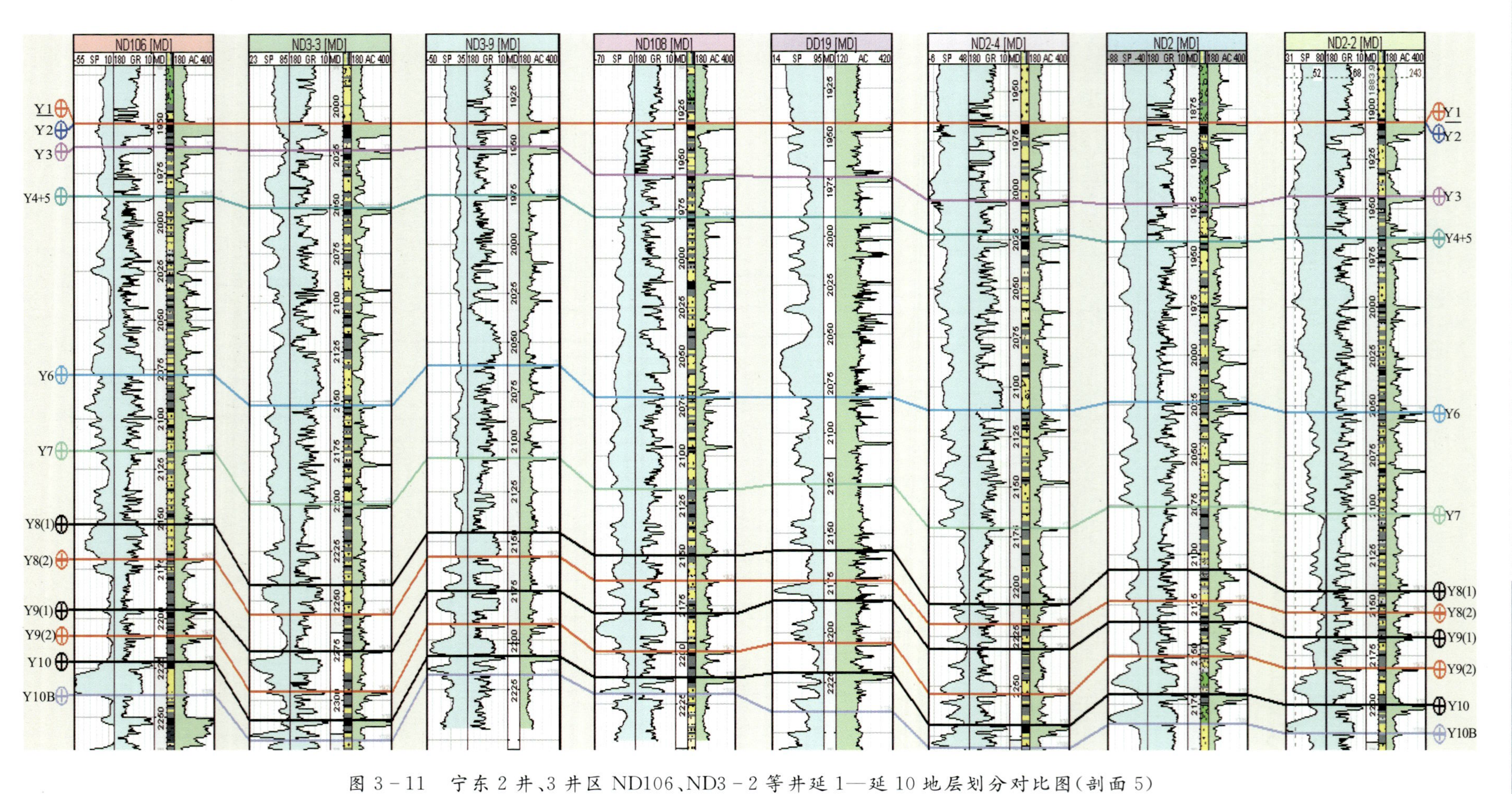

图 3－11　宁东2井、3井区ND106、ND3－2等井延1—延10地层划分对比图(剖面5)

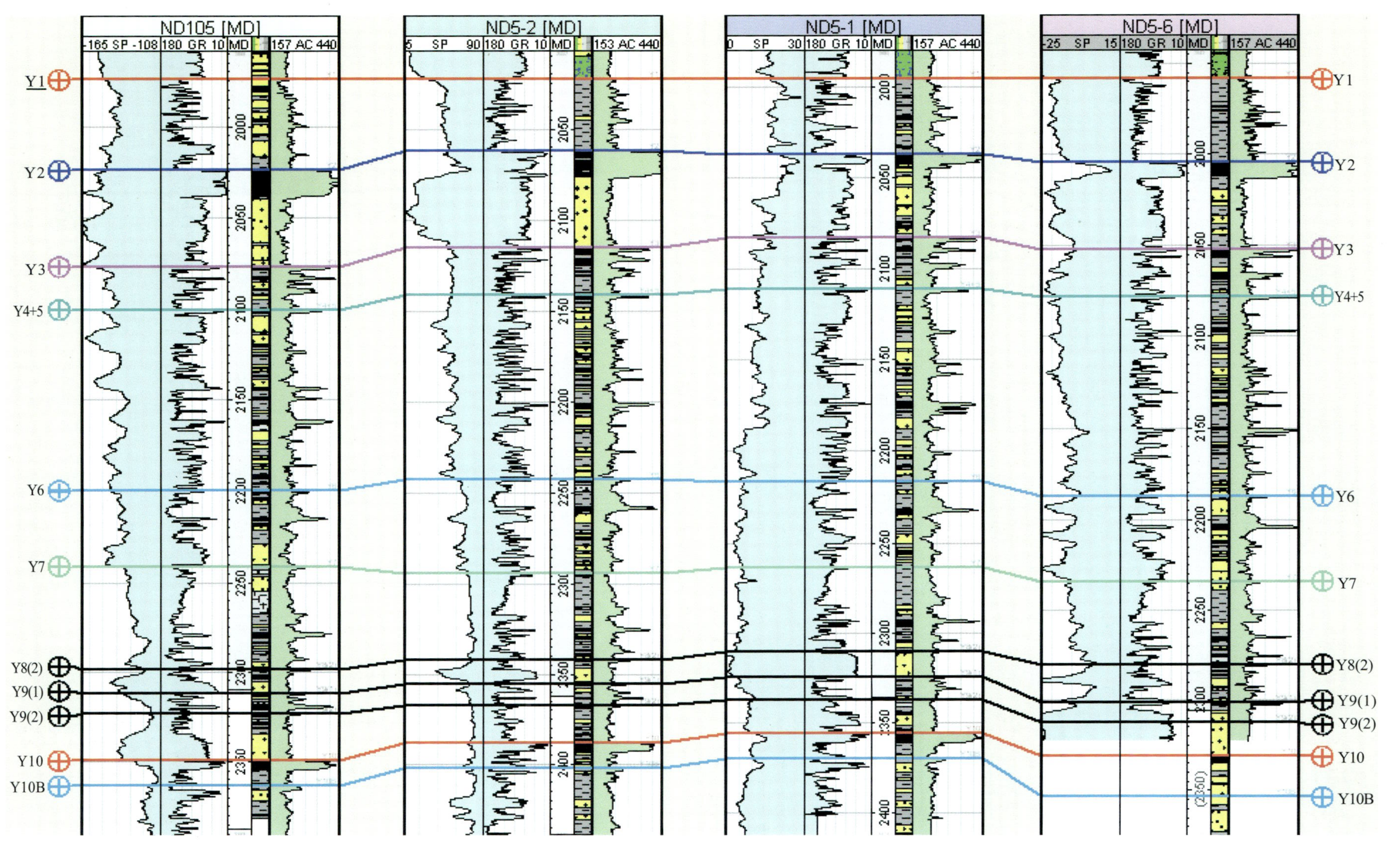

图 3-12 宁东5井区ND105、ND5-2等井延1—延10地层划分对比图(剖面1)

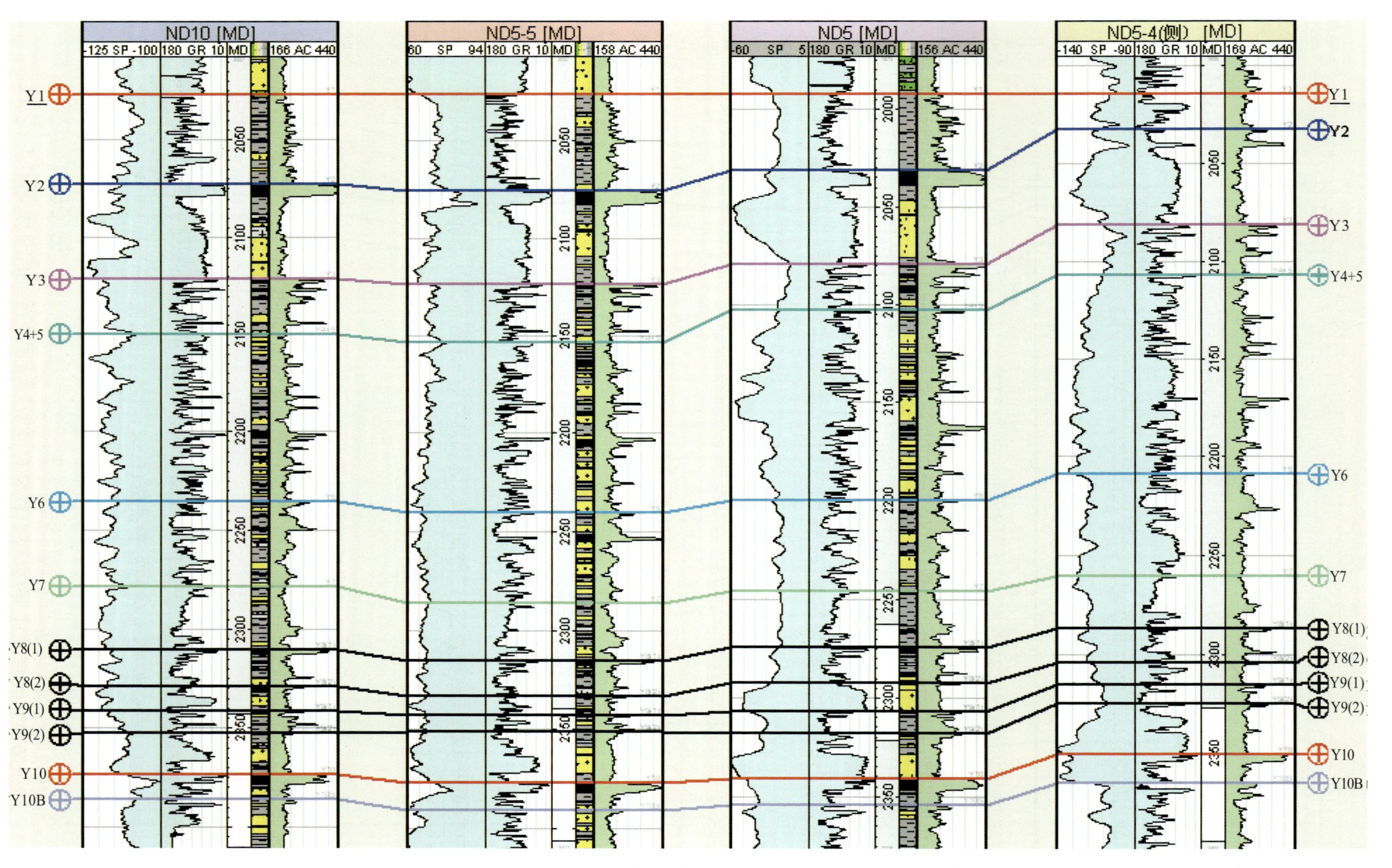

图 3-13　宁东 5 井区 ND10、ND5-5 等井延 1—延 10 地层划分对比图(剖面 2)

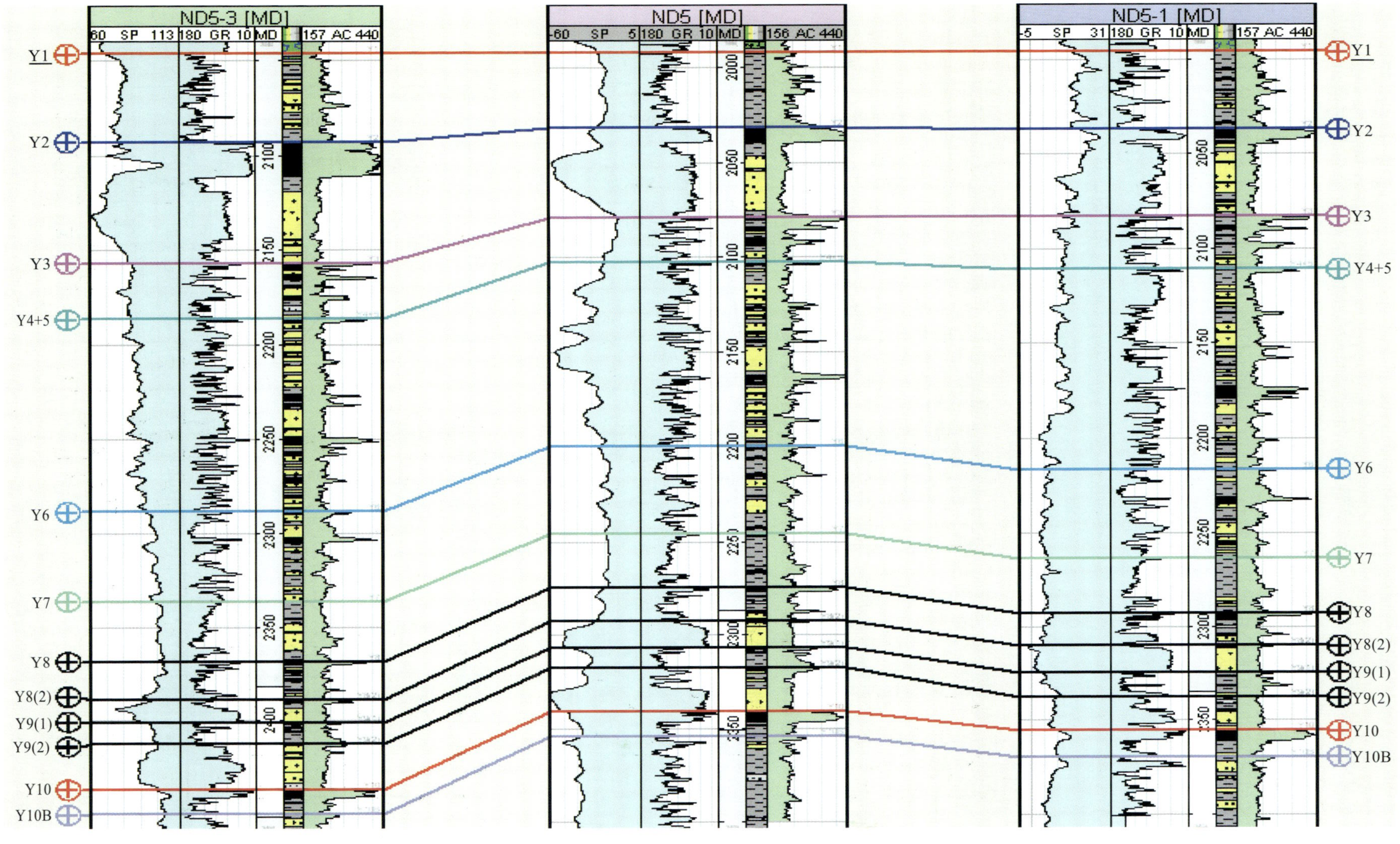

图3-14 宁东5井区ND5-3、ND5等井延1—延10地层划分对比图(剖面3)

宁东 2－6 井：延 8^1 顶界现在的分层深度为 2 115.0m，原分层深度为 2 110.5m；划分依据可以参考其邻井宁东 8 井（图 3－16），延 8^1 以煤顶为标志层，且从对比曲线 GR、SP、AC、CNL 的形态与变化特征，岩性与电性的旋回组合特征上均可确定该层段。

大东 19 井：延 9^1 顶界现在的分层深度为 2 183.9m，原分层深度为 2 189.5m；划分依据可以参考其邻井宁东 108 井（图 3－17）；延 9^1 层段以煤顶为其标志层，且从对比曲线 GR、SP、AC 的形态与变化特征，岩性与电性的旋回组合特征上均可确定该层段。

宁东 14 井：延 8^1 顶界现在的分层深度为 2 144.0m，原分层深度为 2 132.5m；延 9^1 顶界现在的分层深度为 2 171.2m，原分层深度为 2 163.0m；划分依据可以参考其邻井宁东 2－2 井（图 3－18）；延 8^1 以泥页岩为其标志层，延 9^1 以煤顶为其标志层，且从对比曲线 GR、SP、AC、CNL 的形态与变化特征，岩性与电性的旋回组合特征上均可确定该层段。

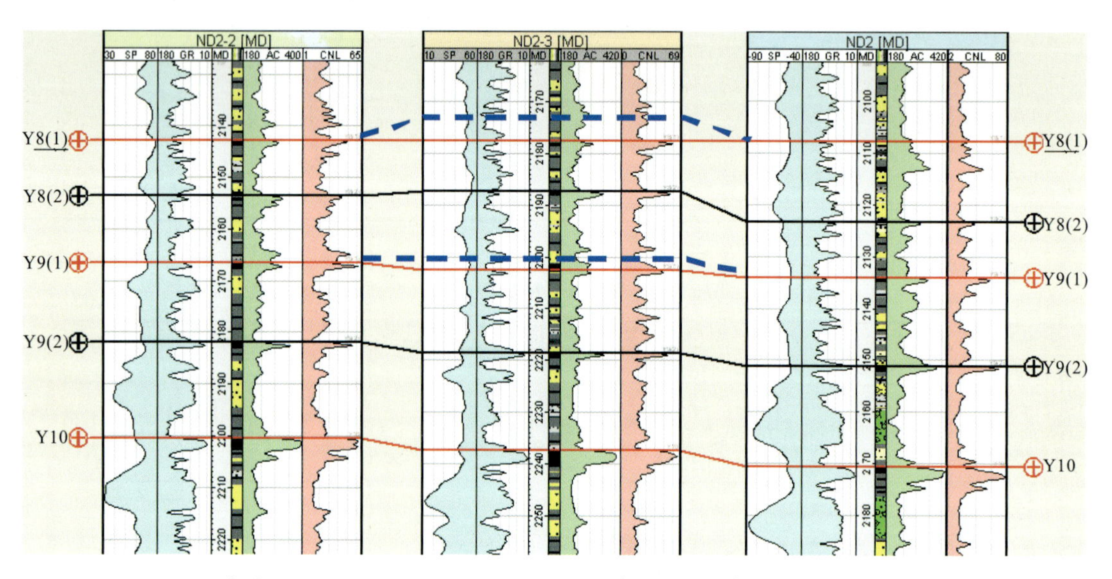

图 3－15　宁东 2－3 井层位深度调整对比（延 8^1 顶和延 9^1 顶，蓝色虚线为原分层）

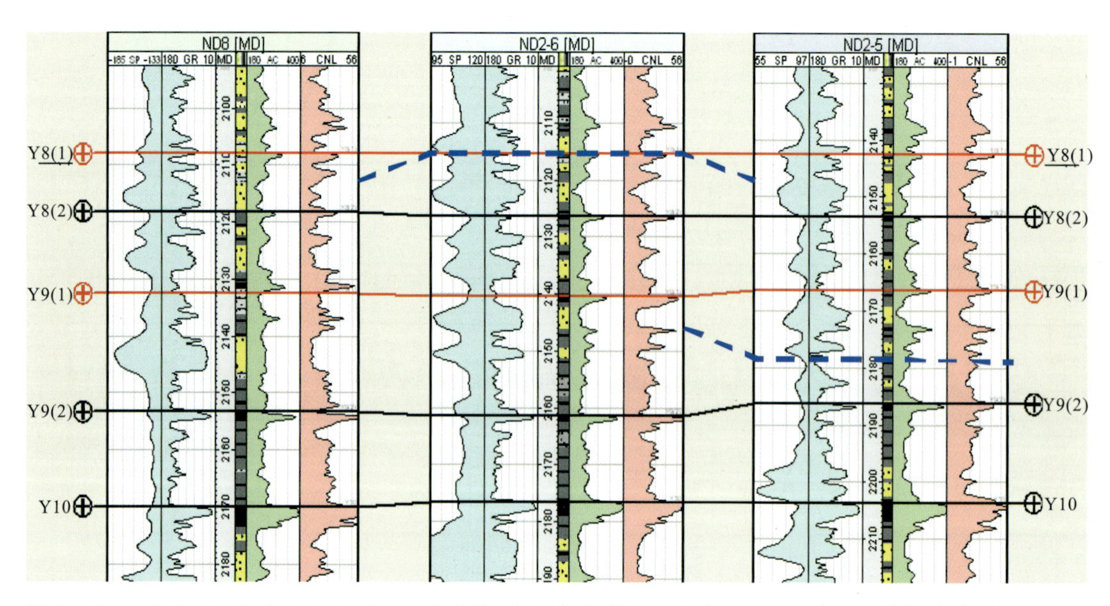

图 3－16　宁东 2－5 井和宁东 2－6 井层位深度调整对比（延 8^1 顶和延 9^1 顶，蓝色虚线为原分层）

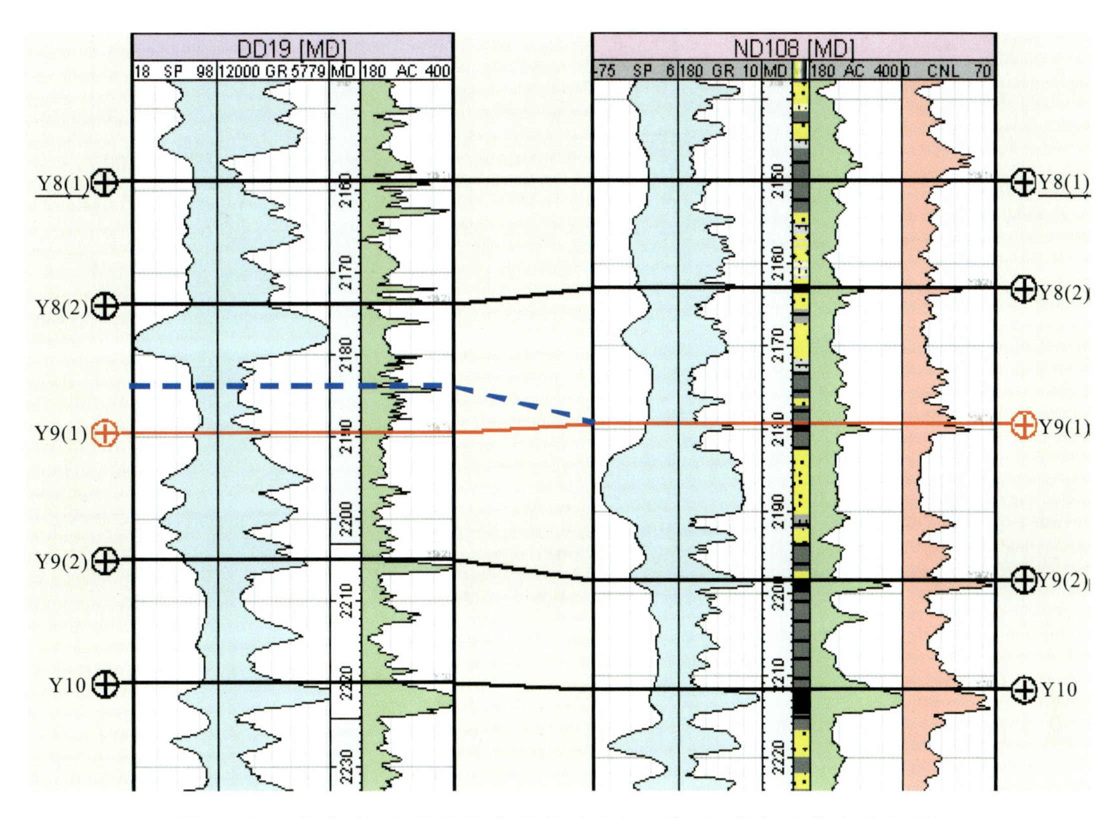

图 3-17 大东 19 井层位深度调整对比(延 9^1 顶,蓝色虚线为原分层)

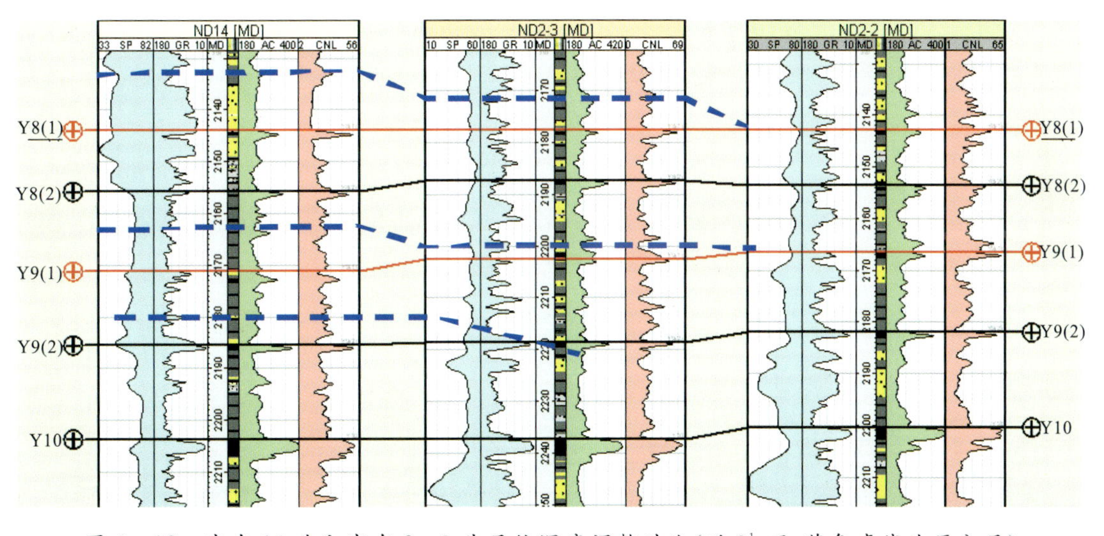

图 3-18 宁东 14 井和宁东 2-3 井层位深度调整对比(延 9^1 顶,蓝色虚线为原分层)

2. 宁东 5 井区

宁东 5 井:延 8^1 顶界现在的分层深度为 2 274.5m,原分层深度为 2 283.5m;延 8^2 顶界现在的分层深度为 2 292.5m,原分层深度为 2 293.5m;延 9^2 顶界现在的分层深度为 2 318.0m,原分层深度为 2 322.5m;划分依据可以参考其邻井宁东 5-4(侧)井(图 3-19);延 8^1、延 8^2、延 9^2 均以煤顶为其标志层,且从对比曲线 GR、SP、AC、CNL 的形态与变化特征,岩性与电性的旋回组合特征上均可确定该层段。

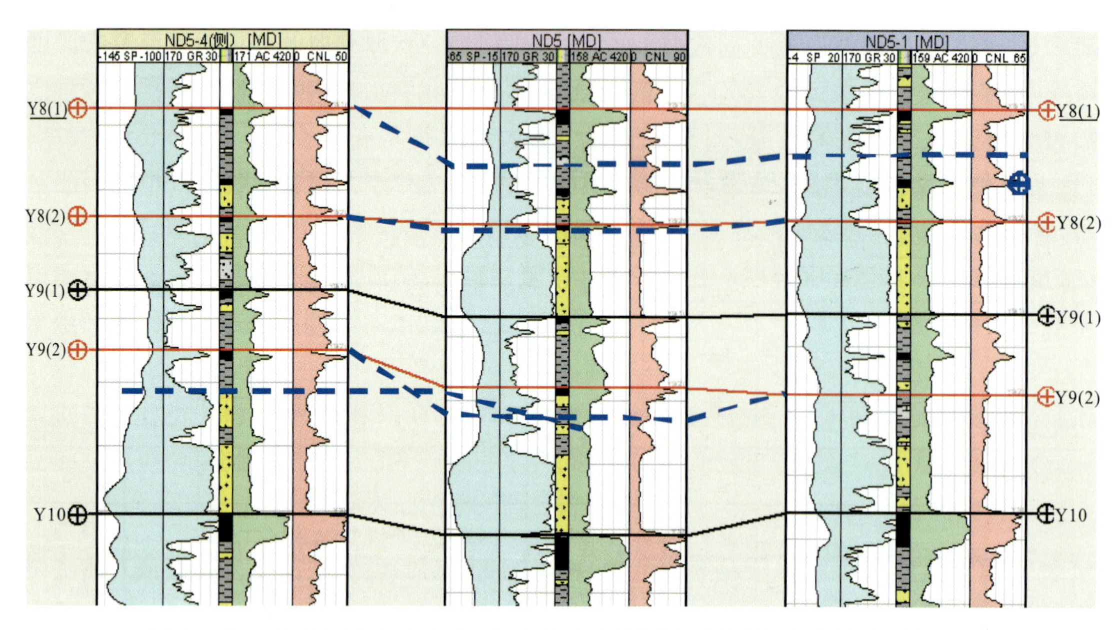

图 3-19　宁东 5 井和宁东 5-1 井层位深度调整对比(蓝色虚线为原分层)

宁东 5-1 井:延 8^{1} 顶界现在的分层深度为 2 293.0m,原分层深度为 2 300.5m;划分依据可以参考其邻井宁东 5-4(侧)井及宁东 5 井(图 3-19);延 8^{1} 以煤顶为其标志层,且从对比曲线 GR、SP、AC、CNL 的形态与变化特征,岩性与电性的旋回组合特征上均可确定该层段。

宁东 5-2 井:延 8^{1} 顶界现在的分层深度为 2 324.5m,原分层深度为 2 333.5m;延 9^{2} 顶界现在的分层深度为 2 367.6m,原分层深度为 2 369.5m;划分依据可以参考其邻井宁东 5-5 井(图 3-20);延 8^{1}、延 9^{2} 均以煤顶为其标志层,且从对比曲线 GR、AC、CNL 的形态与变化特征,岩性与电性的旋回组合特征上均可确定该层段。

宁东 5-3 井:延 8^{1} 顶界现在的分层深度为 2 368.6m,原分层深度为 2 377.5m;划分依据可以参考其邻井宁东 5-5 井(图 3-20);延 8^{1} 层段以煤顶为其标志层,且从对比曲线 GR、SP、AC、CNL 的形态与变化特征,岩性与电性的旋回组合特征上均可确定该层段。

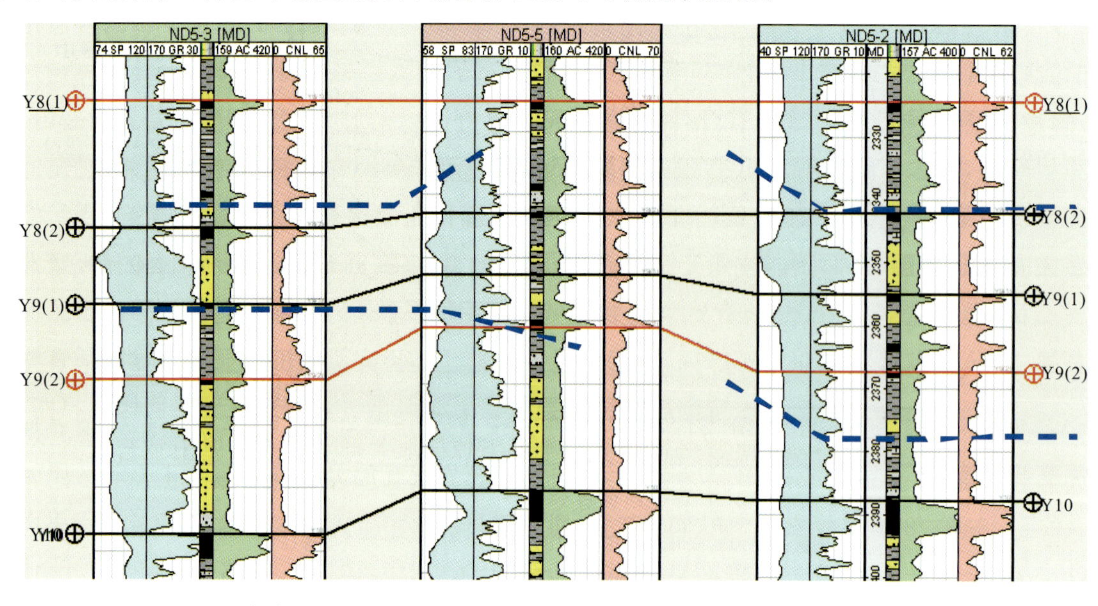

图 3-20　宁东 5-3 井和宁东 5-2 井层位深度调整对比(蓝色虚线为原分层)

宁东10井：延 8^1 顶界现在的分层深度为2 310.4m，原分层深度为2 318.5m；划分依据可以参考其邻井宁东105井(图3-21)；延 8^1 层段以煤顶为其标志层，且从对比曲线GR、SP、AC、CNL的形态与变化特征，岩性与电性的旋回组合特征上均可确定该层段。

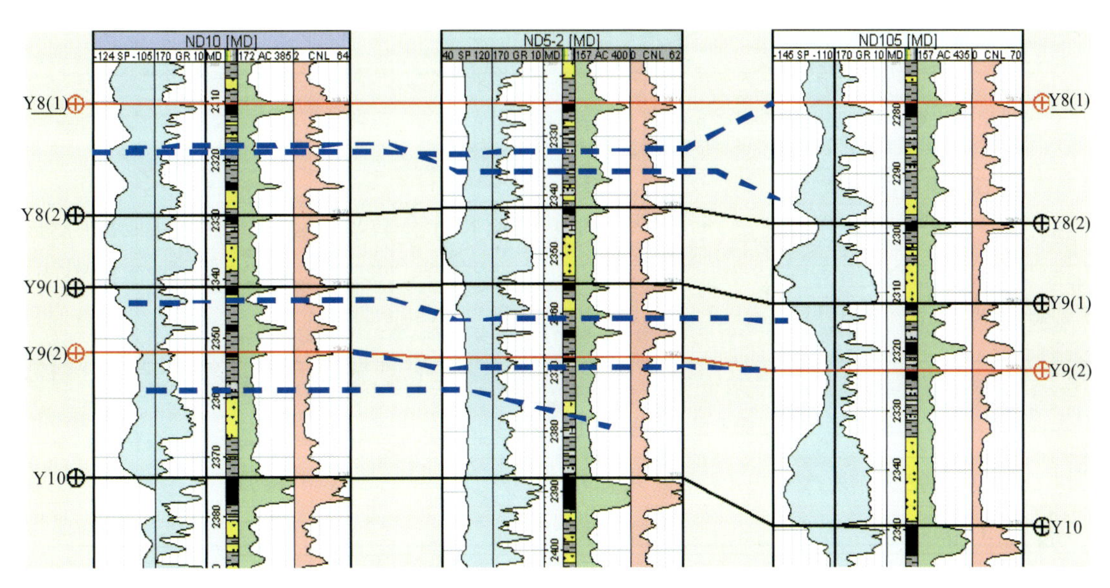

图3-21 宁东10井和宁东5-2井层位深度调整对比(蓝色虚线为原分层)

宁东5井区小层顶界划分与原分层数据见表3-7。

表3-7 宁东5井区小层顶界划分与原分层数据对照表 (单位：m)

层位	井区				
	宁东5井	宁东5-1井	宁东5-2井	宁东5-3井	宁东10井
$Y8^1$	2 274.5\2 283.5	2293\2 300.5	2 324.5\2 333.5	2 368.6\2 377.5	2 310.4\2 318.5
$Y8^2$	2 292.5\2 293.5	2 310.0	2 342.2	2 388.8	2 329.1
$Y9^1$	2 307.5	2 325.0	2 355.0	2 401.2	2 341.3
$Y9^2$	2 318.0\2 322.5	2 337.5	2 367.6\2 369.5	2 412.9	2 352.2
Y10	2 341.0	2 355.9	2 387.9	2 437.4	2 173.5

注："\"前的数据为现在的分层，"\"后的数据为原分层，其他数据与原分层基本一致。

第四节 构造平面展布

一、宁东2井、3井区构造等值线展布

根据前人分析的构造分布结果，结合本次收集的单井分层数据和修正后的分层数据及地震解释的层面构造，重新绘制了宁东2井、3井区延8^1、延8^2、延9^1、延9^2和延10小层的顶面构造图(图3-22—图3-26)。

宁东2井、3井区小层顶面构造图显示，宁东2井区整体处在背斜的底部，在宁东2井附近为一高点；其他地区(包括宁东3井区)构造整体比较平缓，围绕宁东3-3井形成一个小背斜构造，圈闭高度在17m左右。此外，在研究区范围右侧中部也存在一个小构造。

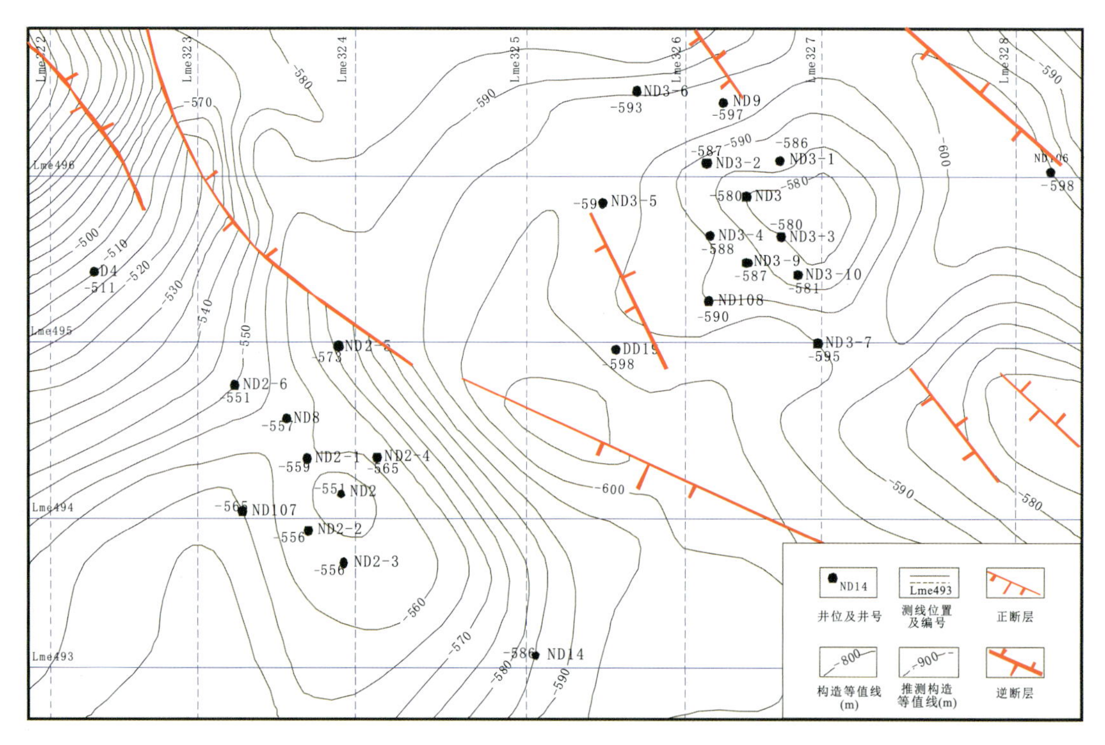

图3-22 宁东2井、3井区延8^1小层顶面构造等值线图

二、宁东5井区构造等值线展布

宁东5井区由于缺乏相应的地震解释数据，对宁东5井区的构造改动不大，主要参考前人对该地区构造的研究成果，结合本次收集的单井分层数据，重新绘制了宁东5井区延8^1、延8^2、延9^1、延9^2和延10小层的顶面构造图。小层顶面构造图显示，宁东5井区属断鼻构造(图3-27—图3-31)。

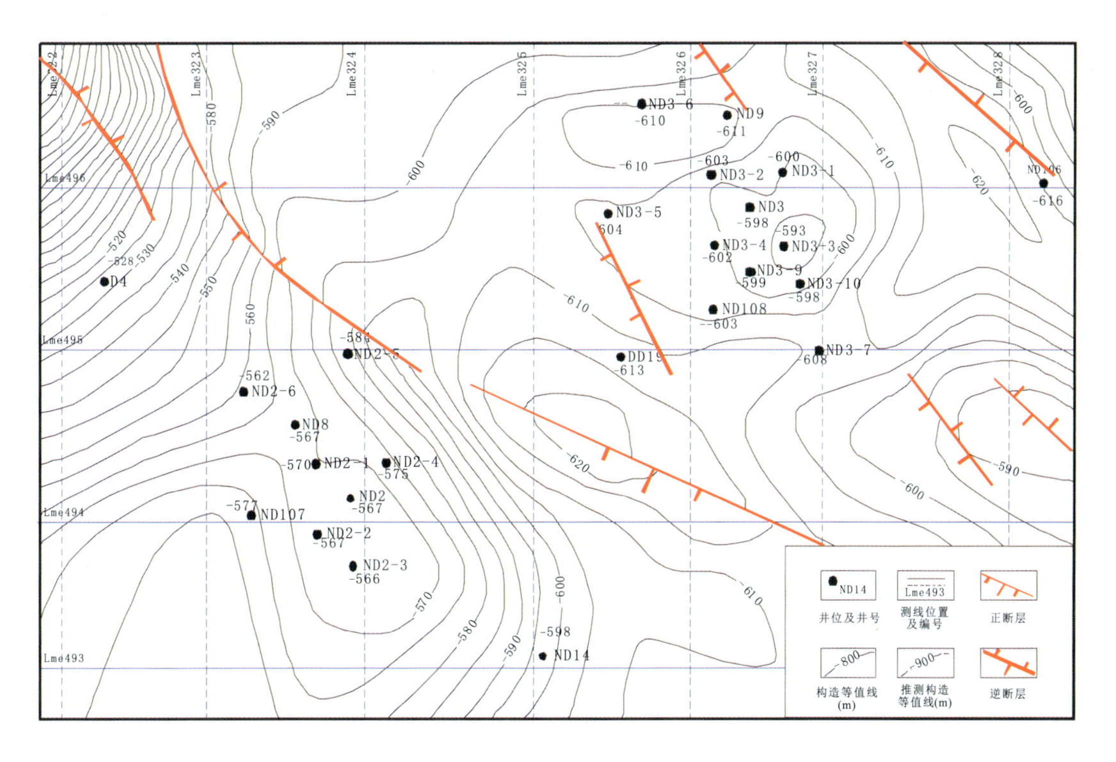

图 3-23　宁东 2 井、3 井区延 8^2 小层顶面构造等值线图

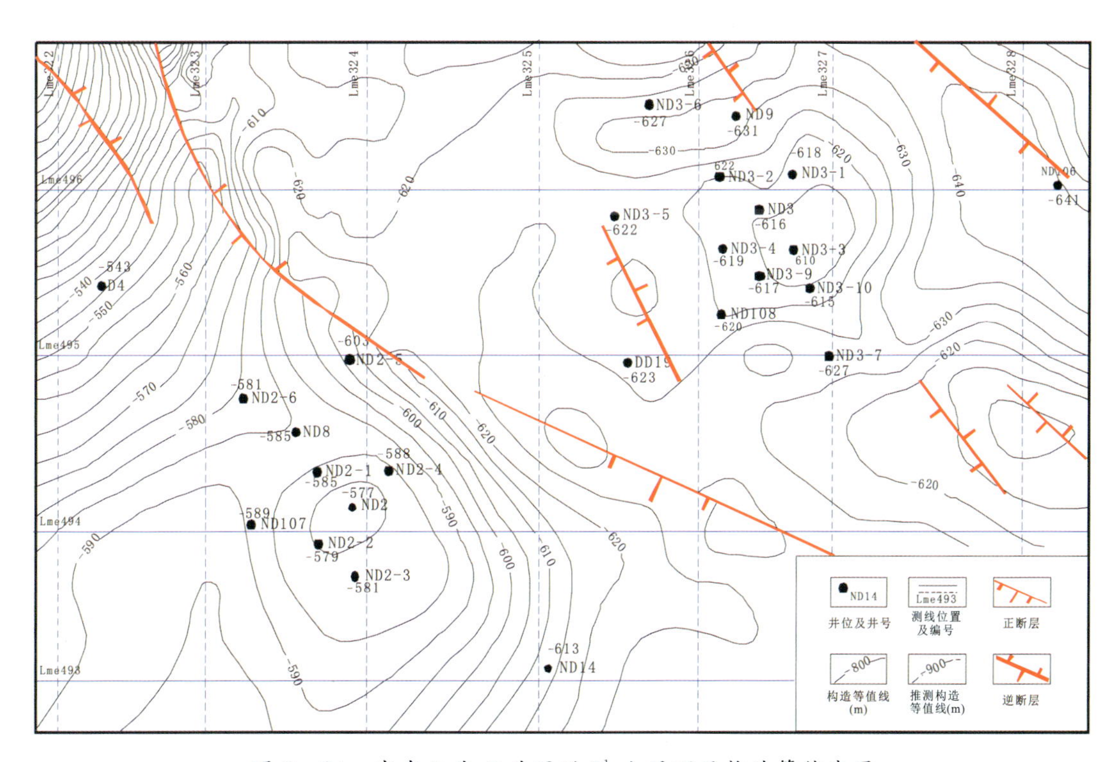

图 3-24　宁东 2 井、3 井区延 9^1 小层顶面构造等值线图

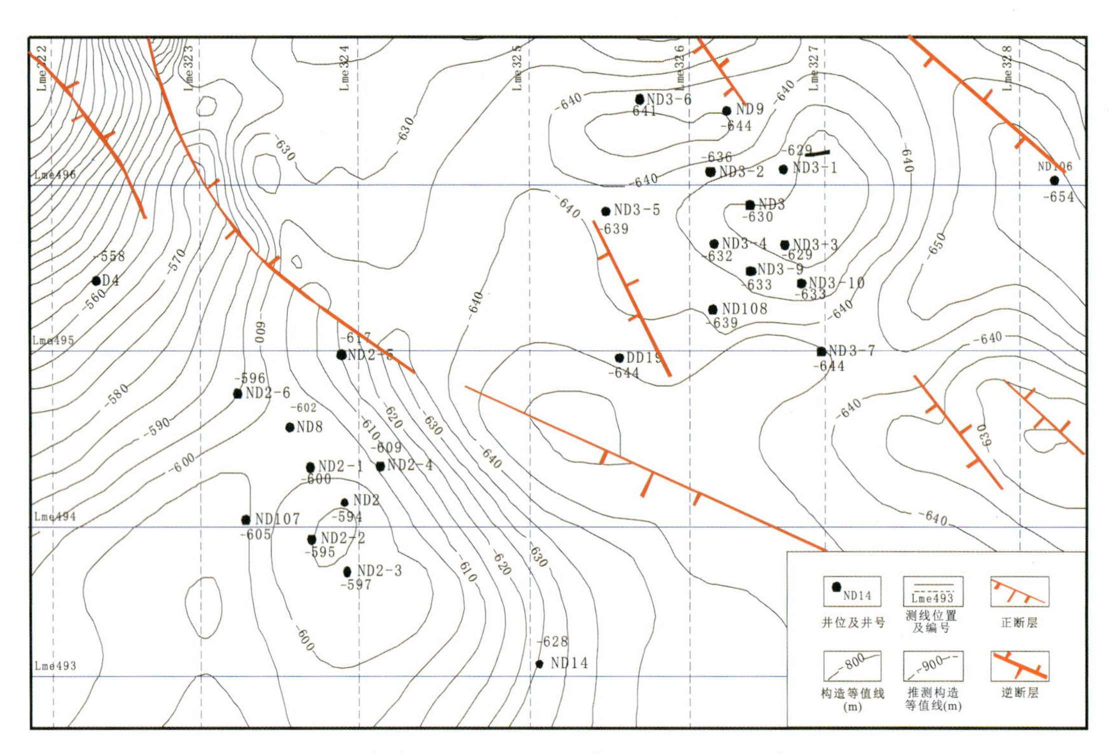

图 3-25　宁东 2 井、3 井区延 9^2 小层顶面构造等值线图

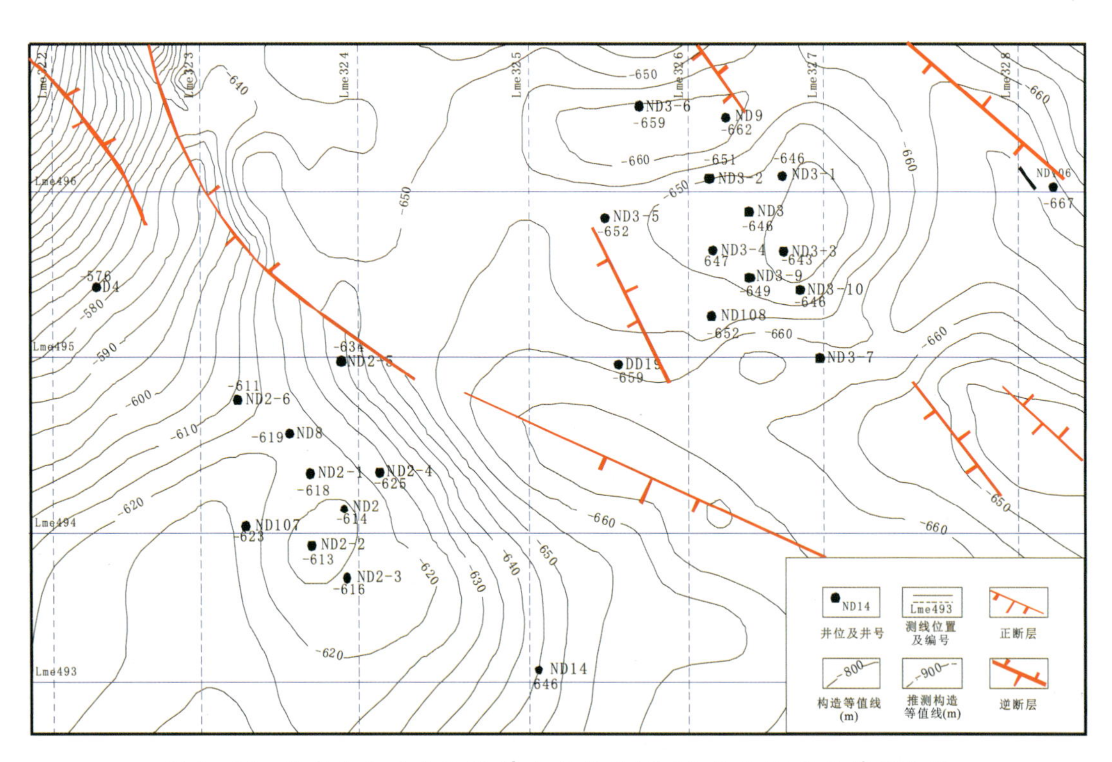

图 3-26　宁东 2 井、3 井区延 9^2 小层底面(延 10 层顶面)构造等值线图

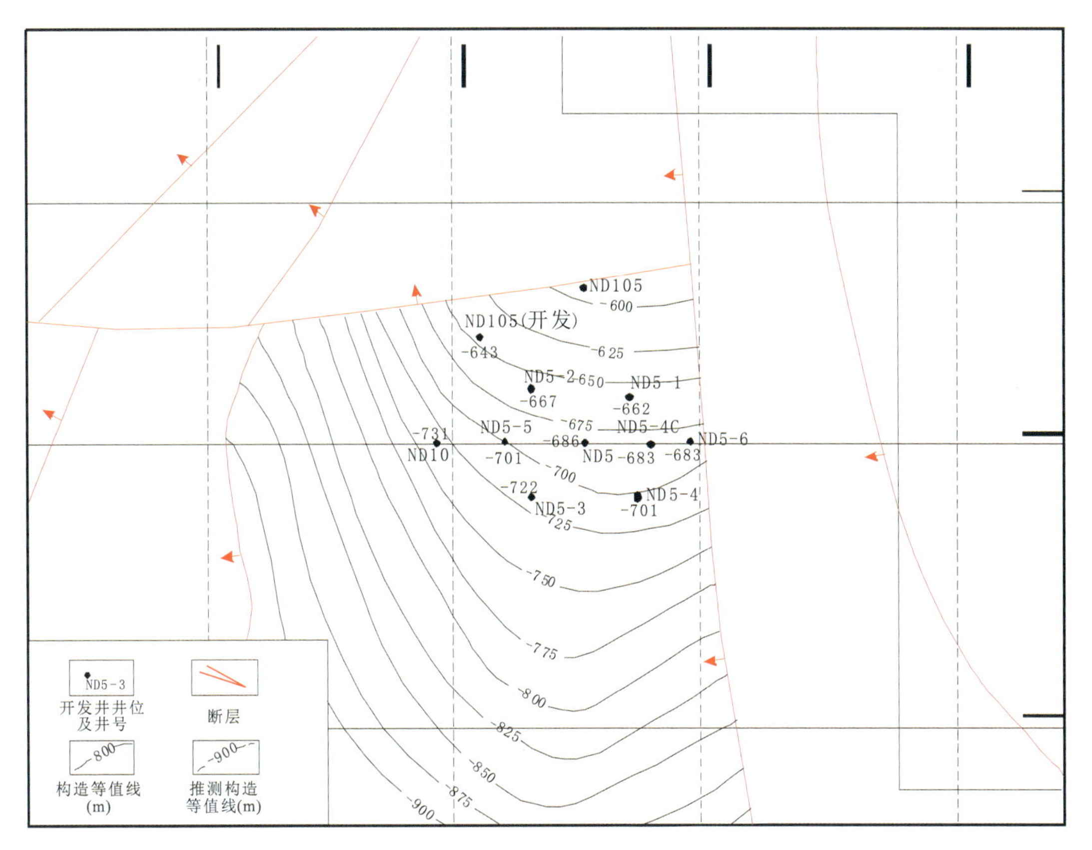

图 3-27　宁东 5 井区延 8^1 小层顶面构造等值线图

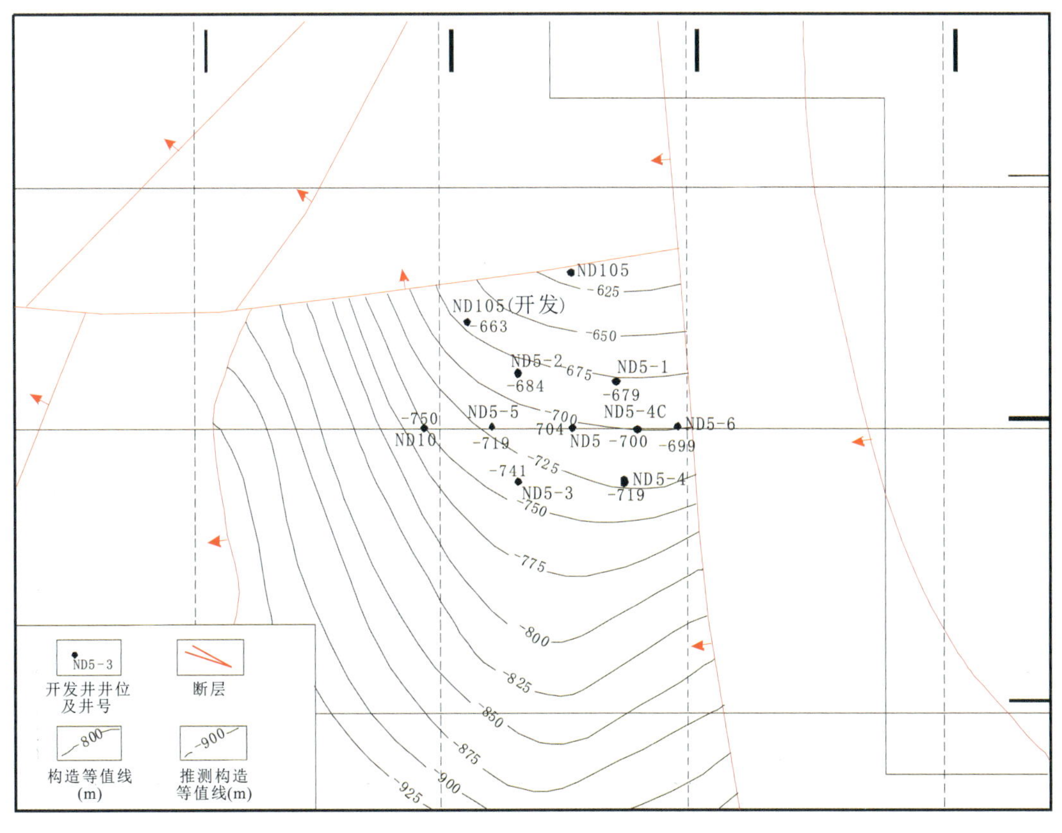

图 3-28　宁东 5 井区延 8^2 小层顶面构造等值线图

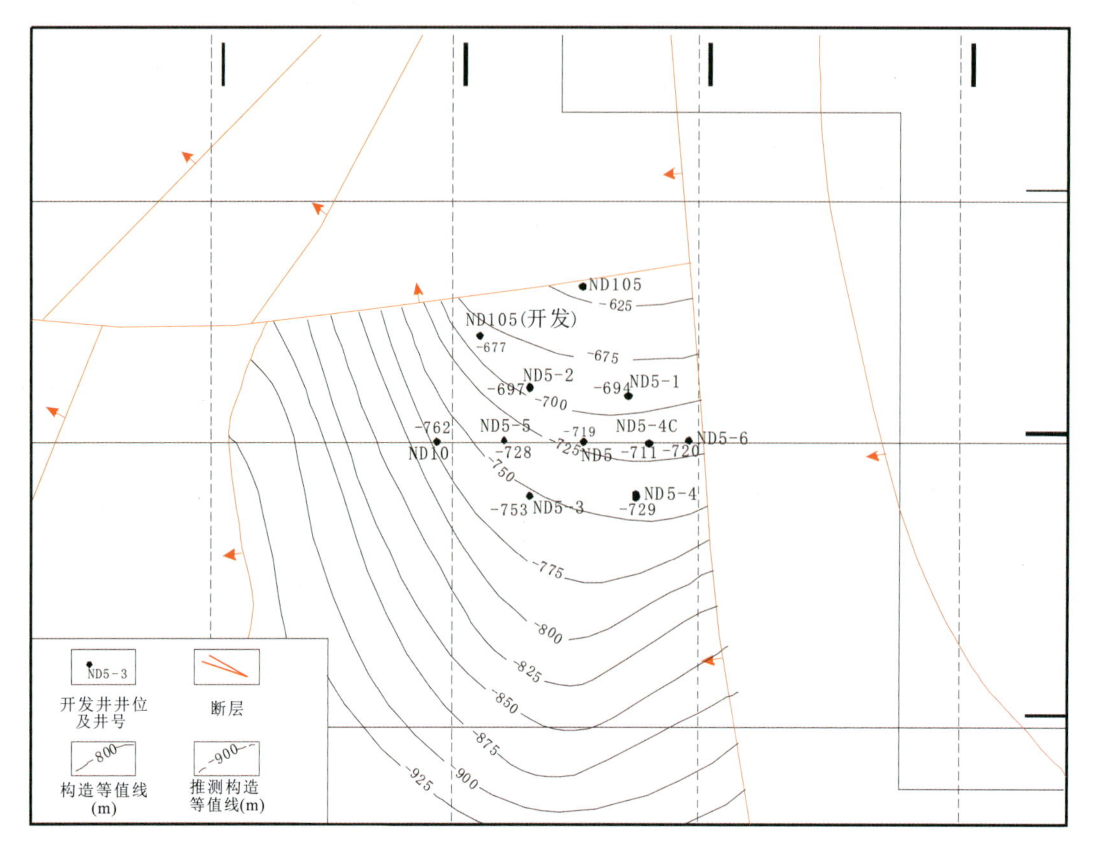

图 3-29　宁东 5 井区延 9^1 小层顶面构造等值线图

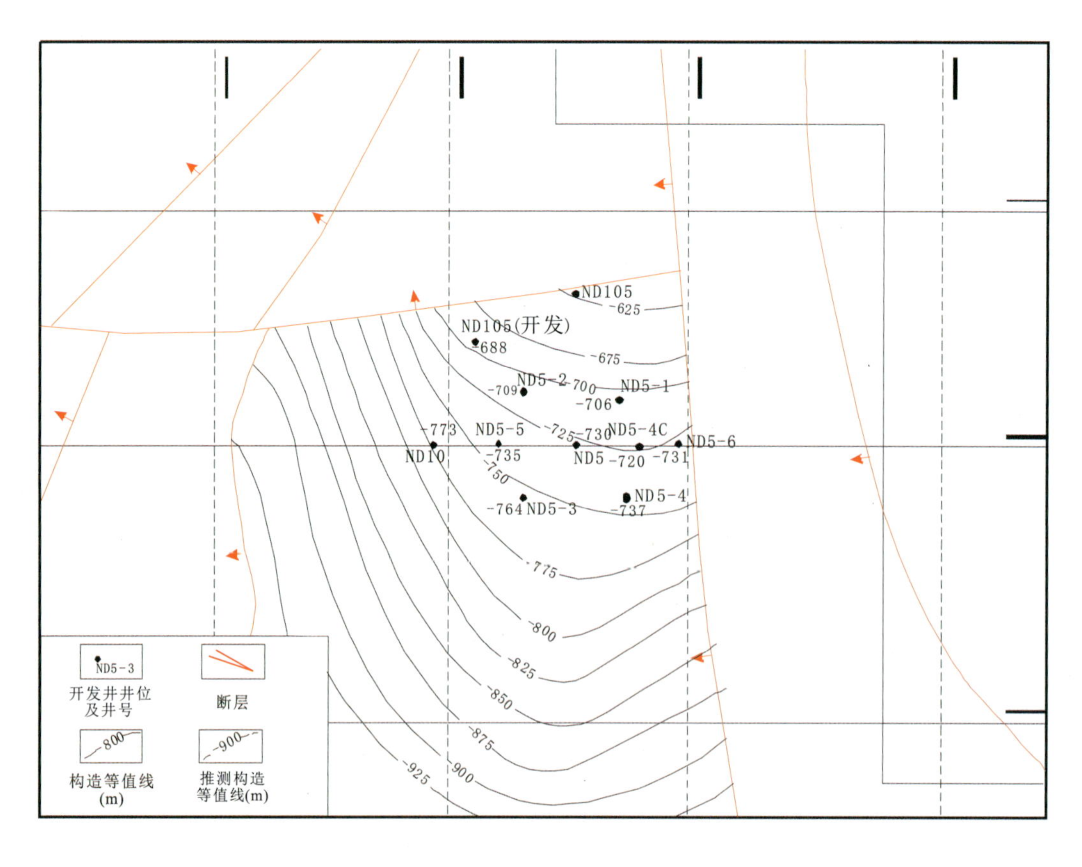

图 3-30　宁东 5 井区延 9^2 小层顶面构造等值线图

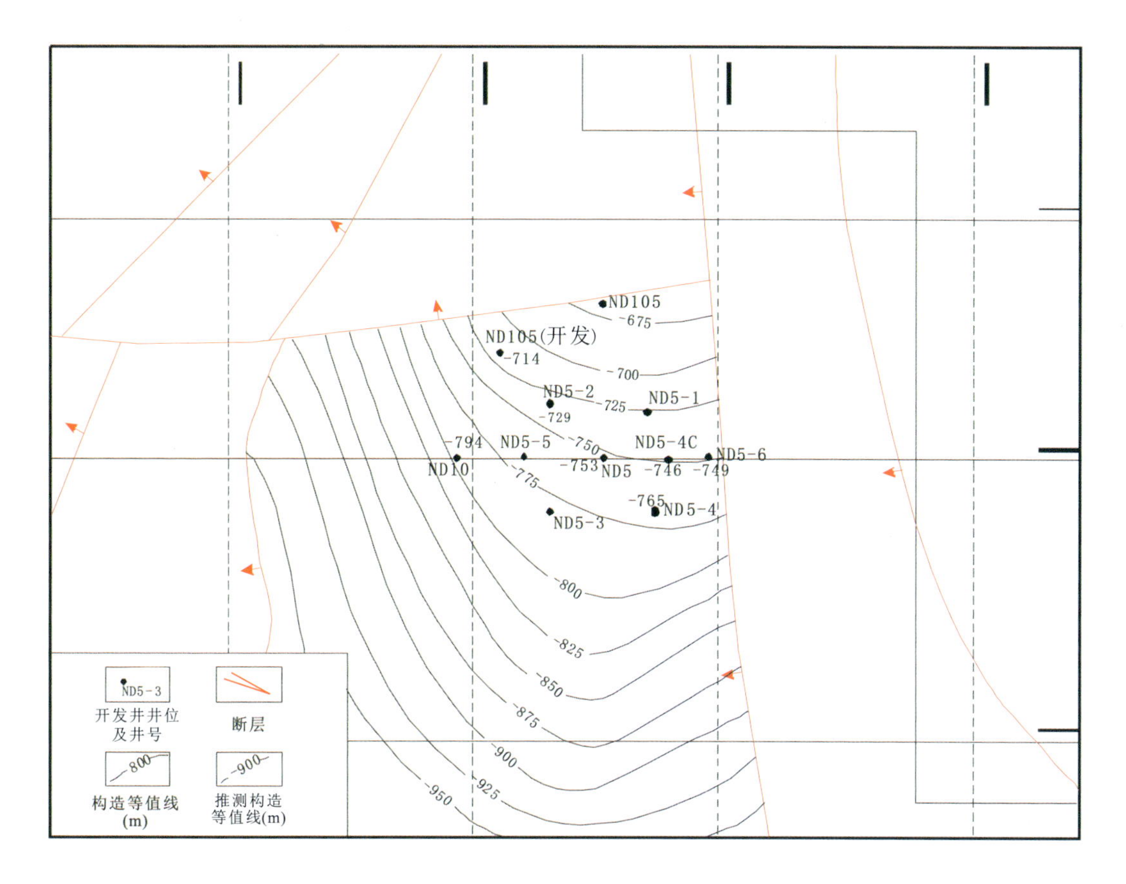

图 3-31　宁东 5 井区延 9^2 小层底面(延 10 层顶面)构造等值线图

第五节　本章小结

(1)按照沉积演化的旋回性,对麻黄山西探区块的延 1、延 2、延 3、延 4+5、延 6、延 7、延 8、延 9、延 10 油层组进行了层组划分与对比,其中延 8 和延 9 油层组在原分层的基础上,重新按等时地层单元的概念,将延 8 油层组分成延 8^1、延 8^2 两个时间地层单元,延 9 油层组分成延 9^1、延 9^2 两个时间地层单元。

(2)明确了麻黄山西探区 4 个明显的标志层。延 2 顶部煤层较厚,多数钻井可对比,分布广泛而稳定,其顶部煤层的电性特征典型,低自然伽马值、低密度值、高电阻率值、高声波时差、高中子值的特点易于识别,是全区最明显的标志层,为标志层 1;延 3、延 4+5 和延 10 的顶部煤层电性特征较为明显,分布较稳定,分别为标志层 2、标志层 3 井和标志层 4。

(3)宁东 2 井区整体处于背斜的底部,在宁东 2 井附近为一高点,其他地区(包括宁东 3 井区)构造整体比较平缓,围绕宁东 3-3 井形成一个小背斜构造,圈闭高度在 17m 左右,另在研究区范围右侧中部也存在一个小构造。

第四章 储层"四性"关系研究

储层的"四性"关系指储层的岩性、物性、电性与含油性之间的关系。掌握储层的"四性"关系对于利用测井数据来识别岩性,计算储层的孔渗参数和判断储层的含油性有很重要的指导意义。

进行储层"四性"关系的研究需要大量录井、岩心测试、试油等资料。本次研究收集了43口井的录井资料、15口井的岩心测试资料和30口井的试油资料,利用这些资料进行了储层岩性与电性关系的分析、储层物性与电性关系分析、储层含油性分析。

第一节 岩性-物性分析

一、岩心归位

在钻孔钻进过程中,由于岩心破碎等各种工程因素,导致测井深度与取心深度不一致,因此,必须进行岩心深度归位,即把取心深度校正到与测井一致,这是建立测井参数与取心参数关系必须要做的基础工作,对关系的准确建立具有十分重要的作用。

岩心深度归位的基本步骤如下:

(1)将岩心分析孔隙度与测井曲线(声波、密度、中子)计算的孔隙度进行对比,滑动岩心分析孔隙度直到它与测井曲线计算的孔隙度对齐;或者采用岩心密度和测井密度值进行深度归位。

(2)记录岩心分析孔隙度与测井曲线计算的孔隙度之间错动的距离(L),如果岩心分析孔隙度的深度大于测井曲线计算的孔隙度的深度,则该距离记为负,例如$L=-2\text{m}$,反之该距离记为正,例如$L=2\text{m}$。

(3)将岩心分析孔隙度的深度加上上一步计算得出的错动距离L,即:

$$\text{DEPTH}_c=\text{DEPTH}+L \tag{4-1}$$

式中,DEPTH为岩心原来深度(m);DEPTH_c为岩心校正后的深度(m)。

基于岩心深度归位的基本原理,本研究对麻黄山地区的岩心分析资料进行了岩心深度归位,归位的实例如图4-1—图4-8所示。

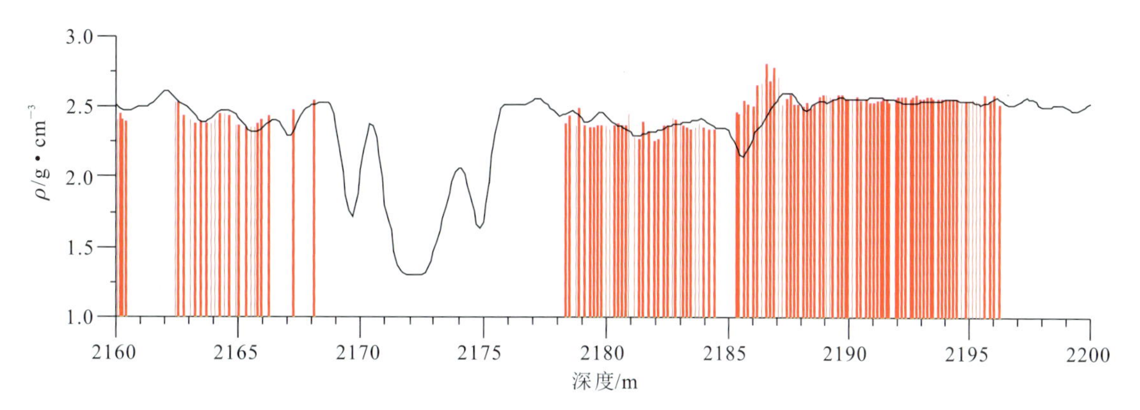

图 4-1 宁东 2 井进行深度归位前的岩心密度分布(局部)

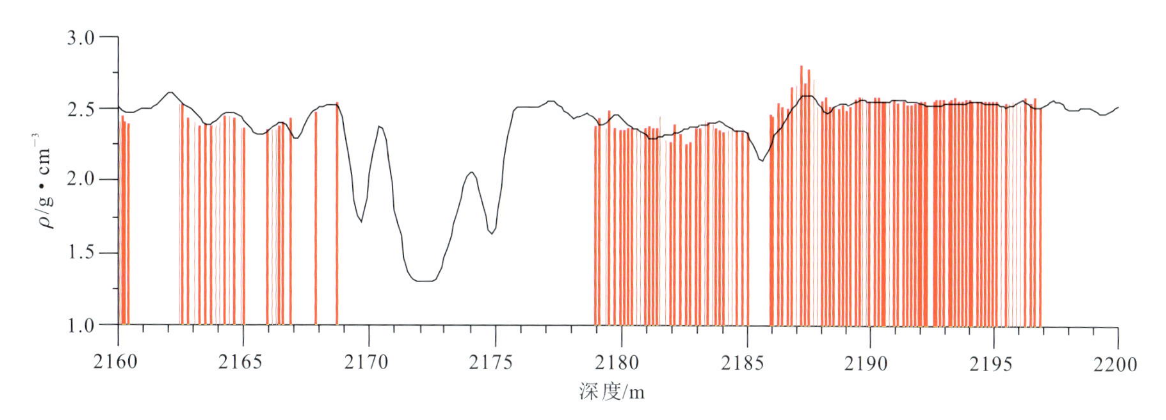

图 4-2 宁东 2 井根据密度进行深度归位的效果(局部)

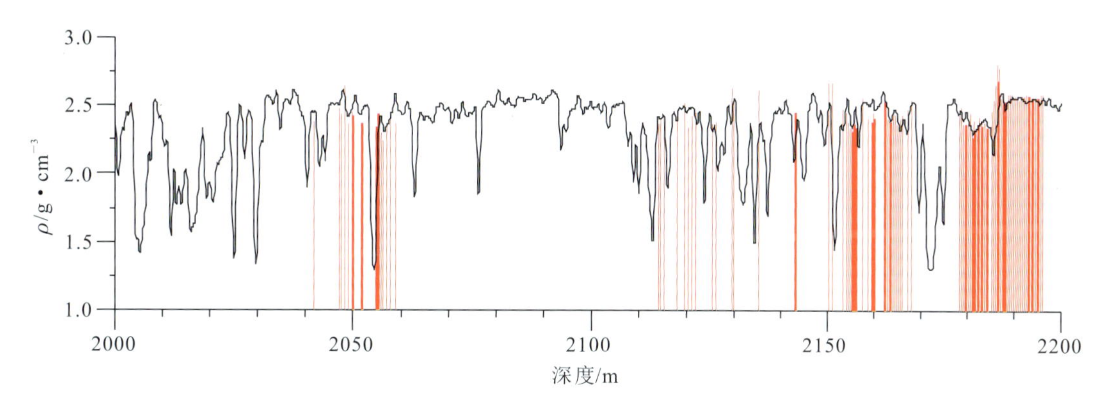

图 4-3 宁东 2 井进行深度归位前的岩心密度分布(总体)

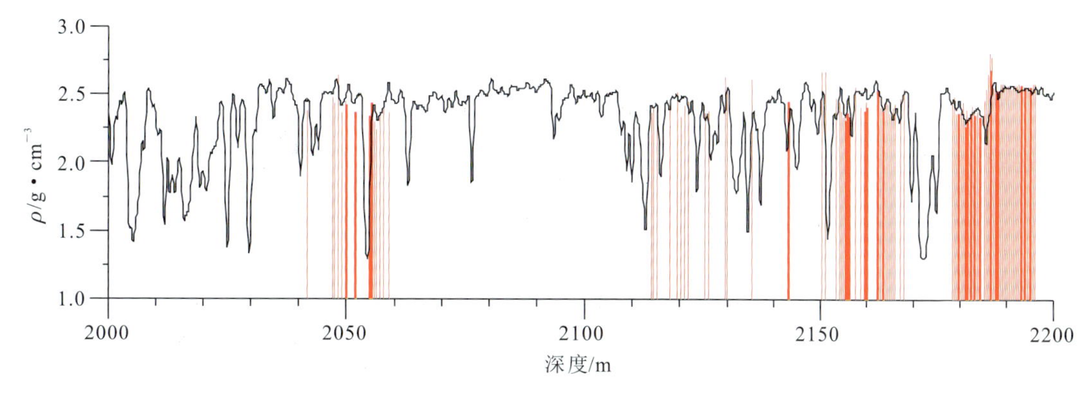

图 4-4 宁东 2 井根据密度进行深度归位的效果(总体)

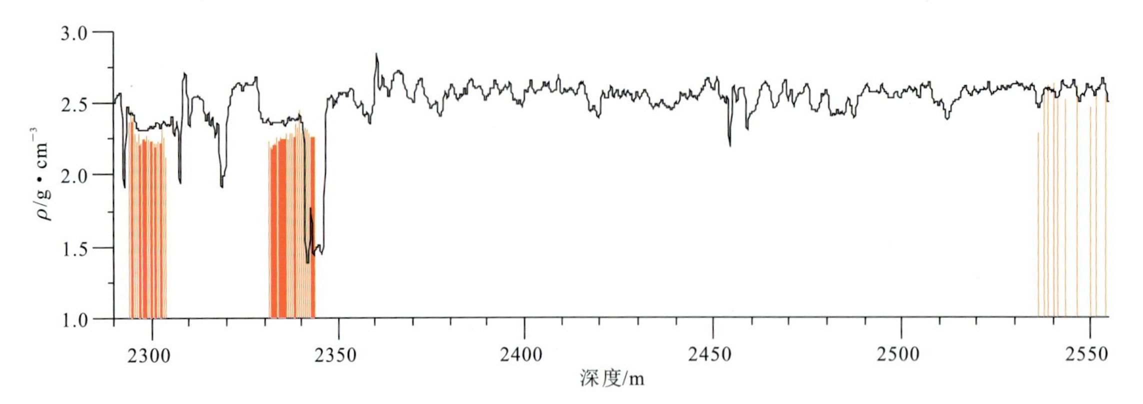

图 4-5　宁东 5 井进行深度归位前的岩心密度分布(总体)

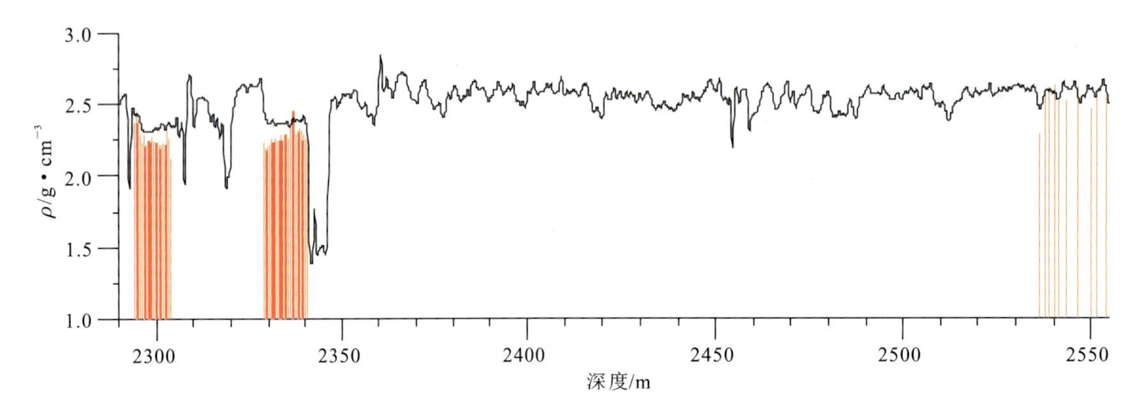

图 4-6　宁东 5 井根据密度进行深度归位的效果(总体)

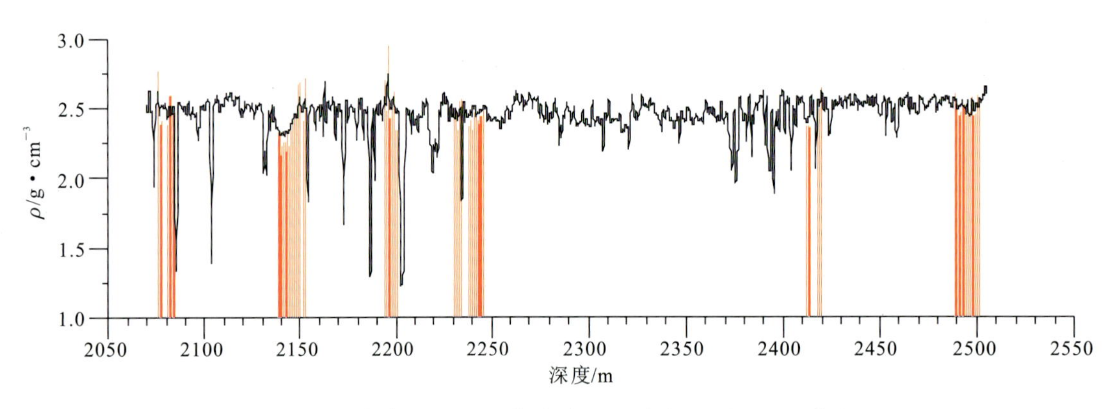

图 4-7　宁东 3 井根据密度进行深度归位的效果(总体)

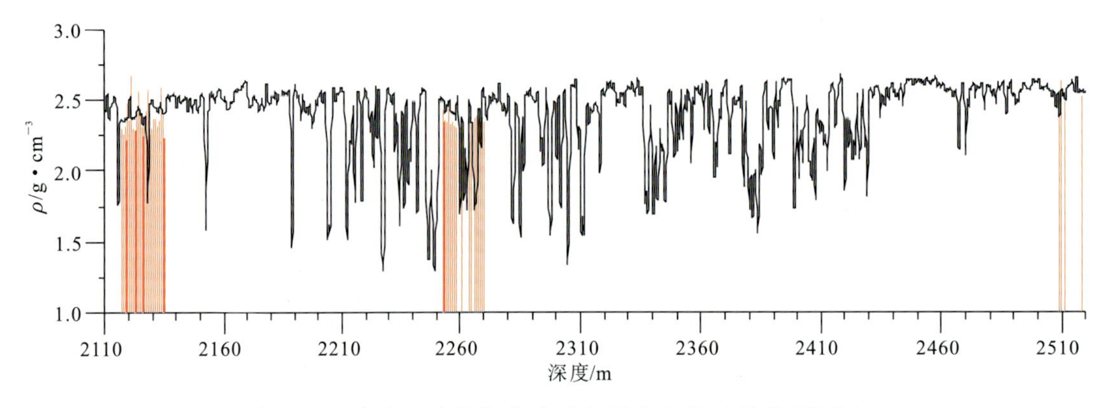

图 4-8　宁东 4 井根据密度进行深度归位的效果(总体)

二、孔渗关系建模

麻黄山探区岩心分析孔隙度分布如图 4-9(a)所示,孔隙度集中分布于 8%～16%之间。麻黄山探区岩心分析渗透率分布如图 4-9(b)所示,岩心分析渗透率集中分布于(0.07～1)×10^{-3} μm^2 之间。

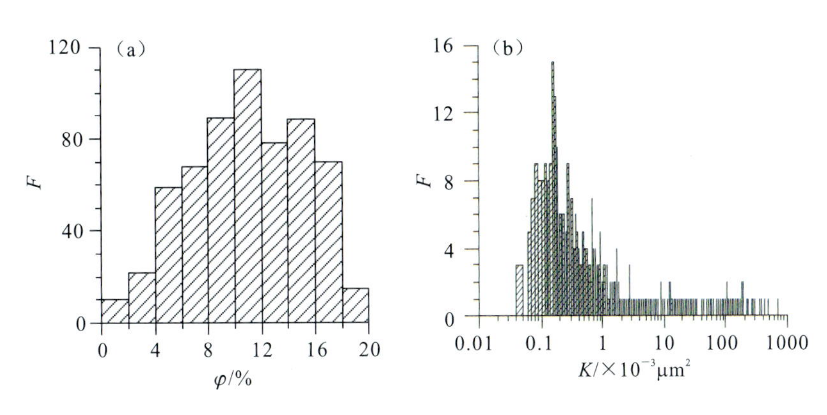

图 4-9 麻黄山探区岩心分析结果

(a)孔隙度分布图;(b)渗透率分布图

(一)按组段建模

在岩心深度归位的基础上,利用数理统计的方法得到麻黄山地区岩心孔隙度与测井曲线之间的关系,按不同井区的不同组和段分别进行了回归分析,结果如图 4-10—图 4-27 所示。

1. 宁东 2 井区

(1)延 8 段。

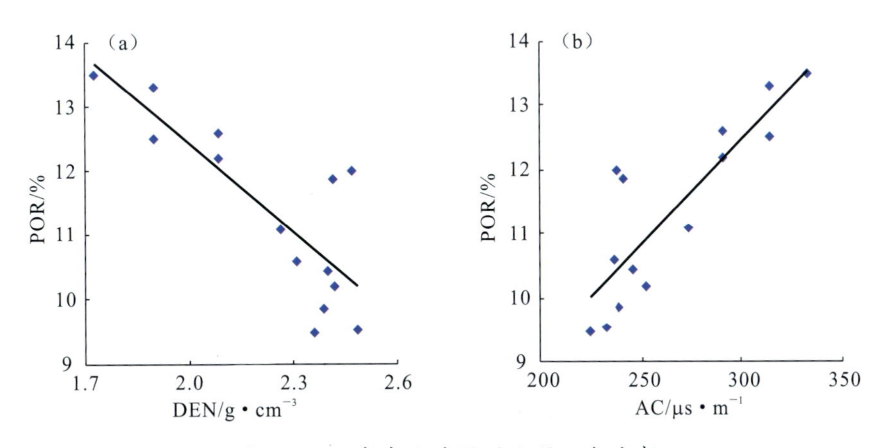

图 4-10 宁东 2 井区延 8 段回归分析

(a)岩心孔隙度与密度关系图;(b)岩心孔隙度与声波时差关系图

(POR=-4.537 7×DEN+21.499,R=0.81,N=15)

(POR=0.032 4×AC+2.741 8,R=0.86,N=15)

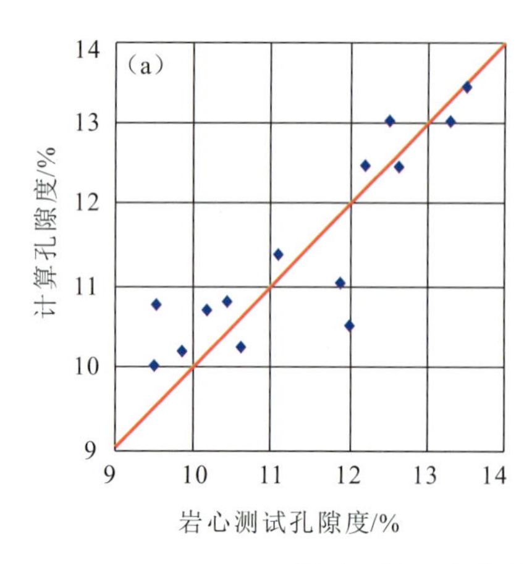

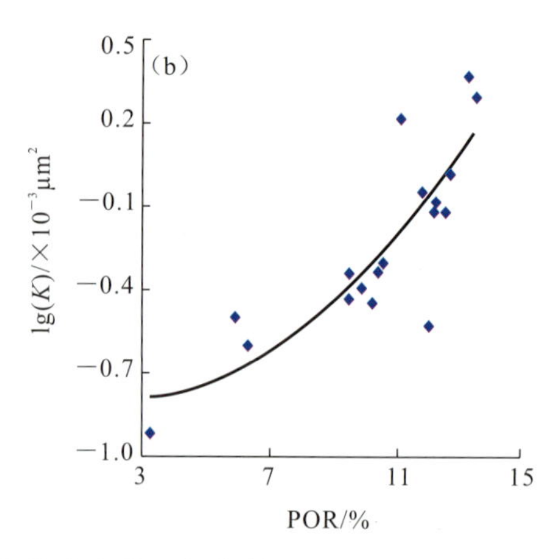

图 4-11 宁东 2 井区延 8 段回归分析

(a)计算孔隙度与岩心测试孔隙度关系图;(b)岩心孔隙度与岩心渗透率关系图

($POR=0.035\times AC+1.414\times DEN-0.027\times V_{sh}-0.648$,$R=0.88$,$N=15$,$V_{sh}$为泥质含量)

[$\lg(K)=0.0074\times POR^2-0.0307\times POR-0.7663$,$R=0.83$,$N=18$]

(2)延 9 段。

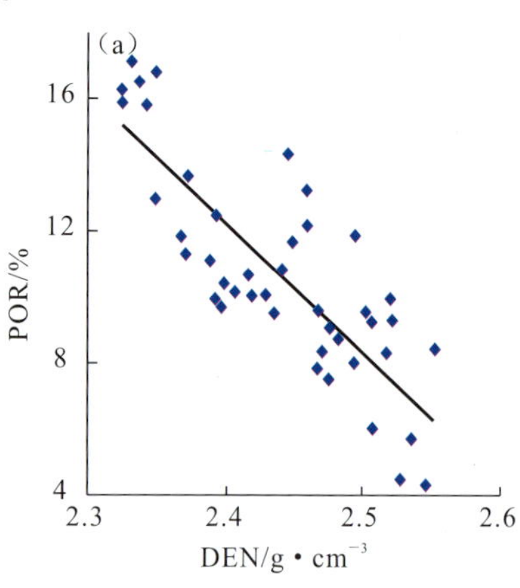

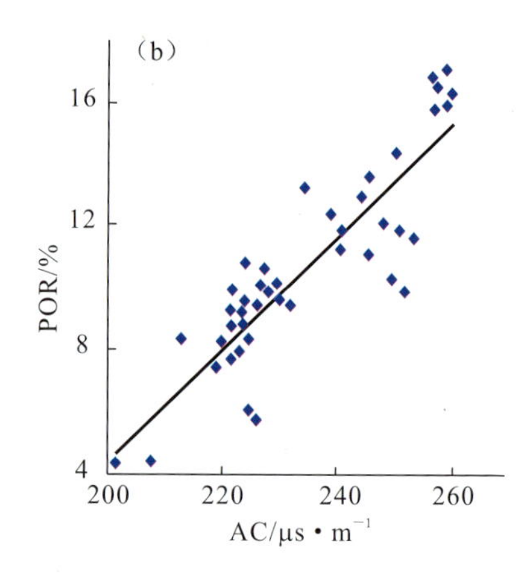

图 4-12 宁东 2 井区延 9 段回归分析

(a)岩心孔隙度与密度关系图;(b)岩心孔隙度与声波时差关系图

($POR=-38.862\times DEN+105.43$,$R=0.81$,$N=43$)

($POR=0.1823\times AC-32.083$,$R=0.88$,$N=43$)

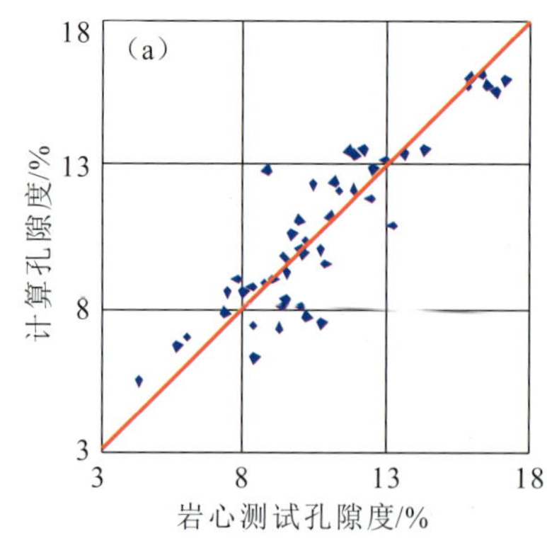

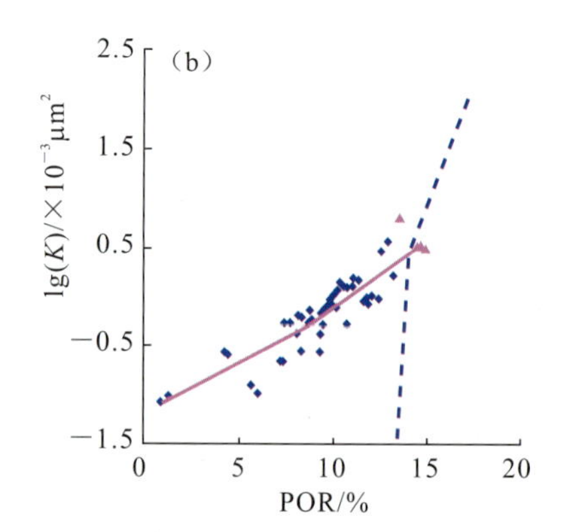

图 4-13 宁东 2 井区延 9 段回归分析

(a)计算孔隙度与岩心测试孔隙度关系图;(b)岩心孔隙度与岩心渗透率关系图

($POR=0.173\times AC-1.713\times DEN-0.052\times V_{sh}-24.683$,$R=0.94$,$N=49$)

[$POR<13.5\%$时,$\lg(K)=0.0023\times POR^2+0.0812\times POR-1.1616$,$R=0.92$,$N=44$]

[$POR\geqslant 13.5\%$时,$\lg(K)=0.5073\times POR-6.6706$,$R=0.88$,$N=13$]

(3)延安组。

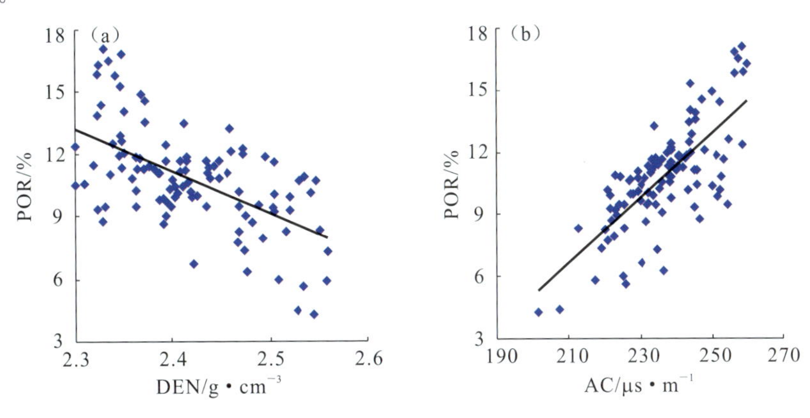

图 4-14　宁东 2 井区延安组回归分析

(a)岩心孔隙度与密度关系图;(b)岩心孔隙度与声波时差关系图

(POR=-20.207×DEN+59.658,R=0.59,N=107)

(POR=0.155 6×AC-26.005,R=0.74,N=107)

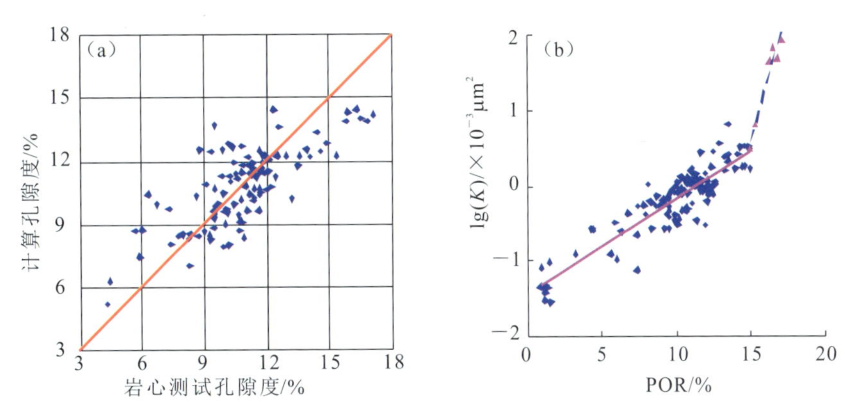

图 4-15　宁东 2 井区延安组回归分析

(a)计算孔隙度与岩心测试孔隙度关系图;(b)岩心孔隙度与岩心渗透率关系图

(POR=0.130×AC-6.007×DEN-0.006×V_{sh}-5.394,R=0.76,N=107)

[POR<15.3%时,lg(K)=0.125 8×POR-1.424 2,R=0.90,N=126]

[POR≥15.3%时,lg(K)=0.454 8×POR-5.752 8,R=0.75,N=6]

2. 宁东 3 井区

(1)延 8 段。

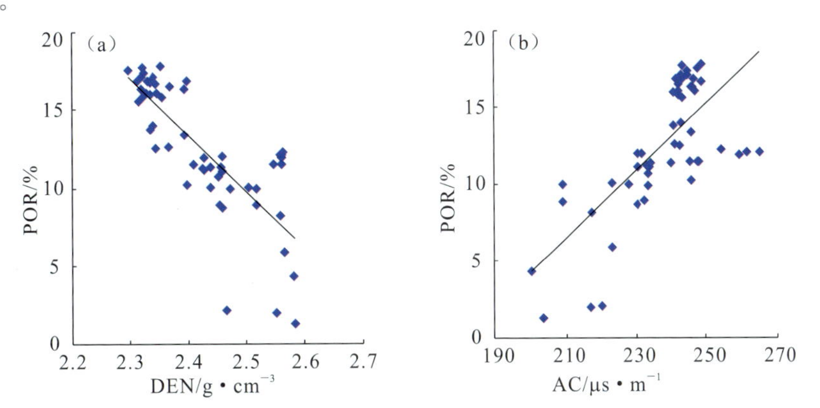

图 4-16　宁东 3 井区延 8 段回归分析

(a)岩心孔隙度与密度关系图;(b)岩心孔隙度与声波时差关系图

(POR=-36.44×DEN+100.88,R=0.79,N=56)

(POR=0.219 5×AC-39.6,R=0.70,N=56)

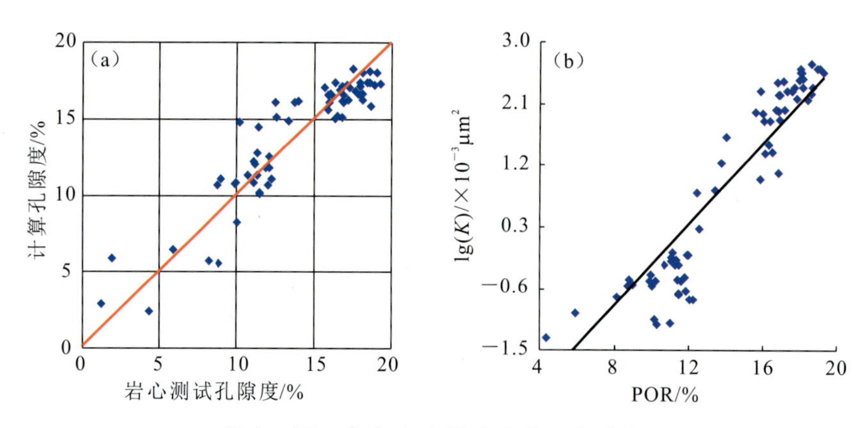

图 4-17 宁东3井区延8段回归分析

(a)计算孔隙度与岩心测试孔隙度关系图;(b)岩心孔隙度与岩心渗透率关系图

($POR=0.164\times AC-28.456\times DEN-0.013\times V_{sh}+43.107, R=0.91, N=67$)

[$\lg(K)=0.2961\times POR-3.2141, R=0.91, N=75$]

(2)延9段。

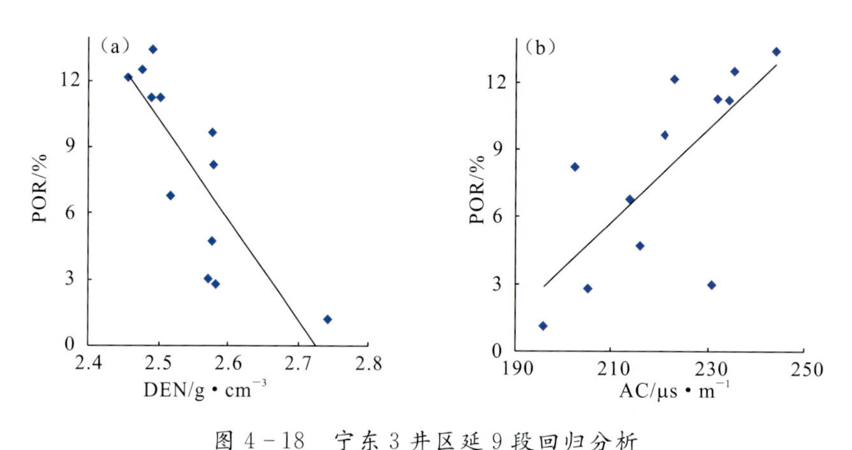

图 4-18 宁东3井区延9段回归分析

(a)岩心孔隙度与密度关系图;(b)岩心孔隙度与声波时差关系图

($POR=-45.533\times DEN+124.06, R=0.82, N=12$)

($POR=0.2065\times AC-37.572, R=0.72, N=12$)

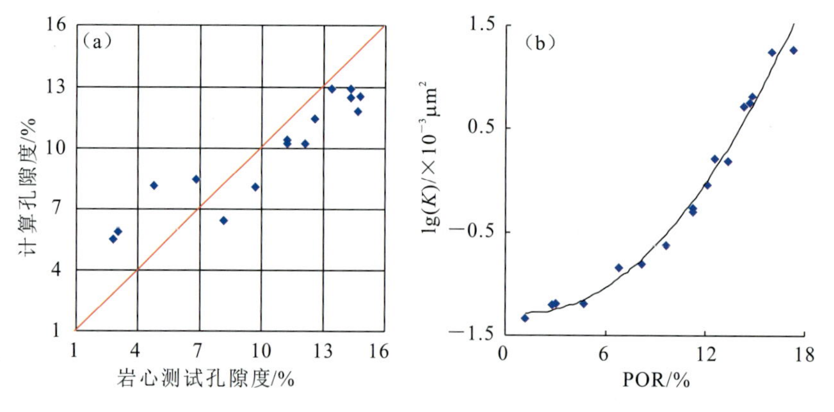

图 4-19 宁东3井区延9段回归分析

(a)计算孔隙度与岩心测试孔隙度关系图;(b)岩心孔隙度与岩心渗透率关系图

($POR=-0.005\times AC-39.810\times DEN+0.137\times V_{sh}+107.993, R=0.87, N=15$)

[$\lg(K)=0.0109\times POR^2-0.0272\times POR-1.2634, R=0.99, N=18$]

(3)延安组。

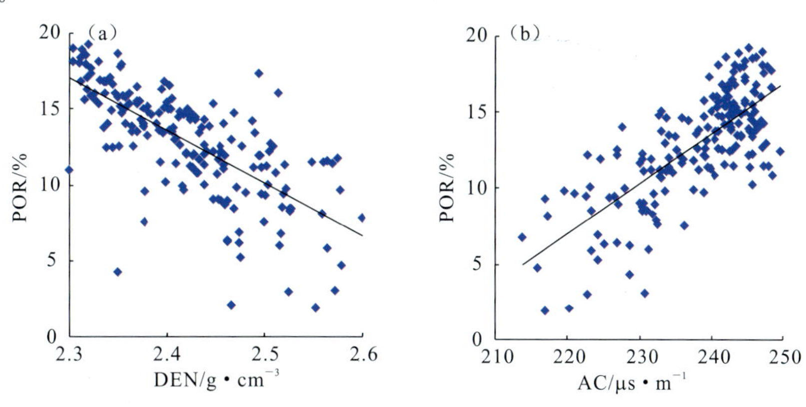

图 4-20　宁东 3 井区延安组回归分析

(a)岩心孔隙度与密度关系图;(b)岩心孔隙度与声波时差关系图

(POR=−35.036×DEN+97.673,R=0.71,N=192)

(POR=0.329 6×AC−65.586,R=0.74,N=192)

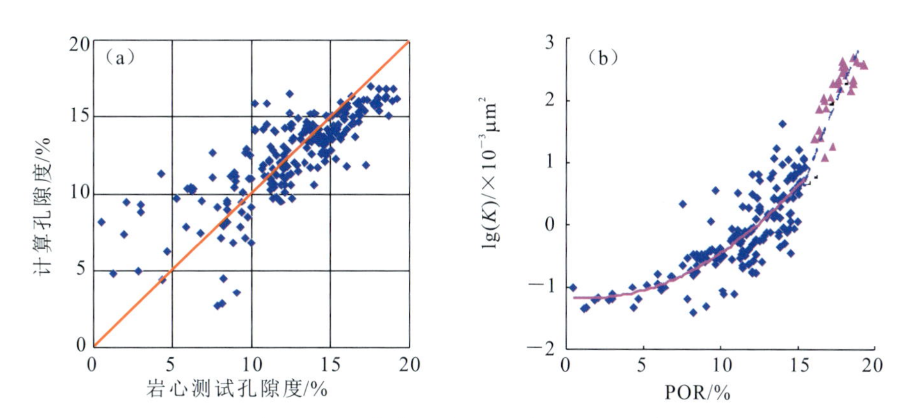

图 4-21　宁东 3 井区延安组回归分析

(a)计算孔隙度与岩心测试孔隙度关系图;(b)岩心孔隙度与岩心渗透率关系图

(POR=0.162×AC−17.339×DEN−0.032×V_{sh}+16.872,R=0.79,N=211)

[POR<15.4%时,lg(K)=0.009 8×POR^2−0.029 1×POR−1.144 8,R=0.82,N=175]

[POR≥15.4%时,lg(K)=6.100 4×lnPOR−15.309,R=0.70,N=42]

3. 宁东 5 井区

(1)延 8 段。

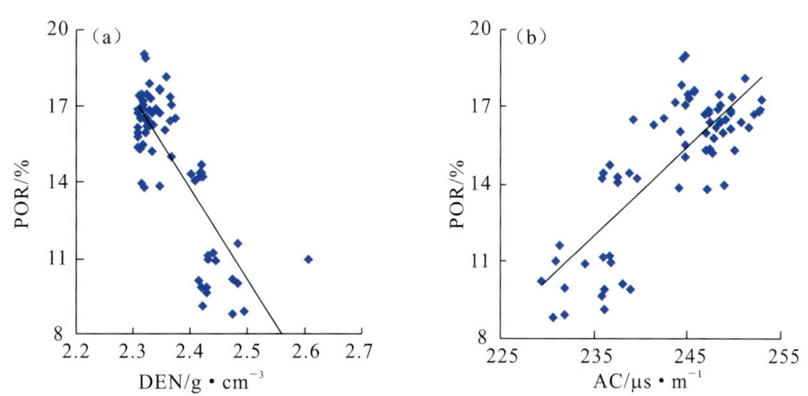

图 4-22　宁东 5 井区延 8 段回归分析

(a)岩心孔隙度与密度关系图;(b)岩心孔隙度与声波时差关系图

(POR=−35.844×DEN+99.755,R=0.80,N=68)

(POR=0.346 1×AC−69.37,R=0.80,N=68)

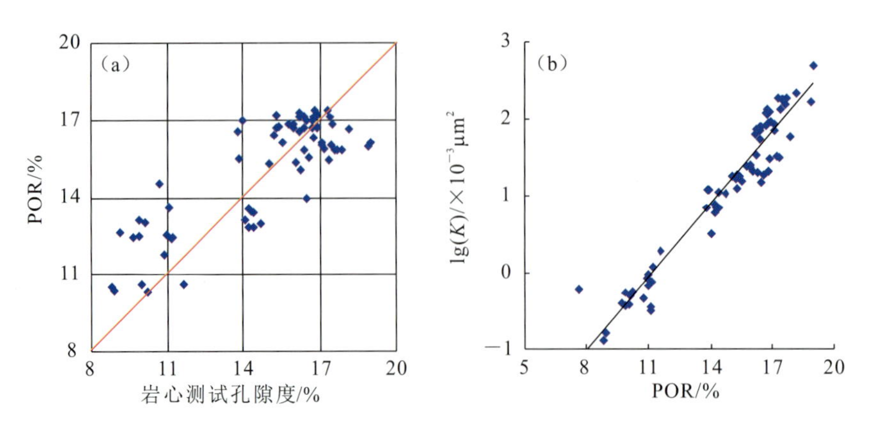

图 4-23 宁东5井区延8段回归分析

(a)计算孔隙度与岩心测试孔隙度关系图；(b)岩心孔隙度与岩心渗透率关系图

($POR=0.184\times AC-16.197\times DEN-0.015\times V_{sh}+8.713, R=0.83, N=69$)

[$\lg(K)=0.3157\times POR-3.5308, R=0.96, N=71$]

(2)延9段。

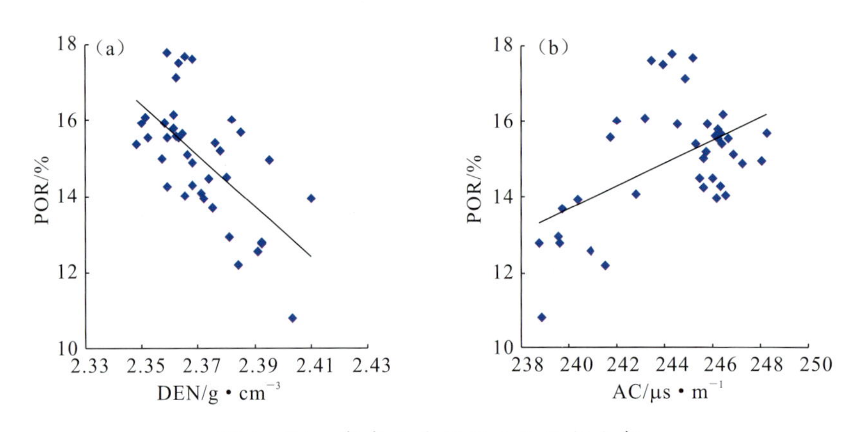

图 4-24 宁东5井区延9段回归分析

(a)岩心孔隙度与密度关系图；(b)岩心孔隙度与声波时差关系图

($POR=-66.405\times DEN+172.43, R=0.63, N=39$)

($POR=0.3053\times AC-59.608, R=0.52, N=39$)

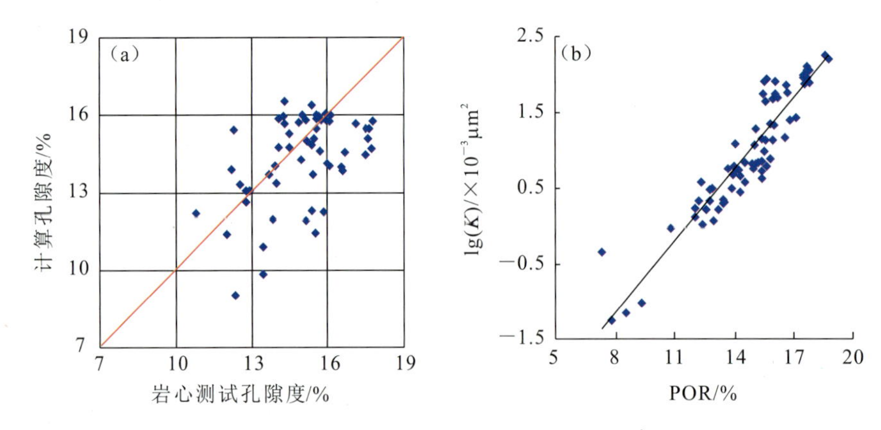

图 4-25 宁东5井区延9段回归分析

(a)计算孔隙度与岩心测试孔隙度关系图；(b)岩心孔隙度 POR 与岩心渗透率关系图

($POR=0.190\times AC-47.574\times DEN-0.057\times V_{sh}+81.635, R=0.72, N=58$)

[$\lg(K)=0.3137\times POR-3.6426, R=0.93, N=74$]

(3)延安组。

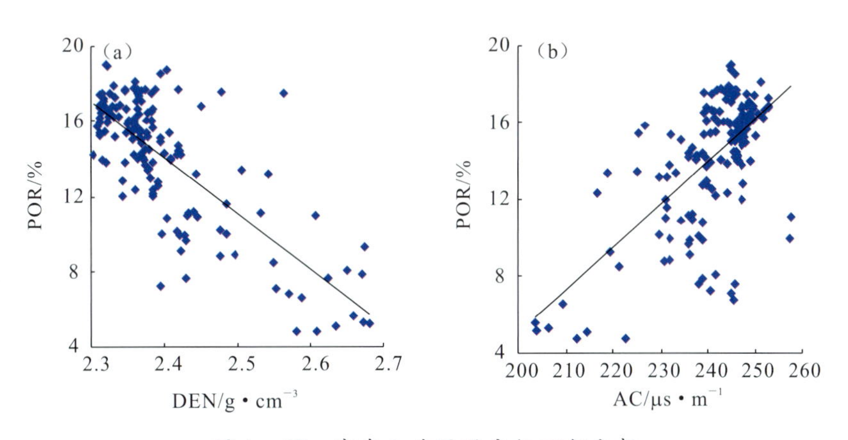

图 4-26　宁东5井区延安组回归分析

(a)岩心孔隙度与密度关系图;(b)岩心孔隙度与声波时差关系图

(POR=-29.789×DEN+85.575,R=0.77,N=156)

(POR=0.221 8×AC-39.275,R=0.64,N=156)

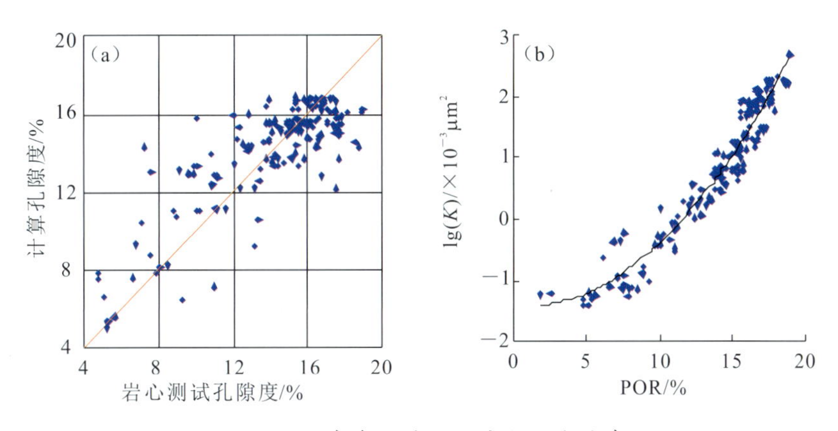

图 4-27　宁东5井区延安组回归分析

(a)计算孔隙度与岩心测试孔隙度关系图;(b)岩心孔隙度与岩心渗透率关系图

(POR=0.097×AC-18.935×DEN-0.023×V_{sh}+36.453,R=0.81,N=155)

[lg(K)=0.012 3×POR^2-0.020 7×POR-1.410 1,R=0.97,N=164]

从以上各物性模型可以看出,分段所建模型的拟合精度要略高于分组所建的模型,这是由于分段建立的方法更精细。在实际应用中将不影响精度,操作简便的模型作为优选模型。

(二)按岩性建模

为了研究砂岩粒度与储层物性之间的关系,分别建立了不同砂岩粒级与孔隙度和渗透性的对应关系,结果如图 4-28—图 4-35 所示。

1. 粗砂岩

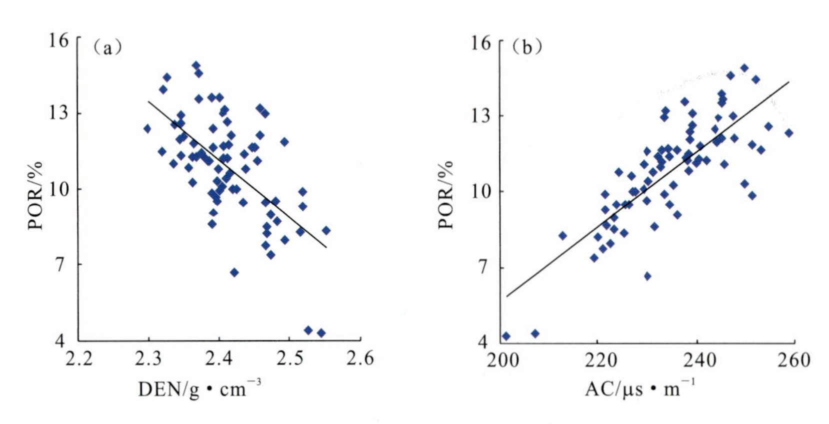

图 4-28 粗砂岩回归分析

(a)岩心孔隙度与密度关系图;(b)岩心孔隙度与声波时差关系图

(POR=-22.915×DEN+66.171,R=0.62,N=74)

(POR=0.148 2×AC-24.006,R=0.79,N=74)

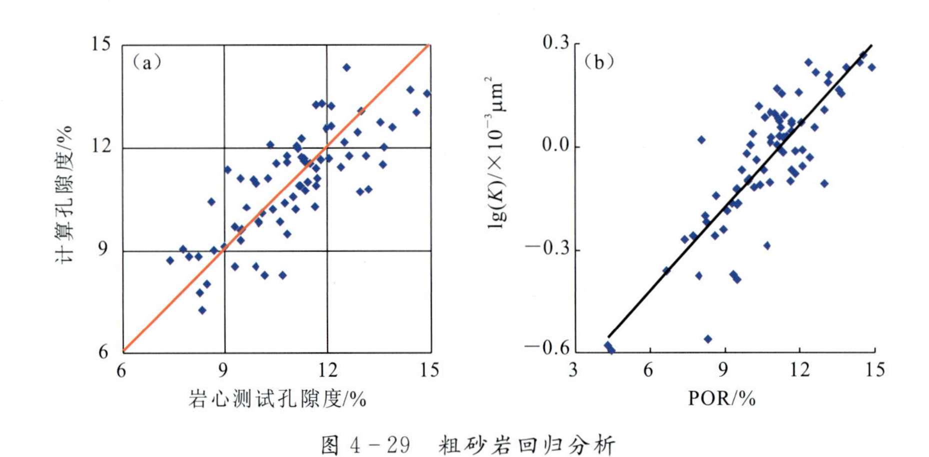

图 4-29 粗砂岩回归分析

(a)计算孔隙度与岩心测试孔隙度关系图;(b)岩心孔隙度与岩心渗透率关系图

(POR=0.161×AC+2.195×DEN-0.042×V_{sh}-31.678,R=0.82,N=76)

[lg(K)=0.080 6×POR-0.903,R=0.84,N=78]

2. 中砂岩

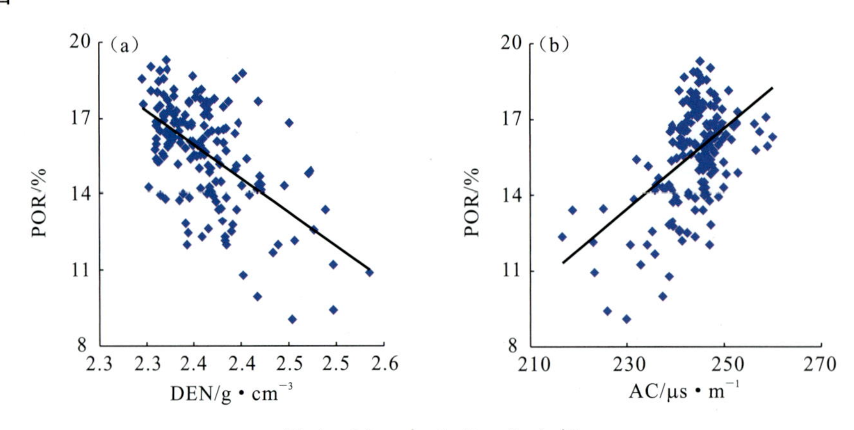

图 4-30 中砂岩回归分析

(a)岩心孔隙度与密度关系图;(b)岩心孔隙度和声波时差关系图

(POR=-26.686×DEN+78.65,R=0.58,N=173)

(POR=0.159 1×AC-23.156,R=0.52,N=173)

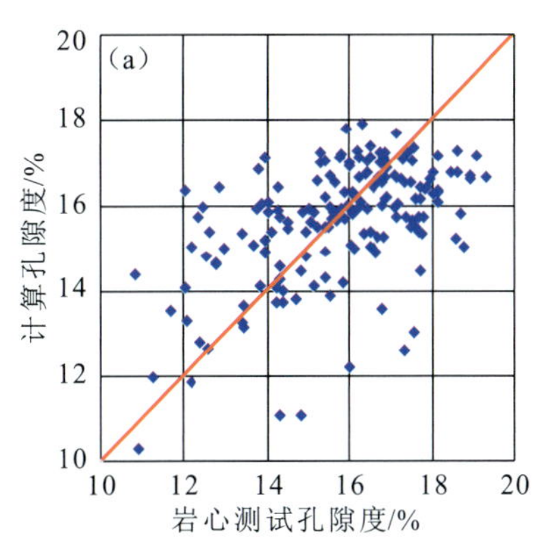

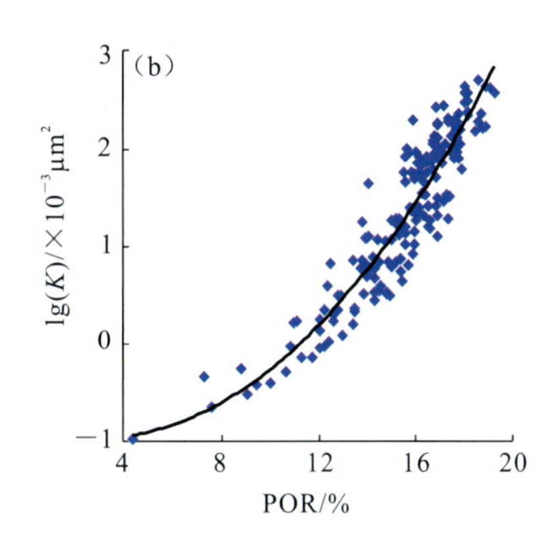

图 4-31　中砂岩回归分析

(a)计算孔隙度与岩心测试孔隙度关系图;(b)岩心孔隙度与岩心渗透率关系图

($POR=0.089\times AC-21.18\times DEN+0.008\times V_{sh}+43.956, R=0.64, N=178$)

[$\lg(K)=0.0143\times POR^2-0.0856\times POR-0.8374, R=0.93, N=188$]

3. 细砂岩

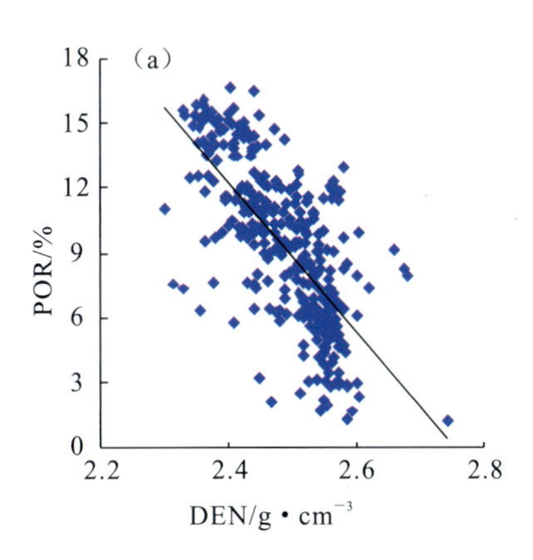

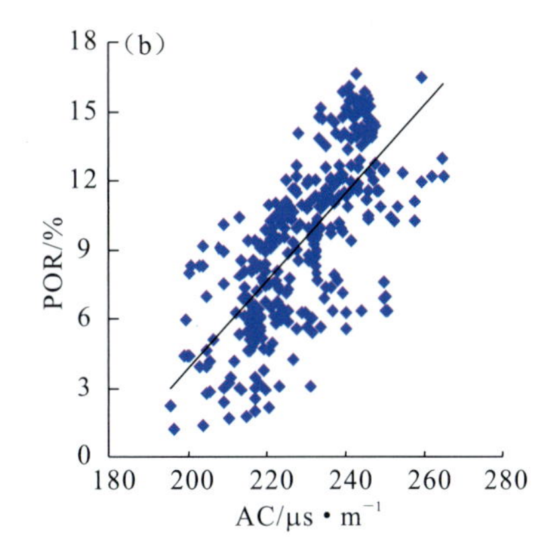

图 4-32　细砂岩回归分析

(a)岩心孔隙度与密度关系图;(b)岩心孔隙度与声波时差关系图

($POR=-34.81\times DEN+95.827, R=0.7, N=353$)

($POR=0.1899\times AC-34.144, R=0.71, N=353$)

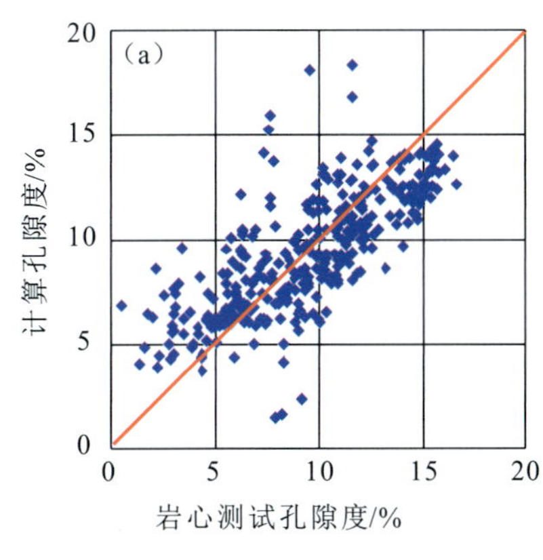

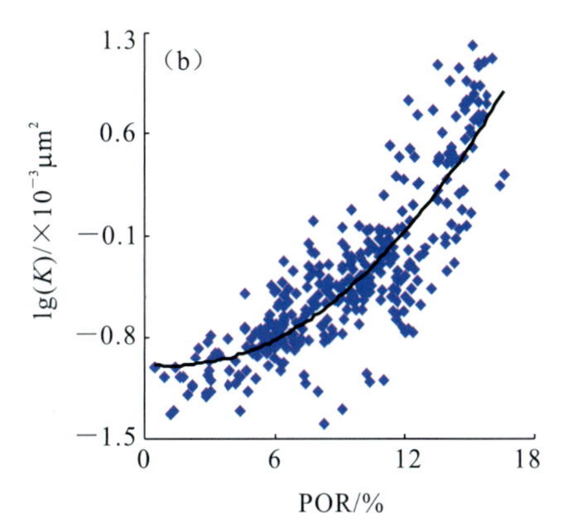

图 4-33　细砂岩回归分析

(a)计算孔隙度与岩心测试孔隙度关系图;(b)岩心孔隙度 POR 与岩心渗透率关系图

($POR=0.113\times AC-22.314\times DEN+0.011\times V_{sh}+38.576, R=0.79, N=360$)

[$\lg(K)=0.0081\times POR^2-0.02\times POR-0.9862, R=0.86, N=366$]

4. 粉砂岩

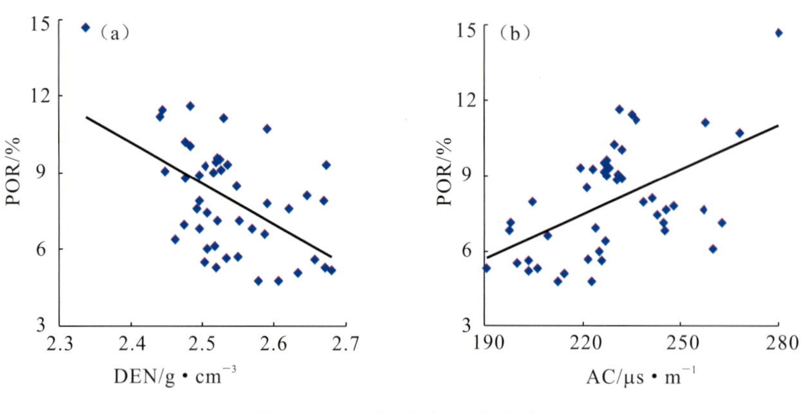

图 4-34 粉砂岩回归分析

(a)岩心孔隙度与密度关系图;(b)岩心孔隙度与声波时差关系图

(POR=−15.961×DEN+48.484,R=0.53,N=47)

(POR=0.059 1×AC−5.562 4,R=0.53,N=47)

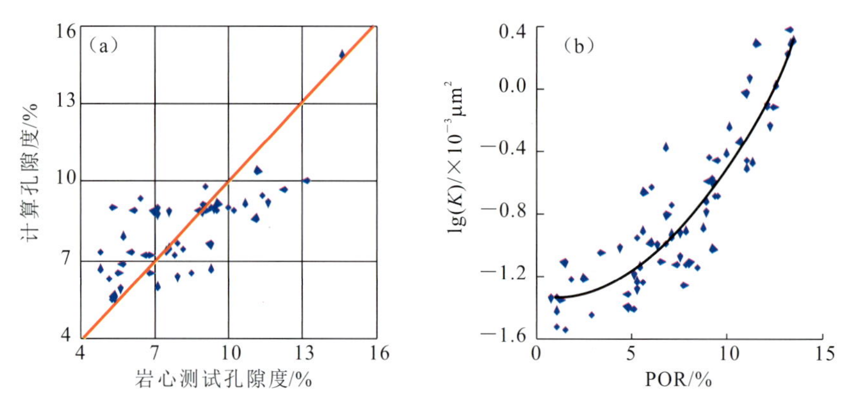

图 4-35 粉砂岩回归分析

(a)计算孔隙度与岩心测试孔隙度关系图;(b)岩心孔隙度与岩心渗透率关系图

(POR=0.099×AC−7.755×DEN−0.04×V_{sh}+6.728,R=0.76,N=50)

[lg(K)=0.010 5×POR^2−0.024 2×POR−1.316,R=0.92,N=71]

从以上各图中可以看出,随粒级的变小,孔隙度和渗透率值有变小的趋势,这符合客观物理规律。粗砂岩的密度、声波时差与孔隙度具有很好的相关关系;细砂岩的密度、声波时差与孔隙度也具有较好的相关关系;中砂岩次之;粉砂岩相关性较差。这也表明岩石颗粒越细(泥质含量越多),孔隙度与测井曲线的相关性越差,计算出的孔隙度和渗透率的偏差就越大。

第二节 岩性-电性分析

根据岩心的薄片分析资料,宁东3井区与宁东2井区延安组砂岩分选性好,磨圆度多为次棱角状,颗粒支撑,点或线接触,填隙物中杂基主要为泥质(>96%),胶结物主要为高岭石、方解石和黄铁矿。宁东5井区砂岩分选性中等—好，磨圆度次圆—次棱角，风化程度浅—中等，颗粒支撑、线接触，胶结类型多为接触式胶结，填隙物中胶结物主要为方解石和少量黄铁矿，杂基主要为泥质（>85%）。

一、各层段砂岩的岩性分布

根据录井资料，本研究对各组段粗砂岩、中砂岩、细砂岩、粉砂岩的视厚度进行了统计（图4-36）。结果表明，延8段以细砂岩和中砂岩为主（>80%）；延9段砂体都是以细砂岩为主（>80%）。

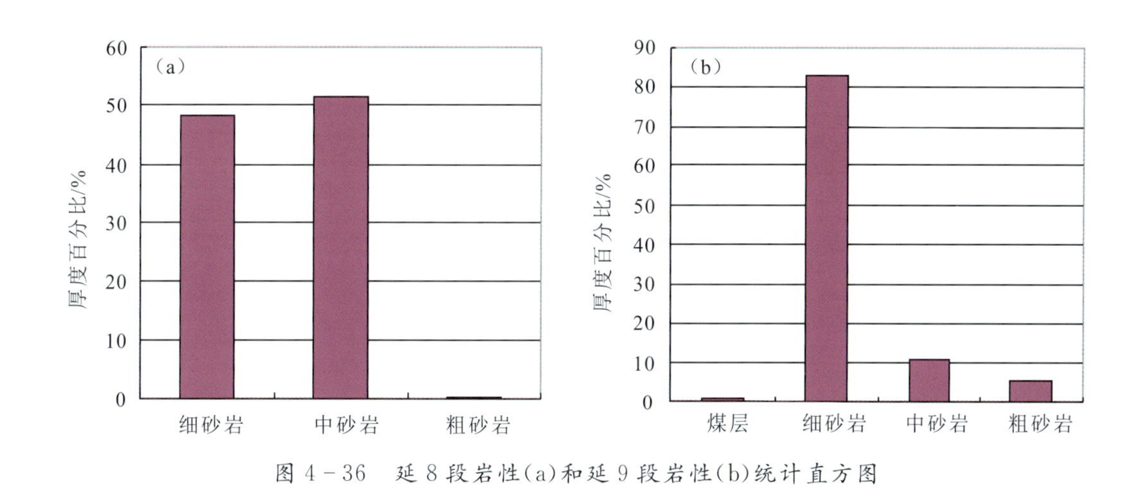

图4-36　延8段岩性(a)和延9段岩性(b)统计直方图

二、砂岩骨架成分分析

从图4-37中可以看出，砂岩骨架石英含量（C_{quartz}）的分布情况：宁东2井为88%～99%、宁东3井为90%～99%、宁东4井为65%～80%、宁东5井为92%～98%，说明宁东4井的砂岩石英含量较低，所呈现出的电阻率也相对较低。

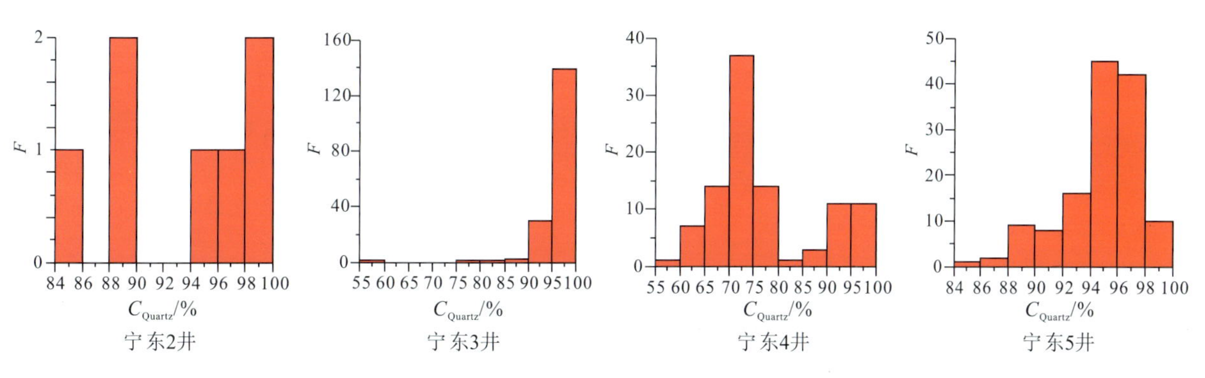

图4-37　宁东各井区砂岩骨架石英含量的分布直方图（F为频数）

从图4-38—图4-40可以看出，宁东4井长石含量较多，而宁东2井、宁东3井、宁东5井均是以石英为主，含少量岩屑。宁东2井相对于宁东3井、宁东5井岩屑含量稍微较高。下面分别对不同井区、不同组段的砂岩骨架成分进行了分析(图 4-39、图 4-40)。总的来看,研究区域砂岩骨架很纯,成分主要以石英为主(>85%)。

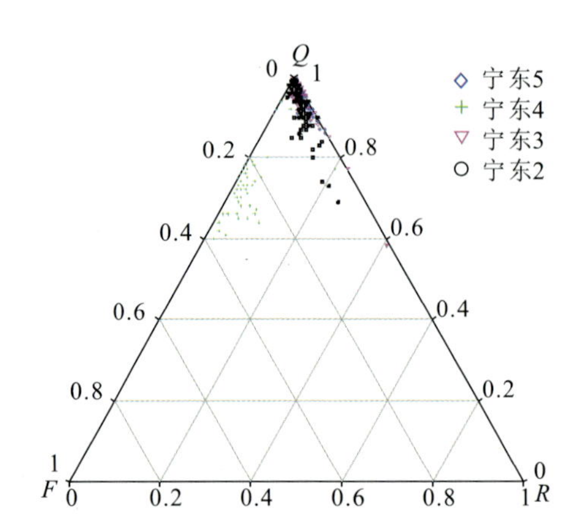

图 4-38　研究区域关键井区的砂岩骨架成分三角图

(Q、F、R 分别为石英、长石与碎屑的含量)

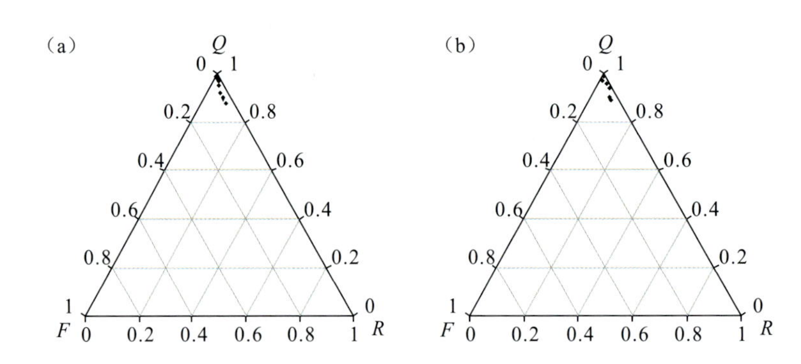

图 4-39　宁东 2 井延 8 油层组(a)与延 9 油层组(b)的砂岩骨架成分三角图

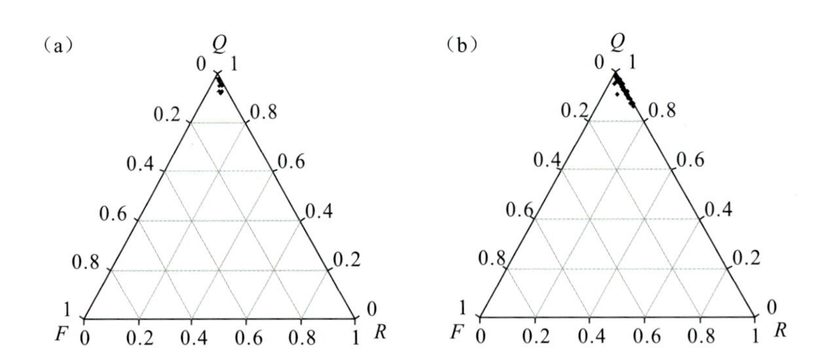

图 4-40　宁东 3 井(a)、宁东 4 井(b)延 9 油层组的砂岩骨架成分三角图

三、储层岩性与电性的关系

碎屑颗粒直径的大小称为粒度,它是碎屑岩的基本结构特征。粒度特征是碎屑岩分类定名的基础,如果某岩石中的碎屑基本为同一粒级,只需在相应的粒级后加上“岩”字即可,如中砂岩、粗砂岩等。

一般颗粒直径大于 1mm 命名为砾岩，小于 0.01mm 属于黏土，颗粒直径在 0.01～1mm 之间的命名为砂岩。根据颗粒直径大小，砂岩又分为粗砂岩(0.5～1mm)、中砂岩(0.25～0.5mm)、细砂岩(0.1～0.25mm)、粉砂岩(0.01～0.1mm)。

根据研究区域的岩心分析资料，图 4-41—图 4-48 给出了不同粒级砂岩的测井曲线响应特征。图 4-49 为泥岩段测井曲线响应特征。

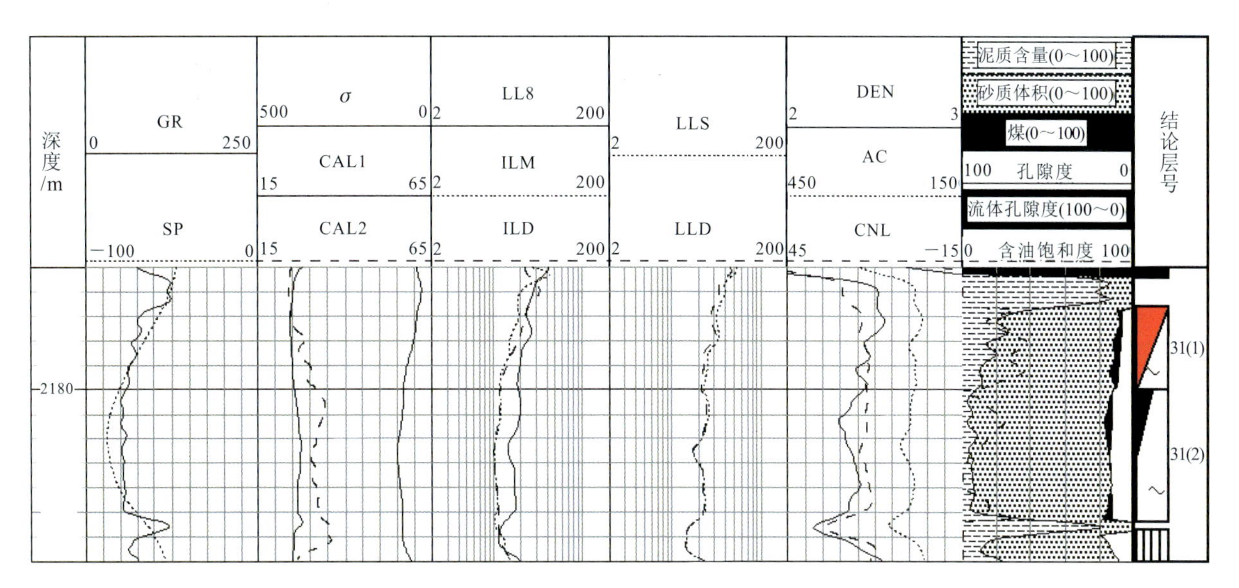

图 4-41 粗砂岩段的测井响应特征(宁东 2 井)

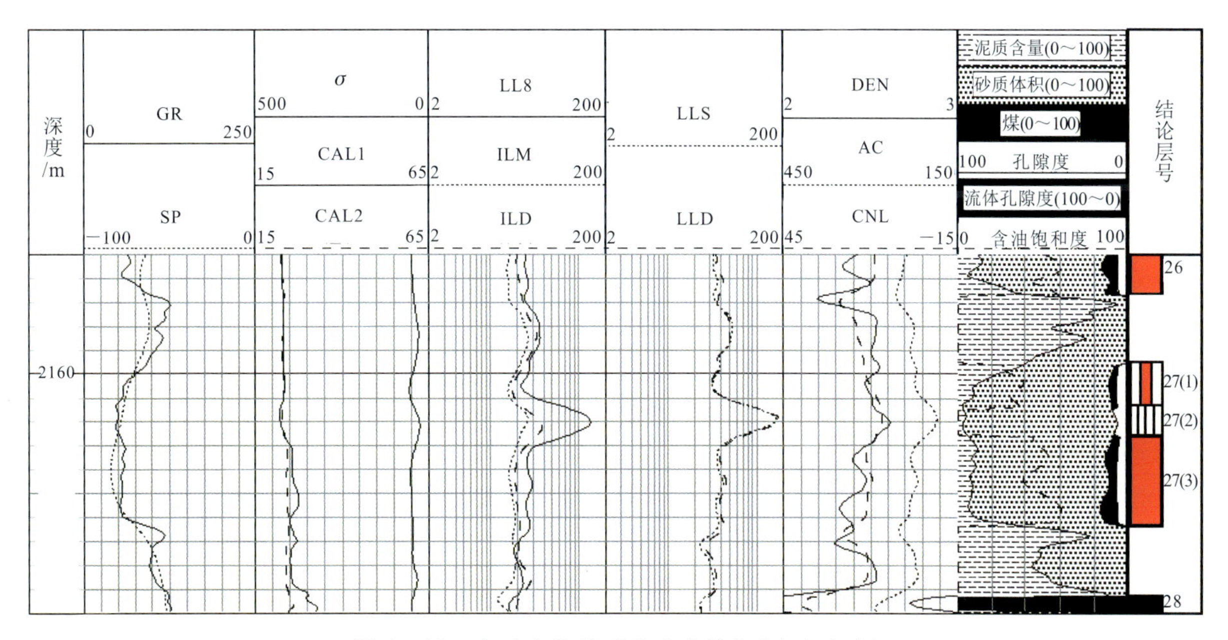

图 4-42 中砂岩段的测井响应特征(宁东 2 井)

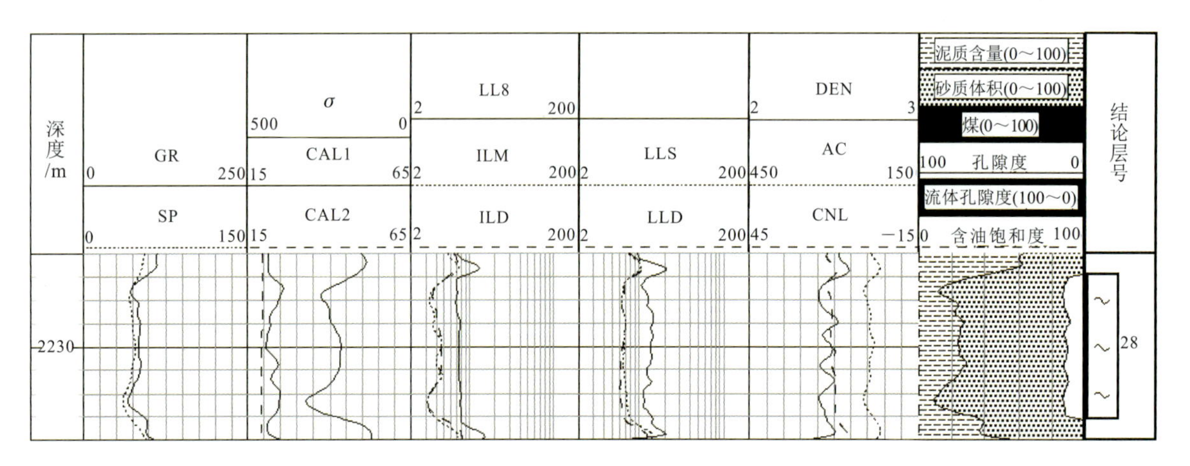

图 4-43 中砂岩段的测井响应特征(宁东 3 井)

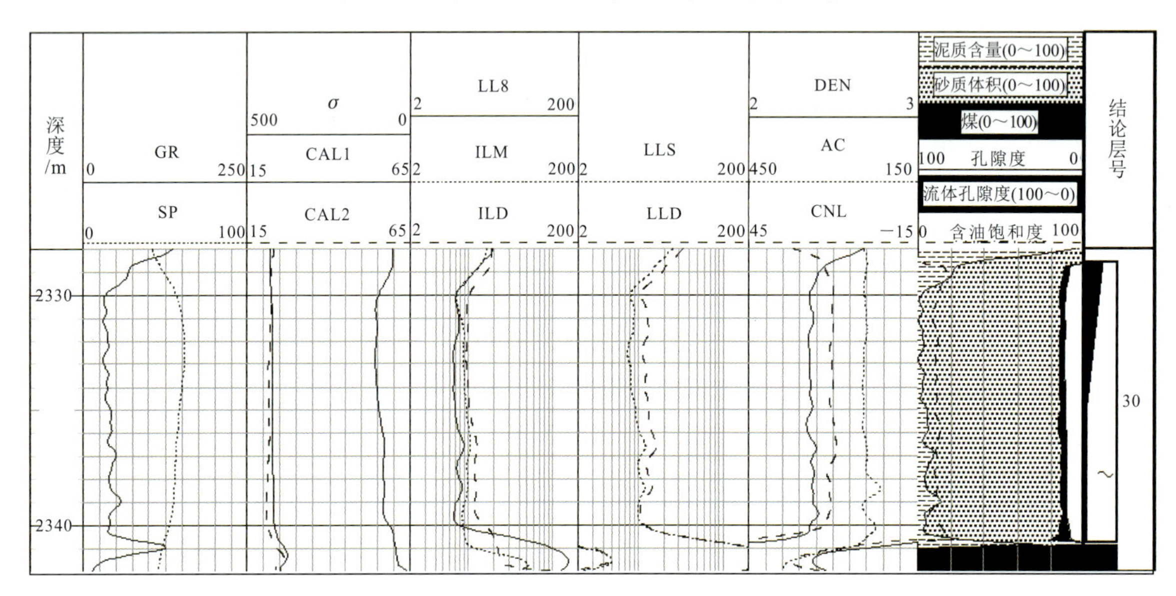

图 4-44 中砂岩段的测井响应特征(宁东 5 井)

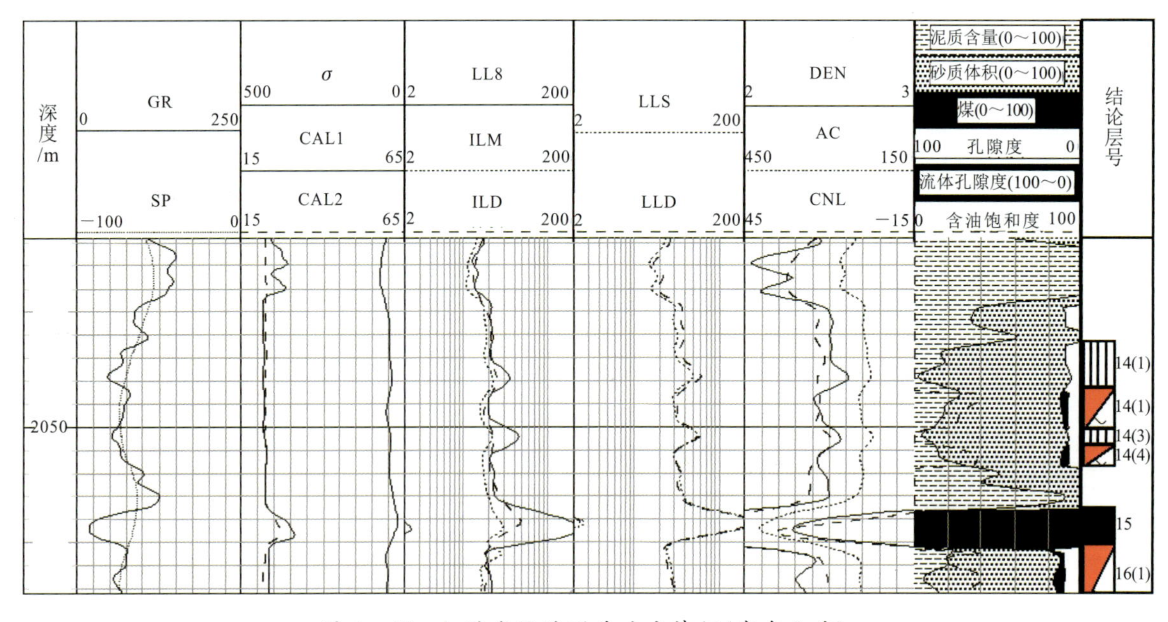

图 4-45 细砂岩段的测井响应特征(宁东 2 井)

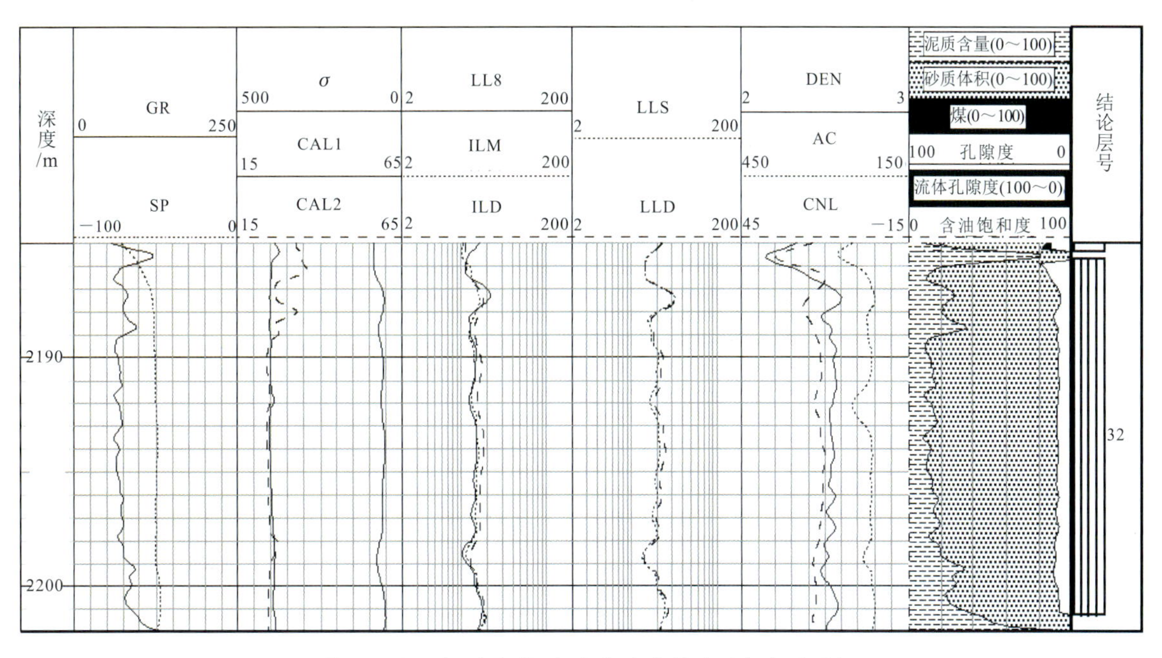

图 4-46 细砂岩段的测井响应特征(宁东5井)

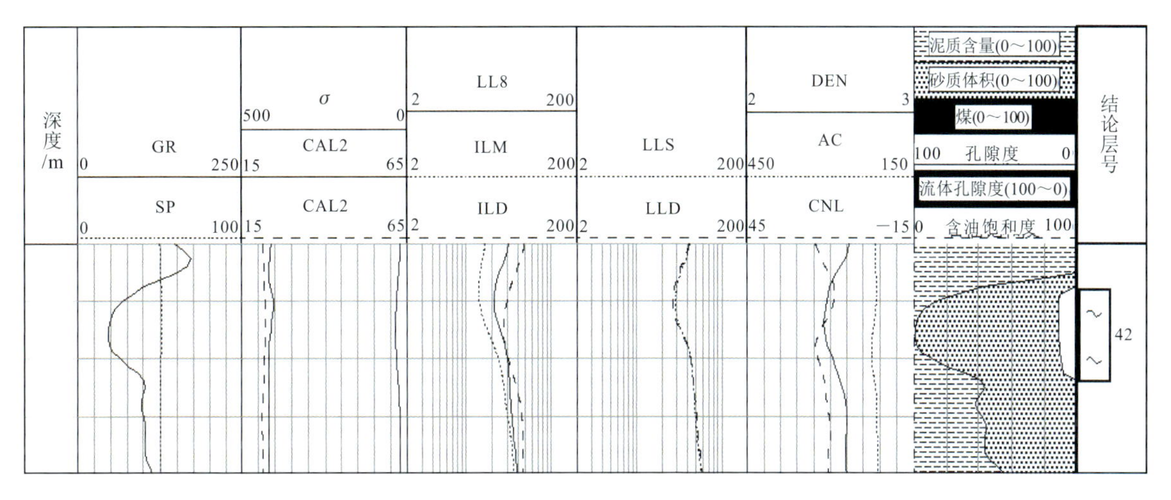

图 4-47 粉砂岩段的测井响应特征(宁东5井)

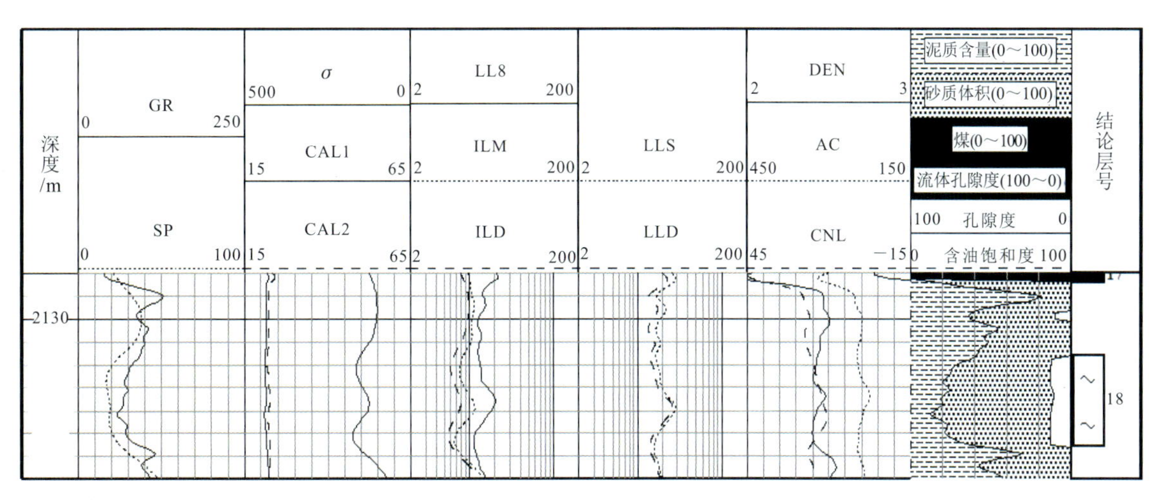

图 4-48 粉砂岩段的测井响应特征(宁东4井)

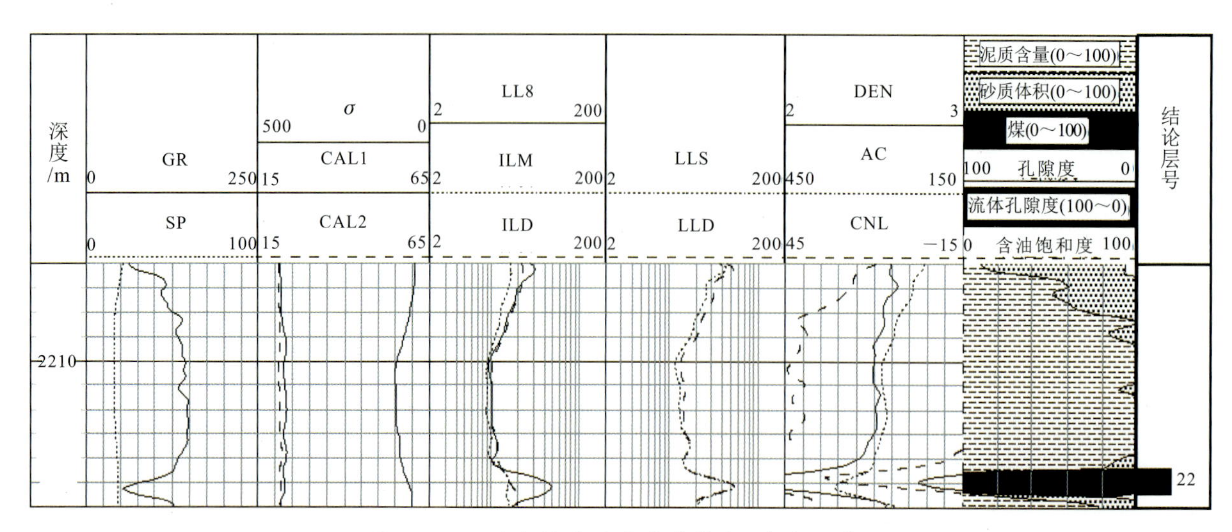

图 4-49 泥岩段的测井响应特征(宁东5井)

不同粒级砂岩和泥岩的自然伽马(GR)、深感应测井(ILD)、深侧向测井(LLD)、声波时差(AC)、密度(DEN)和补偿中子(CNL)分布如图 4-50—图 4-55 所示。

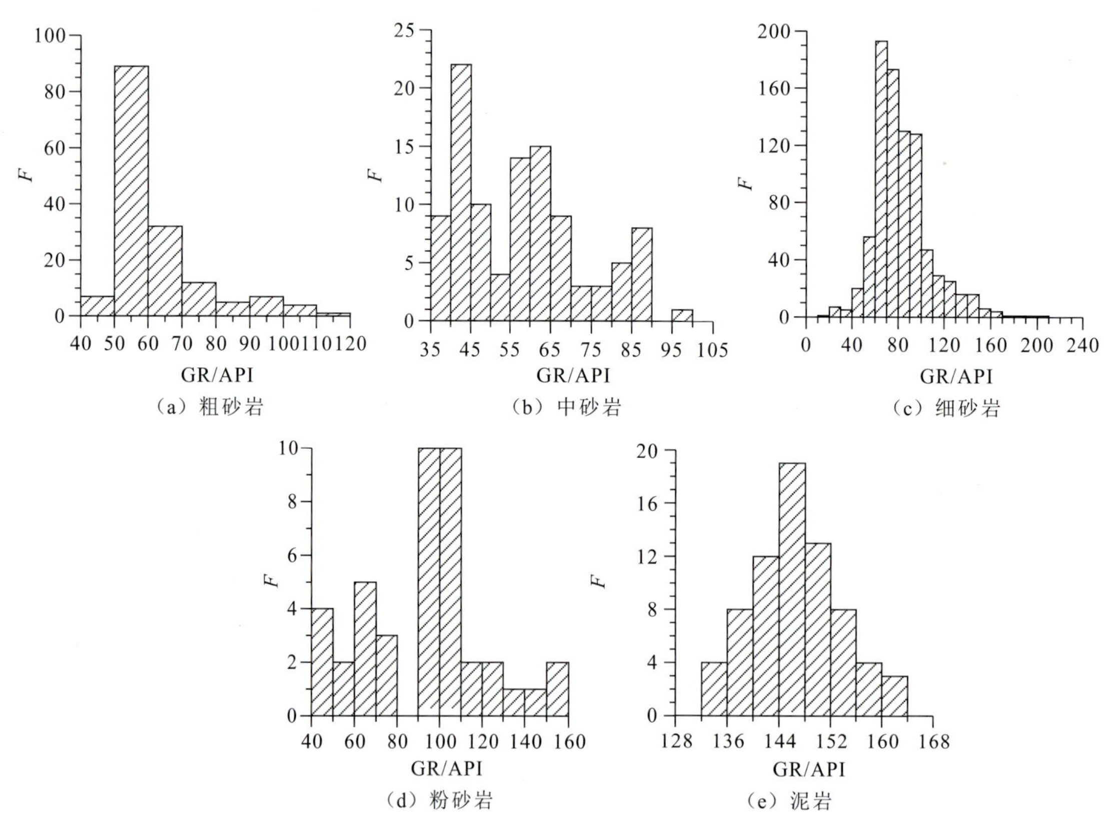

图 4-50 不同粒度的砂岩及泥岩 GR 值分布图

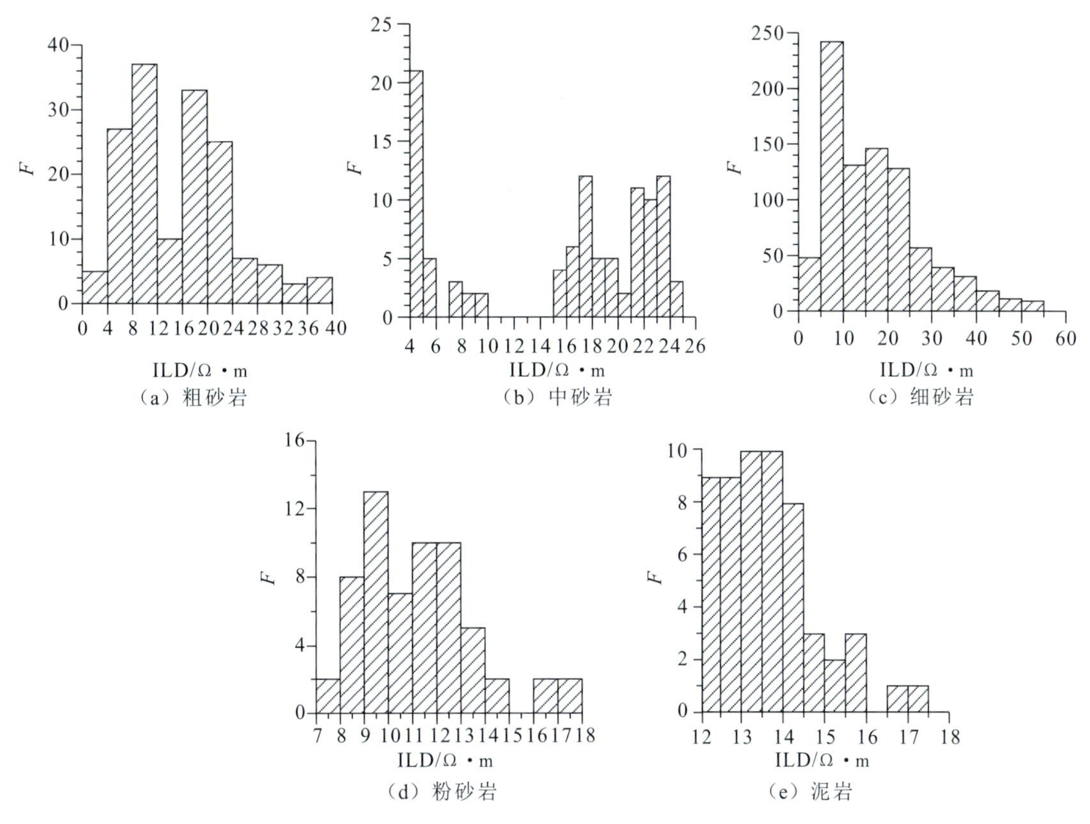

图 4-51　不同粒度的砂岩及泥岩 ILD 值分布图

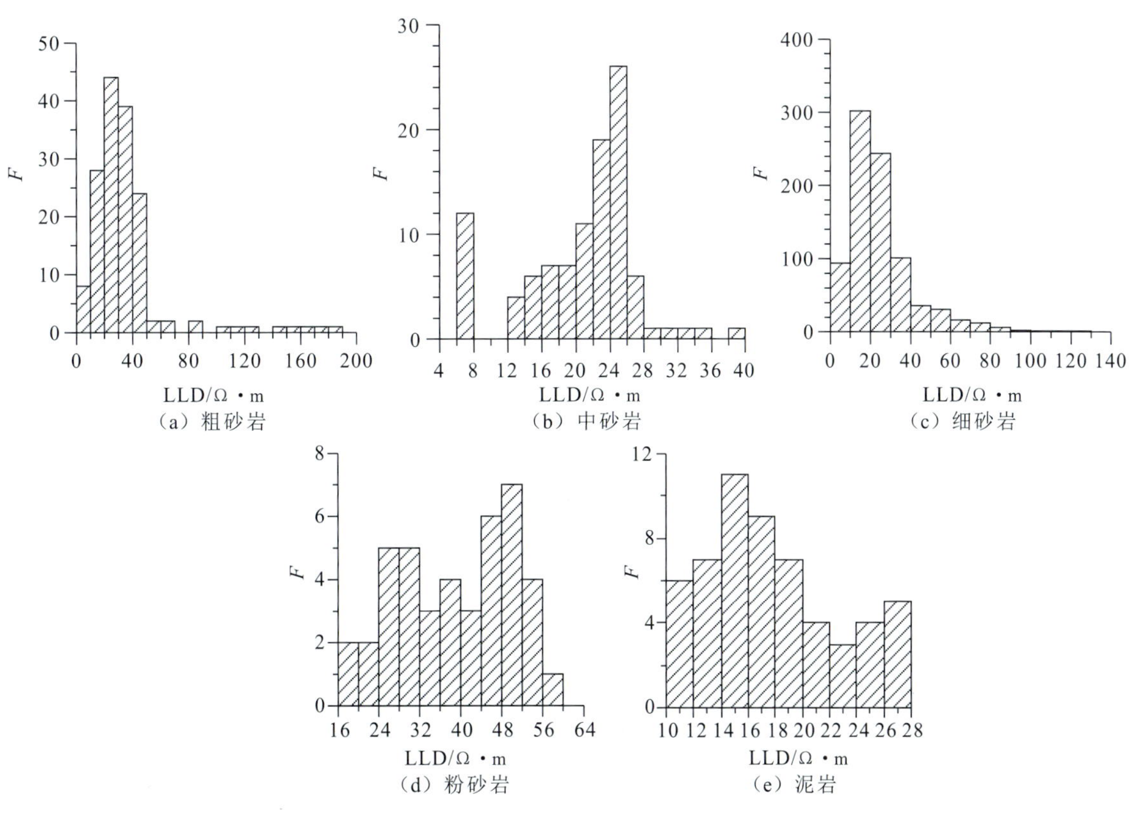

图 4-52　不同粒度的砂岩及泥岩 LLD 值分布图

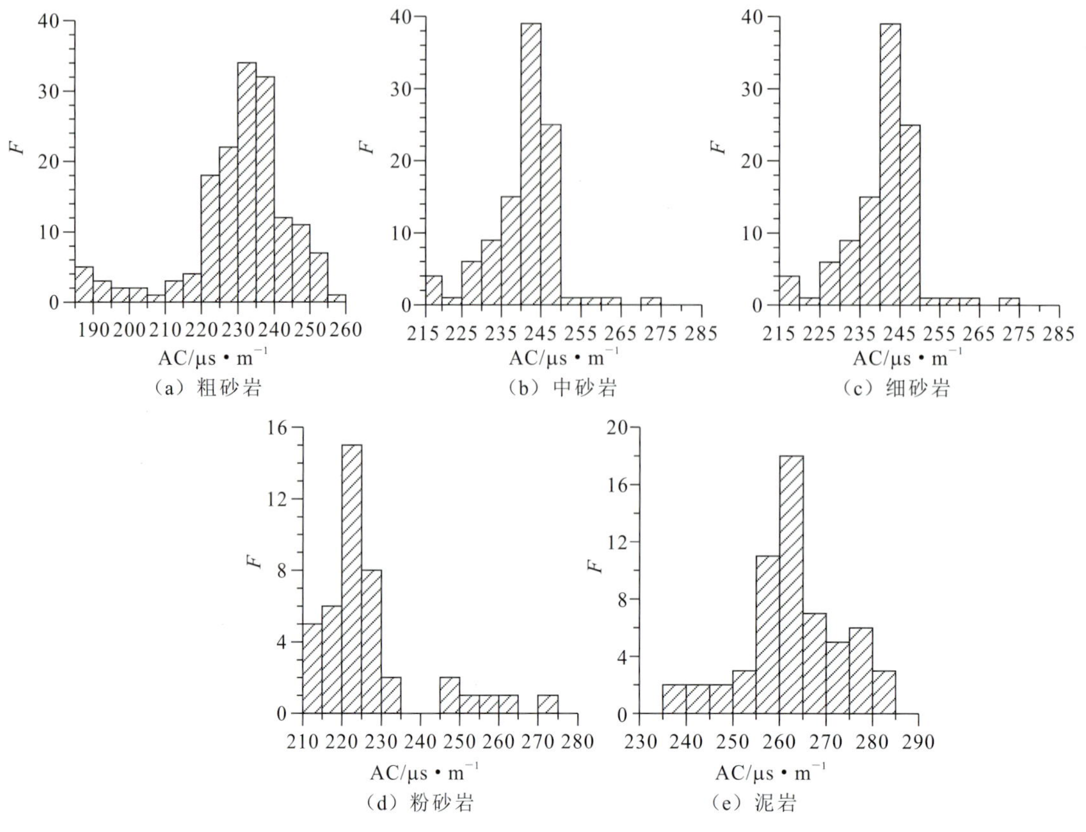

图 4-53　不同粒度的砂岩及泥岩 AC 值分布图

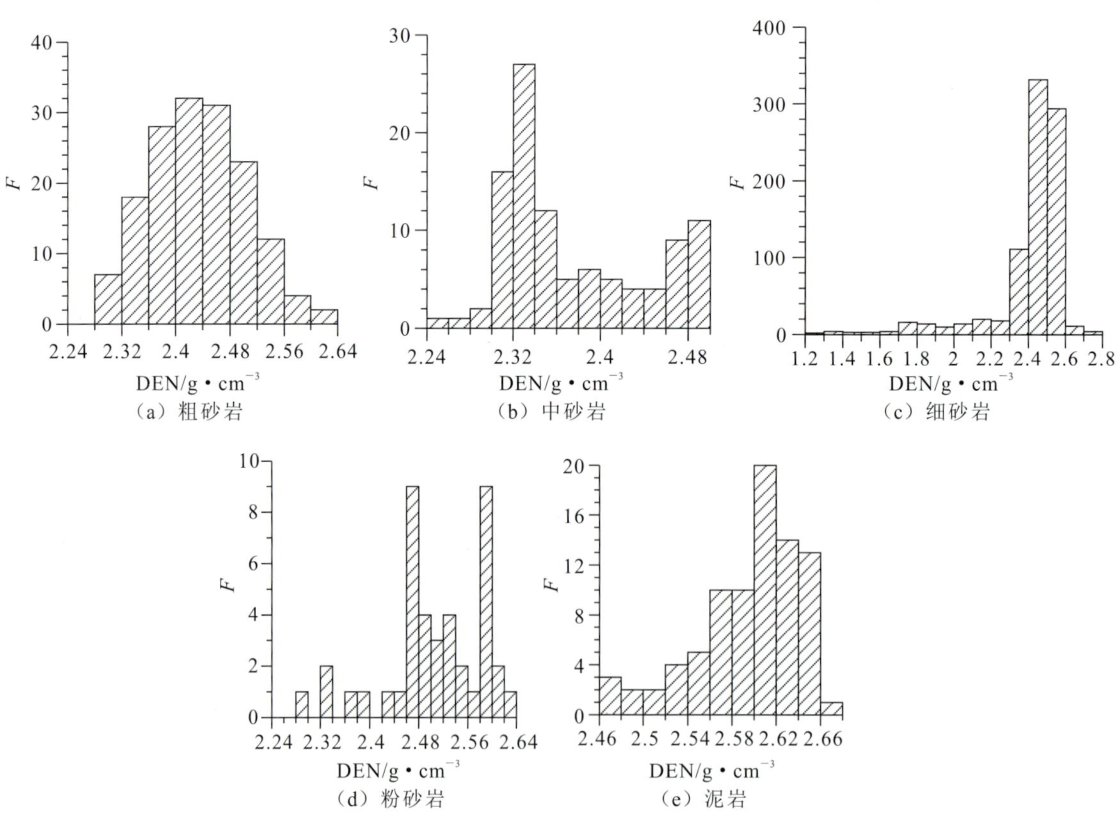

图 4-54　不同粒度的砂岩及泥岩 DEN 值分布图

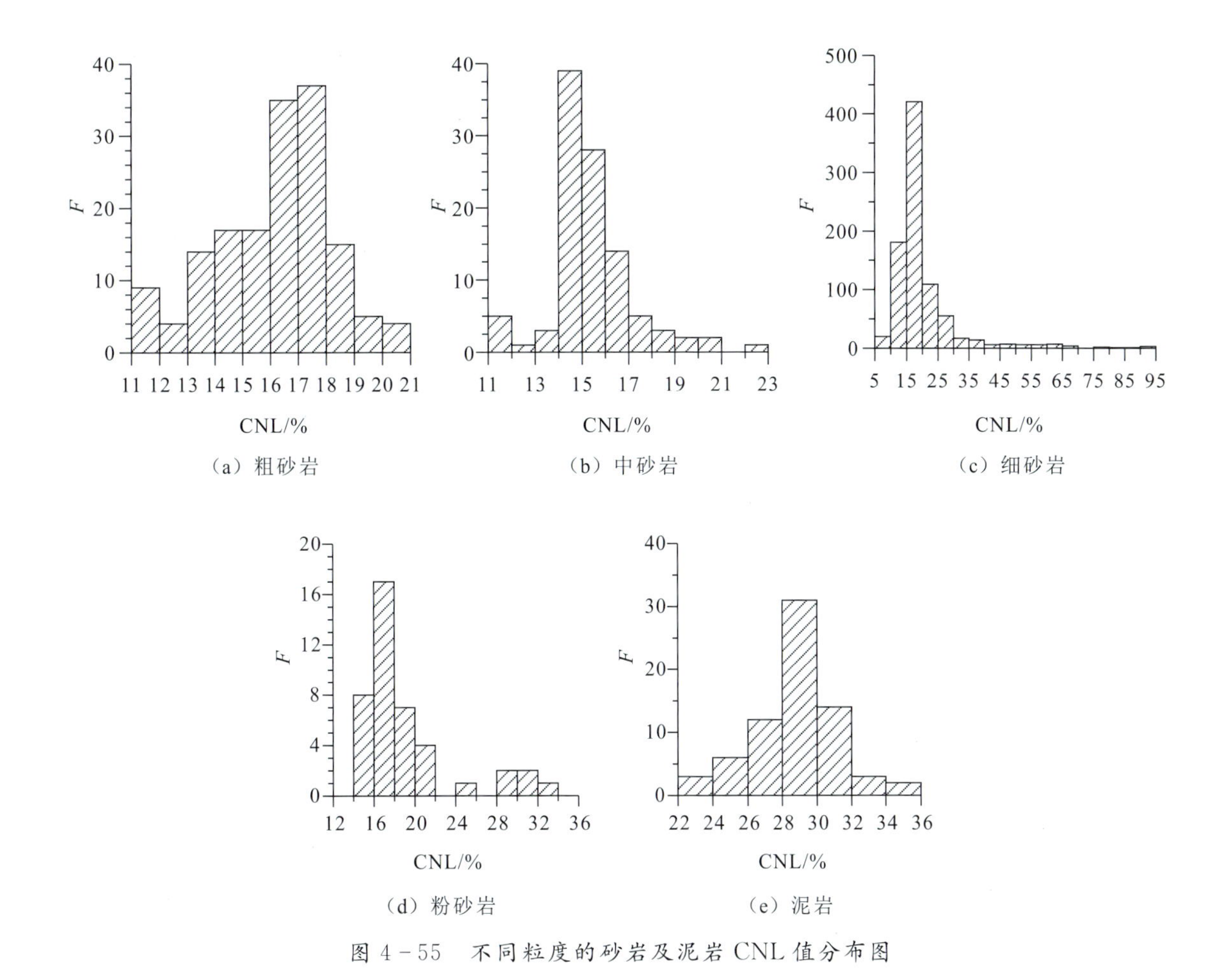

图 4-55　不同粒度的砂岩及泥岩 CNL 值分布图

不同岩性测井曲线特征统计值见表 4-1，在砂岩中，中砂岩岩性纯，物性最好。

表 4-1　不同岩性的测井响应特征

岩性	粒度/mm	GR/API	ILD/Ω·m	LLD/Ω·m	AC/$\mu s \cdot m^{-1}$	DEN/$g \cdot cm^{-3}$	CNL/%
粗砂岩	0.5～1	50～70	4～24	10～50	220～240	2.32～2.52	15～19
中砂岩	0.25～0.50	40～65	17～24	20～28	235～250	2.30～2.36	14～17
细砂岩	0.1～0.25	50～110	5～25	10～30	210～250	2.30～2.60	15～25
粉砂岩	0.1～0.01	90～120	8～14	32～52	220～230	2.46～2.54	15～30
泥岩	<0.01	140～156	12～14	14～20	255～270	2.56～2.66	26～32

四、不同粒度砂岩的测井响应特征

研究区砂岩的粒度对储层的物性有较大控制作用，所以研究砂岩粒度与测井响应之间的关系，根据测井资料反演出砂岩的粒度（即划分砂岩的类别），这将大大扩大测井资料的应用范围，使得测井资料对岩性的划分更加精细。

利用宁东2井、宁东3井、宁东4井、宁东5井等井的岩心描述与薄片分析资料，本次工作进行了砂岩粒度与测井响应之间相关关系的研究。

通过粒度与测井曲线自然伽马的交会可知，该地区岩性颗粒越小，自然伽马值越大。虽然这一拟合关系相关性不是太理想，但是说明测井响应与砂岩粒度之间还是存在一定的相关性。

从图4－56—图4－58中可以看出，自然伽马（GR）、孔隙度（POR）、泥质含量（V_{sh}）、密度（DEN）、深感应测井（ILD）对于砂岩的粒度有较好的识别能力。因此，选择这5个参数作为识别砂岩类型的变量，采用贝叶斯判别方法进行砂岩类型的判别。由于样本的数量比较多，对样本进行了仔细的分选，如表4－2所示。

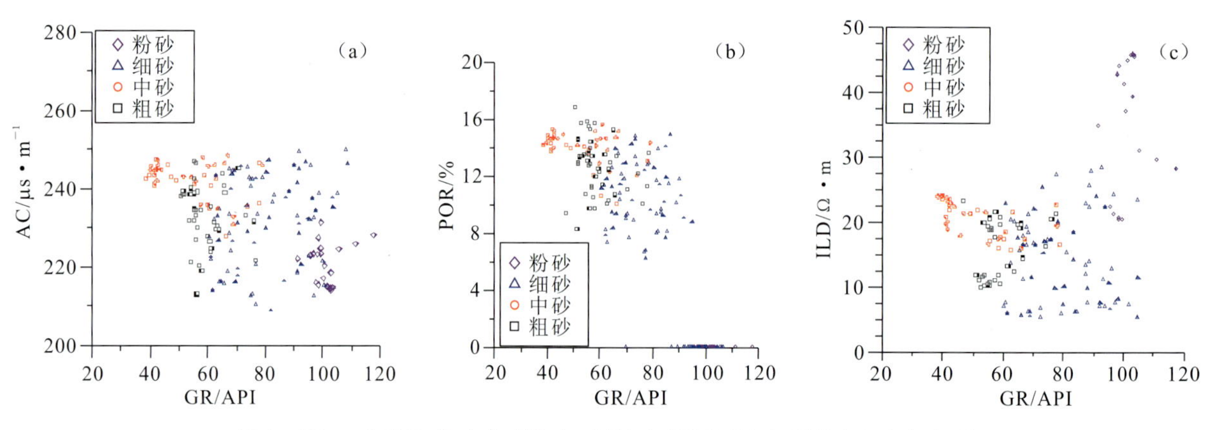

图4－56　不同粒度砂岩GR与AC(a)、POR(b)和ILD(c)的交会图

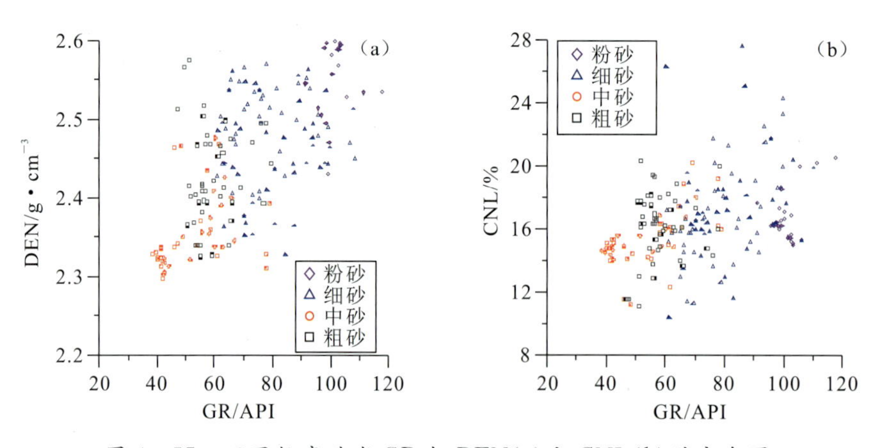

图4－57　不同粒度砂岩GR与DEN(a)和CNL(b)的交会图

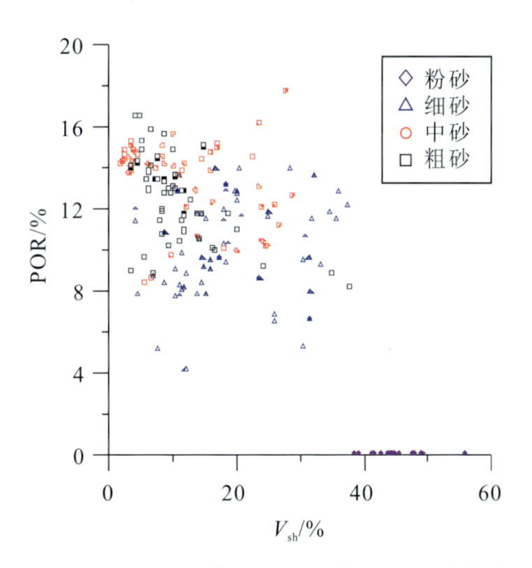

图 4-58 不同粒度砂岩 V_{sh} 与 POR 的交会图

表 4-2 原始样本与筛选后样本数对照表

样本分类	粗砂岩	中砂岩	细砂岩	粉砂岩
原始样本数/个	158	74	561	43
筛选后样本数/个	121	40	372	21

利用 SPSS 软件，将样本导入其中，建立了判别方程(表 4-3)。该判别方程对原始样本进行回判的正确率为 90.7%，对原始样本交叉确认回判的正确率为 88.9%(表 4-4、表 4-5)，两个回判的正确率数值很接近，说明模型稳定，也表明 GR、ILD、DEN、V_{sh}、POR 5 个测井参数能够较准确地识别不同粒级的砂岩。

表 4-3 贝叶斯判别方程系数

变量名称	类型			
	粗砂岩	中砂岩	细砂岩	粉砂岩
GR	3.85	2.92	4.73	4.83
ILD	−0.57	−0.45	−0.56	−0.37
DEN	152.26	148.48	149.57	149.61
V_{sh}	−2.94	−2.26	−3.29	−2.94
POR	1.11	1.09	1.21	0.99
常数项	−285.38	−236.05	−334.93	−360.40

表 4-4　原始样本的回判结果

统计方式	类型	各组的预测数				总数
		粗砂岩	中砂岩	细砂岩	粉砂岩	
样本个数/个	粗砂岩	111	7	3	0	121
	中砂岩	1	38	1	0	40
	细砂岩	4	6	334	28	372
	粉砂岩	0	0	1	20	21
百分比/%	粗砂岩	91.7	5.8	2.5	0	100.0
	中砂岩	2.5	95.0	2.5	0	100.0
	细砂岩	1.1	1.6	89.8	7.5	100.0
	粉砂岩	0	0	4.8	95.2	100.0
对原始样本进行回判的正确率为 90.79%						

表 4-5　交叉确认回判结果

统计方式	类型	各组的预测数				总数
		粗砂岩	中砂岩	细砂岩	粉砂岩	
样本个数/个	粗砂岩	107	10	4	0	121
	中砂岩	2	37	1	0	40
	细砂岩	5	8	330	29	372
	粉砂岩	0	0	2	19	21
百分比/%	粗砂岩	88.4	8.3	3.3	0	100.0
	中砂岩	5.0	92.5	2.5	0	100.0
	细砂岩	1.3	2.2	88.7	7.8	100.0
	粉砂岩	0	0	9.5	90.5	100.0
对原始样本交叉确认回判的正确率 88.99%						

粗砂岩的概率函数为：

$$Y1=3.85\times GR-0.57\times ILD+152.26\times DEN-2.94\times V_{sh}+1.11\times POR-285.38 \quad (4-1)$$

中砂岩的概率函数为：

$$Y2=2.92\times GR-0.44\times ILD+148.48\times DEN-2.26\times V_{sh}+1.09\times POR-236.05 \quad (4-2)$$

细砂岩的概率函数为：

$$Y3=4.73\times GR-0.56\times ILD+149.57\times DEN-3.29\times V_{sh}+1.21\times POR-334.93 \quad (4-3)$$

粉砂岩的概率函数为：

$$Y4=4.83\times GR-0.37\times ILD+149.61\times DEN-2.94\times V_{sh}+0.99\times POR-360.40 \quad (4-4)$$

判断方法为：将样本数据代入上面的 4 个方程，计算出 $Y1$、$Y2$、$Y3$、$Y4$ 的数值，哪个数值最大，该样本即属于其对应的那一类。

五、砂岩类别划分及其效果验证

根据上一节采用贝叶斯判别方法得到的不同粒级砂岩类型判别方程，在 Forward 中编程实现了砂岩类型的判别。下面给出处理的实例及其分析，最后用录井和取心资料对测井处理结果进行了检验。

直接根据测井曲线判断出不同粒级的砂岩岩性类别，如图 4－59(a)所示，图中砂岩剖面存在很多薄层，根据实际需要对薄层进行了合并(对厚度小于 0.5m 的薄砂层进行了剔除)，剔除了薄层的剖面如图 4－59(b)所示，砂岩剖面具有更好的连续性。

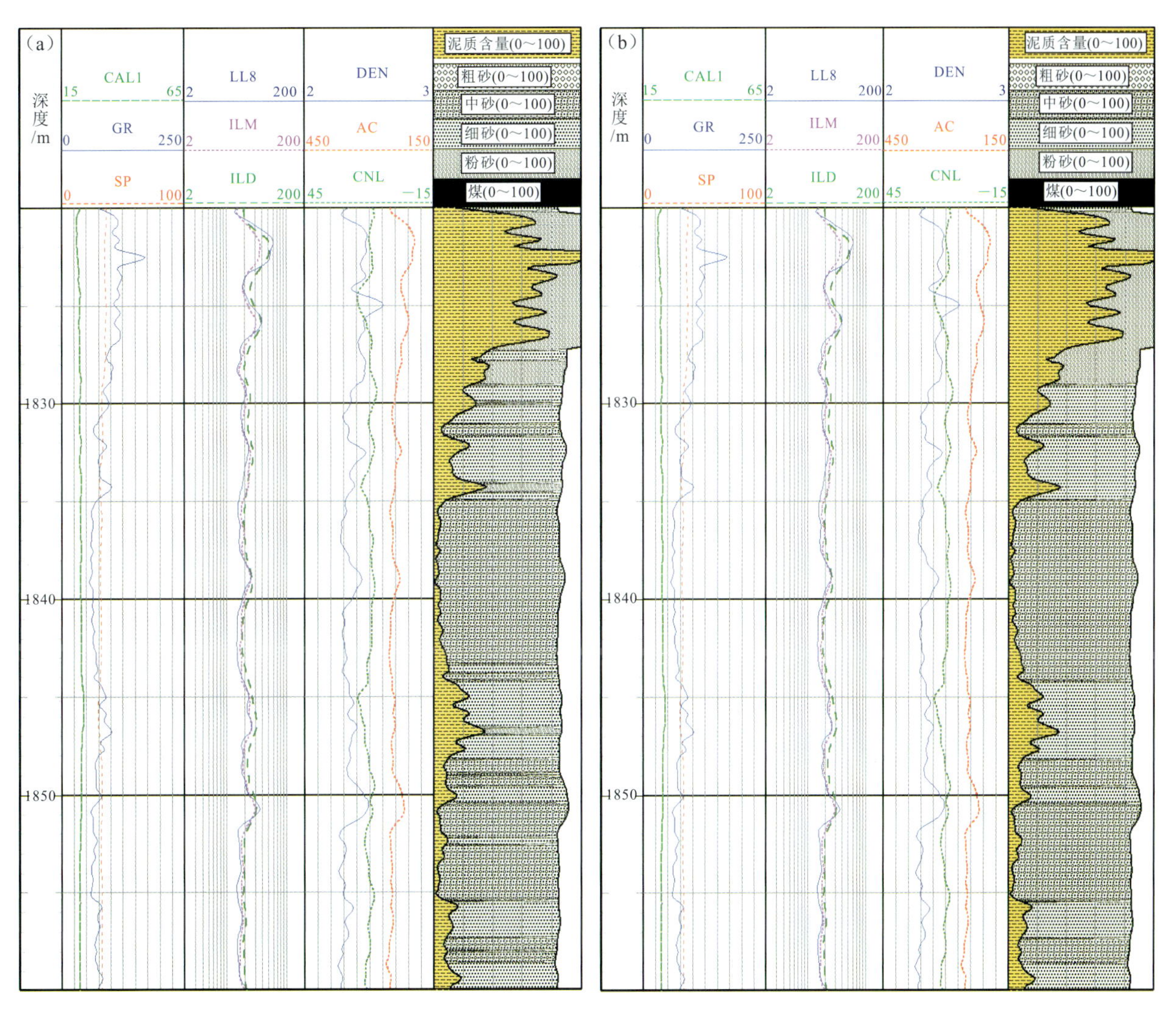

图 4－59　剔除薄层前的岩性剖面(a)和剔除薄层后的岩性剖面(b)对比图

为了检验测井解释的砂岩类型的正确性，将测井岩性剖面与录井岩性进行了对比。从图 4－60 可以看出，2035m 处录井显示为中砂岩，而测井识别也为中砂岩(中间夹有一层粗砂岩)，可见测井具有更高的分辨率，对砂岩类型的划分更为精细。2049m 处取心显示为细砂岩，测井也显示有细砂岩，但是砂层厚度没有取心显示的大。2057m 处取心和录井都显示为细砂岩，测井为一段细砂岩夹一层中砂岩(该夹层是由于测井曲线的局部波动引起，是一个不合理的异常层)。

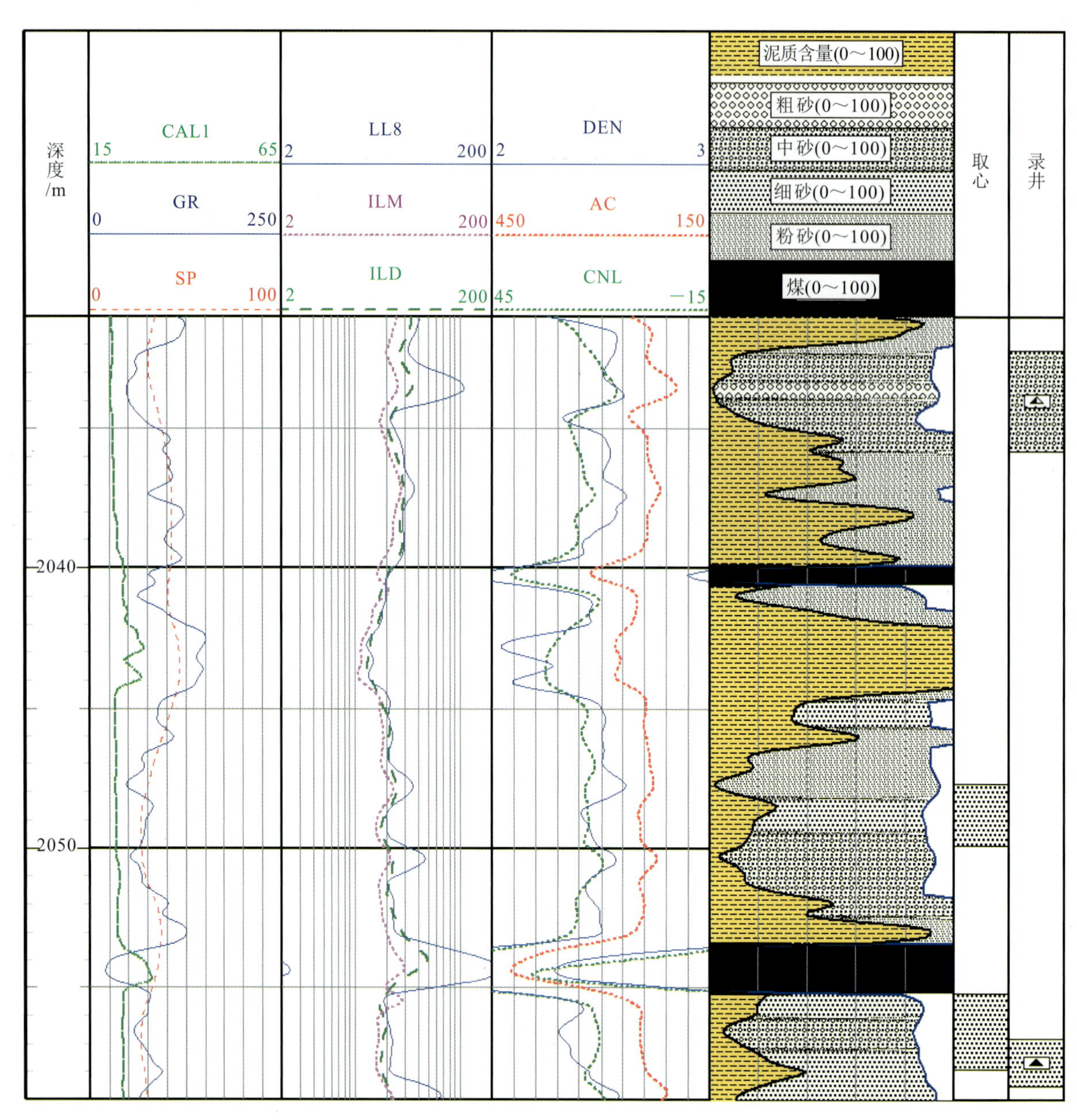

图 4－60　宁东 2 井测井岩性与录井和取心岩性对比

测井求取的岩性粒度与取心岩性或录井岩性粒度的对比详见表 4－6，从表中可见，测井岩性与取心或录井描述岩性基本上符合，由此说明测井岩性识别效果很好。

表 4－6　取心/录井与测井识别砂岩分类结果对比表

井名	顶深/m	底深/m	录井岩性	测井识别	正确与否
宁东 2	2 032.00	2 035.00	灰白色油迹中砂岩	中砂	1
宁东 2	2 051.54	2 052.05	灰白色油斑细砂岩	细砂	1
宁东 2	2 056.04	2 057.63	浅灰色油斑细砂岩	细砂	1
宁东 2	2 141.50	2 143.65	灰白色油斑中砂岩	细砂	1

续表 4-6

井名	顶深/m	底深/m	录井岩性	测井识别	正确与否
宁东 2	2 154.26	2 156.53	浅灰色油浸细砂岩	细砂	1
宁东 2	2 159.81	2 166.33	浅灰色含油含砾粗砂岩	中砂	0
宁东 2	2 176.50	2 184.52	浅灰色油斑含砾粗砂岩	中砂	0
宁东 2	2 263.00	2 274.00	浅灰色油迹细砂岩	细砂	1
宁东 2	2 287.00	2 290.00	浅灰色油迹细砂岩	细砂	1
宁东 2	2 370.50	2 376.00	浅灰色油迹细砂岩	细砂	1
宁东 2	2 404.00	2 407.00	浅灰色油迹细砂岩	细砂	1
宁东 2	2 422.00	2 427.00	浅灰色油迹细砂岩	细砂	1
宁东 2	2 484.00	2 486.68	灰色油斑细砂岩	细砂	1
宁东 3	1 948.00	1 951.00	浅灰色荧光细砂岩	粉砂	0
宁东 3	2 030.00	2 032.50	浅灰色荧光细砂岩	细砂	1
宁东 3	2 072.00	2 073.58	浅灰色油斑细砂岩	粉砂	0
宁东 3	2 075.94	2 076.63	浅灰色荧光细砂岩	细砂	1
宁东 3	2 080.02	2 082.46	浅灰色荧光细砂岩	细砂	1
宁东 3	2 082.89	2 083.11	浅灰色荧光细砂岩	细砂	1
宁东 3	2 136.50	2 139.14	浅灰色油浸中砂岩	中砂	1
宁东 3	2 139.34	2 143.83	浅灰色油浸中砂岩	中砂	1
宁东 3	2 143.83	2 145.88	浅灰色油斑中砂岩	中砂	1
宁东 3	2 410.50	2 413.50	浅灰色油斑细砂岩	细砂	1
宁东 3	2 466.50	2 468.00	浅灰色油迹细砂岩	细砂	1
宁东 3	2 473.00	2 475.00	浅灰色油迹细砂岩	细砂	1
宁东 3	2 485.50	2 487.12	浅灰色油斑细砂岩	细砂	1
宁东 3	2 488.12	2 489.98	浅灰色油斑细砂岩	细砂	1
宁东 3	2 490.28	2 491.70	浅灰色油斑细砂岩	细砂	1
宁东 3	2 491.90	2 497.20	浅灰色油浸细砂岩	细砂	0
宁东 3	2 497.56	2 500.90	浅灰色油浸细砂岩	细砂	1
宁东 4	2 116.50	2 117.12	浅灰色油斑细砂岩	细砂	1
宁东 4	2 117.74	2 118.08	浅灰色油迹细砂岩	细砂	1
宁东 4	2 119.26	2 119.85	浅灰色油迹细砂岩	细砂	1
宁东 4	2 506.50	2 508.19	浅灰色油斑细砂岩	细砂	1
宁东 5	2 149.00	2 158.00	浅灰色油迹细砂岩	细砂	1
宁东 5	2 184.00	2 188.00	浅灰色油迹细砂岩	细砂	1
宁东 5	2 190.00	2 199.00	浅灰色油迹细砂岩	细砂	1
宁东 5	2 219.00	2 221.00	灰白色油迹含砾粗砂岩	粗砂	1

续表 4-6

井名	顶深/m	底深/m	录井岩性	测井识别	正确与否
宁东 5	2 228.00	2 230.00	灰白色油迹中砂岩	中砂	1
宁东 5	2 231.00	2 235.00	灰白色油迹中砂岩	中砂	1
宁东 5	2 295.21	2 303.57	灰白色油浸细砂岩	细砂	1
宁东 5	2 329.00	2 333.94	浅灰色油迹细砂岩	粗砂	0
宁东 6	1 907.00	1 909.00	浅灰色荧光中砂岩	中砂	1
宁东 6	1 948.00	1 951.00	浅灰色油迹中砂岩	粉砂	0
宁东 6	1 954.00	1 956.00	浅灰色荧光细砂岩	粉砂	1
宁东 6	1 968.00	1 971.00	浅灰色油迹中砂岩	中砂	1
宁东 6	2 034.50	2 036.30	浅灰色油浸细砂岩	粉砂	1
宁东 6	2 078.50	2 080.00	浅灰色油迹中砂岩	泥岩	0
宁东 6	2 081.50	2 082.50	浅灰色油斑细砂岩	细砂	1
宁东 6	2 170.00	2 172.00	灰白色荧光细砂岩	细砂	1
宁东 6	2 174.00	2 176.00	灰白色荧光细砂岩	细砂	1
宁东 6	2 181.00	2 183.00	灰白色荧光细砂岩	细砂	1
宁东 6	2 194.00	2 200.00	灰白色油迹细砂岩	细砂	1
宁东 6	2 205.00	2 214.00	浅灰色油迹细砂岩	中砂	1
宁东 6	2 239.00	2 240.00	浅灰色荧光细砂岩	泥岩	0
宁东 6	2 275.00	2 277.00	浅灰色荧光细砂岩	细砂	1
宁东 6	2 291.00	2 293.00	浅灰色油迹细砂岩	细砂	0
宁东 6	2 311.00	2 316.00	浅灰色荧光细砂岩	细砂	1
宁东 6	2 360.50	2 362.50	浅灰色油迹细砂岩	细砂	1
宁东 6	2 374.50	2 378.35	灰色油斑细砂岩	细砂	1

注:“正确与否”列中,“1”表示正确,“0”表示错误。

对宁东 2 井、宁东 3 井、宁东 4 井、宁东 5 井、宁东 6 井等砂岩类型进行了判断,通过与录井和取心资料的综合对比分析,统计了测井判断砂岩岩性的正确率,正确率为 85%。导致测井与录井砂岩岩性分类不一致的主要原因有:①测井和录井的深度有时候会有一些误差,如果这个误差较大,就会导致二者岩性匹配不上;②测井相对录井垂向分辨率要高得多,所以测井可以识别出一些薄层,而录井却识别不出来;③本书测井识别砂岩类别的方法受自然伽马曲线影响较大,而自然伽马曲线不能确定黏土类型、成分,不能区分高放射性矿物,从而导致计算的泥质含量存在一定误差,所以可能会将中砂岩判断为细砂岩,细砂岩判断为粉砂岩。

第三节　岩电资料分析

由于阿尔奇系数 a、b 值变化范围比较小，通常 a、b 值接近 1，因此，阿尔奇公式中孔隙度指数 m、饱和度指数 n 值的确定是计算含油气饱和度的关键参数，一般利用岩电分析资料来确定，也可通过其他方法得到。

m 和 a 是相互制约的两个参数，a 大，m 就小，a 小，m 就大。曾文冲(1991)曾得到一个关于 m 的关系式，该式较能说明 m 的地质意义：

$$\lg m = 0.34 - 0.12\varphi - 0.023\lg(K) \tag{4-5}$$

式中，φ、K 分别为孔隙度和渗透率。

对于泥质砂岩地层，一般随泥质含量增大，孔隙度和渗透率减小，m 值增大。纯地层 m 值的大小只与孔隙的几何形状有关，即与岩石颗粒的形状、比表面积、分选程度、胶结程度、压实程度和各向异性有关，孔隙几何形状愈复杂，m 值愈高。

系数 b 和饱和指数 n 主要反映油、气、水在孔隙中的分布对岩石电阻率的影响，而孔隙中油、气、水的分布又与岩石性质、孔隙形状及岩石的润湿性（润湿性是指吸附在岩石颗粒表面流体的性质，即亲水性和亲油性。亲水性岩石中，水吸附在岩石颗粒表面；而亲油性岩石中，油吸附在岩石颗粒表面）等有关。大量试验资料表明，b 很接近 1，故通常取为 1。

一、由 F 和 φ 求取 a 和 m

对于物性较好的岩心，m 值近似于常数，传统的阿尔奇公式符合得很好，精度也满足生产需要，而对于物性较差的岩心，m 值与物性有关（通常与孔隙度呈正相关）。对于孔隙度较小的储层，将 m 值与物性等参数联系起来，效果更好。

例如，$m = p \times \lg(\varphi) + q$，这里 p、q 为地区常数，依据本地区的实际情况，认为建立动态的 m 值效果最好，即：

$$F = \frac{1}{\varphi^{m}} \tag{4-6}$$

式中，$m = p \times \lg(\varphi) + q$，$F$ 为地层因素，强制 a 等于 1。

（1）按组段拟合的效果如图 4－61 所示。

（2）按岩性拟合的效果如图 4－62 所示。

（3）不同井区延安组拟合效果如图 4－63 所示。

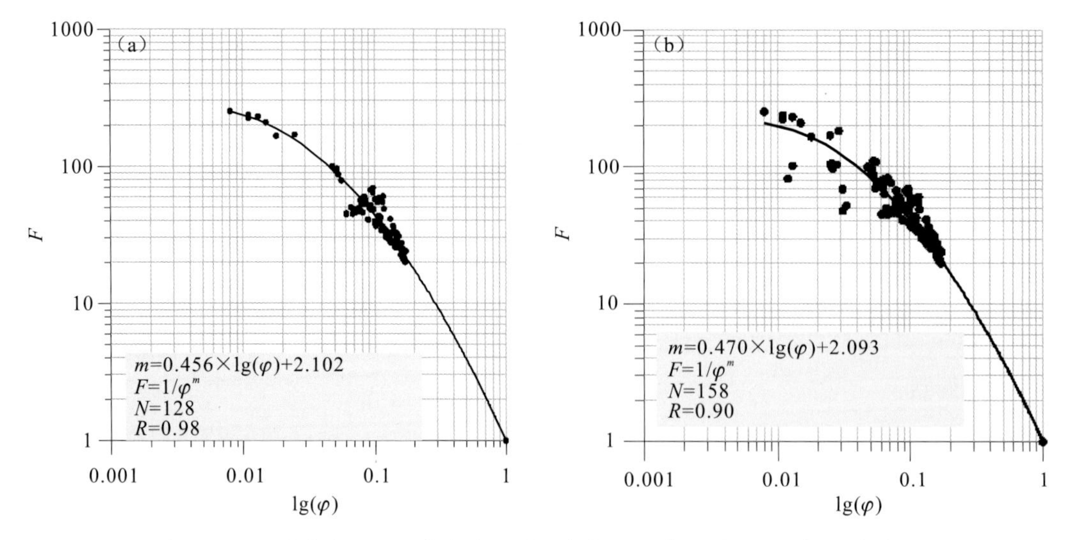

图 4-61 延安组(a)及总体岩心(b)的地层因素 F 与孔隙度 φ 关系图

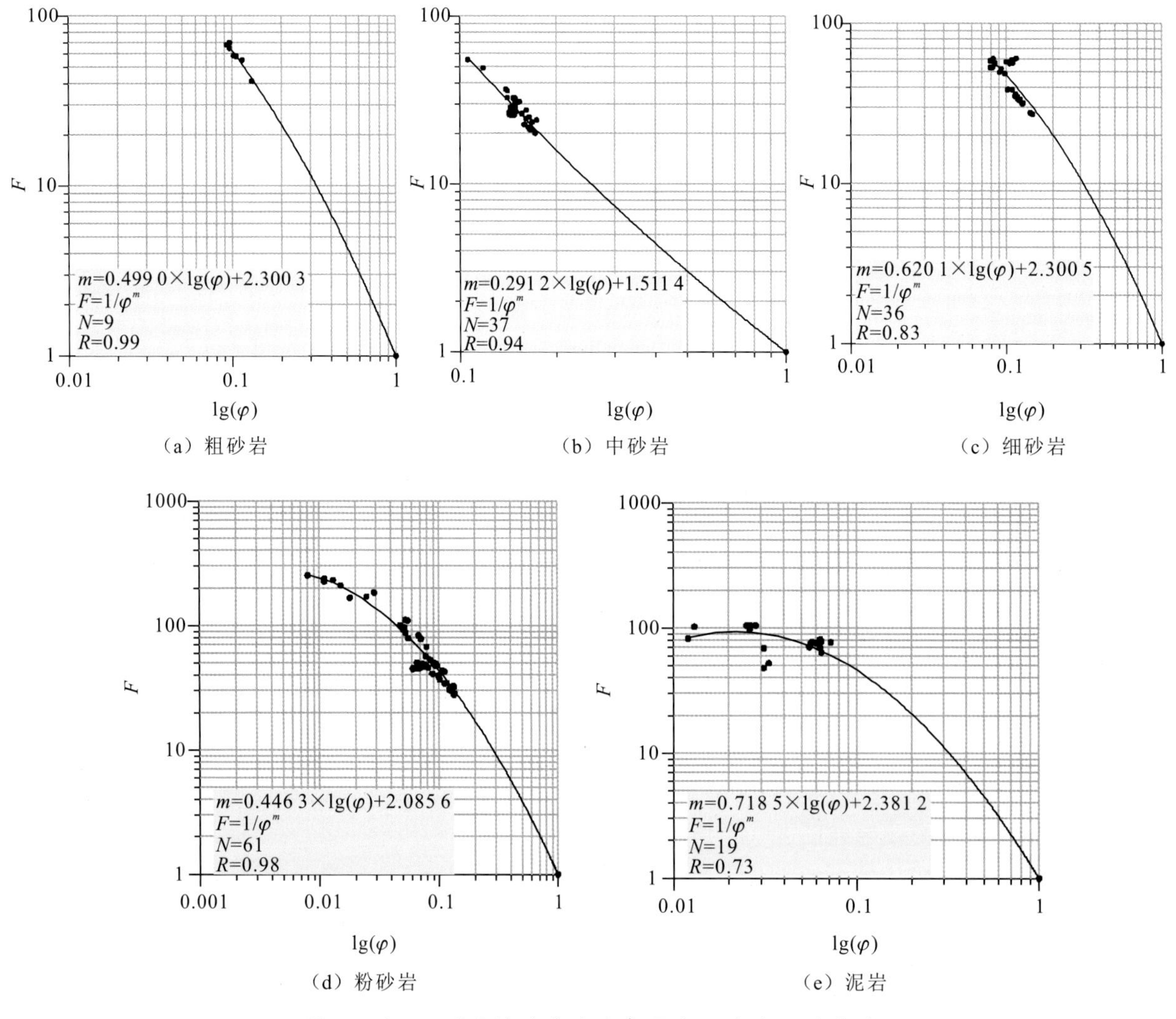

图 4-62 不同岩性的地层因素 F 与孔隙度 φ 关系图

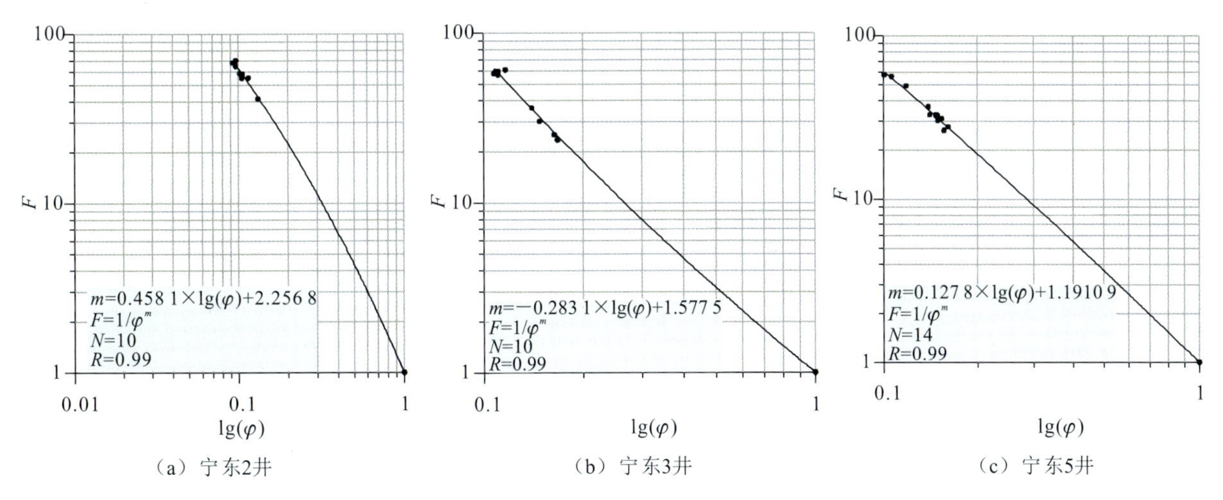

图 4-63　不同井区延安组地层因素与孔隙度关系图

二、由 S_w 和 I 求取 b 和 n

I 为电阻率增大系数：

$$I=\frac{b}{S_w^n} \tag{4-7}$$

式中，b 和 n 为比例系数，与岩性有关；S_w 为含水饱和度。

根据岩电试验所获得的电阻率增大系数 I、含水饱和度 S_w 资料，可以求取比例系数 n 和 b。

(1)按组段拟合的效果如图 4-64 所示。

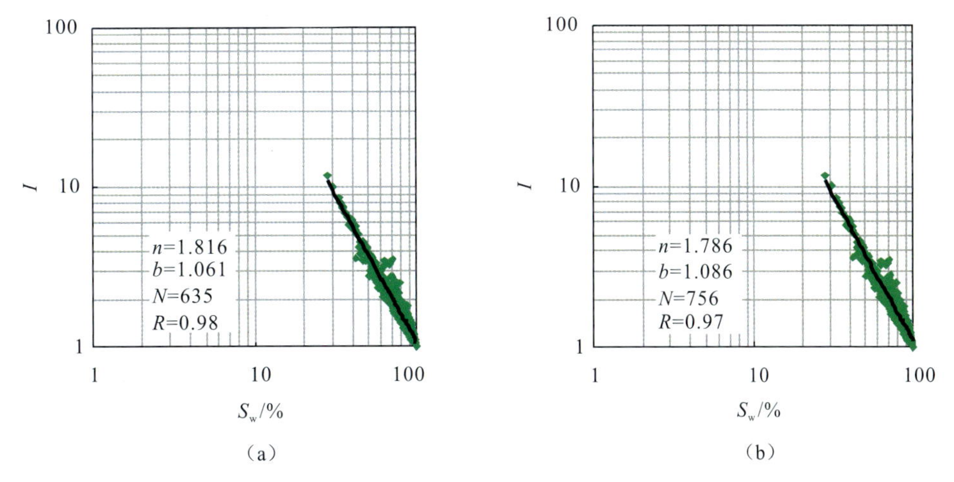

图 4-64　延安组(a)及全部岩心(b)电阻率增大系数与含水饱和度关系图

(2)按岩性拟合的效果如图 4-65 所示。

(3)按井区拟合的效果如图 4-66 所示。

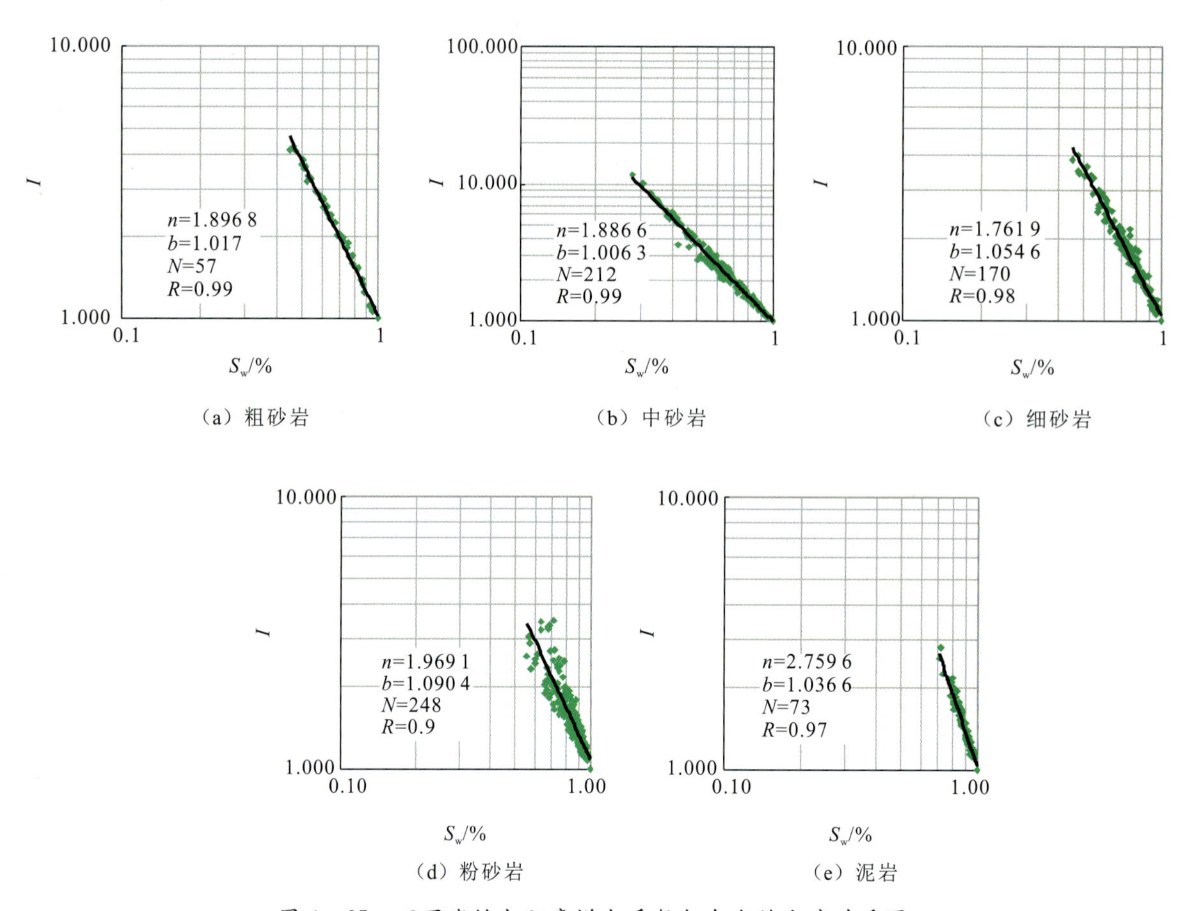

(a) 粗砂岩 (b) 中砂岩 (c) 细砂岩

(d) 粉砂岩 (e) 泥岩

图 4-65 不同岩性电阻率增大系数与含水饱和度关系图

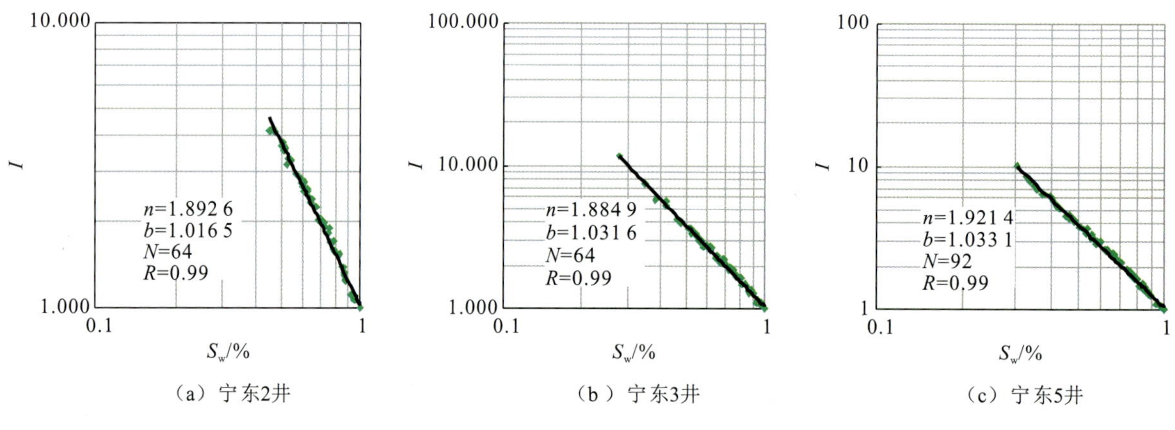

(a) 宁东2井 (b) 宁东3井 (c) 宁东5井

图 4-66 不同井区电阻率增大系数与含水饱和度关系图

综上所述，各井区各组段的 a、m、b、n 取值如表 4-7—表 4-9 所示。

表 4-7　按组段拟合的 a、m、b、n 取值结果

参数	按组段拟合结果			
	直罗组	延安组	延长组	总体
a	1	1	1	1
m	$m=0.4739\times\lg(\varphi)+2.2034$ 范围:1.47～1.68	$m=0.456\times\lg(\varphi)+2.1021$ 范围:1.10～1.80	$m=0.7177\times\lg(\varphi)+2.3799$ 范围:1.00～1.65	$m=0.4703\times\lg(\varphi)+2.0925$ 范围:1.11～1.73
b	1.069	1.061	1.057	1.086
n	2.869	1.816	2.457 5	1.786

表 4-8　按岩性拟合的 a、m、b、n 取值结果

参数	按岩性拟合结果				
	粗砂岩	中砂岩	细砂岩	粉砂岩	泥岩
a	1	1	1	1	1
m	$m=0.4990\times\lg(\varphi)$ $+2.3003$ 范围:1.78～1.86	$m=-0.2912\times\lg(\varphi)$ $+1.5114$ 范围:1.73～1.79	$m=0.6201\times\lg(\varphi)$ $+2.3005$ 范围:1.62～1.78	$m=0.4463\times\lg(\varphi)$ $+2.0856$ 范围:1.10～1.70	$m=0.7185\times\lg(\varphi)$ $+2.3812$ 范围:1.00～1.56
b	1.017	1.006 3	1.054 6	1.090 4	1.036 6
n	1.896 8	1.886 6	1.761 9	1.969 1	2.759 6

表 4-9　按井区拟合的 a、m、b、n 取值结果

参数	按井区拟合结果		
	宁东 2 井	宁东 3 井	宁东 5 井
a	1	1	1
m	$m=0.4581\times\lg(\varphi)+2.2568$ 范围:1.78～1.85	$m=-0.2831\times\lg(\varphi)+1.5775$ 范围:1.80～1.85	$m=0.1278\times\lg(\varphi)+1.9109$ 范围:1.78～1.81
b	1.016 5	1.031 6	1.033 1
n	1.892 6	1.884 9	1.921 4

第四节　含油性-电性分析

一、径向电阻率比值法

对于纯(不含泥质)岩层，含水饱和度 S_w 和冲洗带含水饱和度 S_{xo} 可用下式表示：

$$S_{w}^{n}=\frac{aR_{w}}{\varphi^{m}R_{t}} \tag{4-8}$$

$$S_{xo}^{n}=\frac{aR_{mf}}{\varphi^{m}R_{xo}} \tag{4-9}$$

式中，R_w 为地层水电阻率；R_t 为地层电阻率；R_{xo} 为冲洗带电阻率；R_{mf} 为泥浆滤液电阻率。

二式相比得到：

$$\left(\frac{S_{w}}{S_{xo}}\right)^{n}=\frac{R_{xo}}{R_{t}}\frac{R_{w}}{R_{mf}} \tag{4-10}$$

假设饱和度指数 $n=2$，同时在中等侵入地区 $S_{xo}\approx S_{w}^{1/5}$，有：

$$S_{w}=\left(\frac{R_{xo}}{R_{t}}\frac{R_{w}}{R_{mf}}\right)^{5/8} \tag{4-11}$$

式(4－11)说明，同一地层不同径向范围电阻率的差别，即冲洗带电阻率与原状地层电阻率的差别，取决于 R_{xo}/R_t 和 R_w/R_{mf}，因此 R_{xo}/R_t 值直接反映地层的含水饱和度。

根据区块的研究发现，在麻黄山探区运用径向电阻率比值法求取含水饱和度比较准确，所以本研究继续沿用该方法求取 S_w。

二、西蒙杜(Simandoux)方程

美国 Fertl 等曾于 1971 年对各种泥质岩石电阻率方程进行了评价，提出了一个简化公式：

$$S_{w}=\frac{1}{\varphi}\left[\sqrt{\frac{0.81R_{w}}{R_{t}}}-\frac{R_{w}V_{sh}}{0.4R_{sh}}\right] \tag{4-12}$$

阿特拉斯公司将此式作为可供选择的方程编入了测井分析程序，并称为 Simandoux 公式。

应用中表明，Simandoux 公式在地层水矿化度较高的地区应用效果较好，而麻黄山探区地层水电阻率 R_w 偏低、矿化度偏高的实际情况正好符合该式特点，并且该式加入了泥质含量 V_{sh} 这一参数，比 Archie 公式更能反映真实的地层情况。

以上方程可用于冲洗带电阻率测井，只要将相应的参数替换一下即可，如：

$$S_{xo}=\frac{1}{\varphi}\left[\sqrt{\frac{0.81R_{mf}}{R_{xo}}}-\frac{R_{mf}V_{sh}}{0.4R_{sh}}\right] \tag{4-13}$$

因此，在选取合适的冲洗带电阻率(R_{xo})和泥浆滤液电阻率(R_{mf})的情况下，运用 Simandoux 公式求取冲洗带含水饱和度，与径向电阻率比值法求取的含水饱和度相结合，可以识别可动油和残余油，识别效果见本书第七章的处理成果。

三、声波时差-电阻率交汇

声波时差-电阻率交汇是利用深感应电阻率、声波时差对含油性进行解释，本研究利用研究区 21 口试油井的 22 个层位绘制的声波时差-电阻率交汇图(图 4－67)，可以比较明显地将油层、油水层、水层区分开。结果表明，油层的声波时差在 230～250 μs/m 之间，电阻率在 18～30Ω · m之间；油水层的声波时差在230～260 μs/m 之间，电阻率在 5～18Ω · m 之间；水层的声波时差在 230～250 μs/m 之间，电阻率在 5～15Ω · m 之间(表4－10)。

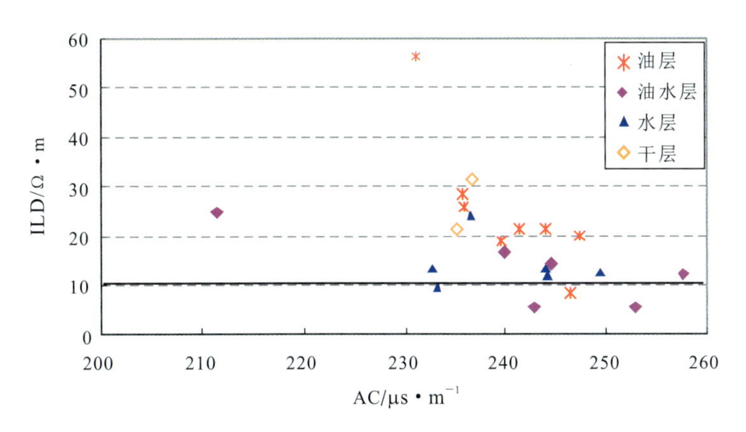

图 4－67　试油井的声波时差与深感应电阻率关系图

表 4－10　油、水层的电性标准

试油结论	AC/μs・m^{-1}	R_t/Ω・m
油层	230～250	18～30
油水层	230～260	5～18
水层	230～250	5～15

低阻油层成因分析

低阻电层，即低电阻率油层，普遍存在于我国各大油田，但是由于成因复杂，识别困难，许多低阻储层还没有被发现和利用。本章主要介绍麻黄山地区低阻储层的分布范围与形成原因，分析低阻油形成的地质因素与人为因素，结合麻黄山探区的地质与测井资料，找出本地区低阻油形成的主要原因，为下一步的研究提供基础。

第一节　低阻油层概念

低阻油层是一种复杂的非常规储层，其电阻率特征与常规油层没有明显的对应关系，为多种因素引起，如岩性、物性、泥浆侵入、流体性质、润湿性、构造幅度等单独或综合作用的结果，而以上诸因素又受控于沉积环境、构造、流体特征及储层非均质性等，其分布既有一定的规律可循，又有其随机性(钟祖兰等，1996；焦红岩等，2004)。

一、低阻油层的定义

低阻油层是指电阻率低于或接近邻近水层电阻率的油层，由于低阻油层在电性上难以区分油层与水层，因此给测井评价带来很大难度。

“低阻”可以从两个方面来理解：一是绝对低阻，即从油层电阻率绝对值考虑；二是相对低阻，包括与上下围岩电阻率和与邻近水层电阻率比较。由于各油藏形成、运移、聚集以及开发方式不同，其电阻率不同，在不同地区表现特征也有所不同(钟祖兰等，1996；焦红岩等，2004)。

二、低阻油层的划分标准

低阻油层的含义可从 3 个方面来理解：

(1)油气层的电阻率低于或接近邻近水层的电阻率；

(2)油气层的电阻率低于邻近泥岩层的电阻率；

(3)油气层的电阻率虽然高于邻近水层或邻近泥岩层的电阻率，但油气层的电阻率比通常所说油气层电阻率范围(3～100Ω・m)要低，属于低阻油气层。

对于第 3 种低阻油层，在不同的油田中的认识标准也不相同。

第二节 鄂尔多斯盆地低阻油层成因分析

鄂尔多斯盆地低阻油层成因复杂，类型多，不同区块其成因存在差异，即使同一区块也不是单一成因。主要成因有构造、沉积相、薄互储层、高矿化度地层水、钻井液侵入等（表 5－1、表 5－2）。

表 5－1 低阻储层成因综合分析（据杜旭东等，2004）

地质成因	沉积成因	岩石学	岩性粒度	细、粉砂岩
			黏土类型	蒙脱石、高岭石、伊利石
			骨架导电性	黄铁矿、火山碎屑等
		物性	孔隙结构	微孔隙发育
		构造	岩性结构	泥砂薄互层
		原生水物性	地层水矿化度	高地层水矿化度
	构造成因	低幅构造		
工程成因		泥浆侵入		

表 5－2 低阻储层相带特征分析（据吴金龙等，2005）

沉积体系	沉积相带	沉积相特征	沉积相低阻特征
河流沉积体系	辫状河相	自上而下岩性由粗变细，呈明显的河流相正旋回沉积层序，微背斜	低幅度构造
	曲流河相	岩性细砂、粉砂或钙质砂，在纵向上与泥质构成不等厚的互层，泥质含量高	泥质附加导电、孔喉双峰分布、高束缚水饱和度
湖泊沉积体系	滨湖亚相	沉积以泥岩和粉砂岩为主，常发育水平层理和季节性的韵律层理及块状层理	微裂缝，岩石亲水，薄层砂泥岩互层
	浅湖亚相	以黏土岩和粉砂岩为主，灰色泥岩与粉砂岩互层	
	滩坝亚相	中薄层灰色、灰绿色粉砂岩、泥质粉砂岩、粉砂质泥岩，发育板状层理、波状层理	高束缚水饱和度、泥质附加导电
三角洲沉积体系	三角洲前缘亚相	沉积能量低，水体平稳形成粉砂岩和泥质粉砂岩，黏土含量高	微孔隙发育，高束缚水饱和度，高矿化度
共同特征		岩性较细，以粉—细砂为主；泥质含量高	微孔隙发育，高束缚水饱和度

一、构造幅度的影响

油藏的形成过程受油、水、孔隙系统控制，油的密度小，由于重力分异首先进入油藏顶部与较大孔隙喉道连接的大孔隙，然后随着烃类驱替力的增加，油逐步进入更小的孔隙喉道，根据油气分异运移规律，油水饱和度与油气藏闭合高度有关系（李国欣等，2005）。

当构造幅度小时，储集层中具有较宽的油水过渡带，造成含水饱和度偏高。此外，地层压力小，油气的驱替压力低，油气不足以克服更大毛细管压力而进入小孔隙，只能饱和于较大孔喉控制的孔隙空间，大量的小孔隙和微孔仍为地层水占据。另外在油水共存条件下，岩石表现为混合润湿，部分岩石由于其表面的吸水性强（如蒙脱石附着颗粒表面），而始终表现为强亲水的特点，为形成发达的导电网络提供了保障，再次使地层电阻率降低（梁春秀，2003）。

图5-1和图5-2为麻黄山探区宁东5井区延8段和宁东3井区延9段的构造图，从图中可以看出，宁东5井区主要低阻油层延8段和延9段构造幅度差值都在20m以内，属于低幅度构造。相关研究表明，低构造幅度油藏表现为低含油饱和度的特征，主要是因为其在成藏过程中，油气运移到圈闭的过程中动力小，油驱水的完成较差，油气首先灌满了具有高孔渗能力的大孔喉，而大量的小孔喉中仍滞留了地层水，这是此类油藏视电阻率低的根本原因。

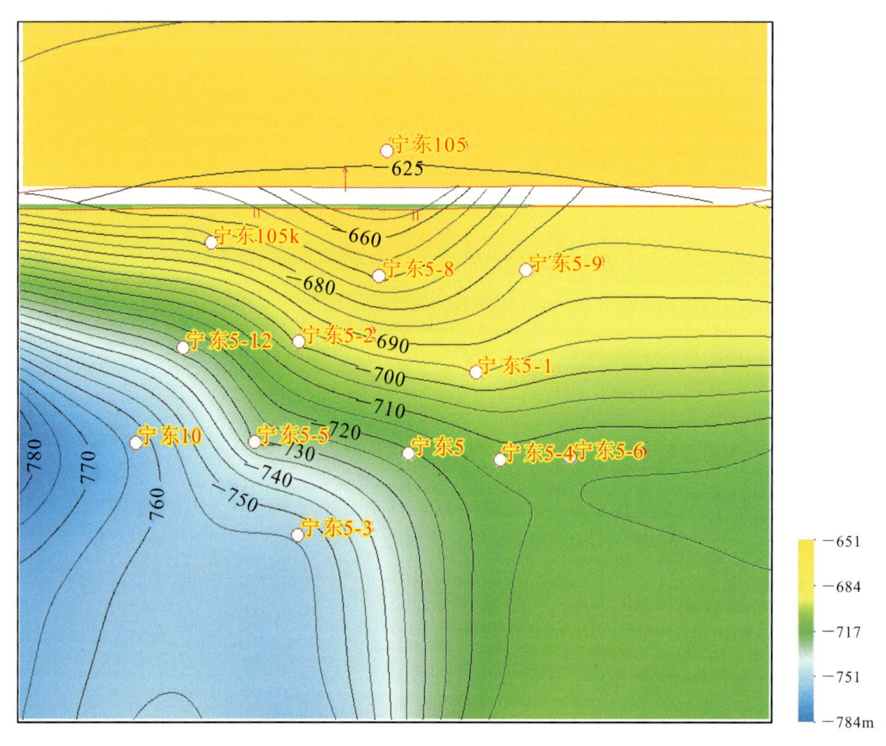

图5-1　宁东5井区延8段构造等值线图

二、沉积环境的影响

从沉积学角度来看，在以弱水动力为主的沉积环境中，如三角洲平原的天然堤、三角洲前缘、滨浅湖、滩坝等或者滑塌浊积体，沉积物的岩性以细、粉砂岩为主，微孔隙发育，泥质含量较高；储层岩石细粒成分增多和黏土矿物的填充与富集，导致地层中微孔隙发育，微孔隙和渗流孔隙并存，微孔隙储集大量束缚水，均导致储层束缚水含量增高。

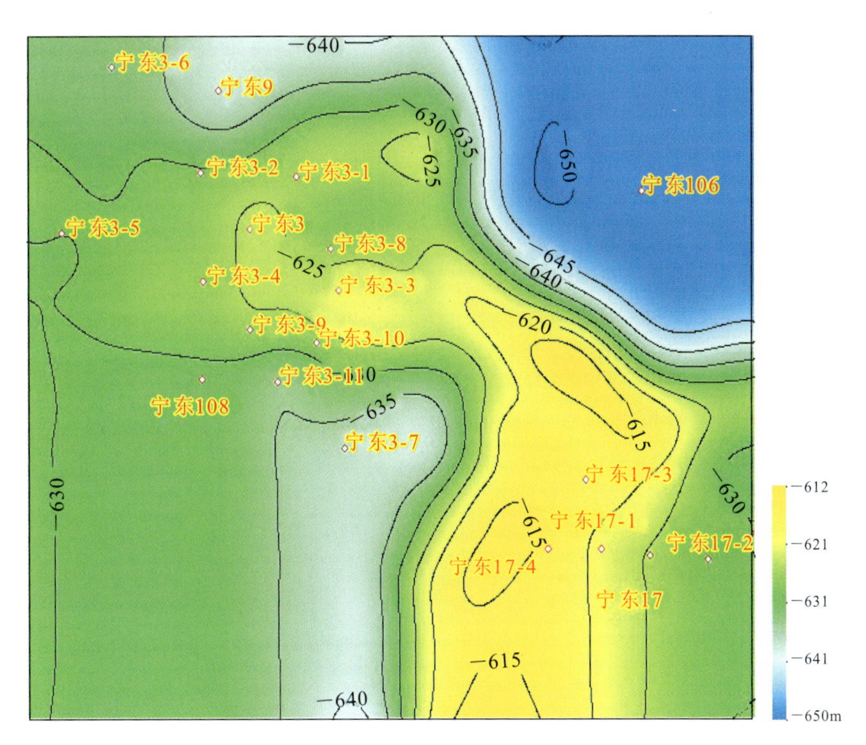

图 5-2　宁东 3 井区延 9 段构造等值线图

微孔隙形成的地质因素：压实、胶结和溶蚀 3 种成岩作用对孔隙改造起重要作用，都有可能使孔隙微孔化，束缚水含量增加。储层在压实作用下，随着埋藏深度的增加，孔隙度和渗透率都是不断下降的。这样就会导致微孔隙的逐渐发育及束缚水的增加，为形成低阻创造有利条件。各种胶结作用，尤其是碳酸岩胶结及石英次生加大和自生黏土矿物胶结，对不同成因类型砂岩体的孔隙会产生不同影响，某种程度上碳酸盐岩的胶结作用有利于孔隙的保存，在相同岩性条件下碳酸盐岩胶结程度越高，压实减孔率越低，微孔隙就会相应地发育。

从图 5-3 和图 5-4 可以看出，研究区延 8 段和延 9 段以细砂岩、中砂岩为主，延 8 段细砂岩、中砂岩占总岩性比例超过 95%。延 9 段以细砂岩为主，占比超过 80%。

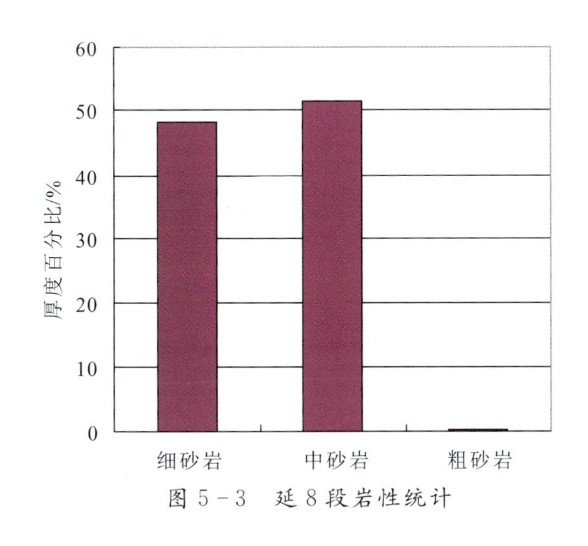

图 5-3　延 8 段岩性统计

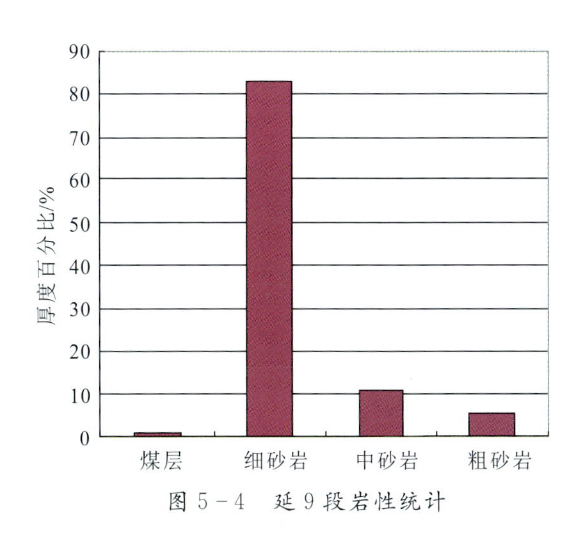

图 5-4　延 9 段岩性统计

高束缚水饱和度被认为是低阻储层形成的主要原因，高束缚水储层微孔隙发育且成藏动力能使油气运移到微孔隙之中，但是不足以驱替微孔隙系统中的束缚水。

电阻率测井反映的是地层总的含水量（自由水和束缚水），具有高束缚水饱和度的油层，测井曲线上显示为低阻，容易被判断为水层或者油水同层，但是测试结果只产油不产水或者产水量很少，因此准确求取束缚水饱和度对于识别低阻油层具有重要的意义（左银卿等，2000）。

岩电分析发现，电性对岩性的反映比较敏感，岩石颗粒越粗，电阻率越高。多数低阻油气层的岩性多为粉砂岩或泥质粉砂岩，岩石骨架颗粒平均粒径普遍较小，大部分小于 0.2mm。从粒径中值与束缚水含量的关系图（图 5－5）可以看出，粒径中值变小会引起束缚水含量增加，尤其当粒径小于 0.1mm 时，束缚水开始大量增加。由于颗粒越细其比表面积越大，颗粒表面吸附大量的束缚水，束缚水饱和度增大，电阻率降低。

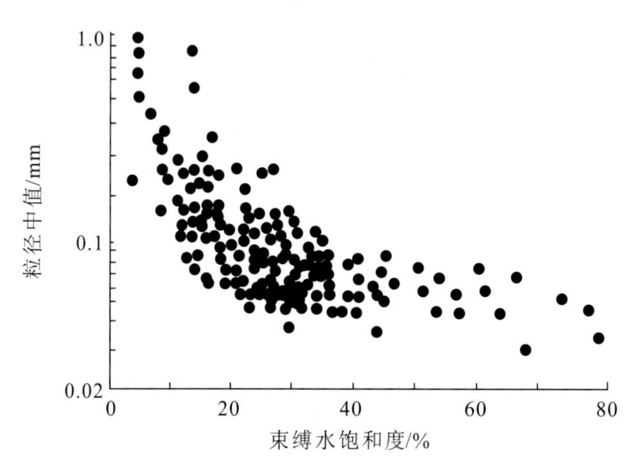

图 5－5　束缚水饱和度与粒径中值的关系（据高霞等，2006）

延 8 段、延 9 段以中细砂岩为主，粒度中值小，束缚水含量较高，是低阻储层形成的重要原因。

1. 束缚水饱和度的求取

1993 年，王正付等利用双水模型推导出如下公式：

$$\frac{\frac{1}{R_0}-\frac{1}{R_{xo}}}{\frac{1}{R_w}-\frac{1}{R_{mf}}}=\frac{1-S_{wi}}{F_0} \tag{5-1}$$

式中，R_0 为 100％饱水岩石电阻率；R_{xo}为冲洗带电阻率；R_w 为地层水电阻率；R_{mf}为泥浆滤液电阻率；S_{wi}为束缚水饱和度；F_0 为双水模型公式中的地层因素，且：

$$F_0=\frac{1}{\varphi^{m_0}} \tag{5-2}$$

式中，m_0 为常数。

1993 年，毛志强在分析了岩石导电性影响因素的基础上，利用大量岩石资料重新研究了地层因素与孔隙度的关系：

$$F=\frac{R_0}{R_w}=a\varphi^{-(b+c\lg\varphi)} \tag{5-3}$$

式中，F 为地层因素，a、b、c 为经验系数。

由式(5-1)～式(5-3)可以推导出与 φ 与 S_{wi}之间的关系。

根据地层因素的定义，对给定的岩石有：

$$F=\frac{R_0}{R_w}=\frac{R_{xo}}{R_{mf}} \tag{5-4}$$

把式(5-4)代入式(5-2)得：

$$\frac{R_{xo}-R_0}{(R_{mf}-R_w)F^2}=\frac{1-S_{wi}}{F_0} \tag{5-5}$$

由式(5-2)和式(5-5)得：

$$1-S_{wi}=\frac{(R_{xo}-R_0)\varphi^{m_0}+2b+2c\lg(\varphi)}{(R_{mf}-R_w)a^2} \tag{5-6}$$

两边取对数并整理得：

$$\lg(1-S_{wi})=\lg\left(\frac{R_{xo}-R_0}{(R_{mf}-R_w)a^2}\right)+[m_0+2b+2c\lg(\varphi)]\lg(\varphi) \tag{5-7}$$

式(5-7)就是束缚水饱和度与孔隙度的关系。

束缚水饱和度的求取难点在于参数 a、b、c、m_0 的确定，这些参数需要进行大量的室内实验确定。

2. 麻黄山探区低阻储层孔隙度与渗透率的特征

宁东5井区延8段和宁东3井区延9段是本地区低阻储层的主要分布层段。由图5-6和图5-7可以看出，宁东5井区延8段孔隙度范围为8%～16%，平均孔隙度为12%，渗透率为0～$100\times10^{-3}\mu m^2$，而且渗透率空间差异大，大部分井的渗透率不到$10\times10^{-3}\mu m^2$。由图5-8和图5-9可以看出，宁东3井区延9段孔隙度范围为10%～15%，平均孔隙度为13%，渗透率为0～$26\times10^{-3}\mu m^2$，大部分井的渗透率在$8\times10^{-3}\mu m^2$以下。上述分析表明，宁东5井区延8段和宁东3井区延9段具有中低孔隙度、低渗透率的特点，而且渗透率空间差异大，油水的分异能力差，是存在低阻油层的良好条件之一。

三、薄互层的影响

层状泥质是泥质在储层中存在的一种形式，泥质以层状形式分布在砂岩中。随其厚度增加，逐渐由层状泥质演变为泥质夹层，乃至形成砂泥岩间互层储层。对于这类储层，单砂层电阻率实际上并不低；但由于受到电测井仪器分辨率的限制，电阻率实际测量结果必然受到低阻围岩的影响较大，而明显降低，导致油水层电阻率差异急剧减少，与由其他因素导致的低阻并无明显差异。

油层厚度不是影响储层电阻率的决定性因素，但是油层太薄会对测井响应产生影响。当目的层厚度等于或小于测井仪器纵向分辨率时，电阻率值受邻近围岩影响较大，特别在邻近围岩为高阻层条件下，油层电阻率均可能显示为低值，因其显示电阻率通常比厚度较大的油层低，在解释工作中常常被作为干层或含油水层而漏掉。

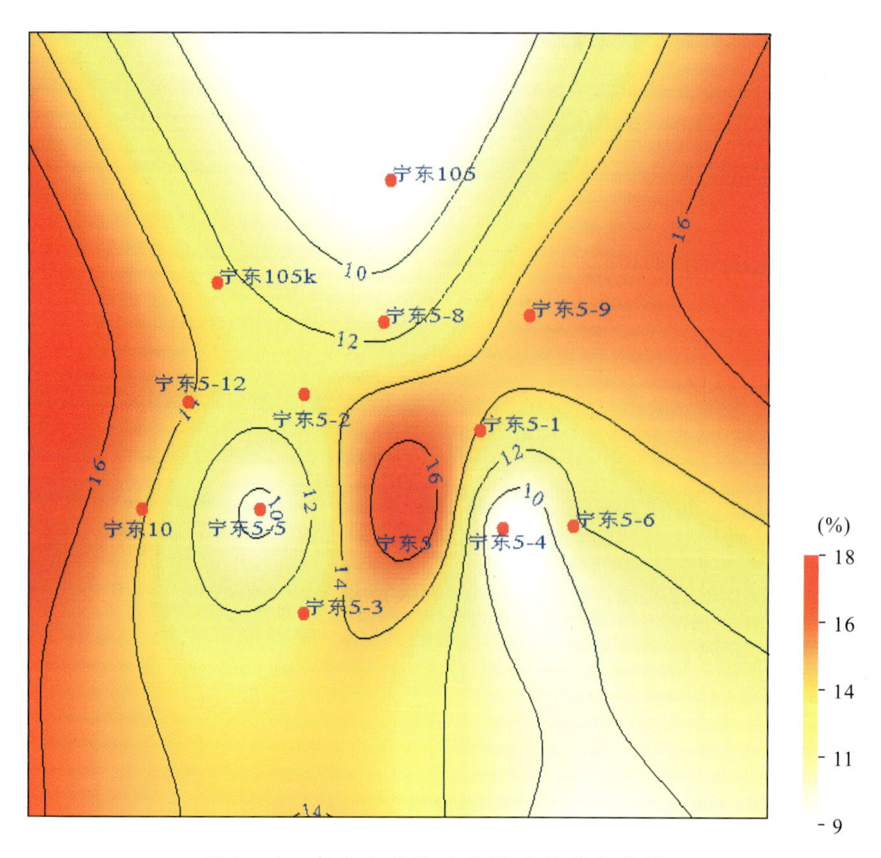

图5-6　宁东5井区延8段孔隙度分布图

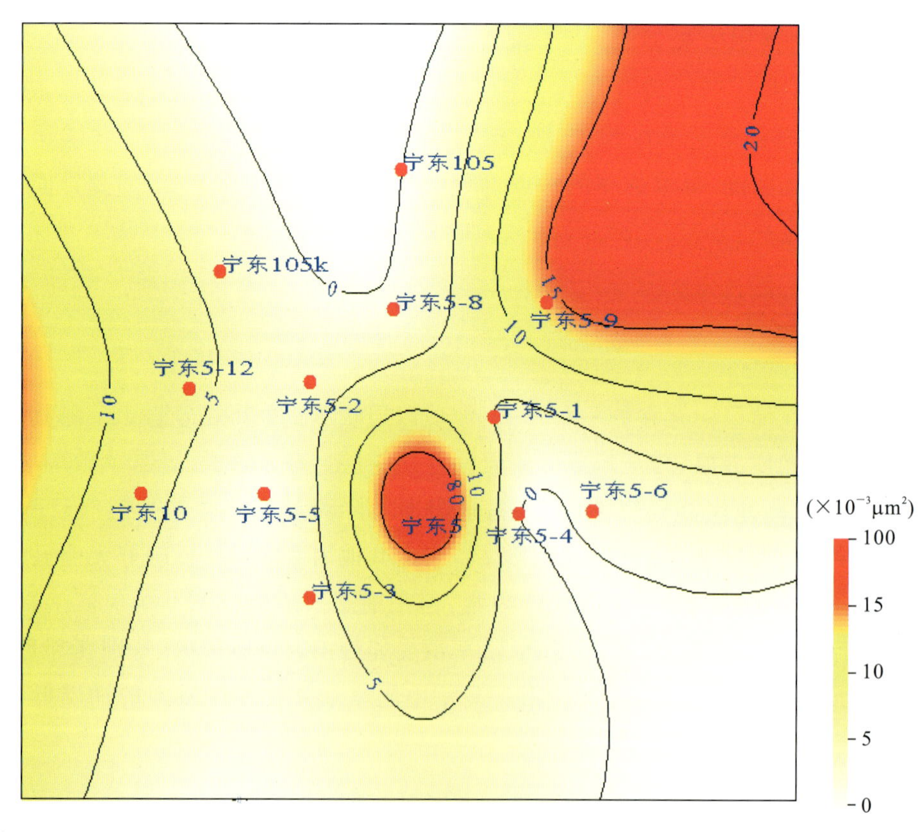

图5-7　宁东5井区延8段渗透率分布图

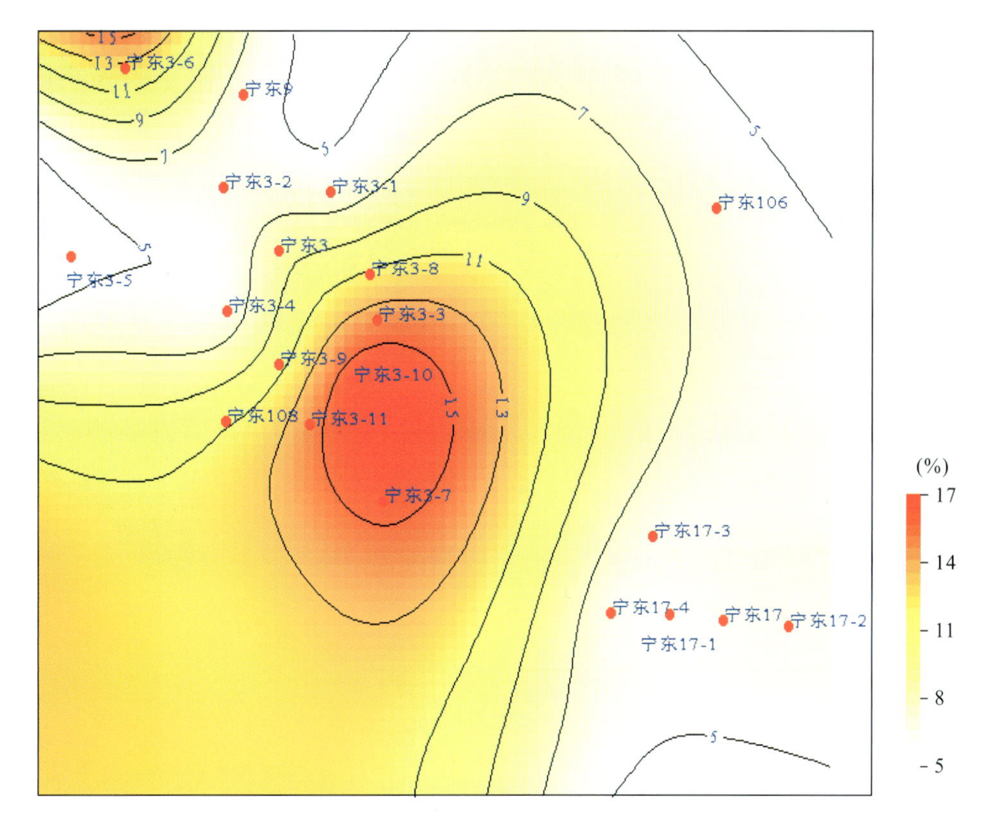

图 5-8 宁东 3 井区延 9 段孔隙度分布图

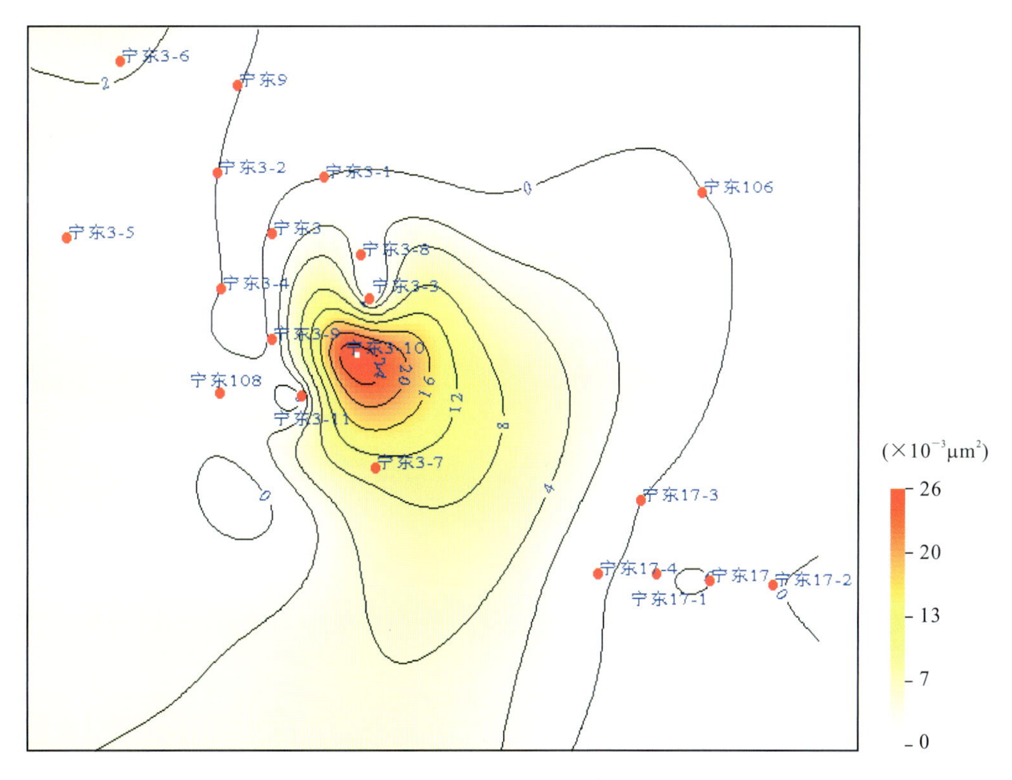

图 5-9 宁东 3 井区延 9 段渗透率分布图

四、黏土附加导电性的影响

当储层中的泥质含量较高时，蒙脱石、伊/蒙混层和伊利石等黏土矿物由于其本身的不饱和电性(带负电)特点，黏土颗粒表面具有的负电荷会吸附岩石孔隙空间地层内水溶液中的金属阳离子以保持其电性平衡，黏土矿物颗粒表面吸附的正离子在外电场的作用下沿其表面移动，提升了地层的导电能力，使储层的电阻率降低(图 5－10)。

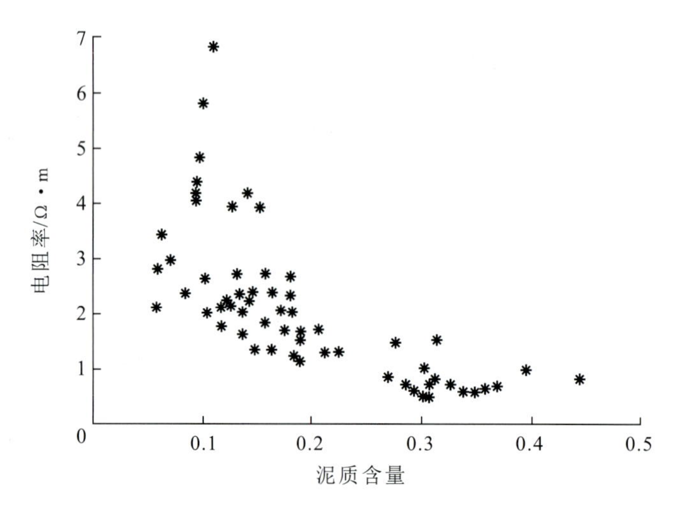

图 5－10　泥质含量与地层电阻率的关系(据潘和平等,2002)

根据宁东 2 井、宁东 3 井、宁东 5 井的黏土矿物分析报告，三口井都含有不同程度的伊利石和伊/蒙混层，这就使得黏土的附加导电性大大增强，从而有利于低阻油的形成。

另外，一般油气储层的骨架是不导电物质(石英等)，但当油气储层的骨架含有导电物质时，油气层电阻率降低。例如，在新疆塔里木油田，经重矿物分析发现，在油气储层骨架中富含黄铁矿，部分井黄铁矿含量可占重矿物含量的 95%，还有的井黄铁矿局部富集，呈浸染状、层块乃至团块状分布，大幅度降低了地层的电阻率(潘和平等,2002)。

五、地层水矿化度的影响

地层孔隙中地层水的性质、含量以及岩石性质决定了其电阻率的高低。在储层岩性和物性相似的前提下，含油气储层地层水矿化度与水层矿化度基本一致时，必然是油气层电阻率高于水层，差异一般在 3～5 倍之间，这是常规测井解释最重要的基本概念。当油气层不动水矿化度明显高于水层水矿化度时，油气层与水层的电阻率差异就会减小，甚至会出现水层电阻率高于油气层的情况。

地层水矿化度导致低阻储层主要表现在 2 个方面：①高矿化度地层水；②储层间地层水性质不一致。

1. 高矿化度地层水形成的地质原因

高矿化度的地层水主要是由于沉积盆地处于干旱或半干旱气候条件下，水源补充量小于同期的蒸发量，使盆地水量减少，湖水的矿化度增高。随着地质构造的演化，高矿化度的湖水成为深部地层水，高矿化度地层水由于离子含量远高于普通地层水和泥浆的离子含量，使其导电能力大大增加(图5-11)。

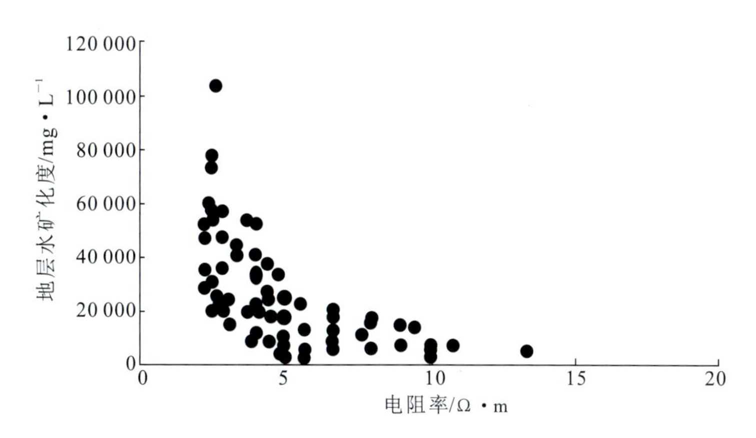

图5-11　地层电阻率与地层水矿化度之间的关系(据吴金龙等，2005)

2. 导致储层间地层水性质不一致的因素

导致储层间地层水性质不一致的成因有待进一步深入研究，目前普遍认为存在3个方面的影响因素：一是沉积方面的原因，河流相沉积岩性粗细变化大，在成岩过程中泥质重、岩性细的储层保留了较高矿化度的水；二是在细岩性储层，油气运聚过程中驱走了大孔喉的自由水，而在微、小孔喉中保留了较高矿化度的不动水；三是频繁的构造运动使完整、封闭的圈闭遭到破坏，油藏中的边底水或成岩过程中岩石矿物滤失的水再次向储层中运移，甚至地表水也可以通过开启的断层渗入地下原生储层，使储层流体性质发生变化。

六、泥浆侵入对电阻率的影响

钻井过程中，钻井液对渗透性地层的侵入是不可避免的，这种影响会导致油气层评价困难。实验研究结果表明，钻井液的侵入主要以驱替、混合和扩散3种方式进行。钻井过程中钻井液侵入深度取决于泥饼渗透率、地层孔隙度等多种因素，国内外的实验与理论研究的基本结论是：①侵入深度与泥饼渗透率具有正相关关系；②侵入深度与侵入压差具有正相关关系，即压差越大，钻井液滤失量越大，侵入越深；③钻井液侵入地层深度与地层物性的关系复杂，主要原因在于泥饼渗透率；④侵入深度与地层渗透率的配置关系较大。

经计算，宁东2井区、3井区、5井区泥浆滤液的电阻率大都高于地层水电阻率(表5-3)。在钻井过程中，使用淡水泥浆时，当淡水泥浆滤液电阻率相对于原始地层水电阻率大到一定程度时，油层的电阻率侵入剖面中可能出现低阻环带。并且侵入结果使一些油层与水层具有相同的侵入特征，即高阻侵入剖面。

表 5-3 麻黄山探区部分井的钻井泥浆参数

井名	类型	黏度/s	密度/g·cm^{-3}	电阻率/Ω·m	电阻率测量温度/℃
宁东 2 井	水基聚合物	42	1.09	1.17	17.00
宁东 4 井	钾基聚合物	30	1.08	1.17	16.00
宁东 9 井	屏蔽暂堵泥浆	43	1.13	1.60	16.00
宁东 6 井	钾基泥浆	35	1.10	1.40	12.50
宁东 1 井	钾基聚合物	45	1.09	1.66	26.40
宁东 108 井	屏蔽暂堵泥浆	42	1.14	0.66	22.30
宁东 3-1 井	钾胺基聚合物	40	1.10	1.87	18.02
宁东 106 井	屏蔽暂堵泥浆	51	1.13	0.66	23.40
宁东 5-1 井	钾基聚合物	46	1.08	0.52	23.85
宁东 105 井	钾铵基聚合物	43	1.10	0.71	27.15
宁东 102 井	水基泥浆	34	1.12	0.82	25.12
宁东 3-4 井	钾铵基聚合物	36	1.09	0.80	22.83
宁东 107 井	水基泥浆	45	1.10	0.83	23.34
宁东 104 井	钾胺基聚合物	35	1.12	0.64	25.63
宁东 2-5 井	钾铵基聚合物	40	1.10	1.41	15.48

(一)低阻环带形成的原因

低阻环带主要形成于地层水电阻率高于泥浆滤液电阻率的井中,即淡水泥浆,当泥浆侵入较深时,水层由于地层水被较低电阻率的淡水泥浆滤液替换,使测井显示电阻率降低;而对于油层来说,一是由于油水同层的普遍存在,因油水分异作用,层内上部是油、下部是水,泥浆滤液在侵入过程中,会出现不均衡推进现象,位于下部的水会较易被泥浆滤液推得更远;二是如果油层中存在较疏松束缚水,则它将继油之后被泥浆滤液驱替,进而聚集在地层流体搅混地带。由于泥浆侵入的影响,储层在径向上因所含液体不同而呈现不同的电阻率值,常常在井筒周围形成一个电阻率较低的低阻环带。泥浆滤液的侵入使得水层电阻率增高,油层电阻率降低,油、水层电阻率差别变小,从而增加了油层识别难度。

(二)影响低阻环带范围的因素

1. 泥浆滤液矿化度的影响

图 5-12 显示了泥浆滤液矿化度的变化对电阻率剖面和低阻环带的影响。从图中可以看出,泥浆滤液矿化度增加,冲洗带电阻率降低,低阻环带与原状地层电阻率基本不变,由此可见泥浆滤液电阻率变化主要影响冲洗带,低阻环带和原状地层不受泥浆滤液的影响。

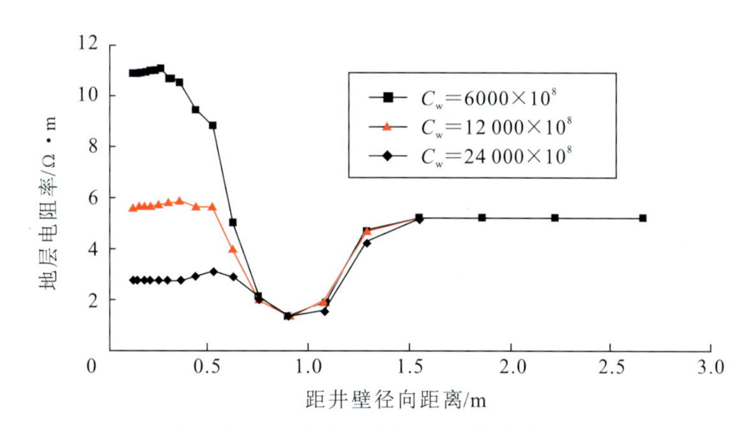

图 5-12　泥浆滤液矿化度 C_w 对低阻环带的影响(据李长喜等,2005)

2. 泥浆侵入时间的影响

图 5-13 显示了泥浆侵入时间变化对低阻环带与电阻率剖面的影响。从图中可以看出,随钻井液浸泡时间的增长,低电阻率环带向油层深处移动,且宽度有所增加,低电阻率环带的电阻率与冲洗带电阻率和原状地层电阻率差别逐渐减小,直至消失。

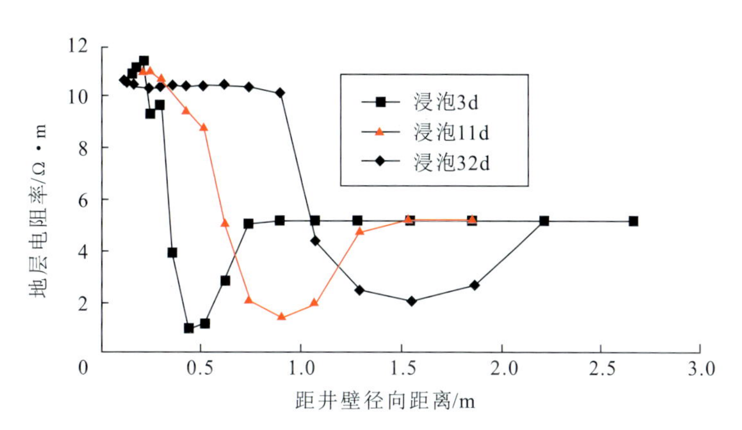

图 5-13　泥浆侵入时间对低阻环带的影响(据李长喜等,2005)

3. 地层孔隙度的影响

图 5-14 显示了孔隙度变化对电阻率剖面和低阻环带的影响。从图中以可看出,随着地层孔隙度的减少,低阻环带距井壁的径向距离不断增大,宽度也不断增加,同时低阻环带的电阻率较冲洗带和原状地层的电阻率的差异也增大。

4. 含水饱和度的影响

图 5-15 显示了地层水饱和度的变化对电阻率剖面和低阻环带的影响。从图中可以看出,原始地层含水饱和度对储集层径向电阻率分布和环带宽度都有影响,而冲洗带电阻率受原始含水饱和度的影响较小。随着含水饱和度减小,低电阻率环带宽度变窄,环带电阻率有所升高,但其与原状地层电阻率的差别明显增大。当含水饱和度高到一定程度时,低阻环带基本消失。

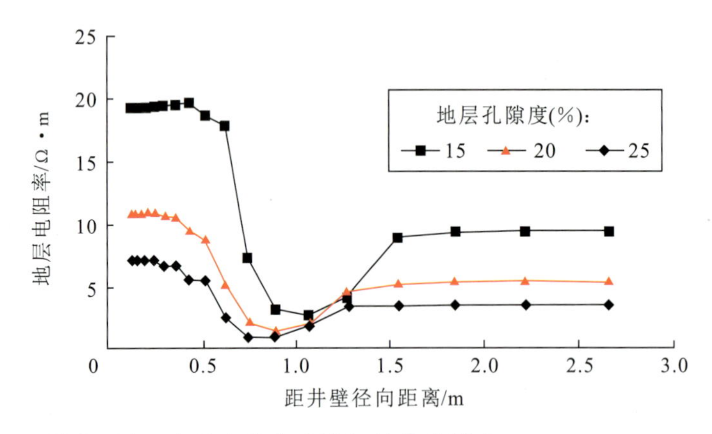

图 5-14　地层孔隙度对低阻环带的影响(据李长喜等,2005)

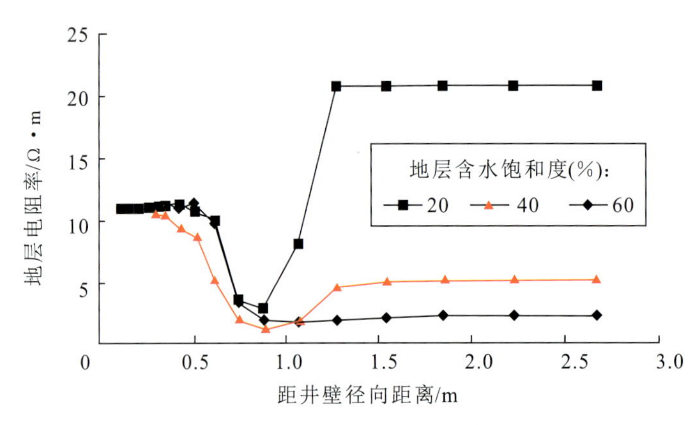

图 5-15　地层含水饱和度对低阻环带的影响(据李长喜等,2005)

第三节　低阻油特征

麻黄山探区低阻油主要分布在宁东3井区和宁东5井区,宁东3井区的宁东108井、宁东3-9井是典型的低阻油井,宁东5井区宁东5-1井、宁东5-2井、宁东5-3井、宁东5-6井、宁东5-8井和宁东5-9井等井共同控制一个低阻储层,该储层电阻率相对较高(15~25Ω·m),较容易识别(图5-16)。但是该储层周围的水层电阻率也较高(10~20Ω·m),理论上也属于低阻储层的范畴。

一、宁东5井区低阻油成因分析

从已有的试油资料可以知道,宁东5井、宁东5-1井、宁东5-2井有良好的油气显示,宁东5-1井试油显示日产油5.69t,日产水0.85t,含水率12.8%;宁东5-2井试油显示日产油14.57t,日产水0.68t,含水率4.5%;宁东5井试油显示日产油18.32t,日产水0.18t,含水率1%;宁东105k井日产油3.04t,日产水0.34t,含水率10%。

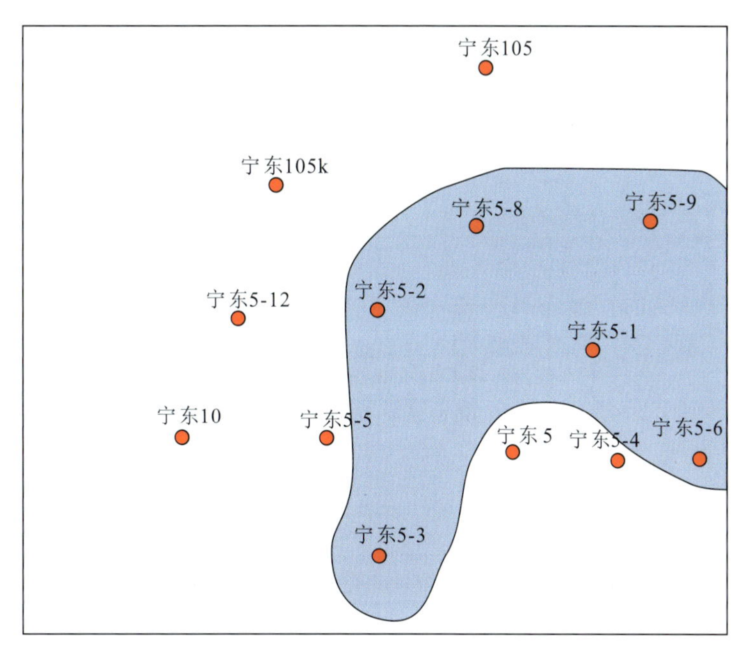

图 5-16 宁东 5 井区主要探井分布及低阻储层分布范围(蓝色区)

1. 宁东 5-1 井、5-2 井、5-9 井测井曲线分析

宁东 5-1 井、5-2 井、5-9 井是宁东 5 井区延 8 段储层物性较好，孔隙度、渗透率都较高的井，延 8 段油层、水层均有分布，因此选取这三口井进行低阻储层分析(图 5-17—图 5-19)。

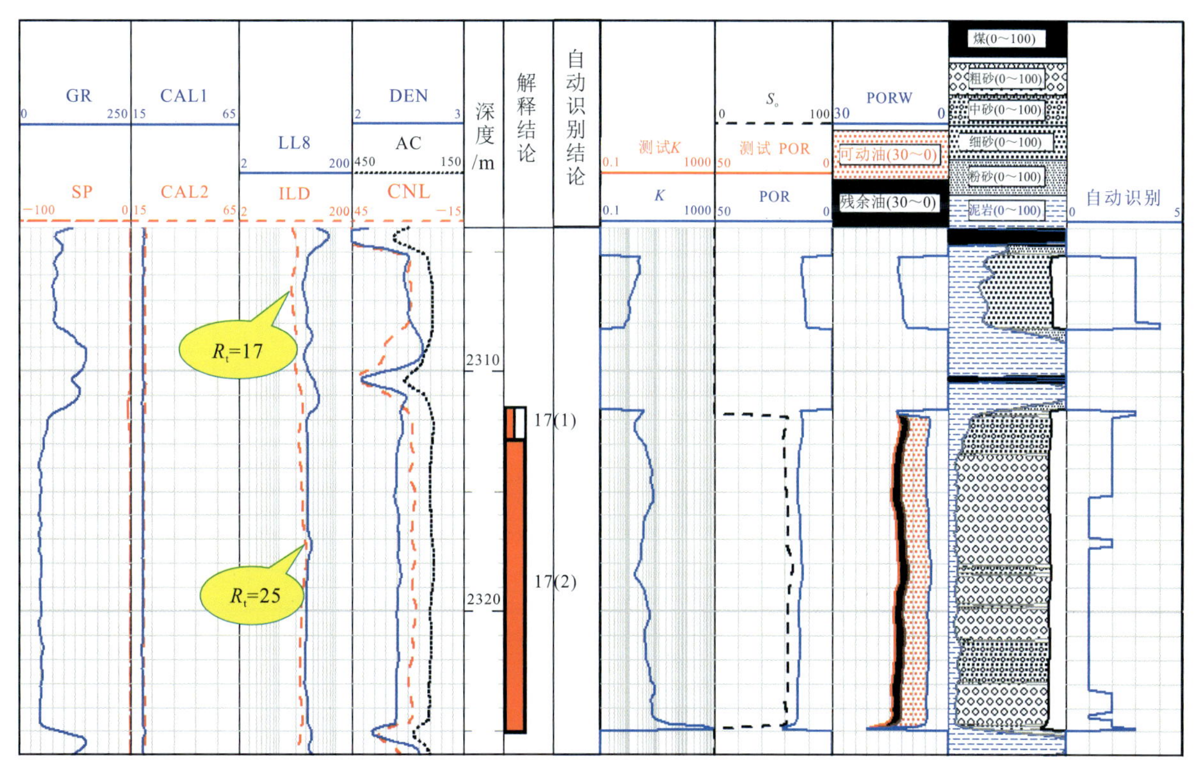

图 5-17 宁东 5-1 井油、水层电阻率对比

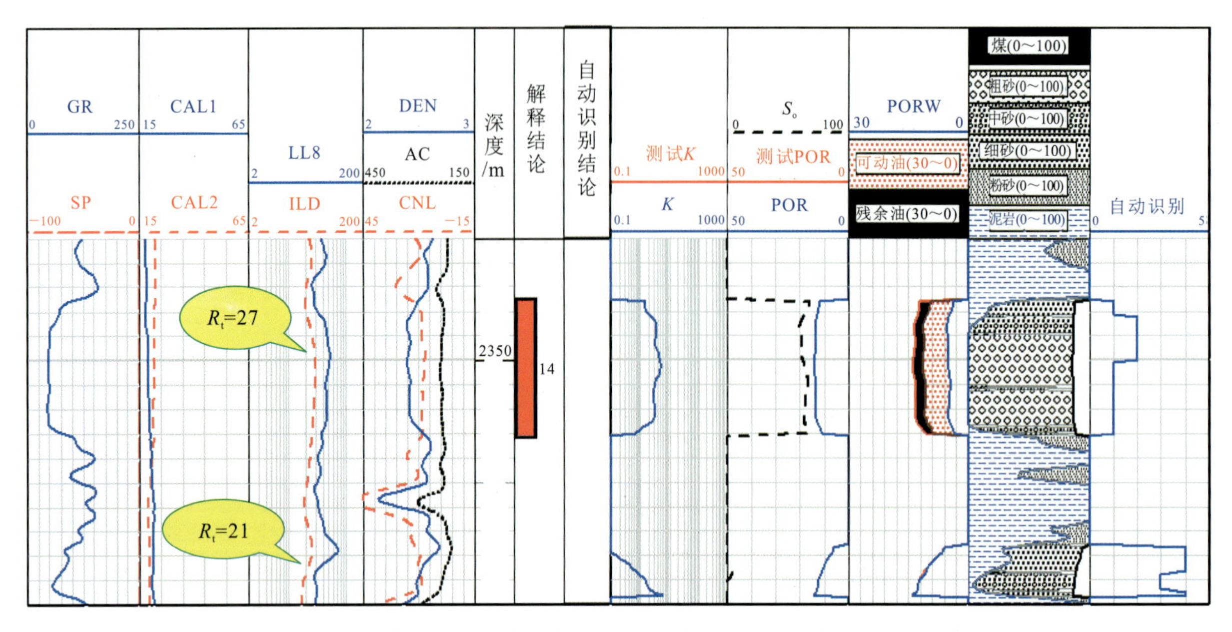

图 5-18　宁东 5-2 井油、水层电阻率对比

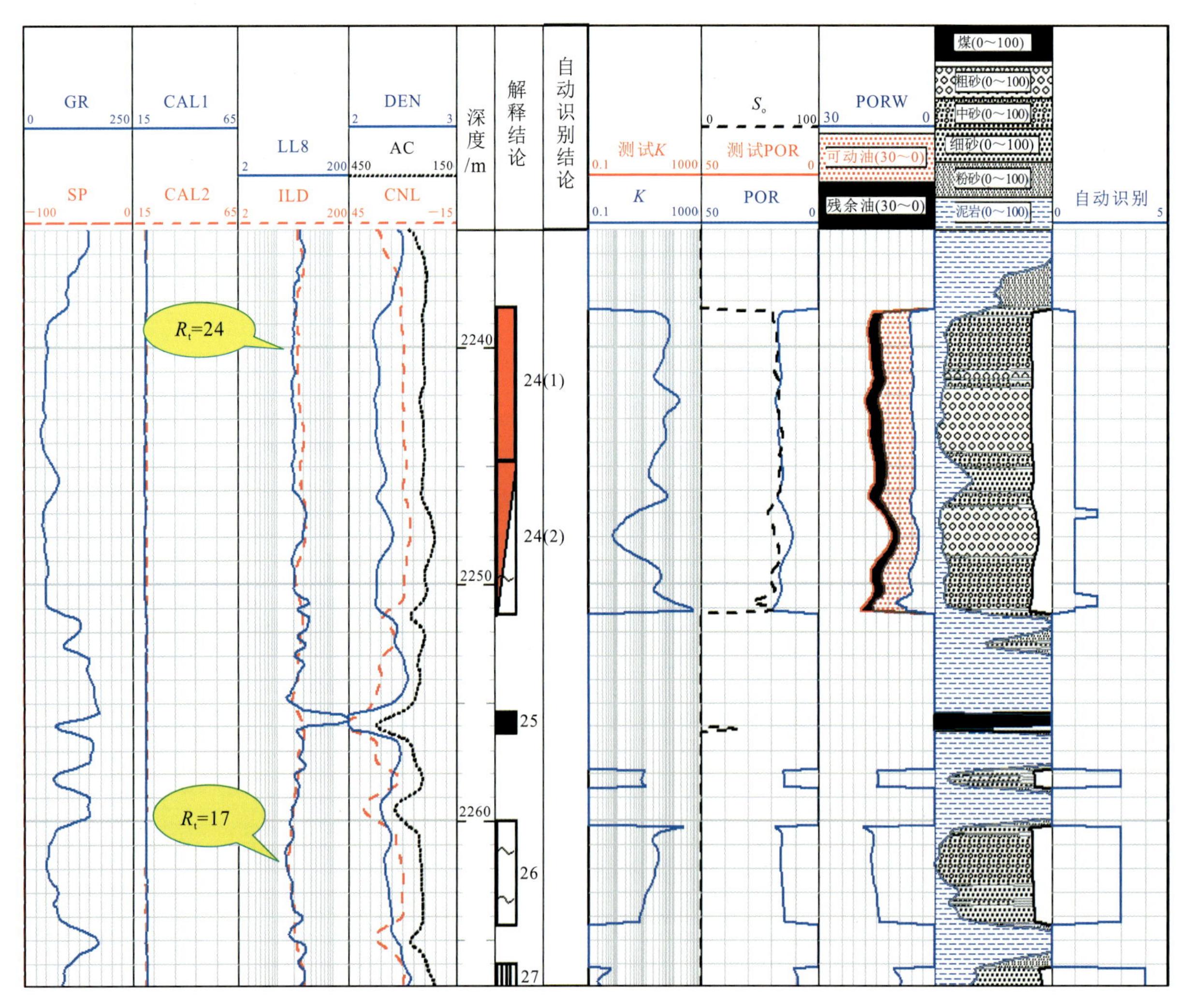

图 5-19　宁东 5-9 井油、水层电阻率对比

宁东5井区宁东5－1井延8段相邻油层和水层的电阻率特征如图5－17所示，油层电阻率在24Ω·m左右，水层电阻率在17Ω·m左右，平均孔隙度12.5%，平均渗透率为$6\times10^{-3}\mu m^2$，含油饱和度60%～65%。

宁东5井区宁东5－2井延8段相邻油层和水层的电阻率特征如图5－18所示，油层电阻率在27Ω·m左右，水层电阻率在21Ω·m左右，平均孔隙度13%，平均渗透率为$4\times10^{-3}\mu m^2$，含油饱和度60%～70%。

宁东5井区宁东5－9井延8段相邻油层和水层的电阻率特征如图5－19所示，油层电阻率在27Ω·m左右，水层电阻率在17Ω·m左右，平均孔隙度16%，平均渗透率为$50\times10^{-3}\mu m^2$，含油饱和度60%～70%。

2. 低阻油成因分析

综合分析这3口井，延8段油层的电阻率为24～27Ω·m，水层的电阻率为17～21Ω·m，油、水层电阻率相差较少，理论上属于低阻油的范畴。本油层的含油饱和度在65%左右，所以含水饱和度在35%左右，但是试油显示宁东5－1井日产油5.69t，日产水0.85t，含水率12.9%；宁东5－2井日产油14.57t，日产水0.68t，含水率4.5%。理论计算的含水饱和度远高于实际含水饱和度，因此推断储层束缚水饱和度占流体总量的20%～30%，本油层与相邻水层电阻率差异少的主要原因是束缚水含量较高。

二、宁东3井区低阻油成因分析

宁东3井区主要包含2套油层，上部延8段是正常的高阻油层，包括宁东3－2井、宁东3井、宁东3－10井、宁东3－3井、宁东3－9井；下部延9段是低阻油层，主要包括宁东3－3井、宁东3－9井、宁东3－11井、宁东108井、宁东3－10井(图5－20)，其中宁东3－3井和宁东3－9井同时包括上、下2套油层。

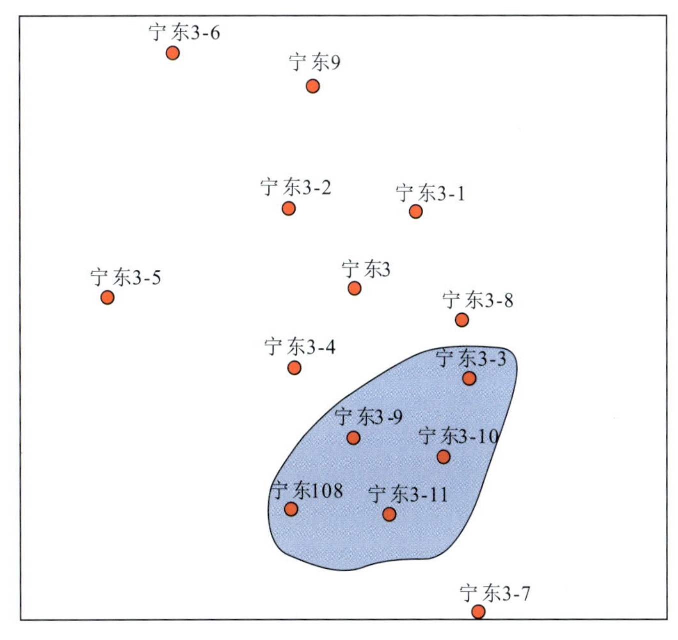

图5－20　宁东3井区主要探井分布及低阻储层分布范围(蓝色区)

1. 宁东 3－9 井、宁东 108 井测井曲线分析

宁东 108 井和宁东 3－9 井是较典型的低阻油井，油层电阻率绝对值低；宁东 108 井泥浆电阻率为 0.66Ω·m(22.3℃)，换算到地层的泥浆电阻率约为 0.3Ω·m；宁东 3－9 井泥浆电阻率为 0.93Ω·m(15.22℃)。

宁东 108 井延 9 段低阻油层深感应与深侧向测井曲线如图 5－21 所示，感应电阻率在 4.5～5.5Ω·m 之间，侧向电阻率在 11.5～14.5Ω·m 之间，含油饱和度在 40%～60%之间。

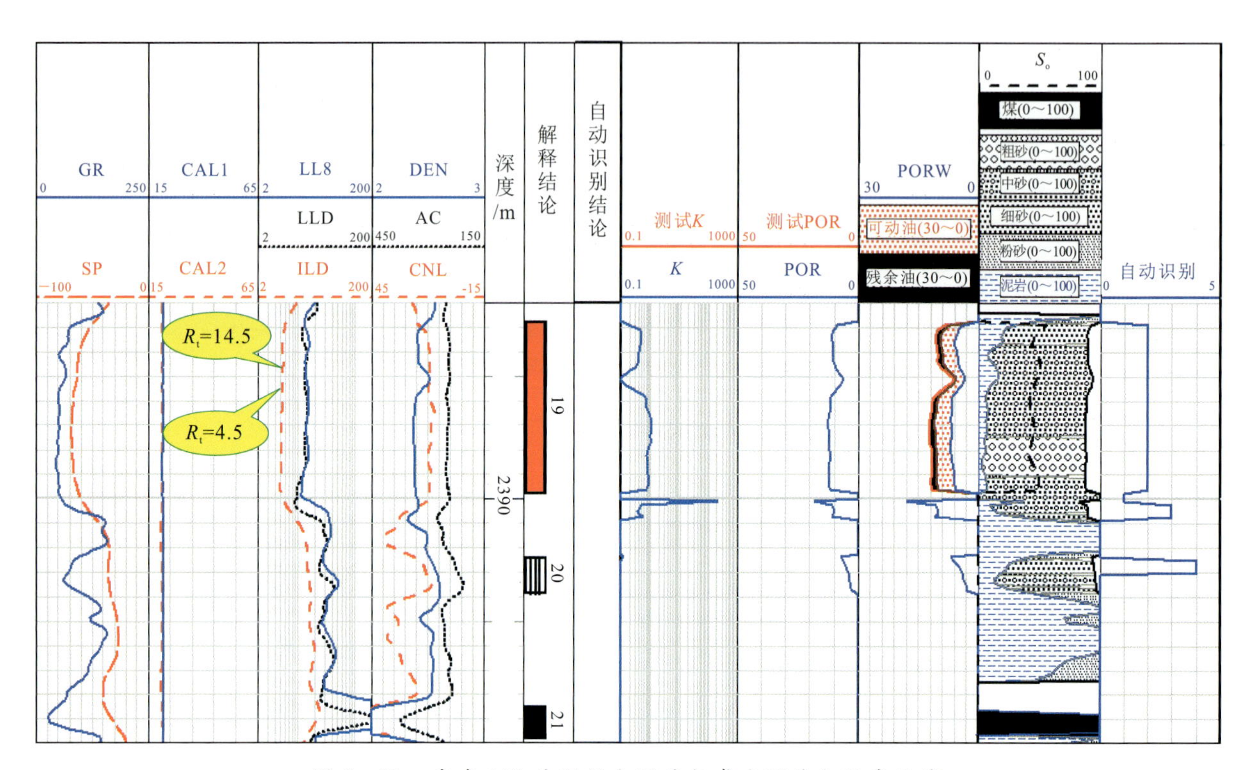

图 5－21　宁东 108 井深侧向测井与感应测井电阻率曲线

宁东 3－9 井延 9 段水层、油层电阻率曲线如图 5－22 所示，水层电阻率在 6Ω·m 左右，油水同层和差油层的电阻率在 5.8～7.5Ω·m 之间，含油饱和度在 35%～60%之间。

2. 低阻油成因分析

试油结果显示，宁东 108 井日产油 2.76t，日产水 2.61t，含油饱和度 51%，与计算结果相符合；宁东 3－9 井日产油 3.11t，不产水，而计算的含油饱和度在 35%～60%之间，含水饱和度在 40%～65%之间，因此推断此段含水为束缚水。

宁东 108 井延 9 段地层水电阻率为 0.2Ω·m，宁东 3－9 井地层水电阻率为 0.13Ω·m。

宁东 108 井深侧向电阻率与深感应电阻率差别很大，主要是因为地层处的泥浆滤液电阻率大约为 0.35Ω·m，小于 3 倍的地层水电阻率，因此感应测井受泥浆的影响很大，所测值主要是冲洗带与过渡带的电阻率，由于泥浆电阻率远高于地层水电阻率，导致低阻环带的形成，进一步导致电阻率降低，使感应测井的值远低于真实值；而侧向测井受影响较小，较接近于原状地层电阻率，由于宁东 108 井延 9 段为油水同层，电阻率为 14.5Ω·m，属于正常油水同层电阻率范围。

宁东 3－9 井地层处的泥浆滤液电阻率约为 0.46Ω·m，因此感应测井曲线较真实，由于地层水

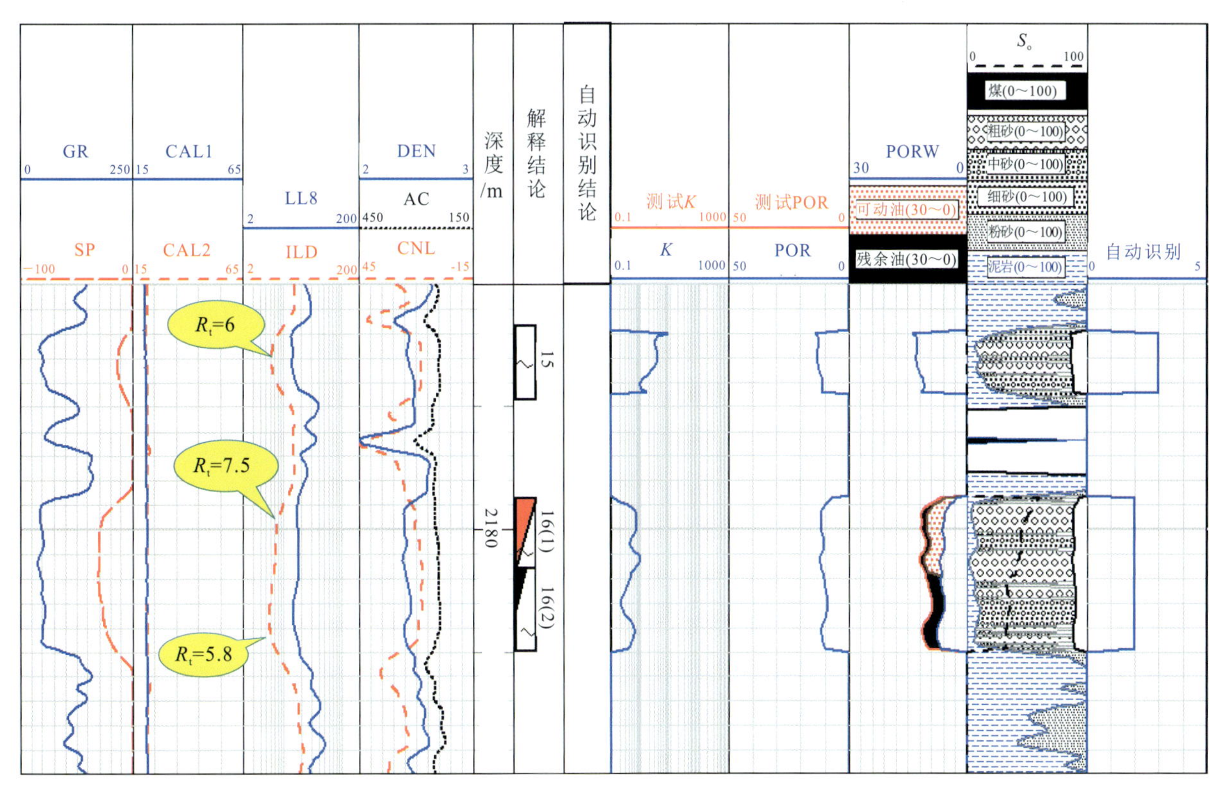

图 5-22　宁东 3-9 井的油、水层电阻率曲线

电阻率较低，同时含有大量束缚水，导致低阻油层的形成。由于泥浆滤液电阻率远高于地层水电阻率，所以形成的低阻环带导致深感应电阻率值大幅降低，也低于八侧向电阻率值，同时由于泥浆的高阻侵入，导致油层电阻率降低，水层电阻率升高，进一步导致油、水层电阻率差异不明显。

第四节　本章小结

研究区的低阻油成因比较复杂，储层的低电阻率是许多因素共同作用的结果，主要有构造、沉积相、高矿化度地层水、钻井液侵入等的影响。构造幅度低，油气运移到圈闭的过程中动力小，油驱水的完成较差，油水层分异差，储集层中具有较宽的油水过渡带，造成含水饱和度偏高，油层的含油饱和度一般不超过 60%，油水同层居多。油水同层导致储层的电阻率较纯油层低，如宁东 5-1 井、宁东 5-2 井、宁东 5-9 井、宁东 108 井、宁东 3-9 井。以弱水动力沉积环境为主，沉积砂体粒度较细，储层岩石细粒成分和黏土矿物的填充与富集，导致地层中微孔隙发育，微孔隙和渗流孔隙并存，微孔隙储集束缚水，使储层束缚水含量增高。而且泥质含量高，黏土的附加导电性进一步导致油层的电阻率的降低，如宁东 5-1 井、宁东 5-2 井、宁东 5-9 井、宁东 3-9 井。高矿化度地层水，以自由水或者束缚水的形式大量存在于油层之中，使储层电阻率大幅降低，如宁东 3-9 井。泥浆的电阻率明显高于地层水的平均电阻率，泥浆滤液的侵入使水层的电阻率升高，而油层的电阻率降低，并且在油层形成低阻环带，导致水层和油层的电阻率差异不明显，如宁东108井、宁东3-9井。

低阻油层分析评价应注意的问题有：低阻油气层一般分布在储集层岩性细、泥质含量高和高地层水矿化度地区，所以应结合构造、地层对比及构造储层配置情况进行综合分析。低阻油层电性显示不好，但在钻井录井及试油过程中会有较好的油气显示，应高度重视地质录井、钻井监督、试油工作，并配制合理的泥浆参数，最大限度降低泥浆侵入的影响。

泥浆侵入校正方法研究

大量的理论与实验研究表明，泥浆侵入作用对电阻率测井有较大的影响。与此同时，研究人员也尝试用各种方法来研究泥浆侵入作用与地层电阻率变化之间的规律和关系，只要能够定量地描述泥浆侵入作用与地层电阻率变化之间的关系，就能消除泥浆侵入作用的影响，获得地层的真实电阻率。

第一节　泥浆侵入及影响分析

一、泥浆侵入基本概念

在钻井过程中，一般井内泥浆柱的静压力大于地层压力，此压力差使泥浆滤液进入渗透性地层的作用称为泥浆侵入作用。泥浆侵入过程中，泥浆中的固相颗粒沉淀在井壁周围形成泥饼，随着侵入时间的增加，泥饼不断增厚，由于泥饼主要成分是泥浆中的固体颗粒，颗粒较细，导致泥饼的渗透率较差，泥饼形成后，使得泥浆渗透速度大大降低，泥浆侵入逐渐停止。泥浆侵入过程中，靠近井壁周围的地层孔隙中原有的流体几乎都被泥浆滤液所驱替，这部分称为冲洗带。在冲洗带以外是一个由泥浆滤液和原有流体的混合液体所充满的过渡带，冲洗带与过渡带共同组成侵入带。在径向上，侵入的泥浆滤液逐渐减少，直至没有泥浆滤液侵入原状地层。因此当泥浆滤液侵入渗透层后，可按距井壁不同距离处地层中原始流体被驱替的程度，从井壁径向往外把地层划分为冲洗带、过渡带、原状地层三部分。

因泥浆性能、储层特征的差异，泥浆的侵入对不同探测深度的电阻率测井值将产生不同的影响，通常在储层形成高侵、低侵和无侵 3 种情况。

二、泥浆侵入对地层和测井响应的影响

在钻井过程中，钻井液一般采用水基泥浆，水基泥浆又分为淡水泥浆和咸水泥浆。当泥浆中的这些淡水或者盐水侵入到地层中以后，会对岩石本身的物性参数造成影响，进而影响到测井曲线。

(一)泥浆侵入对岩石物性的影响

1. 影响岩石波阻抗

当泥浆滤液代替地层中油气时,对泥浆的传播速度、纵横波速度比、振幅衰减等都有一定的影响。首先,水的压缩系数和油气的压缩系数有很大的不同;其次,含水岩石的纵横波速比比含气岩石的纵横波速比大;最后,岩石孔隙中含有油气时,波的吸收衰减最大,含水时次之,干燥岩石波的吸收衰减最小。陈钢花和王永刚(2005)利用 Wylie 模型分析了水基泥浆对声波测井曲线的影响,在实际测井曲线校正取得了比较理想的结果。

2. 影响岩石电性

泥浆侵入会使岩石中孔隙流体的电阻率发生变化,而岩石固相导电物质电阻率基本不变,此时岩石电阻率变化取决于孔隙流体电阻率的变化,因此泥浆对岩层的电阻率有重大的影响。

3. 影响岩石密度

沉积岩的密度取决于岩性成分、孔隙度、埋深(以及与埋深有关的压力、温度、后生作用和变质作用等),以及填充在孔隙空间的流体的性质。当泥浆侵入渗透性地层导致孔隙中的流体性质发生改变时,岩石的密度也会发生改变。

(二)泥浆侵入特性及对测井响应影响

钻井液侵入使储集层在井筒径向形成 3 个带,即冲洗带、过渡带和原状地层,冲洗带和过渡带合称为侵入带。在冲洗带和原状地层之间存在饱和度前沿,低渗透层饱和度前沿可能是突变的,高渗透层饱和度前沿则可能是渐变的。冲洗带深度很小,一般不超过 0.1m,过渡带深度变化范围较大。在冲洗带内,孔隙空间只含残余油气;在过渡带内,孔隙中除含残余油气外,还有可动油气,原状地层孔隙中含油气饱和度保持原始状态。

为了简化,一般将侵入带假设为台阶型(图 6-1),即认为在整个侵入带中电阻率不变。在这种简化模式下,地层电阻率的求解问题就简化为求取地层电阻率 R_t、冲洗带电阻率 R_{xo} 和侵入带直径 D_i 3 个参数,只需 3 条具有不同探测深度的测井曲线就可求出。而实际上,侵入带是由冲洗带和过渡带组成,在侵入带的范围内,电阻率在径向上是连续变化的(陈丽虹和李舟波,1999)。

图 6-2 给出了地层电阻率的径向分布随侵入时间的动态变化规律。图中纵坐标表示地层电阻率,横坐标表示距井眼距离,图中 4 条曲线分别对应于侵入时间(或泥浆浸泡时间)t 为 1d、2.5d、7d、18d 的情况。从图 6-2 中可以看出:①地层电阻率沿径向呈复杂分布,由于井眼附近具有高的水饱和度和低的水矿化度,在井眼附近出现了高电阻率尖峰,而在侵入前沿,由于低矿化度的泥浆滤液和高矿化度的地层水发生物理混合,出现了低电阻率区域;②泥浆浸泡地层的时间不同,电阻率的径向分布也随之变化,随着时间的增加,侵入区域逐渐向地层深处推移。为便于比较,图 6-2 给出了传统的静态阶跃模型所描述的地层电阻率径向分布,图中纵坐标表示电阻率,横坐标表示距井眼距离。阶跃模型认为侵入带、侵入前沿的低电阻率环带和原状地层之间的电阻率呈阶梯状突变,由此可见,它不能反映实际侵入过程的动态变化特征。

因泥浆性能、储层特征、井内钻井液柱与地层的压力差的差异,泥浆的侵入对不同探测深度的电阻率测井值将产生不同幅度差,通常在储层中形成高侵、低侵和无侵 3 种情况。通常情况下,当

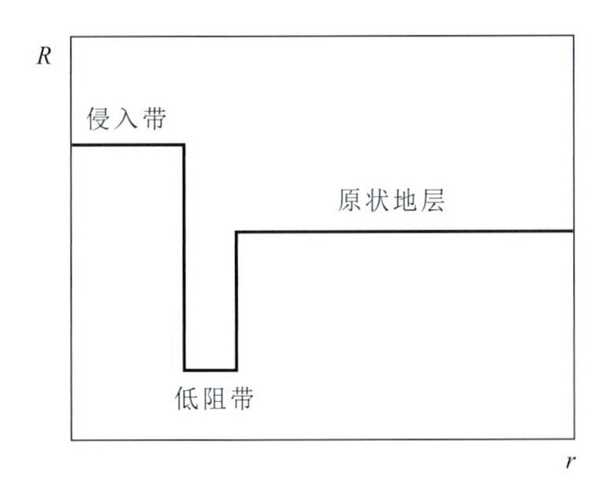

图 6-1　台阶型地层电阻率径向分布

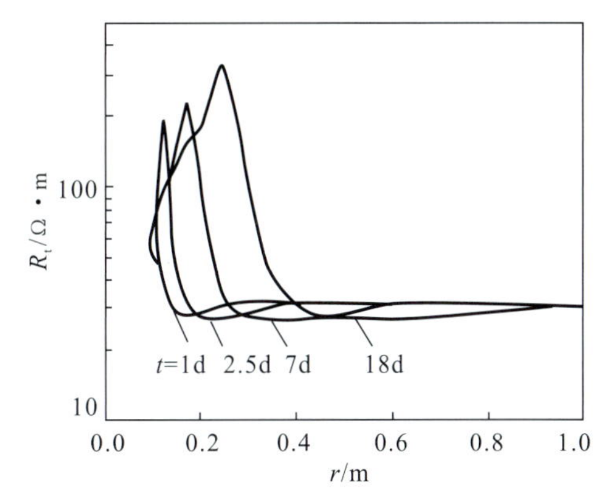

图 6-2　地层电阻率径向分布规律

泥浆滤液矿化度大于地层水矿化度，即泥浆滤液的电阻率小于地层水电阻率时，由于泥浆滤液侵入储层，使储层电阻率下降，即为“低侵”特性；当泥浆滤液矿化度小于地层水矿化度，即泥浆滤液的电阻率大于地层水电阻率时，由于泥浆滤液侵入储层，使储层电阻率上升，即为“高侵”特性。

国内曾经对受泥浆侵入的含油气砂泥岩储层岩心进行实验，实验结果表明：泥浆侵入过程中，从井筒向地层具有不同于常规的侵入剖面。侵入开始，侵入前沿呈现为低电阻率，其值下降30%～50%，在地层内形成低电阻率环带。随着时间的推移，低电阻率环带逐渐向地层深部转移，且宽度逐渐加大。当固相颗粒侵入冲洗带形成屏蔽环后，将导致冲洗带电阻率增高。若泥浆滤液侵入深度大，低电阻率环带也相应加深，造成过渡带电阻率下降大，反之，过渡带电阻率下降小。西安石油大学有研究指出，淡水泥浆浸泡油层后，双感应测井响应会有不同程度降低，在钻开地层 1～30d 后测井，深感应测井值会降低 10%～50%，而中感应测井值则降低更多。

通常认为，储层内泥浆滤液在储层的顶部和底部的侵入深度基本一致。然而，近年来通过对注水井注水剖面的研究发现，这种认识是不对的，储层内常常出现吸水下移现象。分析认为，由于储层内含有不同程度油、气和水，油、气的密度小于水而出现在储层顶部，水出现在储层的底部。而侵入储层的泥浆滤液主要成分是水。根据相似相容原理、油水两相渗流理论、水的对流方程可知，随着侵入时间的增加，泥浆滤液在储层底部比顶部侵入得更深。储层内部的非均质性也是影响侵入剖面的主要原因。泥浆侵入剖面的这种特点，表现在感应测井资料上，主要是储层顶部的中、深感应电阻率明显高于储层中部、底部，在测井解释时，为准确识别油水层、油水界面增加了难度。

另外，密度、中子测井的探测深度较小，对于气层，泥浆滤液驱赶孔隙中的天然气后，密度、中子值增大，对于油层和水层，油密度和含氢指数与泥浆滤液密度和含氢指数接近，密度、中子值变化很小。由于声波时差与孔隙空间中流体性质关系很小，所以声波测井对泥浆侵入特性不敏感。

三、影响泥浆侵入深度因素分析

泥浆对于不同的地层侵入程度不同，不同类型的泥浆对于同一地层的侵入程度也不同，因此分析泥浆侵入的影响因素对于泥浆侵入校正而言是很重要的工作。

泥浆侵入地层的深度与地层的物性有关，但并不是物性越好侵入越深。对于砂泥岩地层，一般情况下，当泥饼渗透率成为决定泥浆滤液侵入的主要因素时，由泥饼渗滤过来的泥浆滤液无阻挡地进入地层，由于滤液体积一定，地层孔隙度越大，泥饼形成速度越快，泥饼稳定性越好，泥浆滤液侵入深度越小；地层孔隙度越小，泥饼形成速度越慢，泥饼稳定性越差，泥浆滤液侵入深度越大（黄龙等，2008）。

这里讨论的主要是砂岩层孔隙度、渗透率对侵入深度的影响。泥浆滤液进入砂岩地层，需经“两道关口”，即“泥饼关”和“地层孔隙度、渗透率关”。当泥饼渗透率成为决定泥浆滤液侵入主要因素时，由泥饼渗滤过来的泥浆滤液无阻挡地进入地层，但滤液体积是一定的，地层孔隙度愈大，泥浆滤液侵入深度愈小。则：

$$(D_i^2-D_0^2)\ln\left[\frac{D_i}{D_0}\right]=\frac{2K_{mc}}{\mu\varphi S_{xo}}\Delta p\times t \tag{6-1}$$

式中，K_{mc}为滤饼渗透率（$\times10^{-3}\mu m^2$）；μ 为泥浆滤液黏度（MPa·s）；φ 为地层孔隙度（%）；S_{xo}为冲洗带含水饱和度（%），可以根据测井资料求取；Δp 为泥浆柱压力与原始地层压力之间的侵入压差（正压差）（MPa）；t 为浸泡时间天数（d）。

式（6-1）表明，泥浆侵入深度主要受地层孔隙度、泥浆浸泡时间、井眼压力、储层的流体性质、含水饱和度等因素制约。

当其他条件一定时，D_i 与 φ 呈负相关关系，即孔隙度、渗透性好的地层，D_i 反而小；同时，D_i 与 S_{xo}亦呈负相关关系。反之亦然，当地层孔隙度、渗透率特性成为决定泥浆滤液侵入地层主要因素时，由泥饼渗滤过来的滤液体积受地层孔隙度、渗透率制约，滤液体积不是定值，地层孔渗性能越好，由泥饼渗滤过来的滤液进入地层越多，则侵入深度越大。

经研究，一般认为孔隙度大于 15%，D_i 随孔隙度增加而减小；孔隙度小于 15%，D_i 随孔隙度增加而增加。

（一）地层孔隙度、渗透率对泥浆侵入深度的影响

在孔隙度、渗透率等物性较低的情况下，随着孔隙度、渗透率的增加，地层电阻率变化减小，泥浆侵入深度增大；超过一定的范围后，即在孔隙度、渗透率较高的情况下，随着孔隙度、渗透率的增加，地层电阻率变化增大，泥浆侵入的深度减小（图 6-3）。在麻黄山地区，侵入深度最大的地层孔隙度在 12%～15%之间，渗透率在（1～2）$\times10^{-3}\mu m^2$ 之间（表 6-1、表 6-2）。

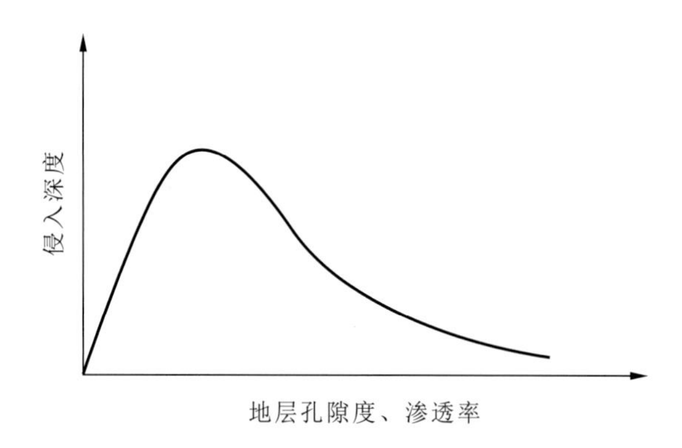

图 6-3　泥浆侵入深度与地层孔隙度、渗透率的关系曲线图

表 6-1　宁东 5-1 井与宁东 5-3 井物性情况表

井号	测量深度/m	孔隙度/%	渗透率/$\times10^{-3}\mu m^2$	含油饱和度/%	解释结果
宁东 5-1 井	2 347.5～2 355.5	9.7	0.31	0	水层
宁东 5-3 井	2 423.0～2 429.5	12.8	3.53	0	水层

表 6-2　不同孔隙度、渗透率地层数据对比表

井号	深度/m	孔隙度/%	渗透率/$\times10^{-3}\mu m^2$	含油饱和度/%	解释结果
宁东 5-6 井	2 310.00～2 320.50	13.2	4.56	0	水层
宁东 5 井	2 335.50～2 341.00	16.2	35.84	0	水层

宁东 5-1 井的 LL8 电阻率是 ILD 的 172%，宁东 5-3 井的 LL8 电阻率是 ILD 的 154%。由于 LL8 反映的是井壁周围的电阻率，ILD 反映的是距井壁 1.5m 范围内的电阻率情况（图 6-4），本地区是淡水泥浆的增阻侵入，泥浆侵入深度越大，ILD 探测范围内的地层电阻率越接近冲洗带电阻率，LL8 的增大率越小，说明 LL8 与 ILD 探测范围内的电阻率越接近，即泥浆侵入深度越大，随着孔隙度的增加，泥浆侵入深度将增大。

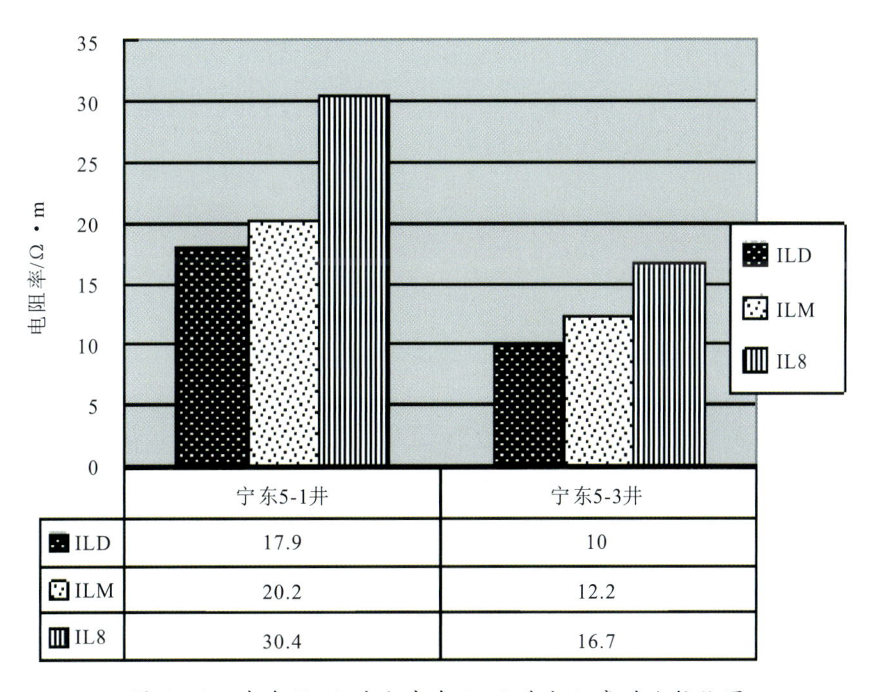

图 6-4　宁东 5-1 井和宁东 5-3 井电阻率对比柱状图

宁东 5-6 井的 LL8 电阻率是 ILD 的 213%，宁东 5 井的 LL8 电阻率是 ILD 的 257%（图 6-5），因此随着孔隙度的增加泥浆侵入深度变小。

由图 6-4 和图 6-5 得知，当地层孔隙度在一定范围内时（约低于 15%），泥浆侵入深度随着地

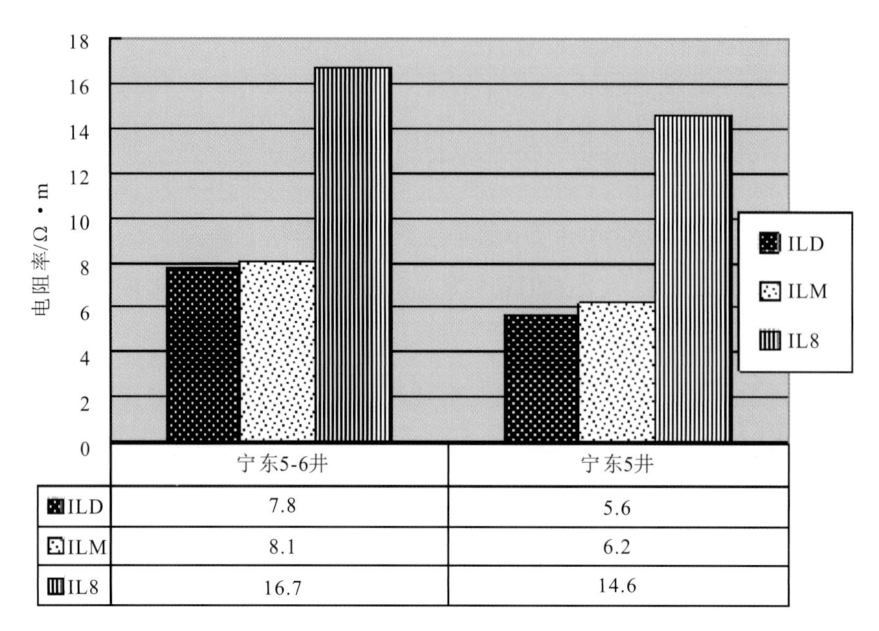

图 6-5　宁东 5-6 井和宁东 5 井电阻率对比柱状图

层孔隙度的增加而增大，当地层孔隙度高于一定值时（约高于 15%），泥浆侵入深度随着地层孔隙度的增加而减小。

（二）泥浆浸泡时间对泥浆侵入深度的影响

储层浸泡时间长，由于泥浆滤液电阻率大于地层水的电阻率，而小于油气层的电阻率，随泥浆滤液的侵入，油气被赶出侵入带，剩下残余油气。该带的某些原生地层水也被泥浆滤液挤往地层深处，在原始地层与侵入带之间短时间形成一个过渡带，其特点是：含水饱和度明显增加，而其中原生水（地层水）较多，故导电性加强，电阻率不但低于原始地层电阻率，还低于侵入带电阻率，从而形成低阻环带。考虑泥饼渗透率随时间逐渐降低，低阻环带随时间往地层中移动，并逐渐消失。这种导电性强的“环带”会随物性而变化，即使在同一储层中电测曲线上也会表现出“高侵、低侵”或“不变”等测井响应特征，从而增加了测井资料评价油气层的难度。

由于本地区的井大多都只进行过一次测井，同一口井没有时间推移测井资料的对比，因此难以准确地分析泥浆浸泡时间对测井响应的影响，但是不同井的测井时间与完钻时间有一定的差别，并且本地区井相距较近，同一井区、同一层段的储层物性相差不多，因此可以用不同井测井响应来分析泥浆侵入时间对测井响应的影响。

1. 宁东 2 井区延 10 段含油水层对比

宁东 2 井区延 10 段含油水层主要包括宁东 2 井、宁东 2-1 井、宁东 2-2 井、宁东 2-3 井、宁东 2-4 井、宁东 2-5 井（图 6-6），这些井物性相近，具体见表 6-3，可以进行泥浆侵入时间对比。

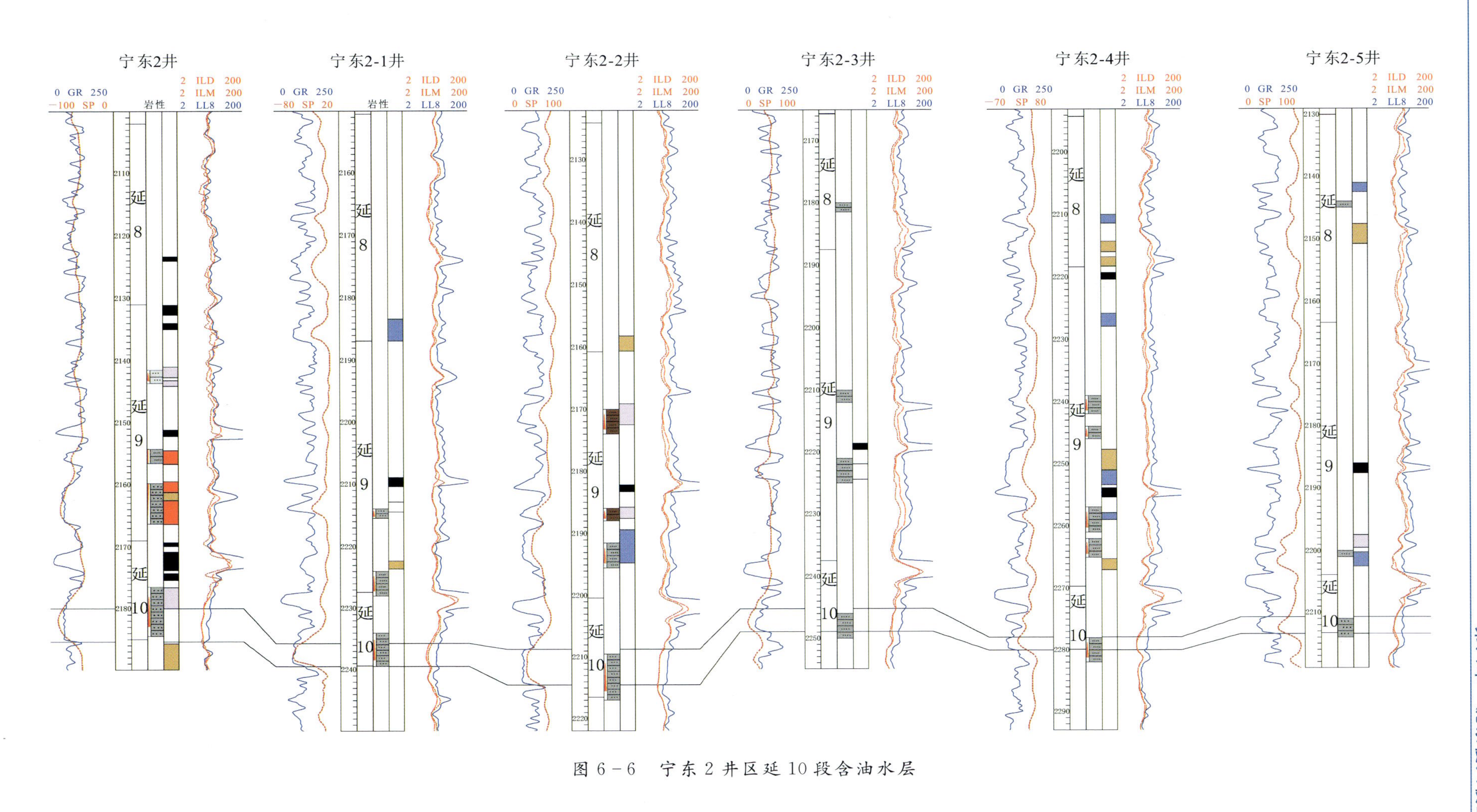

图6-6　宁东2井区延10段含油水层

表 6-3　宁东 2 井区延 10 段含油水层物理特征一览表

井号	层段	浸泡时间/d	GR /API	AC /μs·m⁻¹	DEN /g·cm⁻³	CNL /%	V_{sh} /%	R_{mf} /Ω·m	R_w /Ω·m	孔隙度 /%	渗透率 /×10⁻³μm²	岩性	注释
宁东 2 井	延 10	缺日志											含油水层
宁东 2-1 井	延 10	1	67.0	235.8	2.51	14.5	9.4	0.38	0.10	12.0	1.20	中砂岩	含油水层
宁东 2-2 井	延 10	1	63.2	236.0	2.45	14.00	14.0	0.28	0.11	11.3	1.10	中砂岩	含油水层
宁东 2-3 井	延 10	<1	59.0	233.8	2.50	13.4	15.0	0.26	0.10	9.60	0.59	细砂岩	含油水层
宁东 2-4 井	延 10	2	73.3	236.5	2.52	15.8	19.0	0.40	0.12	10.4	0.73	中砂岩	含油水层
宁东 2-5 井	延 10	1	75.0	227.6	2.43	15.5	18.0	0.50	0.11	9.3	0.58	中砂岩	含油水层

从宁东 2 井区延 10 段含油水层电阻率值的对比结果(图 6-7)可以看出，泥浆侵入使含油水层电阻率降低，随着时间的推移电阻率越来越低，符合实际情况。

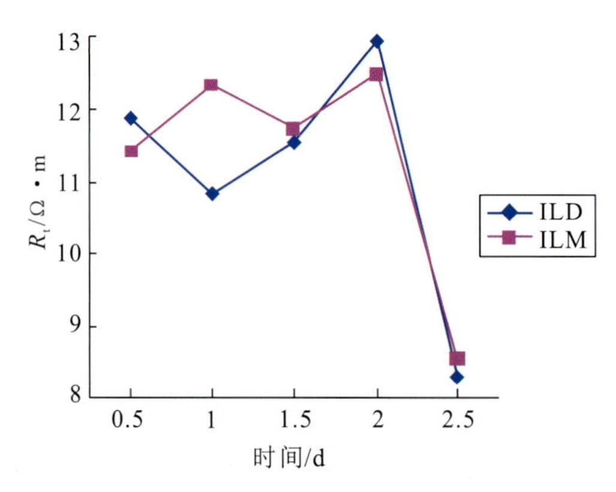

图 6-7　宁东 2 井区延 10 段含油水层电阻率值对比图

2. 宁东 3 井区延 8 段水层对比

宁东 3 井区延 8 段水层主要包括宁东 3-2 井、宁东 3-3 井、宁东 3-4 井、宁东 3-5 井、宁东 3-7井、宁东 3-7 井、宁东 3-10 井(图 6-8)，这些井物性相近，具体见表 6-4，可以进行泥浆侵入时间对比。

本地区使用的都是淡水泥浆，泥浆侵入使水层电阻率升高，随着时间的推移，地层电阻率逐渐升高，符合实际情况(图 6-9)。

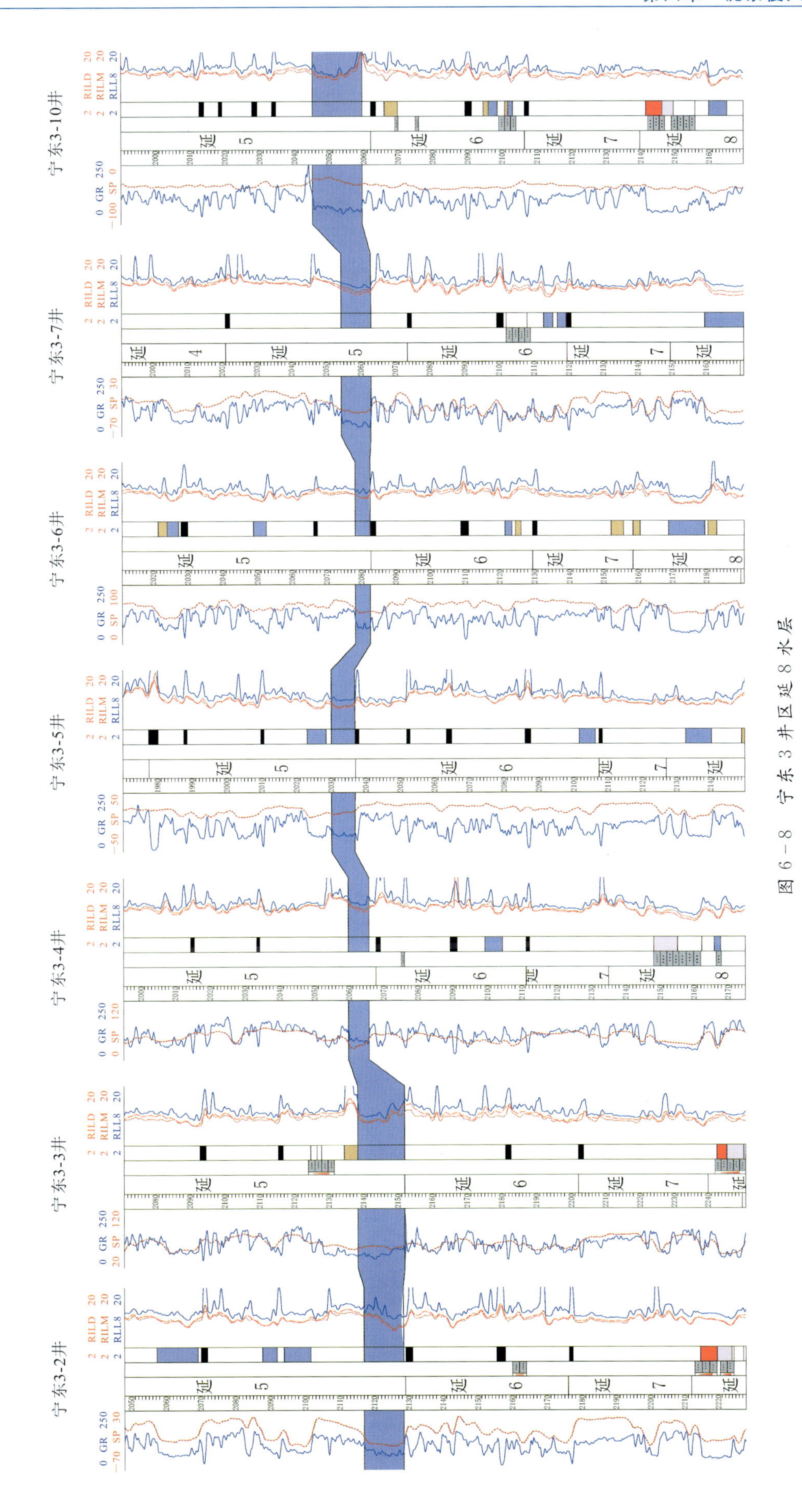

图6-8　宁东3井区延8水层

表 6-4　宁东 3 井区延 8 段水层物性特征一览表

井号	层段	浸泡时间/d	GR/API	AC/μs·m⁻¹	DEN/g·cm⁻³	CNL/%	V_{sh}/%	R_{mf}/Ω·m	R_w/Ω·m	孔隙度/%	渗透率/×10⁻³μm²	岩性	注释
宁东3井	延8	缺日志											水层
宁东3-2井	延8	1	70.8	228.5	2.47	13.8	11.0	0.48	0.23	7.3	0.5	中砂岩	水层
宁东3-3井	延8	3	68.5	225.8	2.38	13.5	8.9	0.33	0.20	12.5	2.8	中砂岩	水层
宁东3-4井	延8	2.5	81.2	226.3	2.45	13.2	11.0	0.30	0.18	11.0	0.8	中砂岩	水层
宁东3-5井	延8	<1	70.0	247.8	2.39	17.8	12.0	0.26	0.17	15.0	4.0	中砂岩	水层
宁东3-6井	延8	缺日志											水层
宁东3-7井	延8	缺日志											水层
宁东3-10井	延8	1.5	76.5	238.8	2.36	16.1	8.0	0.29	0.17	15.0	3.5	中砂岩	水层

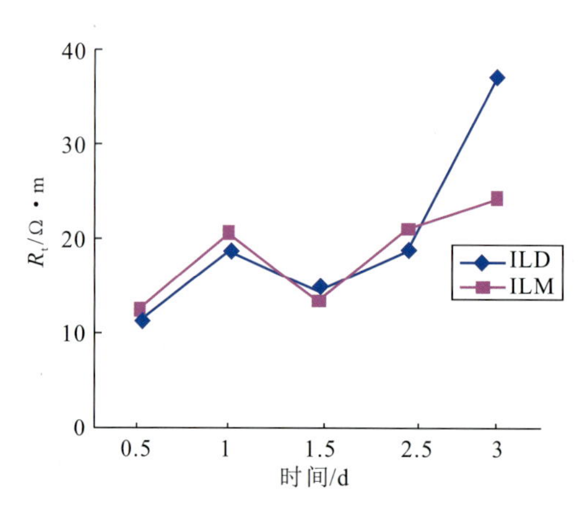

图 6-9　宁东 3 井区延 8 段水层电阻率值对比图

3. 宁东 5 井区延 8 段油层对比

宁东 5 井区延 8 段油层主要包括宁东 5 井、宁东 5-1 井、宁东 5-2 井、宁东 5-3 井(图 6-10),这些井物性相近,具体见表 6-5,可以进行泥浆侵入时间对比。

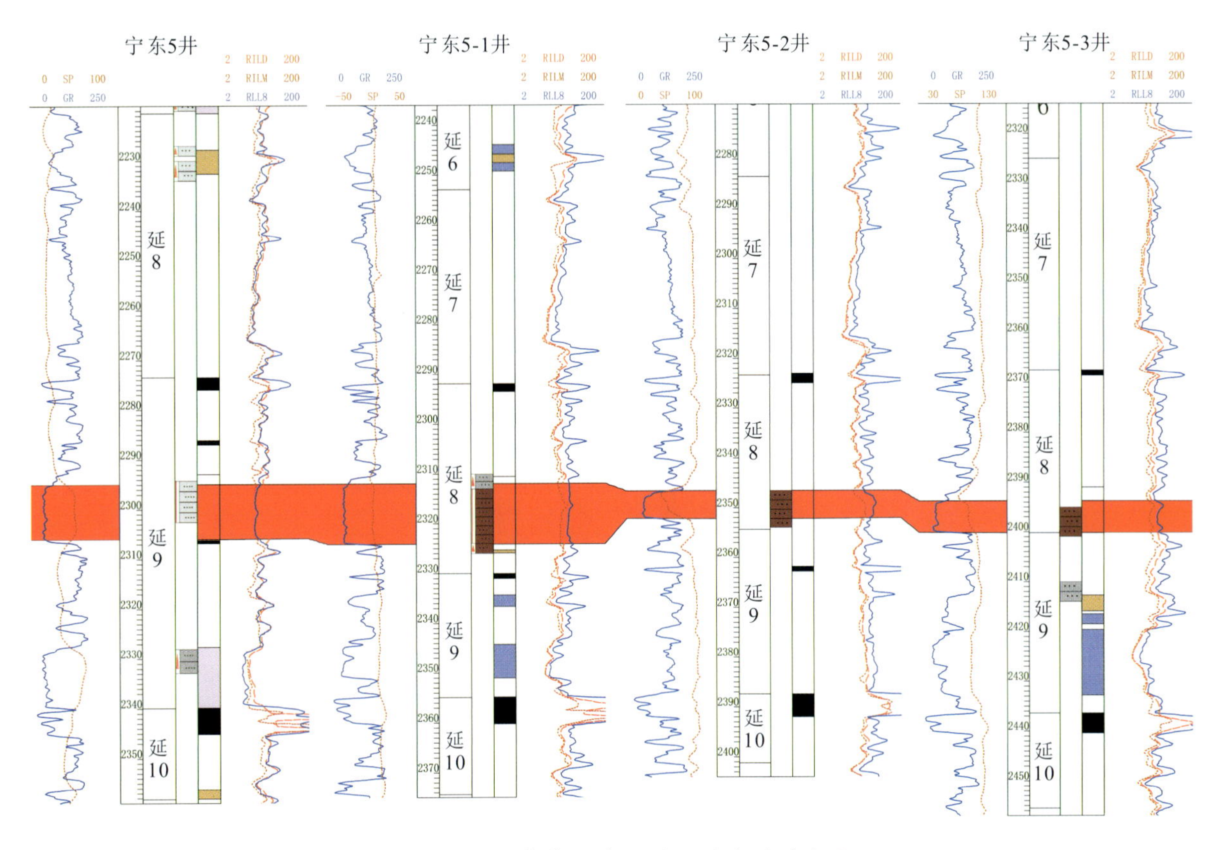

图 6－10　宁东 5 井区延 8 段油层对比图

表 6－5　宁东 5 井区延 8 段油层资料

井号	层段	浸泡天数/d	GR /API	AC /μs·m^{-1}	DEN /g·cm^{-3}	CNL /%	V_{sh} /%	R_{mf} /Ω·m	R_w /Ω·m	孔隙度 /%	渗透率 /×10^{-3}μm^2	岩性	注释
宁东5井	延 8	缺日志											油层
宁东5－1井	延 8	3.0	50	228	2.43	12.3	3.1	0.2	0.06	9.6	0.3	中砂岩	油层
宁东5－2井	延 8	1.0	47	238	2.41	12.6	3.4	0.33	0.08	12.0	1.6	中砂岩	油层
宁东5－3井	延 8	1.5	48	233	2.40	12.4	3.5	0.24	0.12	12.4	1.7	中砂岩	油层

从图 6－11 中可以看出，当宁东 5 井区油层刚被钻开时，泥浆浸泡 1d 的中、深感应测井数值基本相同；随着时间的推移，泥浆滤液开始侵入油层，在油层被浸泡 1.5d，由于油气的相对渗透率大于地层水，所以油气会被排挤更快些，造成侵入带前缘含水饱和度增高，中感应测井受到低阻环带的影响，测井值变小，而侵入带后缘含油饱和度增高，深感应测井值有所增大；随着泥浆滤液进一步侵入，在油层被浸泡 3d 后，侵入带前缘受低阻环带的影响逐渐消失，高电阻率的泥浆滤液逐步替换

低电阻率的地层水，使中感应测井值有所增大，同时深感应探测范围内受低阻环带的影响，使其测井值有所减小。淡水泥浆侵入油层的过程如图 6-12 所示。

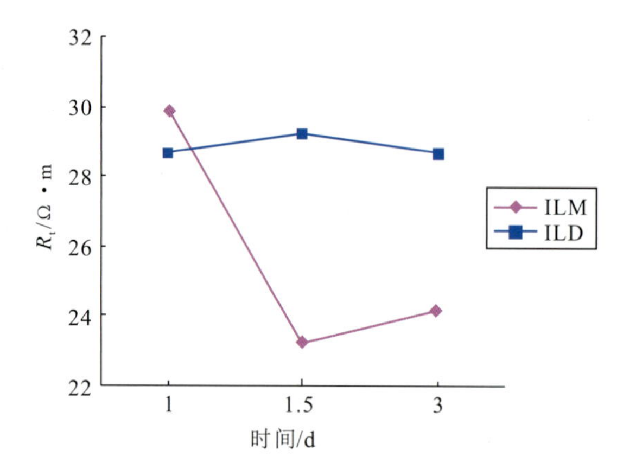

图 6-11　宁东 5 井区延 8 段油层电阻率值对比图

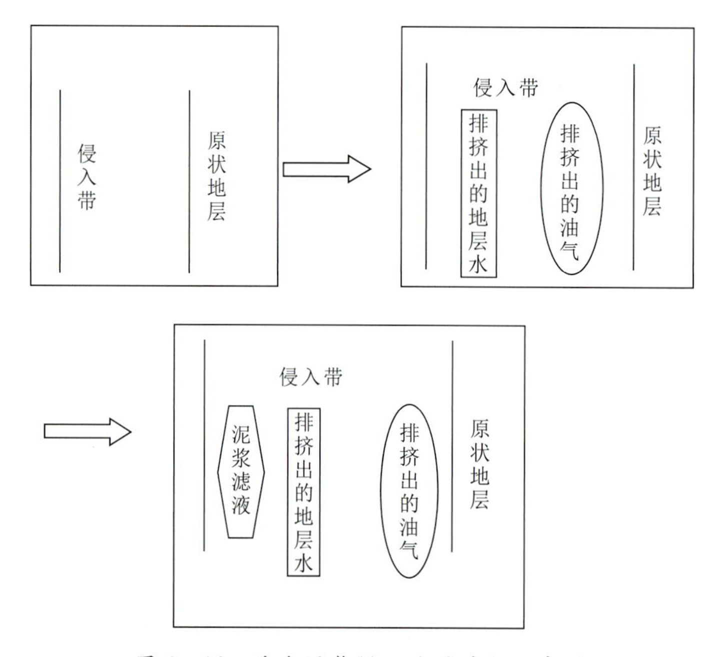

图 6-12　淡水泥浆侵入油层过程示意图

（三）不同类型泥浆侵入对流体测井响应的影响

泥浆滤液能侵入油、气、水层是因为储集层中油、气、水流体可压缩所致，不同流体压缩性不同。假设储集层流体与其骨架相比，骨架不可压缩，流体可压缩。在侵入压差作用下，储集层中原始流体被弹性压缩，挤出一定体积空间被泥浆滤液所充填，形成侵入带。其中天然气的压缩系数最大，原油次之，地层水最小。当侵入压差作用外边界相同时，气层侵入最深，油层次之，水层最浅（黄龙等，2008）。

在测井应用中，泥浆主要分为盐水泥浆和淡水泥浆，盐水泥浆是指泥浆滤液电阻率(R_{mf})低于地层水电阻率(R_w，即 $R_{mf}<R_w$)，淡水泥浆指泥浆滤液电阻率(R_{mf})高于地层水电阻率(R_w)，即 $R_{mf}>R_w$。

1. 盐水泥浆对油层、油水同层、水层电阻率的影响

利用盐水泥浆钻井时，由于盐水泥浆与地层水相比具有较高的矿化度和较强的导电能力，侵入储层后增加了周围地层的地层水矿化度，同时也改变了井壁周围流体的饱和度，可动油气逐渐被推走。因此，当盐水泥浆滤液侵入砂岩水层，在井壁附近冲洗带和侵入带内引起地层水电阻率降低，会出现减阻侵入特征，这与淡水泥浆滤液增阻侵入特征恰恰相反。当盐水泥浆滤液侵入砂岩油气层时，在井壁附近冲洗带内的油气一部分被赶走，同样会出现减阻侵入特征(黄龙等，2008)。

由此可见，在盐水泥浆滤液浸入情况下，油气层与水层均为减阻侵入，这对于用泥浆滤液浸入性质判断油气水层是很不利的。只要掌握了盐水泥浆滤液侵入特征，就能指导测井实际解释工作。当盐水泥浆满足 $R_{mf}=R_w$ 时，水层无侵入性质，油气层为减阻侵入。盐水泥浆对地层信息的干扰有两种：一种是井筒内泥浆和泥饼，另一种是井壁附近地层的冲洗带或侵入带，特别是盐水泥浆侵入深度对电测井的干扰最大，这种干扰将会引起测井信息的失真。现代测井技术基本上可以消除井筒内盐水泥浆和泥饼的影响，如双侧向-微球形聚焦测井、井眼补偿密度测井、井眼补偿中子测井、井眼补偿声波测井等。盐水泥浆侵入地层越深，它对电阻率测井系列的影响就越大，如果盐水泥浆侵入超过深感应或深侧向测井的探测深度，引起视电阻降低，那么就有漏掉油气层的可能。

2. 淡水泥浆对油层、油水同层、水层电阻率的影响

麻黄山探区的泥浆滤液电阻率 R_{mf} 一般都大于地层水电阻率 R_w，属于淡水泥浆，淡水泥浆对油层是减阻侵入，对水层是增阻侵入，对于油水同层要根据具体的电阻率值分析侵入类型。

宁东 3-1 井与宁东 108 井感应测井数值变化如图 6-13 所示，从图中可以看出，在这两口井中泥浆侵入是增阻侵入。宁东 3-1 井从冲洗带→过渡带→原状地层电阻率逐渐降低。宁东 108 井从冲洗带→过渡带→原状地层电阻率变化趋势也是降低的，但是由于泥浆侵入造成低阻环带使得过渡带的电阻率低于原状地层的电阻率。表 6-6 为宁东 3-1 井与宁东 108 井的物性数据。

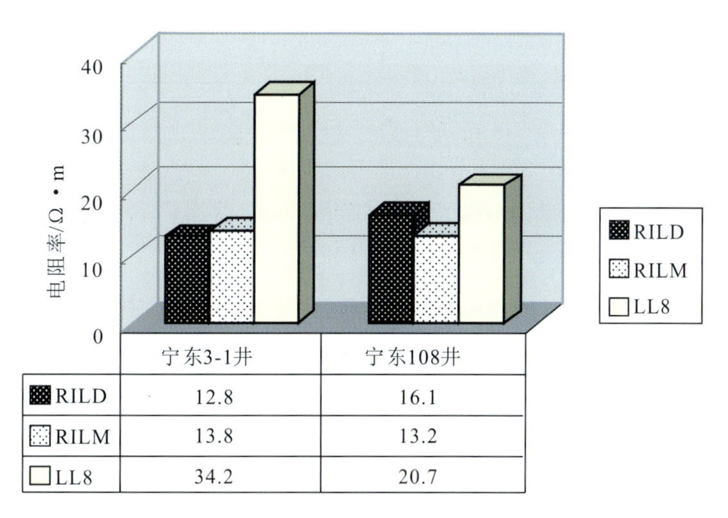

	宁东3-1井	宁东108井
RILD	12.8	16.1
RILM	13.8	13.2
LL8	34.2	20.7

图 6-13 宁东 3-1 井与宁东 108 井浅、中、深电阻率值对比图

表 6-6　宁东 3-1 井与宁东 108 井资料数据表

井号	井段/m	φ/%	$K/\times10^{-3}\mu m^2$	S_o/%	解释结论
宁东 3-1 井	2 253.50～2 260.00	13.4	2	0	水层
宁东 108 井	2 182.50～2 189.50	13.3	2.06	38.7	油水同层

宁东 3-9 井与宁东 5-3 井感应测井变化如图 6-14 所示，从图中可以看出，在这两口井中宁东 8 井泥浆侵入是增阻侵入。宁东 8 井从冲洗带→过渡带→原状地层电阻率逐渐降低，即减阻侵入。宁东 3-3 井从冲洗带→过渡带→原状地层电阻率变化趋势是增高的，即增阻侵入。表 6-7 为宁东 3-9 井与宁东 5-3 井的物性数据。

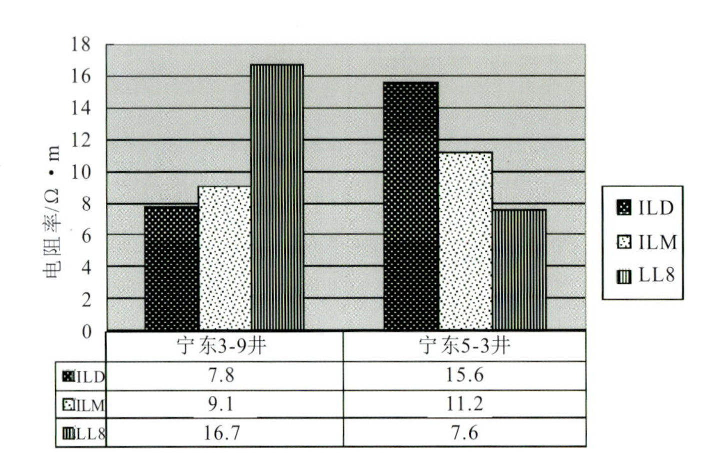

图 6-14　宁东 3-9 井与宁东 5-3 井浅、中、深电阻率值对比图

表 6-7　宁东 3-9 井与宁东 5-3 井资料数据表

井号	井段/m	φ/%	$K/\times10^{-3}\mu m^2$	S_o/%	解释结论
宁东 3-9 井	2 163.50～2 167.50	12.1	5.54	0	水层
宁东 5-3 井	2 3925.0～2 399.50	12.3	6.41	63.5	油层

四、麻黄山探区泥浆性能分析

通过前期勘探表明，麻黄山区块东部圈弯子凸起带上油气成藏主要为岩性和构造双重因素控制，西部主要为构造控制，两个凸起带上具备油气成藏的有利条件。其主力含油层系为侏罗系延安组延 8、延 9、延 10 油层组，宁东 3 井、宁东 5 井已于 2006 年在延 8 油层组分别试获每日 19.5t 和 15.5t 的高产工业油流。

随着油田勘探开发的深入，钻井过程中不断尝试和应用新的钻井技术和新的钻井液配方，目的是减少油气层的污染，保护井眼条件，增加油气储量和油气井的产量。了解钻井液对测井的影响，有利于更好地应用测井资料，提高解释精度，更准确地评价油气层。

该区块的钻井泥浆主要有3种:水基聚合物、屏蔽暂堵泥浆、钾铵基聚合物。这3种泥浆的密度、电阻率略有差异(表6-8)。

表6-8 麻黄山探区部分井的钻井泥浆参数

井号	类型	黏度/s	密度/g·cm^{-3}	电阻率/Ω·m	电阻率测量温度/℃
宁东2井	水基聚合物	42	1.09	1.17	17.00
宁东4井	钾基聚合物	30	1.08	1.17	16.00
宁东9井	屏蔽暂堵泥浆	43	1.13	1.60	16.00
宁东6井	钾基泥浆	35	1.10	1.40	12.50
宁东1井	钾基聚合物	45	1.09	1.66	26.40
宁东108井	屏蔽暂堵泥浆	42	1.14	0.66	22.30
宁东3-1井	钾胺基聚合物	40	1.10	1.87	18.02
宁东106井	屏蔽暂堵泥浆	51	1.13	0.66	23.40
宁东5-1井	钾基聚合物	46	1.08	0.52	23.85
宁东105井	钾铵基聚合物	43	1.10	0.71	27.15
宁东102井	水基泥浆	34	1.12	0.82	25.12
宁东107井	水基泥浆	45	1.10	0.83	23.34
宁东107井	水基泥浆	45	1.10	0.83	23.34
宁东104井	钾胺基聚合物	35	1.12	0.64	25.63
宁东2-5井	钾铵基聚合物	40	1.10	1.41	15.48

麻黄山探区钻井水基泥浆黏度、密度、电阻率的总体分布情况如图6-15所示,钾铵基聚合物泥浆黏度、密度、电阻率的分布情况如图6-16所示,屏蔽暂堵泥浆的黏度、密度、电阻率的分布情况如图6-17所示。从图6-16和图6-17可以看出,屏蔽暂堵泥浆的密度比较大(大于1.116g/cm^3)。

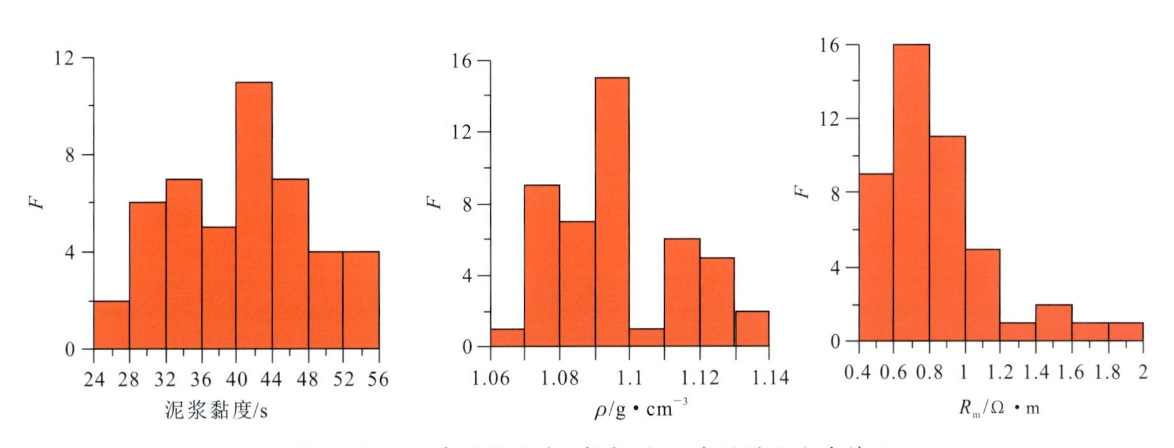

图6-15 水基泥浆黏度、密度、电阻率的总体分布情况

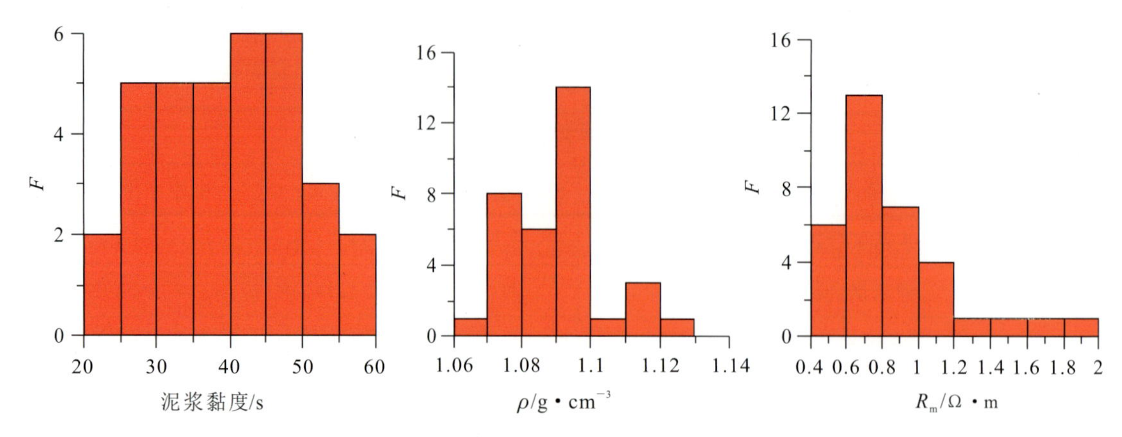

图 6-16 钾铵基聚合物泥浆黏度、密度、电阻率的分布情况

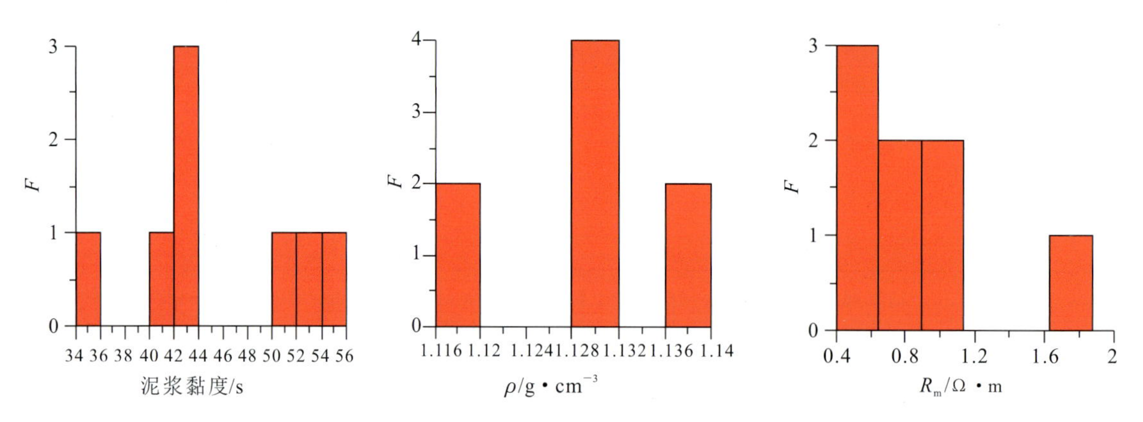

图 6-17 屏蔽暂堵泥浆的泥浆黏度、密度、电阻率的分布情况

通常泥浆体系中固相颗粒的含量及其粒度分布对泥饼强度的影响最大，虽然作用机理不同，但起抑制和封堵作用的处理剂都能提高泥饼强度。实践表明，钾铵基聚磺泥浆具有最高的泥饼强度。实验研究还发现一种规律，即：压力增加时，泥饼致密层变厚，但泥饼强度却降低。

钾铵基聚合物泥浆可以有效地防止井壁坍塌，这样可以大大减少测井仪器贴壁不良对测井资料造成的影响。使用泥浆屏蔽暂堵技术在一定时间内能够阻止泥浆侵入，这对于测井获取储层的真实信息也有很大帮助。

第二节 数值模拟及模型

由于泥浆滤液的侵入改变了地层实际电阻率的大小，使得在电阻率测井中测量的电阻率值偏离原始地层电阻率。因此，通过计算机模拟泥浆滤液侵入地层时地层各个参数随时间、距离井轴距离的值的变化，有助于还原原始地层的真实电阻率，从而为油气勘探提供真实的依据。

一、二维数值模拟

二维计算问题分为以下 3 类。

$x-y$ 问题：一般如果忽略压力梯度和垂向上的流动，可以将流动方程离散为平面二维情况计算。适用于大面积薄油层。

$x-z$ 问题：一般如果不忽略垂向上的流动，而可以忽略平面方向的流动差别，那么可以用剖面等距模型。

$r-z$ 问题：当研究区域考虑垂向的变化，且平面部分的变化围绕井径呈对称的变化，那么可以采用 $r-z$ 坐标。如图 6-18 所示，忽略角度变化对参数的影响，认为参数只随着距离井径的距离和高度而变化。适用于油层较厚，且研究区域在井口附近的平面为均匀介质的情况。本研究中，泥浆侵入区域只限于距离井口 10m 以内，故可以采用 $r-z$ 坐标系求解。

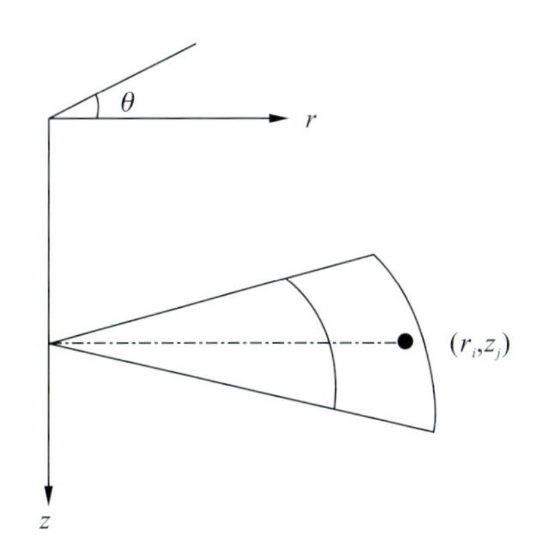

图 6-18　柱坐标示意图

(一)解二维流动方程

二维方程差分化就是将该方程化为二维坐标轴下的线性方程组的过程，一般常用的方法有隐式压力显式饱和度法、半隐式求解法、全隐式求解法等，这些方法各有优缺点。本研究采用比较成熟的隐式压力显示饱和度方法，该方法是顺序求解的一种，编程相对简单。基本步骤如下。

由毛细压力与水压油压的关系式，将油的压力转化为只含有水的压力方程；通过乘以适当的系数，合并油方程和水方程，以消去差分方程中的含水饱和度和含油饱和度，得到只含有水压未知数的一个函数；方程的系数用上一个时间步的值计算，毛细压力也用上一时间步的值计算，即隐式处理系数，形成一个高阶的线性方程组，采用直接法或者迭代法求解水压未知数；将水压值代入水方程用显式求解含水饱和度(任好等，2006；杨震等，2007)。

两相流的流动方程(渗流方程)可以得出如下关系(下标 w 和 o 分别代表水和油)：

$$\nabla\cdot\left[\frac{\rho_w k k_{rw}}{\mu_w}(\nabla P_w-\rho_w\vec{g}\ \nabla D)\right]=\frac{\partial(\varphi\rho_w S_w)}{\partial t} \tag{6-2}$$

$$\nabla\cdot\left[\frac{\rho_o k k_{ro}}{\mu_o}(\nabla P_o-\rho_o\vec{g}\ \nabla D)\right]=\frac{\partial(\varphi\rho_o S_o)}{\partial t} \tag{6-3}$$

考虑到毛细压力的影响，且两相流中水为润湿相，故毛细压力为含水饱和度的函数，因此有如下状态方程来反映水的压力和油的压力之间的关系。

$$P_c(S_w)=P_o-P_w \tag{6-4}$$

毛细压力和含水饱和度关系一般是通过实验室测试得到的数据图版进行差值计算，在没有图版的情况下，采用近似函数计算。

两相流中饱和度的关系为：

$$S_w+S_o=1 \tag{6-5}$$

因此，由式(6-1)～式(6-4)组成的方程组可以解得 P_w、P_o、S_w 和 S_o 4 个未知数。

(二)求地层水矿化度

地层水矿化度的求解满足对流扩散方程：

$$\nabla\cdot\left[\left(\rho_w\frac{kk_{rw}}{\mu_w}(\nabla P_w-\rho_w g\ \nabla D)\right)C_w\right]+\nabla\cdot(\varphi\rho_w S_w K_D\cdot\nabla C_w)=\frac{\partial}{\partial t}(\varphi\rho_w S_w C_w) \tag{6-6}$$

式中，K_D 为弥散系数，反映了不同浓度的液体之间物质的扩散程度。

与离散渗流方程同理，首先考虑左边式，将其按照 $r-z$ 坐标的转化方式转化，那么 r 坐标轴方向的形式为：

$$\frac{1}{r}\frac{\partial}{\partial r}\left(r\lambda_w\frac{\partial P_w}{\partial r}C_w\right)+\frac{1}{r}\frac{\partial}{\partial r}\left(r\varphi\rho_w S_w K_D\frac{\partial C_w}{\partial r}\right) \tag{6-7}$$

自变量均匀化，即将 $\mathrm{d}r=r\mathrm{d}x$ 代入式(6-7)并整理得到：

$$\frac{1}{r^2}\left[\lambda_w\frac{\partial^2 P_w}{\partial x^2}C_w+\frac{\partial P_w}{\partial x}\frac{\partial(\lambda_w C_w)}{\partial x}+\varphi\rho_w S_w K_D\frac{\partial^2 C_w}{\partial x^2}+\frac{\partial C_w}{\partial x}\frac{\partial(\varphi\rho_w S_w K_D)}{\partial x}\right] \tag{6-8}$$

将 $r=r_w\cdot e^{i\Delta x}$ 代入式(6-8)，并进行离散化后得到：

$$\begin{aligned}&\frac{1}{r^2}\left[\lambda_w\frac{\partial^2 P_w}{\partial x^2}C_w+\frac{\partial P_w}{\partial x}\frac{\partial(\lambda_w C_w)}{\partial x}+\varphi\rho_w S_w K_D\frac{\partial^2 C_w}{\partial x^2}+\frac{\partial C_w}{\partial x}\frac{\partial(\varphi\rho_w S_w K_D)}{\partial x}\right]\\&=\frac{1}{(r_w e^{i\Delta x})^2}\left\{\lambda_{w(i)}C_{w(i)}\frac{P_{w(i+1)}-2P_{w(i)}+P_{w(i-1)}}{\Delta x^2}+\right.\\&\frac{P_{w(i+1)}-P_{w(i-1)}}{2\Delta x}\frac{\lambda_{w(i+1)}C_{w(i+1)}-\lambda_{w(i-1)}C_{w(i-1)}}{2\Delta x}+\\&\rho_{w(i)}\varphi_{(i)}S_{w(i)}K_{D(i)}\frac{C_{w(i+1)}-2C_{w(i)}+C_{w(i-1)}}{\Delta x^2}+\\&\left.\frac{C_{w(i+1)}-C_{w(i-1)}}{2\Delta x}\left[\frac{\rho_{w(i+1)}\varphi_{(i+1)}S_{w(i+1)}K_{D(i+1)}-\rho_{w(i-1)}\varphi_{(i-1)}S_{w(i-1)}K_{D(i-1)}}{2\Delta x}\right]\right\}\end{aligned} \tag{6-9}$$

转化左边项在 z 坐标下的表达式为：

$$\frac{\partial}{\partial z}\left[\lambda_w C_w\left(\frac{\partial P_w}{\partial z}-\gamma_w\right)\right]+\frac{\partial}{\partial z}\left[\varphi\rho_w S_w K_D\frac{\partial C_w}{\partial z}\right] \tag{6-10}$$

其中，$\gamma_w=\rho_w g$，为水相的重力项，因为重力只在 z 轴方向作用，故其 r 坐标的公式里无此项。

离散化为：

$$\begin{aligned}&\lambda_{w(j)}C_{w(j)}\frac{P_{w(j+1)}-2P_{w(j)}+P_{w(j-1)}}{\Delta z^2}+\frac{P_{w(j+1)}-P_{w(j-1)}}{2\Delta z}\frac{\lambda_{w(j+1)}C_{w(j+1)}-\lambda_{w(j-1)}C_{w(j-1)}}{2\Delta z}+\\&\rho_{w(j)}\varphi_{(j)}S_{w(j)}K_{D(j)}\frac{C_{w(j+1)}-2C_{w(j)}+C_{w(j-1)}}{\Delta z^2}+\\&\frac{C_{w(j+1)}-C_{w(j-1)}}{2\Delta z}\left[\frac{\rho_{w(j+1)}\varphi_{(j+1)}S_{w(j+1)}K_{D(j+1)}-\rho_{w(j-1)}\varphi_{(j-1)}S_{w(j-1)}K_{D(j-1)}}{2\Delta z}\right]-\\&\frac{\gamma_{w(j+1)}-\gamma_{w(j-1)}}{2\Delta z}\end{aligned} \tag{6-11}$$

令：$\beta_c=\varphi\rho_w(c_w+c_f)$，式(6-6)的右边式可以离散为：

$$\beta_{c(i,j)}S_{w(i,j)}C_{w(i,j)}\frac{P_{w(i,j)}-P^t_{w(i,j)}}{\Delta t}+\frac{\varphi_{(i,j)}\rho_{w(i,j)}(S_{w(i,j)}C_{w(i,j)}-S^t_{w(j)}C^t_{w(j)})}{\Delta t} \tag{6-12}$$

故整个对流扩散方程离散化为：

$$\frac{1}{r_w e^{i\Delta x}}\left\{\lambda_{w(i,j)}C_{w(i,j)}\frac{P_{w(i+1,j)}-2P_{w(i,j)}+P_{w(i-1,j)}}{\Delta x^2}+\right.$$

$$\frac{P_{w(i+1,j)}-P_{w(i-1,j)}}{2\Delta x}\frac{\lambda_{w(i+1,j)}C_{w(i+1,j)}-\lambda_{w(i-1,j)}C_{w(i-1,j)}}{2\Delta x}+$$

$$\rho_{w(i,j)}\varphi_{(i,j)}S_{w(i,j)}K_{D(i,j)}\frac{C_{w(i+1,j)}-2C_{w(i,j)}+C_{w(i-1,j)}}{\Delta x^2}+$$

$$\left.\frac{C_{w(i+1,j)}-C_{w(i-1,j)}}{2\Delta x}\left[\frac{\rho_{w(i+1,j)}\varphi_{(i+1,j)}S_{w(i+1,j)}K_{D(i+1,j)}-\rho_{w(i-1,j)}\varphi_{(i-1,j)}S_{w(i-1,j)}K_{D(i-1,j)}}{2\Delta x}\right]\right\}+$$

$$\lambda_{w(i,j)}C_{w(i,j)}\frac{P_{w(i,j+1)}-2P_{w(i,j)}+P_{w(i,j-1)}}{\Delta z^2}+\frac{P_{w(i,j+1)}-P_{w(i,j-1)}}{2\Delta z}\frac{\lambda_{w(i,j+1)}C_{w(i,j+1)}-\lambda_{w(i,j-1)}C_{w(i,j-1)}}{2\Delta z}+$$

$$\rho_{w(i,j)}\varphi_{(i,j)}S_{w(i,j)}K_{D(i,j)}\frac{C_{w(i,j+1)}-2C_{w(i,j)}+C_{w(i,j-1)}}{\Delta z^2}+$$

$$\frac{C_{w(i,j+1)}-C_{w(i,j-1)}}{2\Delta z}\left[\frac{\rho_{w(i,j+1)}\varphi_{(i,j+1)}S_{w(i,j+1)}K_{D(i,j+1)}-\rho_{w(i,j-1)}\varphi_{(i,j-1)}S_{w(i,j-1)}K_{D(i,j-1)}}{2\Delta z}\right]-$$

$$\frac{\gamma_{w(i,j+1)}-\gamma_{w(i,j-1)}}{2\Delta z}$$

$$=\beta_{c(i,j)}S_{w(i,j)}C_{w(i,j)}\frac{P_{w(i,j)}-P^t_{w(i,j)}}{\Delta t}+\frac{\varphi_{(i,j)}\rho_{w(i,j)}(S_{w(i,j)}C_{w(i,j)}-S^t_{w(j)}C^t_{w(j)})}{\Delta t} \tag{6-13}$$

此时已知本时刻的水的压力和含水饱和度，因此按照求解渗流方程同样的原理，用隐式求解的方法，列出该方程的线性矩阵方程组，用高斯消元法求解出矿化度的值。边界条件和初始值也用与前面类似的方法设置。

上面求出了各个时间点和距离点的矿化度和含水饱和度的值，可以用式(6－14)求解某一时刻的地层水电阻率 R_w。

$$R_w(i,j)=\left(0.0123+\frac{3647.5}{C_w^{0.955}(i,j)}\right)\cdot\frac{82}{1.8T+39} \tag{6-14}$$

再由阿尔奇公式求出地层电阻率：

$$R_f(i,j)=\frac{\varepsilon R_w(i,j)}{S_w^l(i,j)\varphi^m} \tag{6-15}$$

式中，R_w 为地层水的电阻率；T 为温度；R_f 为地层电阻率；ε 为岩石系数；l 为饱和度指数；m 为胶结指数；其他参数定义同上。

二、模型分析

(一)模型一

设储层的岩石为均匀各向同性介质,不考虑重力作用,毛细压力和相渗曲线按照表 6-9 进行插值计算,忽略黏度随压力的变化,因此,各个初始参数值在二维空间的横纵向都取相同值,如下(均已换算成国际单位):孔隙度为 0.2,地层渗透率为 9.869 $7\times10^{-4}\mu m^2$,泥饼渗透率为9.869 $7\times10^{-4}\mu m^2$,油的初始密度为 $0.95g/cm^3$,水的初始密度为 $1050g/cm^3$,水的黏度为 0.001Pa·s,油的黏度为 0.02Pa·s,岩石的压缩系数为 $6\times10^{-10}/Pa$,水的压缩系数为 $5\times10^{-10}/Pa$,油的压缩系数为 $10\times10^{-10}/Pa$,地层含水饱和度初始值为 0.15,泥浆的矿化度为 $10\ 000\times10^{-6}$,地层水的初始矿化度为 0.1,地层的初始平均压力为 1.3×10^7Pa,井底泥浆的平均压力为 1.6×10^7Pa,井半径为 0.1m,储层计算半径为 9.1m,油层深度为 2000m,厚度为 5m,阿尔齐公式比例系数为 1,胶结指数为 2,饱和度指数为 2,地层温度为 100℃。网格采用横向上非均匀划分为 100 个,纵向上均匀划分为 10 个。

表 6-9 模型参数表

S_w	K_{rw}	K_{ro}	P_{cow}/MPa
0.180	0.005	0.972	0.500
0.274	0.047	0.897	0.190
0.353	0.075	0.620	0.080
0.392	0.093	0.430	0.057
0.438	0.120	0.240	0.040
0.464	0.140	0.179	0.032
0.484	0.154	0.129	0.029
0.502	0.168	0.094	0.027
0.521	0.178	0.070	0.020
0.539	0.199	0.052	0.018
0.557	0.210	0.039	0.014
0.572	0.229	0.030	0.012
0.594	0.252	0.023	0.010
0.623	0.308	0.014	0.006
0.650	0.407	0.005	0.003

因为设储层为均匀且各向同性的介质，各初始参数在纵向上取值一样，且不考虑重力的影响，故在纵向上的计算结果都一样。为了观察储层中各个计算参数随时间和深度的变化过程，任意抽取其中一层按时间进行绘图，其他深度的计算结果和这一深度在横向上的变化趋势应该一致。由图 6-19 可见，在侵入过程中，压力很快趋于平衡。

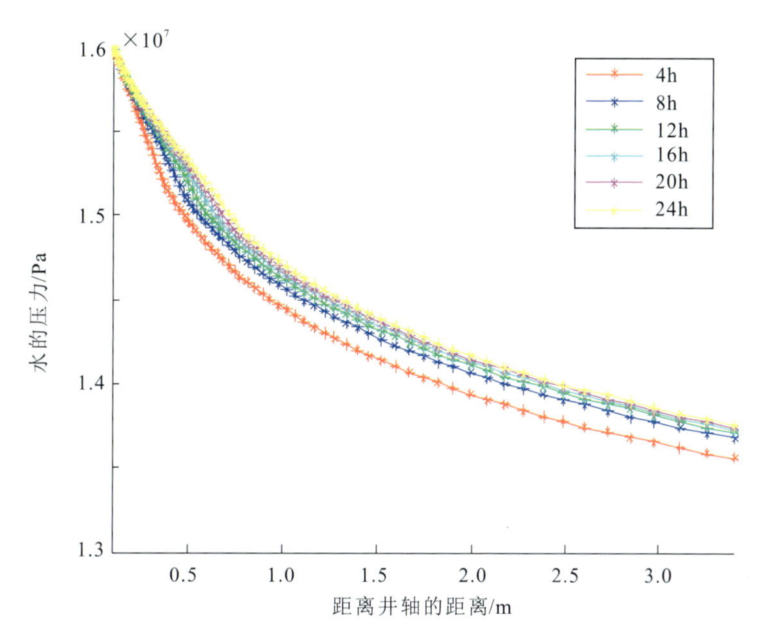

图 6-19　提取一层中井周压力随侵入时间变化(每 4h 取一次值绘图)

含水饱和度在 24h 内的变化如图 6-20 所示。

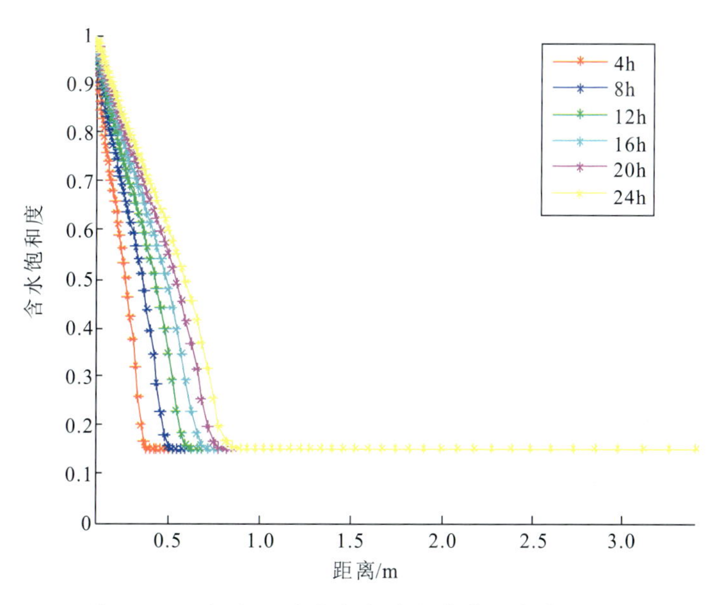

图 6-20　提取一层中含水饱和度在 24h 内的变化

地层水的矿化度在24h内的变化曲线如图6－21所示。

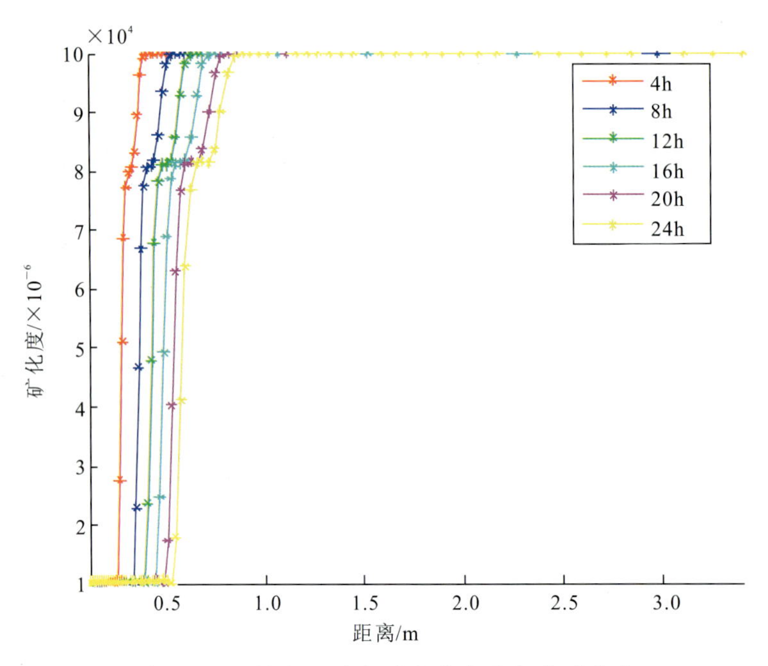

图6－21　提取一层中矿化度在24h内的变化

地层总的电阻率在24h内的变化如图6－22所示。

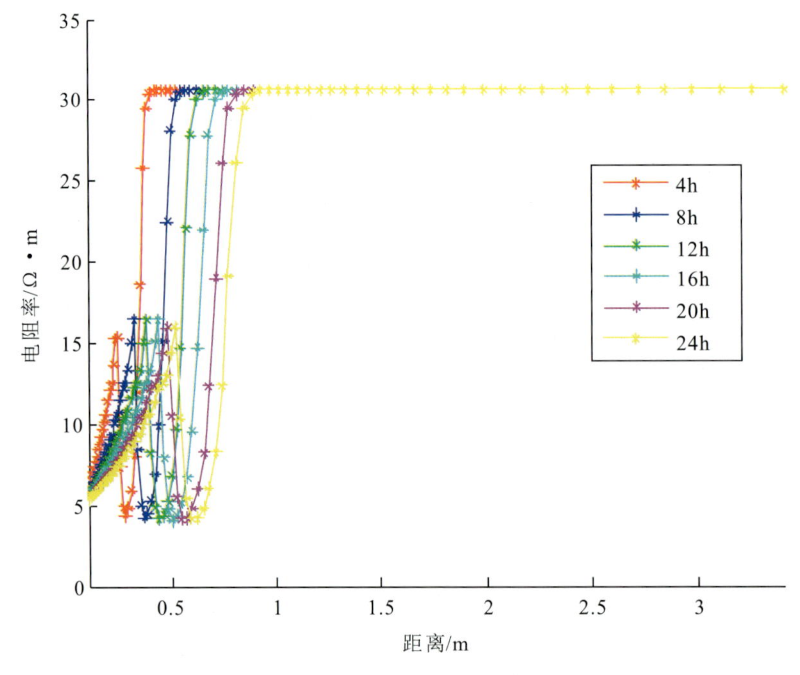

图6－22　提取一层中地层电阻率在24h内的变化

在侵入 24h 后，形成整个二维坐标系下的效果，并将其中某层的数据绘制为一维曲线图进行对比。侵入 24h 后的水的压力对比效果如图 6－23 所示。

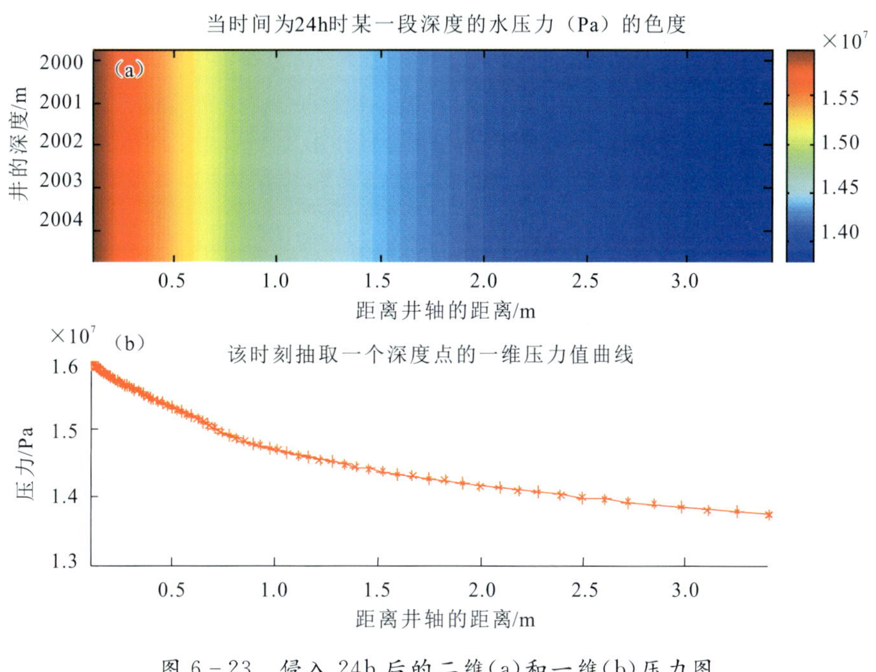

图 6－23　侵入 24h 后的二维(a)和一维(b)压力图

侵入 24h 后的含水饱和度对比效果如图 6－24 所示。

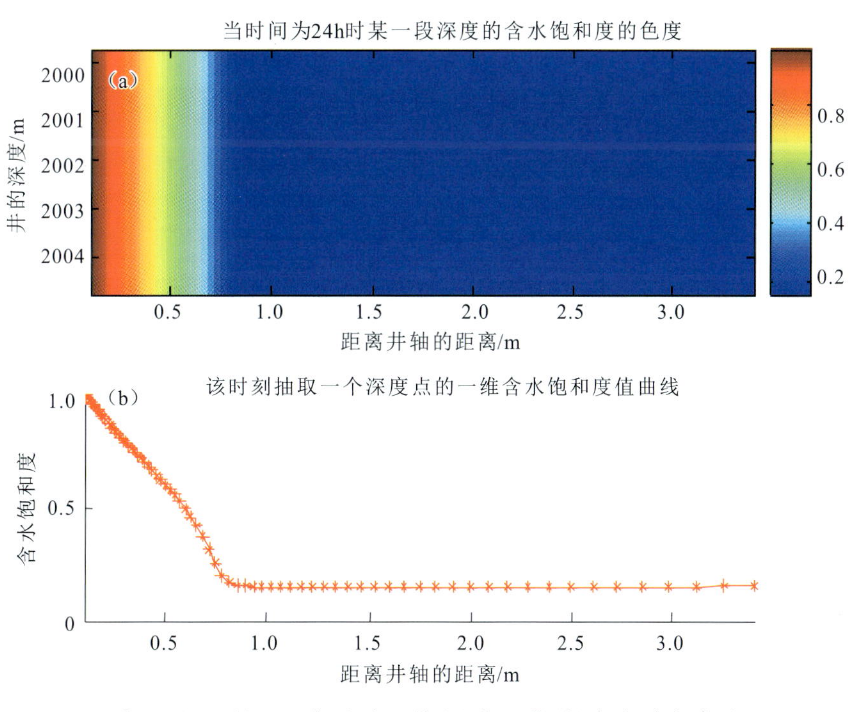

图 6－24　侵入 24h 后的二维(a)和一维(b)含水饱和度图

侵入24h后的矿化度对比效果如图6-25所示。

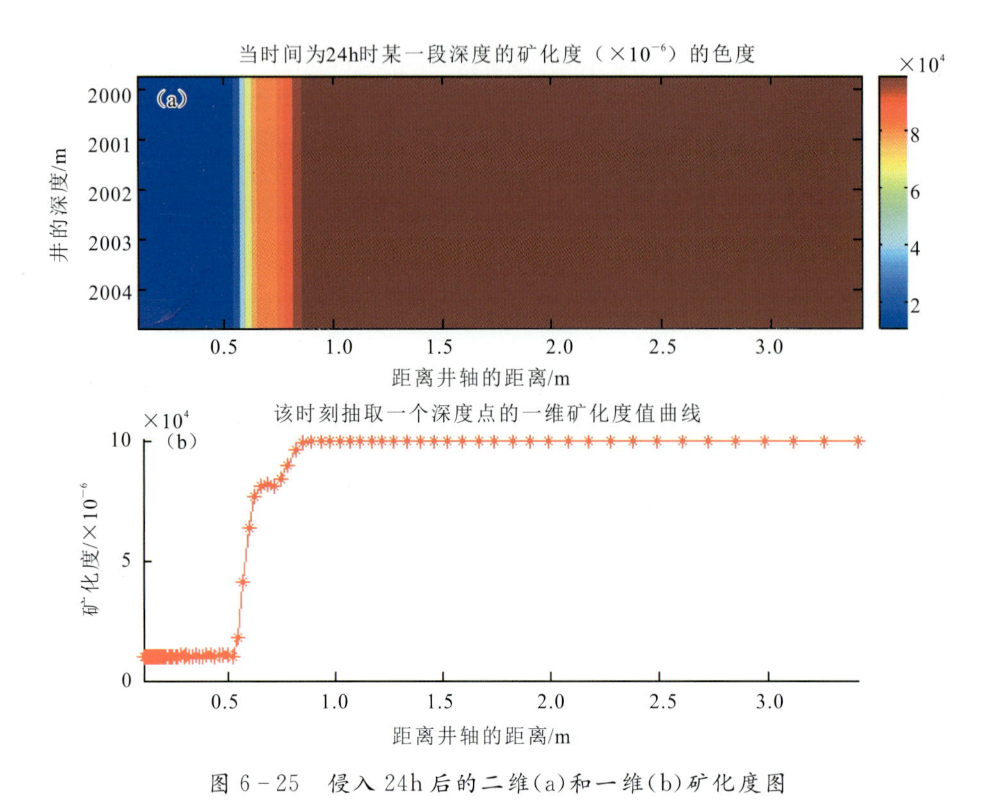

图6-25　侵入24h后的二维(a)和一维(b)矿化度图

侵入24h后的地层电阻率对比效果如图6-26所示。

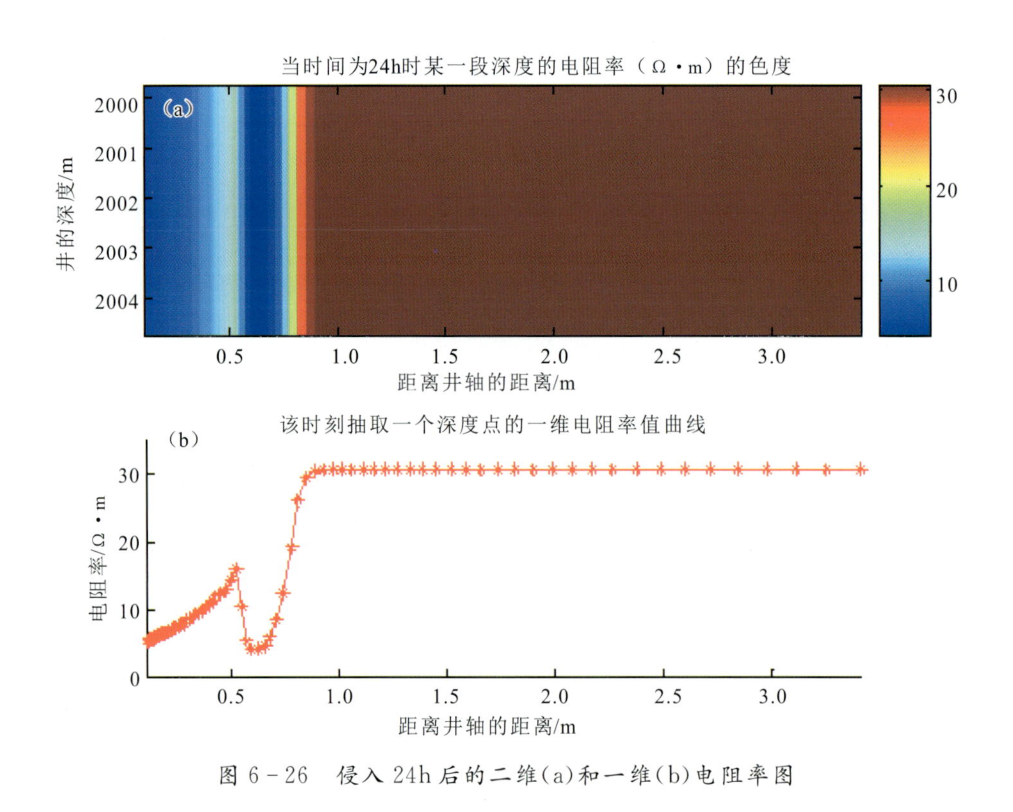

图6-26　侵入24h后的二维(a)和一维(b)电阻率图

(二)模型二

设储层的岩石为非均匀各向异性介质,考虑重力作用,毛细压力和相渗曲线按照表 6-9 进行插值计算,各初始参数值同模型一。

阿尔奇公式比例系数 a 为 1,胶结指数 m 为 2,饱和度指数 n 为 2,地层温度为 100℃。模型在横向上非均匀划分为 200 个网格,纵向上均匀划分为 30 个网格。由于储层的非均匀性,其纵向上的孔隙度设置由上至下逐渐增大,其值在各个纵向的网络节点上按线性函数变化 $porin(i,j)=(0.6-0.01\times j)$[$i,j$ 为横向和纵向的网格位置,$porin(i,j)$为各点的初始孔隙度],横向上不变;由于储层各向异性,其初始渗透率在纵向上由上至下逐渐增大,其值设置为:$permin(i,j)=[(9.8697+(j-1)]\times10^{-16}(m^2)$[$permin(i,j)$为各点的初始孔隙度],横向上不变;泥饼的渗透率为 $9.8697\times10^{-16}m^2$;泥浆的密度为 $1300kg/m^3$,由压强计算公式 $P=\rho gh$ 可以求出某个深度点泥浆的压力值;储层中各个纵向层的初始压力值也可以由 $P=\rho gh+P_{ref}$ 计算大小(P_{ref}为深度点的参考压力)。

在侵入 24h 后,作出压力、含水饱和度、矿化度和地层电阻率的值在二维平面上的显示图,并且抽取深度值为 2 003.2m、2 006.5m 及 2 009.8m 处的一维值进行对比,结果如图 6-27—图 6-30 所示。

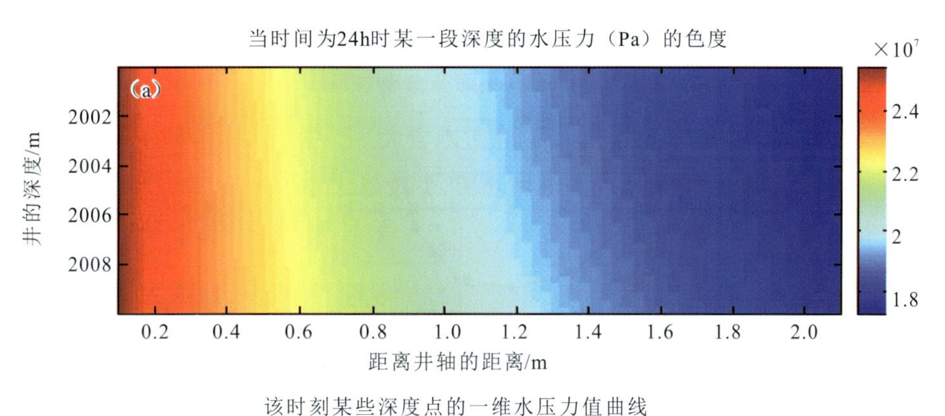

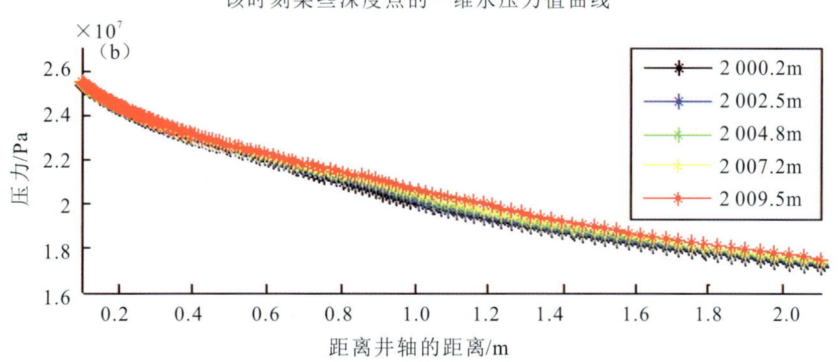

图 6-27 侵入 24h 深度为 2 000.0~2 010.0m 的二维(a)和一维(b)地层水压力图

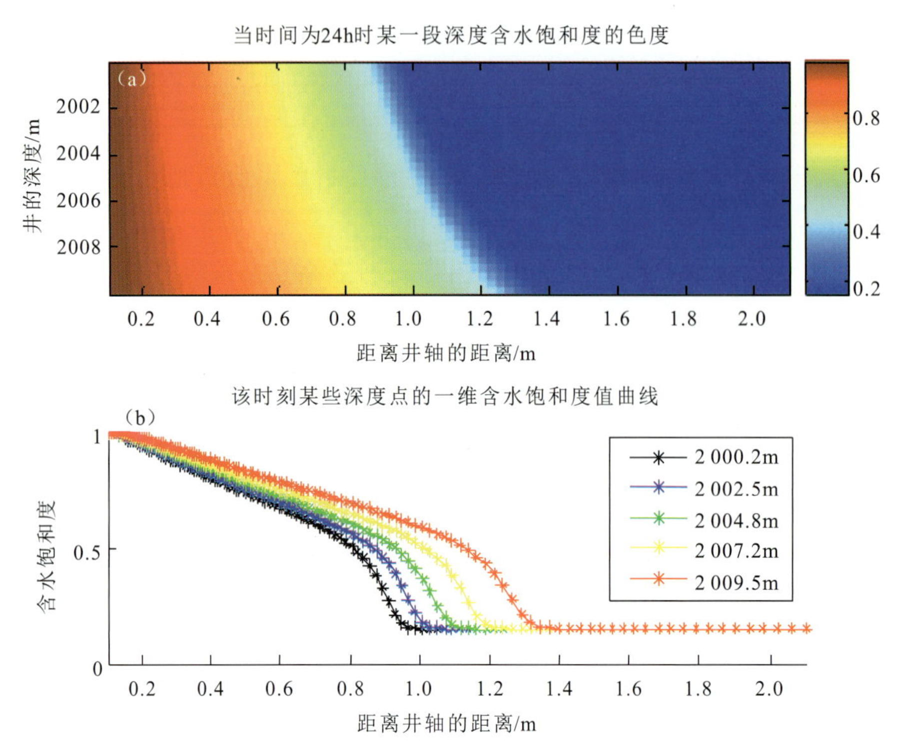

图 6-28　侵入 24h 深度为 2 000.0～2 010.0m 的二维(a)和一维(b)含水饱和度图

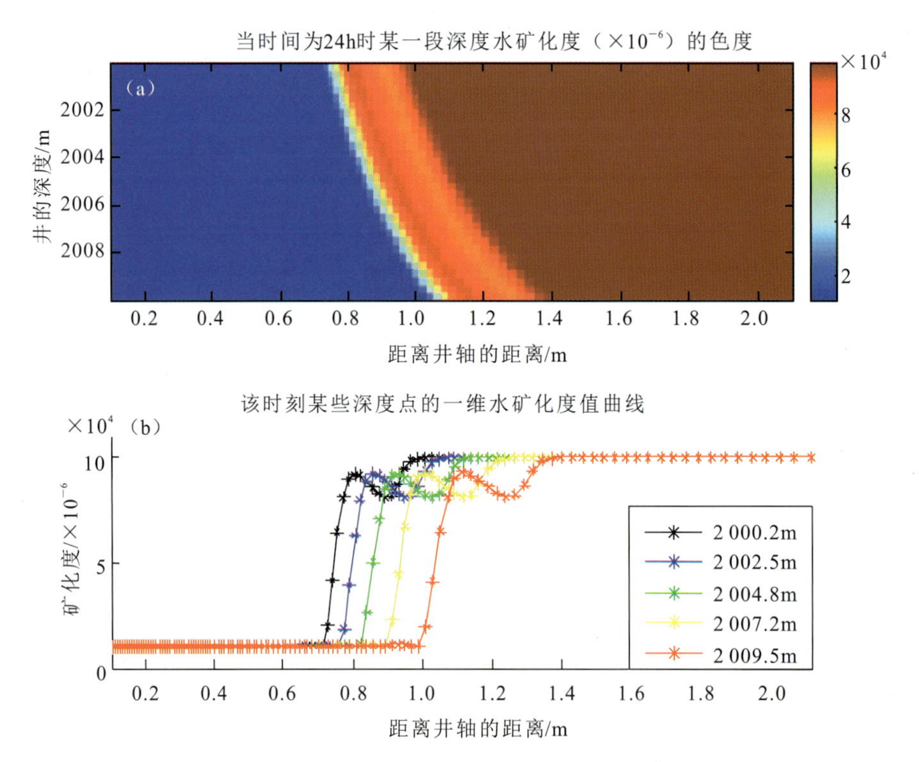

图 6-29　侵入 24h 深度为 2 000.0～2 010.0m 的二维(a)和一维(b)地层水矿化度图

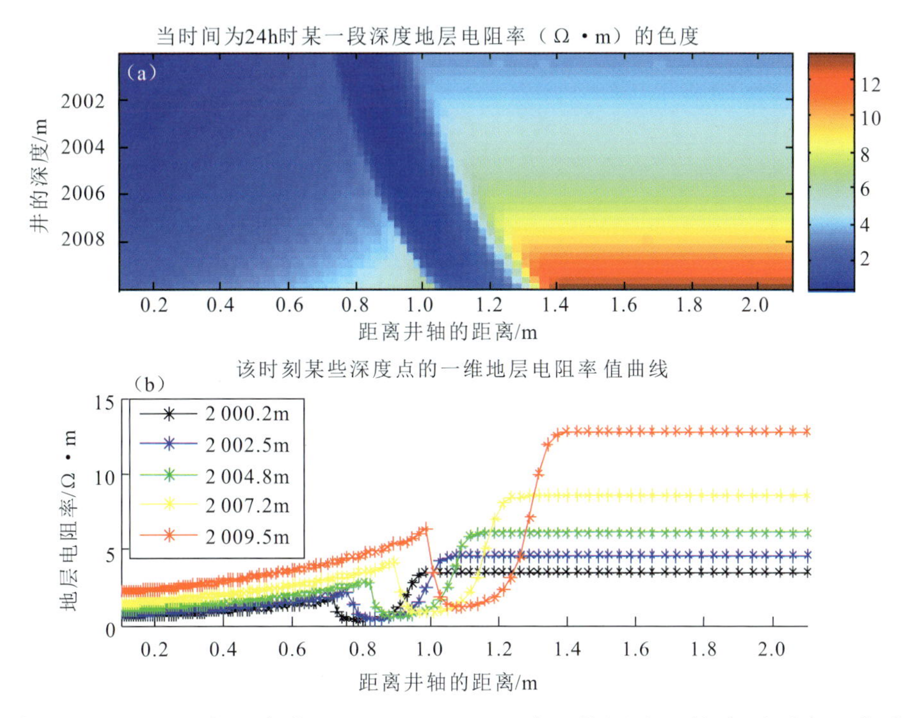

图 6-30　侵入 24h 深度为 2000.0～2010.0m 的二维(a)和一维(b)地层电阻率图

第三节　二维数值模拟在麻黄山探区的应用

一、初始值设定

泥浆侵入现象在渗透性储层中普遍存在，实际的泥浆侵入过程并非阶跃模型那样简单。泥浆滤液对地层可动烃的驱替是一个多相渗流过程。首先，地层水饱和度、水电阻率、水矿化度和地层电阻率的径向变化并非传统的阶跃模型所描述的那样呈阶梯状突变；其次，侵入条件下地层流体参数和电性参数的径向分布是一个与时间有关的动态过程。

麻黄山探区泥浆矿化度普遍低于地层水矿化度，属于淡水泥浆侵入。根据以上的数值模拟算法，针对有地层水矿化度测试的渗透性地层进行数值模拟，主要对麻黄山探区的宁东 2 井、宁东 3-5井、宁东 3-9 井、宁东 5-1 井、宁东 8 井、宁东 108 井、宁东 3-2 井、宁东 14 井、宁东 15 井、宁东 2-4 井、宁东 5-4 井、宁东 5-6 井等井进行了处理。

实际井的数值模拟要根据实际资料进行，数值模拟对参数要求比较高。表6-10给出了对数值模拟结果影响不大的一些参数，可以在程序中设置为定值。对于实际井的渗透性地层进行数值模拟，需要根据各种数据来源（如测井解释数据、解释报告、泥浆测试资料、矿化度测试资料等）寻找所使用的参数。

表 6-10 泥浆侵入模型基本参数

参数名称	参数值	参数名称	参数值
水的密度初值/g·cm^{-3}	1.050	油的密度初值/g·cm^{-3}	0.950
水的黏度的初始值/Pa·s	0.001	油的黏度的初始值/Pa·s	0.002
孔隙压缩系数/Pa^{-1}	6×10^{-10}	水的压缩系数/Pa^{-1}	5×10^{-10}
油的压缩系数/Pa^{-1}	10×10^{-10}	井底流体的含水饱和度	1
井口半径/m	0.1	储层半径/m	6.1
径向网格数/个	200		

所用的输入参数包括：孔隙度(根据声波、密度和泥质含量进行拟合得到)；地层渗透率(由孔隙度经验公式拟合得到)；含水饱和度(按照径向电阻率比值法计算得到)；井底流体压力(静水柱压力)；储层顶部初始压力(由测井数据得到)；储层中各个纵向层的初始压力值由 $P=\rho gh+P_{ref}$ 计算大小(P_{ref} 为深度点的参考压力)，ρ 为泥浆密度，由泥浆测试实验得到；矿化度等其他数据由实验室测试得到；地层温度(通过地温梯度与井口温度换算得到)。

由于某些参数是根据测井值得到的，如孔隙度、渗透率、含水饱和度等，这些参数受测井环境影响，甚至泥浆侵入影响，所以本身存在误差，这就给数值模拟带来了影响。但总体来说，所得剖面能反映泥浆侵入的特征。

二、典型井数值模拟分析

1. 宁东 2 井

宁东 2 井的基本参数为：岩石的压缩系数为 0.45×10^{-4}MPa^{-1}，地层温度为 90.5℃，储层顶部参考点压力为 21.8MPa，泥浆密度为 1.090g/cm^3，地层水矿化度为 $27\ 600\times10^{-6}$，泥浆滤液矿化度为 5200×10^{-6}，地层电阻率因子 a 为 1，胶结指数 m 为 1.937，饱和度指数为 1.853 6，地层孔隙度、渗透率、含水饱和度由程序直接读入，孔隙度范围为 6.3%～12.7%，渗透率范围为(0.24～1.39)×10^{-3}μm^2，含水饱和度为 45%～54%，属于低孔低渗储层。

测井日报显示该井在完钻 24h 后完成测井。时间为 24h 时，压力、含水饱和度、矿化度、地层电阻率随离井距离及深度的变化特征如图 6-31—图 6-34 所示，各二维剖面图下方为该井该时刻各深度点所得的一维径向变化曲线。

泥浆滤液的矿化度要远小于地层水的矿化度，属于高侵剖面。二维剖面上，原状地层电阻率变化范围不大，而侵入带电阻率出现较大值。由模拟结果图可以看出，地层电阻率在侵入带的值远高于未侵入带，在过渡带出现一个环状的低阻环带。该低阻环带的成因分析为：对比含水饱和度和矿化度的曲线可以看出，含水饱和度侵入前沿的推进速度要快于矿化度前沿的侵入速度，因此在泥浆滤液面和含水饱和度面之间存在一个高矿化度和高含水饱和度区域，由理论分析以及电阻率计算公式可知，该区域即形成低阻环带，但低阻环带的幅值较小。

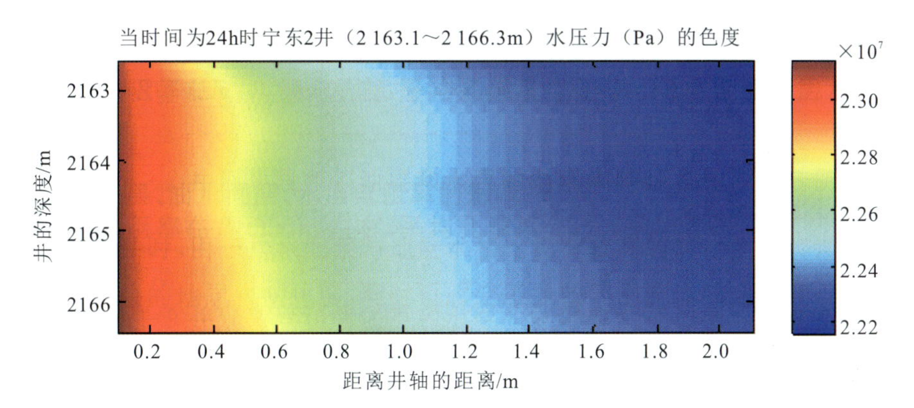

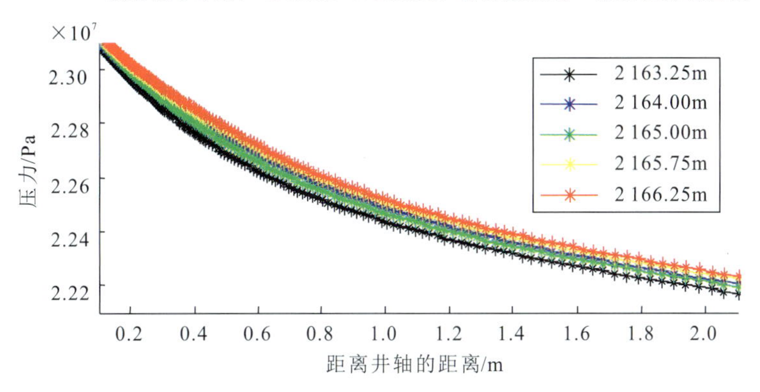

图 6－31 时间为 24h 时宁东 2 井水压力数值模拟结果

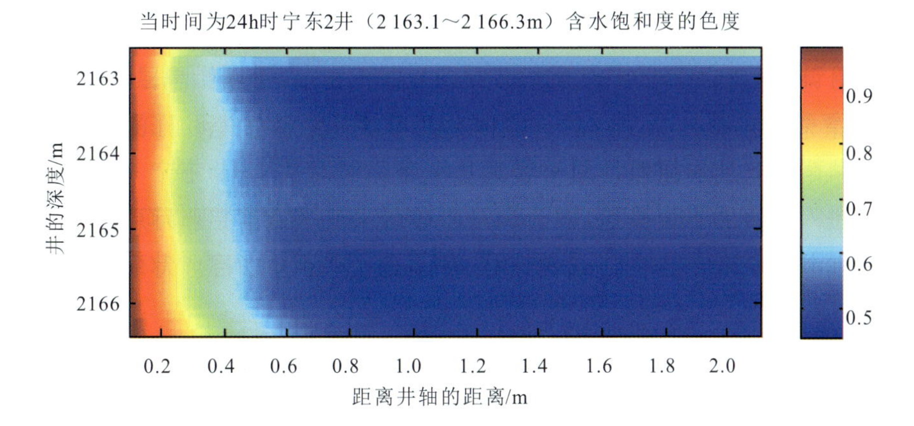

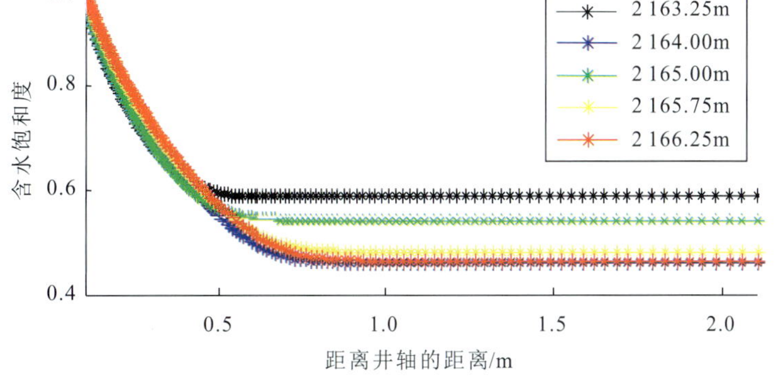

图 6－32 时间为 24h 时宁东 2 井含水饱和度数值模拟结果

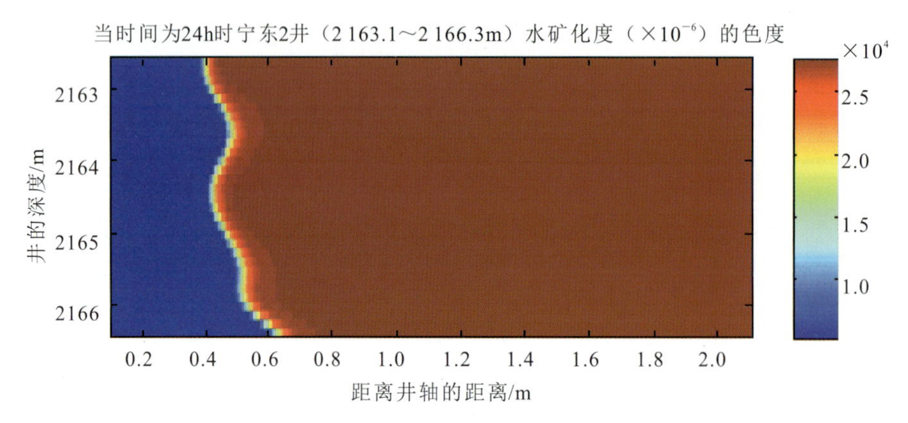

该时刻宁东2井（2 163.1～2 166.3m）各深度点的一维水矿化度值曲线

×10⁴

矿化度/×10⁻⁶

2 163.25m
2 164.00m
2 165.00m
2 165.75m
2 166.25m

距离井轴的距离/m

图 6－33　时间为 24h 时宁东 2 井含水矿化度数值模拟结果

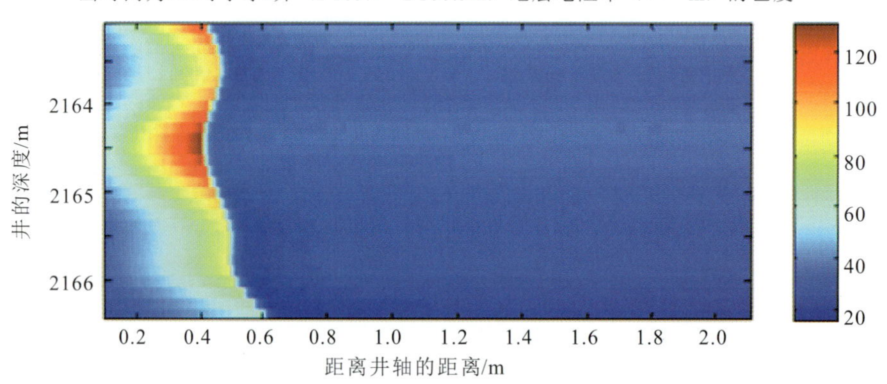

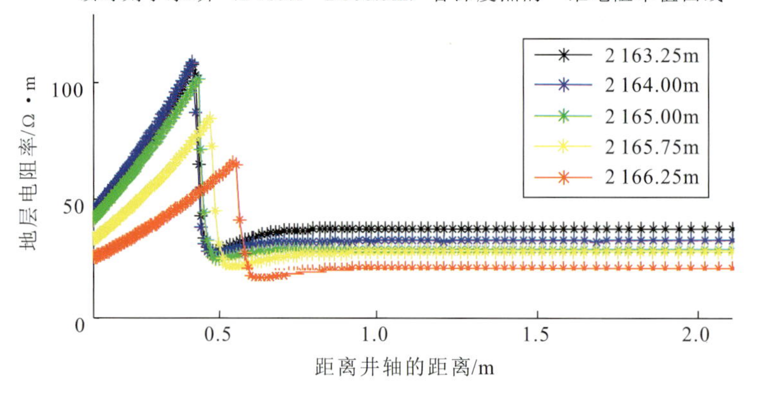

图 6－34　时间为 24h 时宁东 2 井电阻率数值模拟结果

本井段深度 2 162.50～2 167.00m，测井解释为油层，试油为油水同层。由钻井日报显示，测井施工始于完钻 24h 以后，测井深感应电阻率为 18.8～22.6Ω·m，平均值为 19.7Ω·m；中感应电阻率为 16.2～20.2Ω·m，平均值为 17.3Ω·m；深侧向电阻率范围为 38.8～45.8Ω·m，平均值为 41Ω·m。数值模拟结论：原状地层电阻率为 21～41Ω·m，平均值为 33Ω·m；侵入半径范围为 0.41～0.62m。

2. 宁东 3－5 井

宁东 3－5 井的基本参数为：岩石的压缩系数为 $0.45\times10^{-4}MPa^{-1}$，地层温度为 101.1℃，储层顶部参考点压力 22.4MPa，泥浆密度为 $1.080g/cm^3$，地层水矿化度为 $44\ 600\times10^{-6}$，泥浆滤液矿化度为 7830×10^{-6}，地层电阻率因子 a 为 1.275 4，胶结指数 m 为 1.776 7，饱和度指数为 2.202 7，地层孔隙度、渗透率、含水饱和度由程序直接读入，地层孔隙度范围为 9.3%～12.8%，渗透率为 $(0.27\sim12.8)\times10^{-3}\mu m^2$，含水饱和度为 60%～85%。

测井报告显示该井完钻时间为 2006 年 8 月 2 日，进行标准及综合测井时间为 8 月 2 日。时间为 12h 时压力、含水饱和度、矿化度、地层电阻率随离井距离及深度的变化如图 6－35—图 6－38 所示，各二维剖面图下方为该井该时刻各深度点所得的一维径向变化曲线。

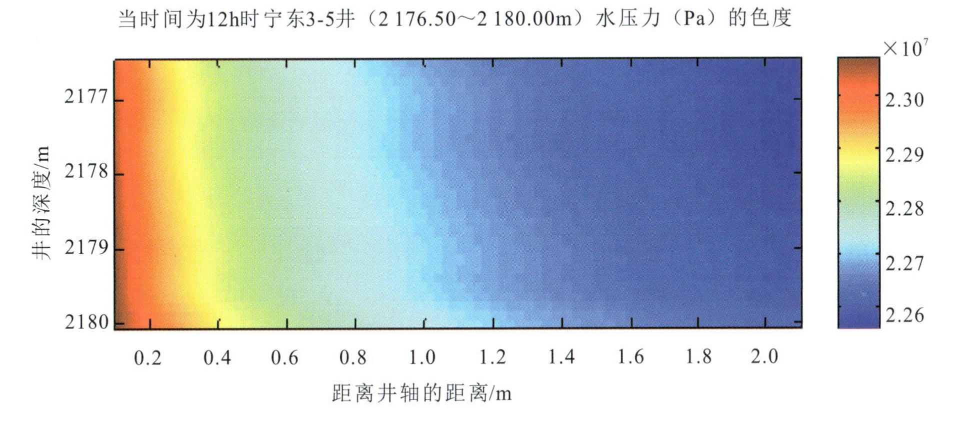

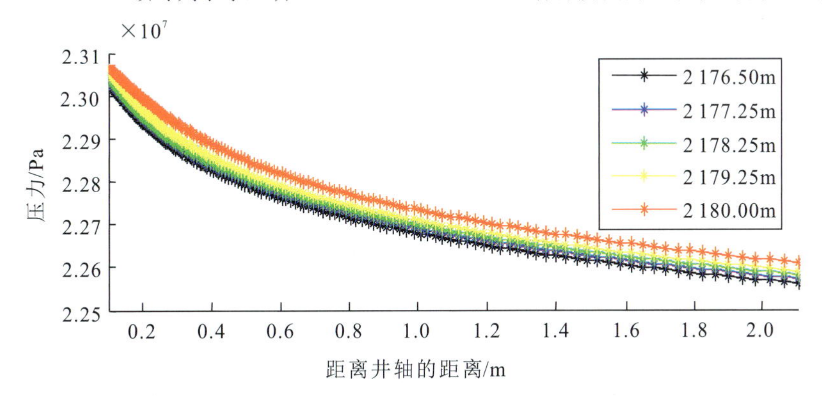

图 6－35 时间为 12h 时宁东 3－5 井水压力数值模拟结果

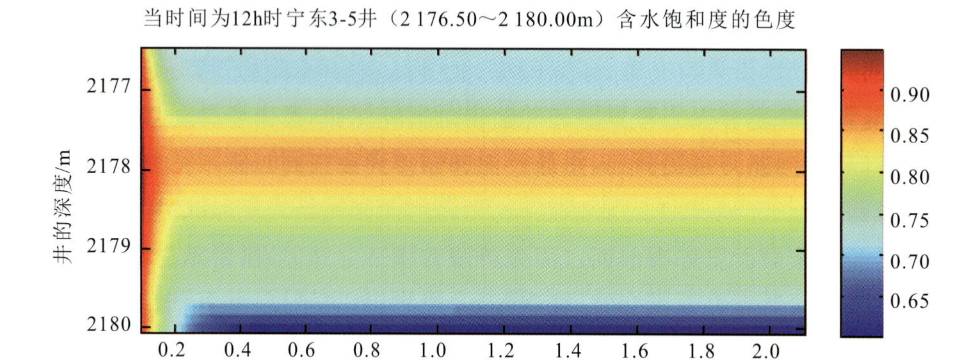

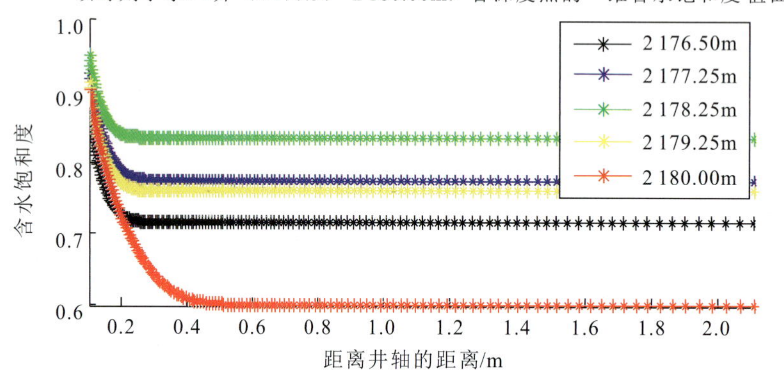

图 6-36　时间为 12h 时宁东 3-5 井含水饱和度数值模拟结果

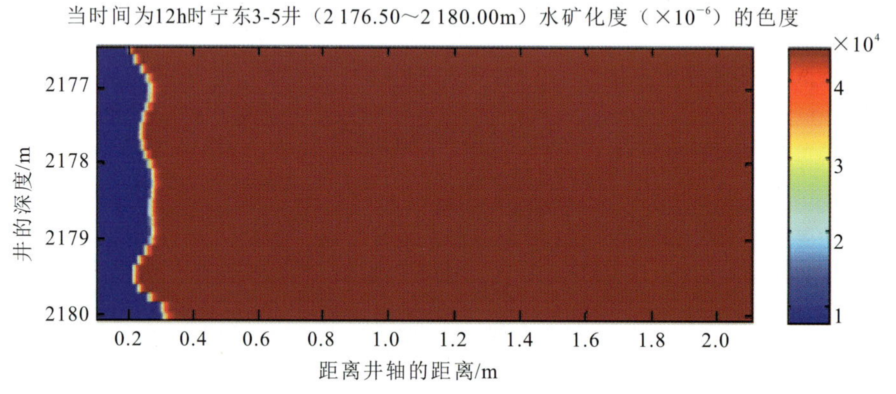

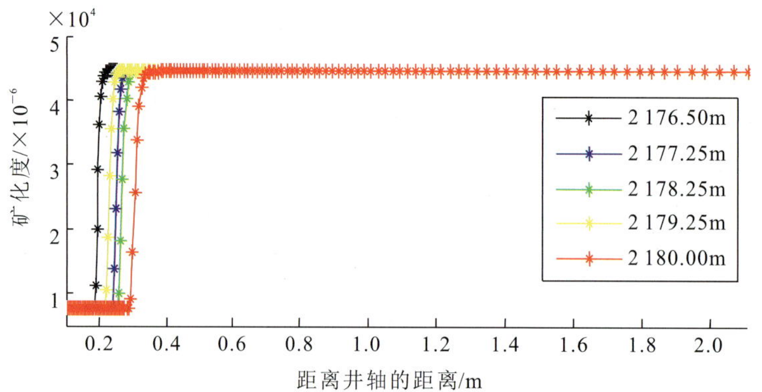

图 6-37　时间为 12h 时宁东 3-5 井水矿化度数值模拟结果

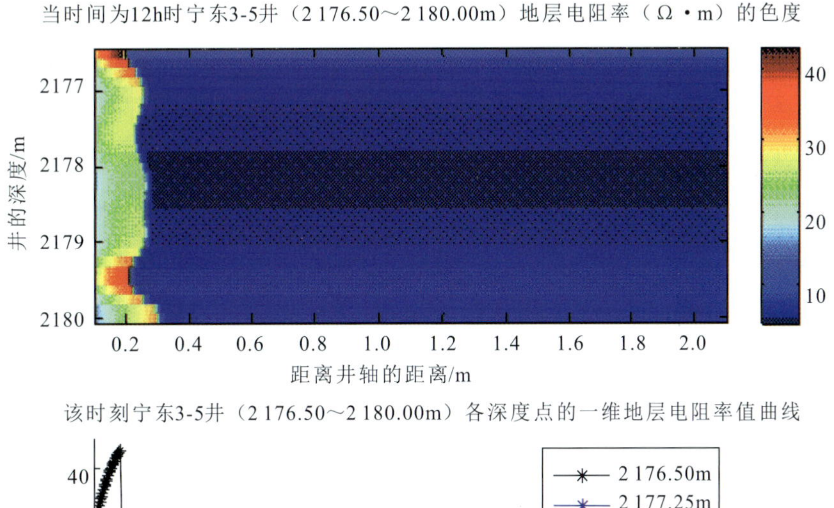

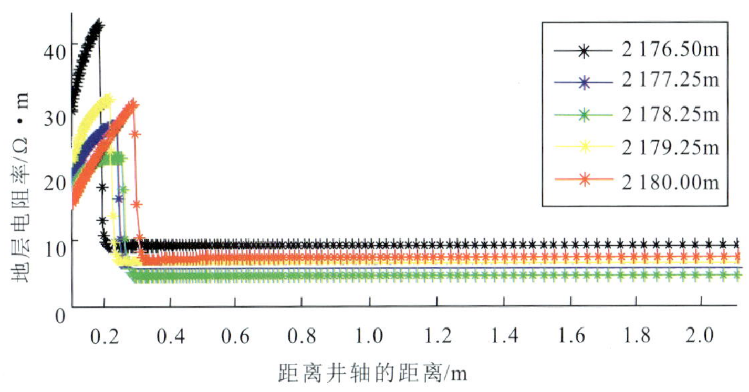

图 6－38　时间为 12h 时宁东 3－5 井电阻率数值模拟结果

泥浆滤液的矿化度小于地层水的矿化度，属于高侵剖面。二维剖面上，原状地层电阻率变化范围为 10～30Ω·m，侵入带电阻率较大，侵入带与原状地层有明显的界限。由各深度点的一维图可以看出，地层电阻率在侵入带的值远高于未侵入带，在上层深度的过渡带出现低阻环带，而在 2180m 低阻环带消失。上部的低阻环带形成主要是含水饱和度的前锋变化速率快于地层水矿化度的前锋变化，而下层的地层由于含水饱和度值较大，根据前面的参数影响分析可知，低阻环带消失。

本井段深度 2 176.50～2 180.00m，测井解释为油水同层，试油结论为含油水层。钻井日报显示，测井浅侧向电阻率为 12.5～21.2Ω·m，平均值为 13.6Ω·m；深感应电阻率为 5.0～5.7Ω·m，平均值为 5.2Ω·m。数值模拟结论：原状地层电阻率为 4.5～9.1Ω·m，平均值为 5.8Ω·m；侵入半径范围为 0.18～0.30m。

3. 宁东 3－9 井

宁东 3－9 井的基本参数为：岩石的压缩系数为 $0.45\times10^{-4}\mathrm{MPa}^{-1}$，地层温度为 89.3℃，储层顶部参考点压力为 22.3MPa，泥浆密度为 $1.080\mathrm{g/cm^3}$，地层水矿化度为 $23\ 600\times10^{-6}$，泥浆滤液矿化度为 6600×10^{-6}，地层电阻率因子 a 为 1.275 4，胶结指数 m 为 1.776 7，饱和度指数为 2.202 7，地层孔隙度、渗透率、含水饱和度由程序直接读入，地层孔隙度为 8.8%～12.0%，渗透率为 $(0.22\sim0.98)\times10^{-3}\mu\mathrm{m}^2$，含水饱和度为 53.5%～68.2%，属于低孔低渗储层。

测井报告显示该井完钻时间为 2006 年 11 月 4 日，标准和综合测井日期为 11 月 4 日—5 日。时间为 12h 时压力、含水饱和度、矿化度、地层电阻率随离井距离及深度的变化如图 6－39—图 6－42所示。各二维剖面图下方为该井该时刻各深度点所得的一维径向变化曲线。

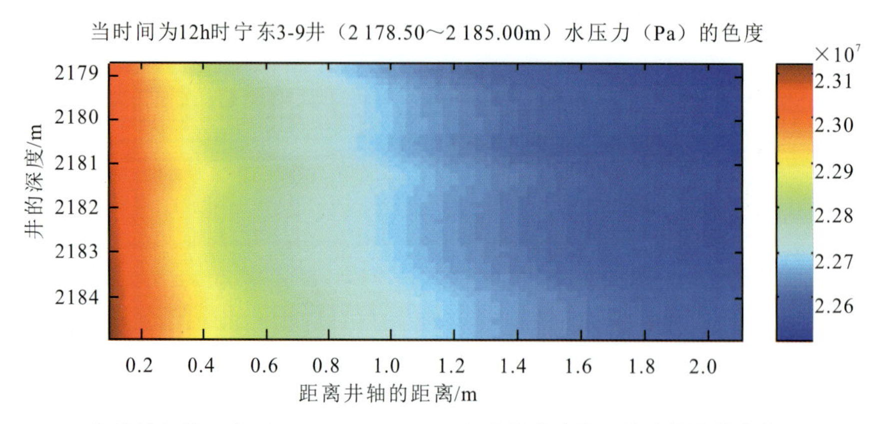

该时刻宁东3-9井（2 178.50～2 185.00m）各深度点的一维水压力值曲线

×10⁷

压力/Pa

2 178.75m
2 180.25m
2 181.75m
2 183.25m
2 184.75m

距离井轴的距离/m

图 6-39　时间为 12h 时宁东 3-9 井水压力数值模拟结果

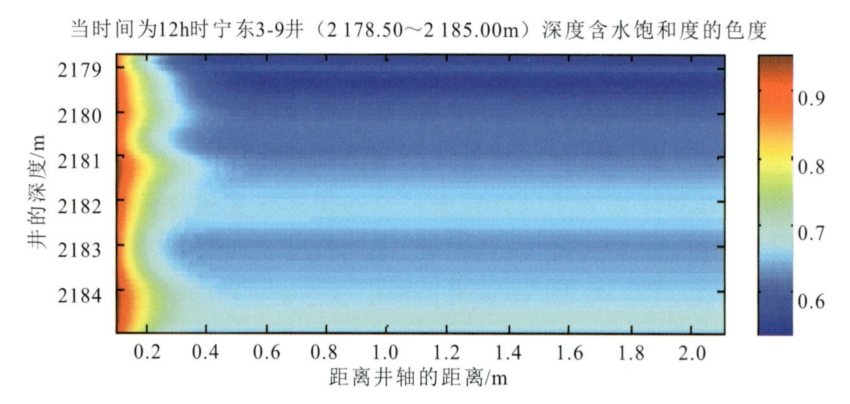

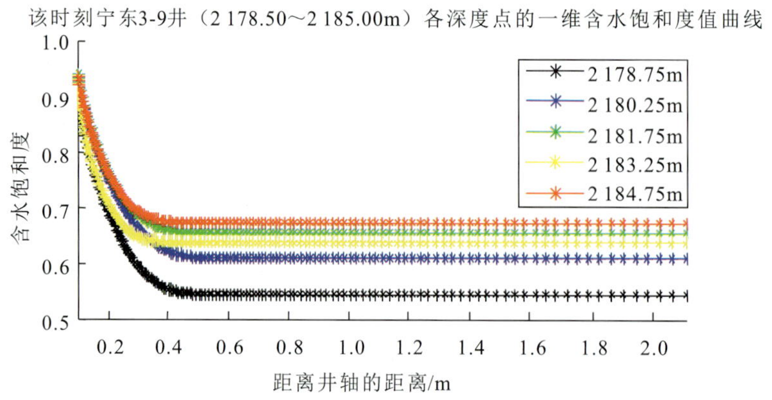

图 6-40　时间为 12h 时宁东 3-9 井含水饱和度数值模拟结果

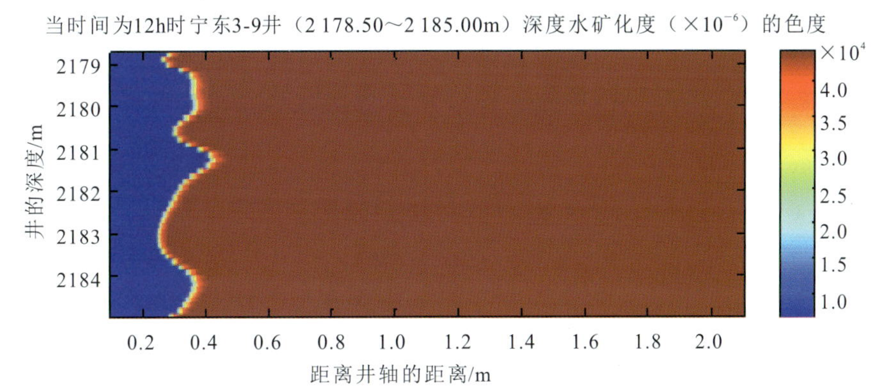

该时刻宁东3-9井（2 178.50～2 185.00m）各深度点的一维水矿化度值曲线

×10⁴

矿化度/×10⁻⁶

2 178.75m
2 180.25m
2 181.75m
2 183.25m
2 184.75m

距离井轴的距离/m

图 6-41　时间为 12h 时宁东 3-9 井水矿化度数值模拟结果

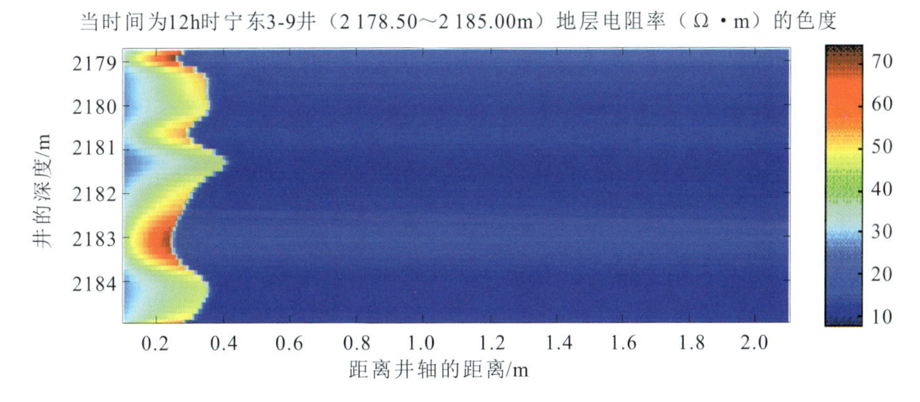

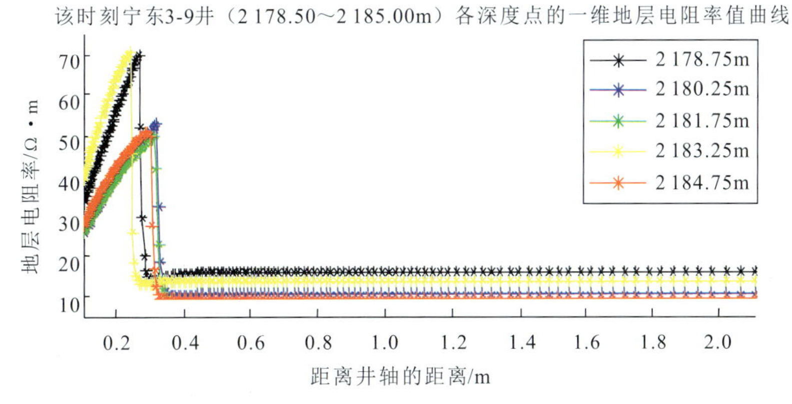

图 6-42　时间为 12h 时宁东 3-9 井地层电阻率数值模拟结果

本井段深度为 2 178.50～2 185.00m，其中 2 178.60～2 181.60m，测井解释为油水同层，试油结论为油层；2 181.60～2 185.00m 均为含油水层。从二维剖面上可以看出，上层的电阻率稍大于下层的。由钻井日报显示，2 178.60～2 181.60m 深度段测井深感应电阻率为 7.2～9.0Ω·m，平均值为 7.7Ω·m；2 181.60～2 185.00m 深度段测井深感应电阻率为 5.8～6.9Ω·m，平均值为 6.1Ω·m。数值模拟结论：2 178.60～2 181.60m 深度段，原状地层电阻率为 15.2～27.8Ω·m，平均值为 21.5Ω·m；侵入半径范围为 0.25～0.42m。2 181.60～2 185.00m 的深度段，原状地层电阻率为 14.8～25.4Ω·m，平均值为 20.1Ω·m；侵入深度为 0.18～0.26m。

4. 宁东 5－1 井

宁东 5－1 井的基本参数：岩石的压缩系数为 $0.45\times10^{-4}\mathrm{MPa}^{-1}$，地层温度为 103℃，储层顶部参考点压力为 23.4MPa，泥浆密度为 $1.080\mathrm{g/cm^3}$，地层水矿化度为 $32\ 000\times10^{-6}$，泥浆滤液矿化度为 $13\ 000\times10^{-6}$，地层电阻率因子 a 为 1.275 4，胶结指数 m 为 1.776 7，饱和度指数为 2.202 7，地层孔隙度、渗透率、含水饱和度由程序直接读入，地层孔隙度为 12.6%～14.5%，地层渗透率为 $(1.86\sim7.95)\times10^{-3}\mu\mathrm{m}^2$，含水饱和度为 34%～41%。

测井报告显示该井完钻时间为 2006 年 6 月 8 日，测井时间为 6 月 9 日—10 日。时间为 24h 时压力、含水饱和度、矿化度、地层电阻率随离井距离及深度的变化如图 6－43—图 6－46 所示。各二维剖面图下方为该井该时刻各深度点所得的一维径向变化曲线。

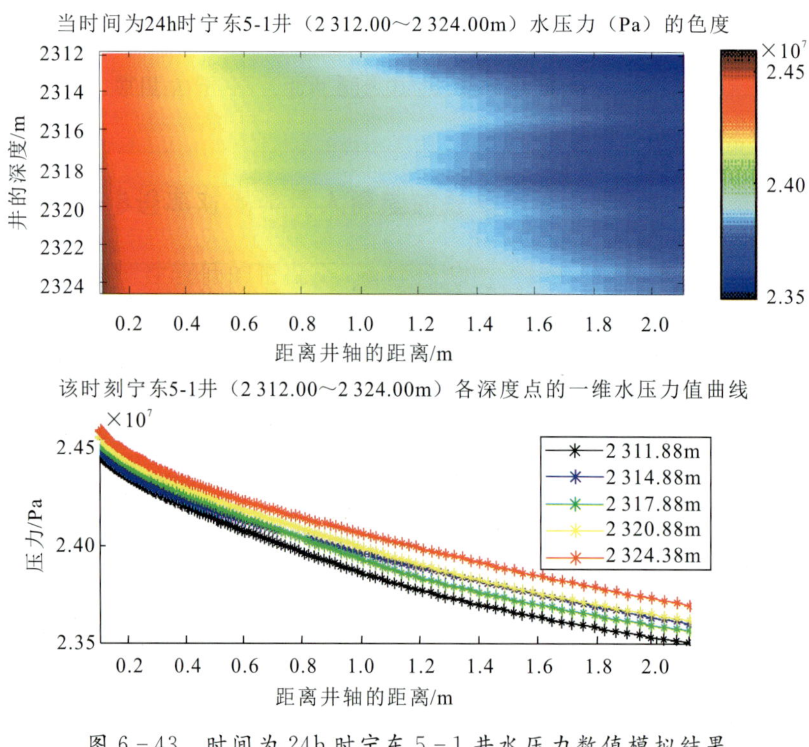

图 6－43　时间为 24h 时宁东 5－1 井水压力数值模拟结果

泥浆滤液的矿化度略小于地层水的矿化度，属于高侵剖面。二维剖面上，原状地层电阻率变化范围为 15～30Ω·m，侵入带电阻率略大于地层电阻率，冲洗带与原状地层之间的过渡带范围较大，在过渡带电阻率小于冲洗带和原状地层，形成低阻环带，电阻率由过渡带向原状地层缓慢变化。该井段侵入较深的原因为地层渗透率较大。

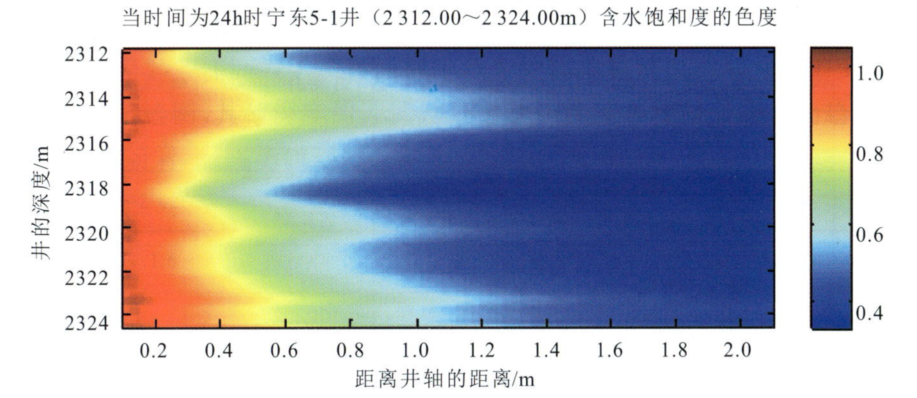

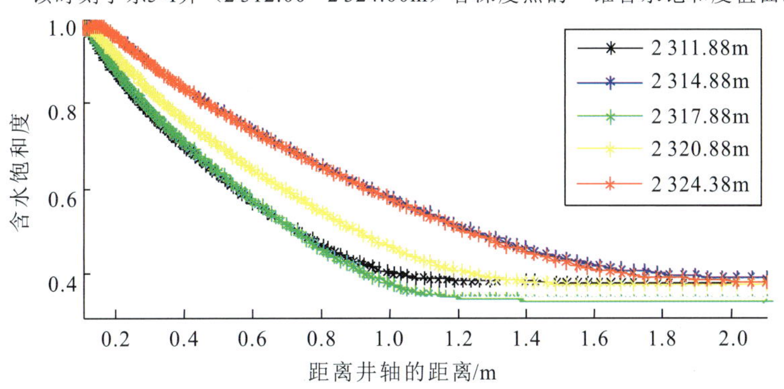

图 6-44 时间为 24h 时宁东 5-1 井含水饱和度数值模拟结果

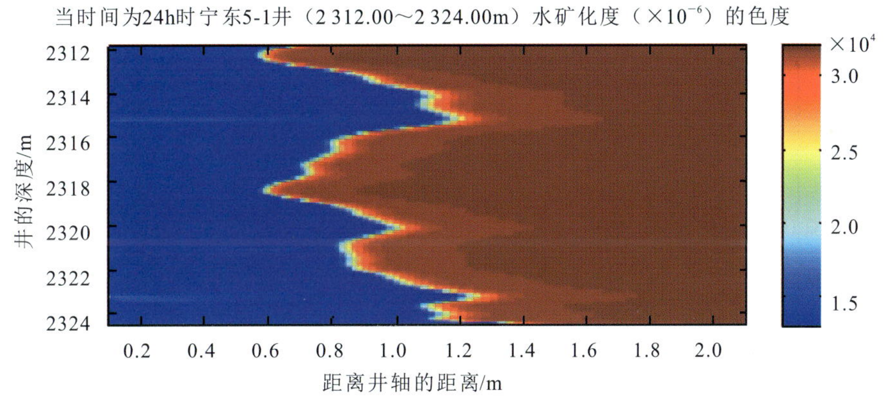

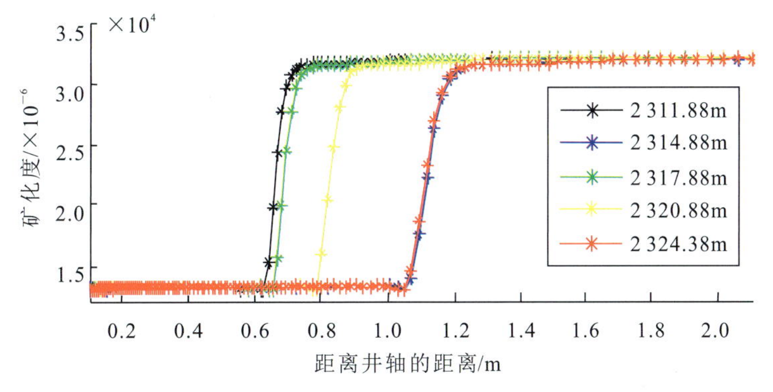

图 6-45 时间为 24h 时宁东 5-1 井水矿化度数值模拟结果

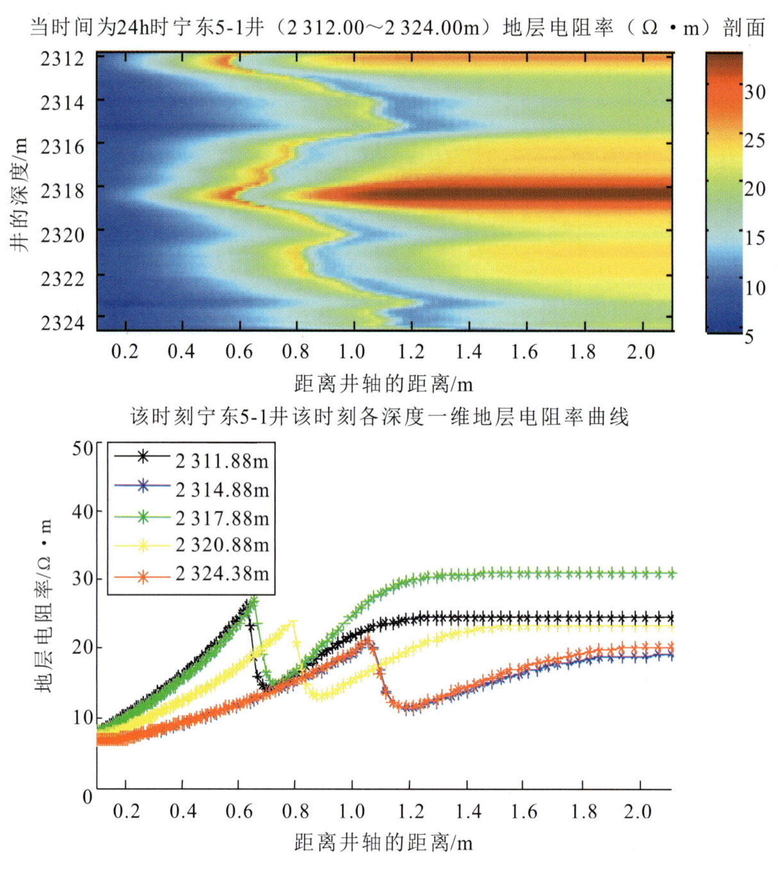

图 6-46　时间为 24h 时宁东 5-1 井电阻率数值模拟结果

本井段深度为 2 312.00～2 325.10m，测井解释为油层。测井深感应电阻率范围为24.1～31.5Ω·m，平均值为 26.7Ω·m。数值模拟结果：原状地层电阻率为 18.6～33.8Ω·m，平均值为 26.2Ω·m，泥浆侵入较深，侵入半径为 0.80～1.20m。

5. 宁东 8 井

宁东 8 井的基本参数：岩石的压缩系数为 0.42×10^{-4} MPa，地层温度为 90.85℃，储层顶部参考点压力 21.4MPa，泥浆密度为 $1.120g/cm^3$，地层水矿化度为 $24\ 930\times10^{-6}$，泥浆滤液矿化度为 6500×10^{-6}，地层电阻率因子 a 为 1.275 4，胶结指数 m 为 1.776 7，饱和度指数为 2.202 7，地层孔隙度、渗透率、含水饱和度由程序直接读入，地层孔隙度为 12.2%～14.7%，渗透率为 $(1.28\sim2.66)\times10^{-3}\mu m^2$，含水饱和度为 52%～65%，属于低孔低渗储层。

钻井日报显示宁东 8 井完钻时间为 2006 年 4 月 27 日，测井时间为 4 月 27 日。时间为 12h 时压力、含水饱和度、矿化度、地层电阻率随离井距离及深度的变化如图 6-47—图 6-50 所示。各二维剖面图下方为该井该时刻各深度点所得的一维径向变化曲线。

泥浆滤液的矿化度略小于地层水的矿化度，属于高侵剖面。二维剖面上，原状地层电阻率变化范围为 9～15Ω·m，侵入带电阻率远大于地层电阻率。

本井段深度为 2 141.50～2 146.50m，测井解释为油层，试油结论为油水同层。测井深感应电阻率为 11.6～14.6Ω·m，平均值为 12.6Ω·m。数值模拟结果：原状地层电阻率为 9.94～14.2 Ω·m，平均值为 12.1Ω·m；泥浆侵入较深，侵入半径为 0.56～0.72m。

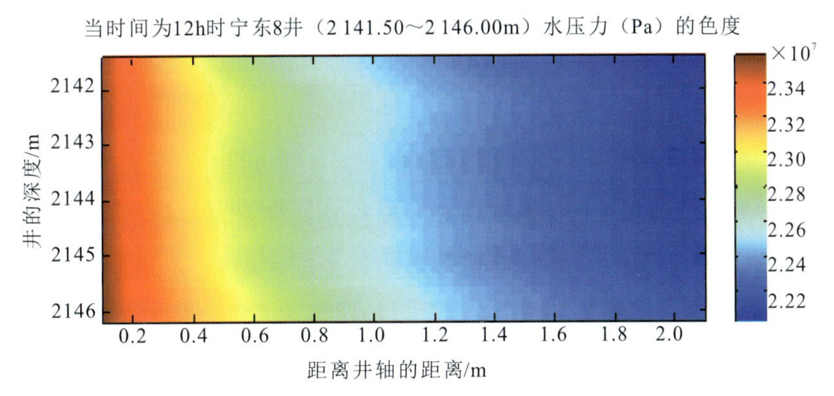

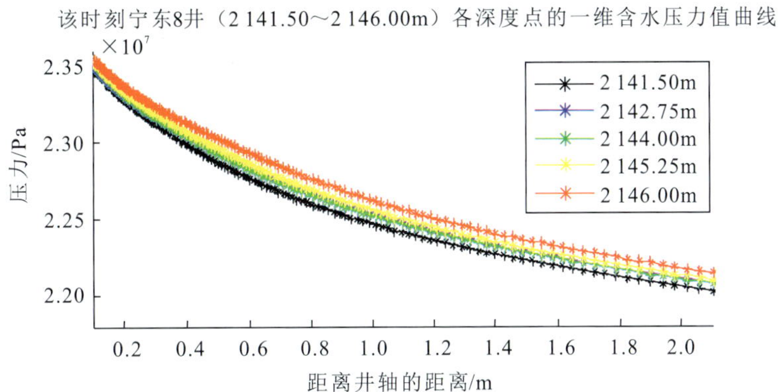

图 6-47　时间为 12h 时宁东 8 井水压力数值模拟结果

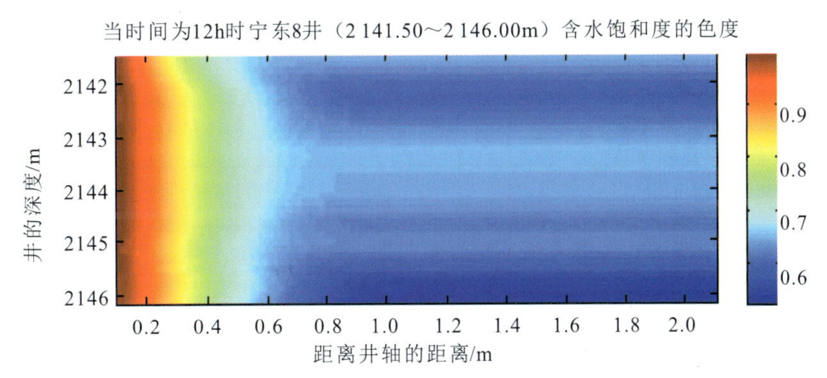

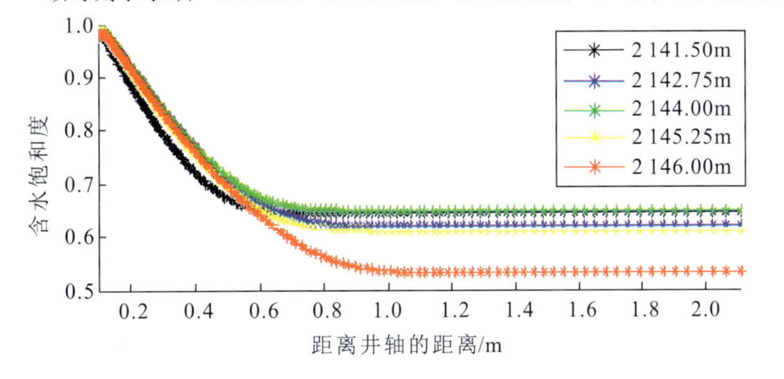

图 6-48　时间为 12h 时宁东 8 井含水饱和度数值模拟结果

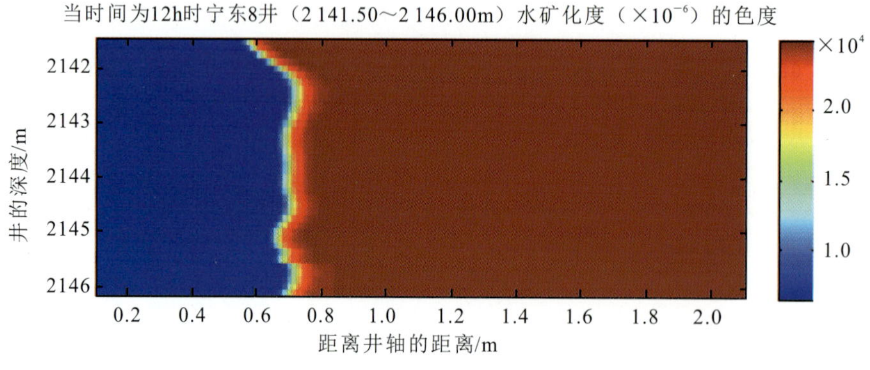

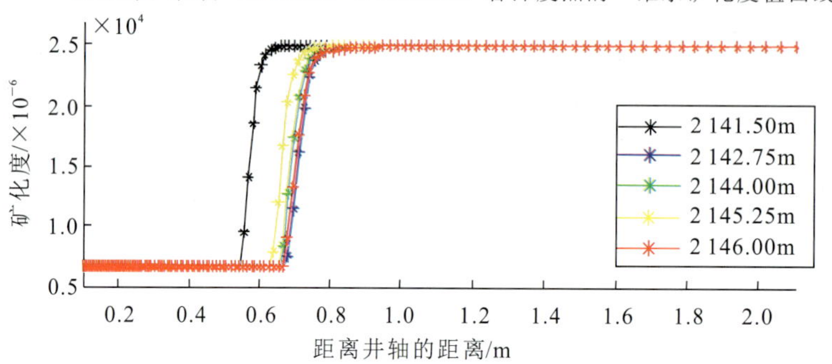

图 6-49　时间为 12h 时宁东 8 井水矿化度模拟结果

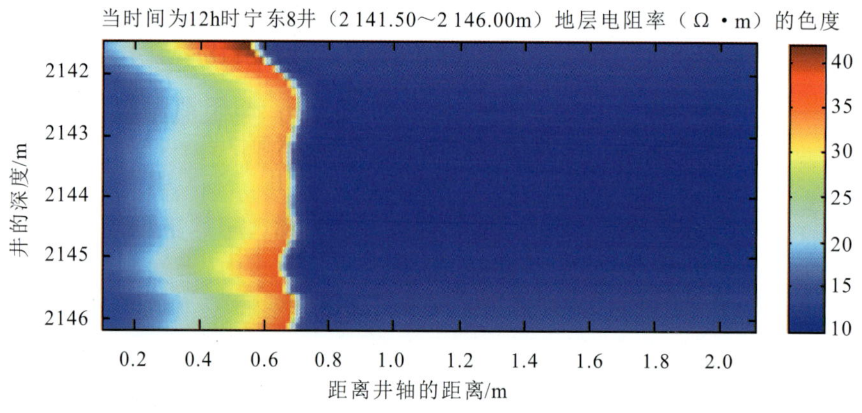

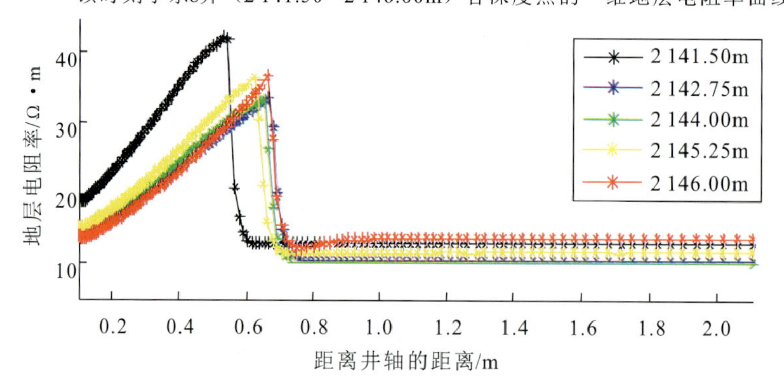

图 6-50　时间为 12h 时宁东 8 井电阻率数值模拟结果

6. 宁东 108 井

宁东 108 井的基本参数：岩石的压缩系数为 $0.42\times10^{-4}MPa^{-1}$，地层温度为 96.5℃，储层顶部参考点压力为 22.1MPa，泥浆密度为 $1.140g/cm^3$，地层水矿化度为 $23\ 082\times10^{-6}$，泥浆滤液矿化度为 8200×10^{-6}，地层电阻率因子 a 为 1.275 4，胶结指数 m 为 1.776 7，饱和度指数为 2.202 7，地层孔隙度、渗透率、含水饱和度由程序直接读入，地层孔隙度为 10.2%～12.3%，渗透率为 $(0.37\sim1.11)\times10^{-3}\mu m^2$，含水饱和度为 51%～59%，属于低孔低渗储层。

钻井日报显示该井完钻时间为 2006 年 5 月 8 日，测井时间为 5 月 8 日。时间为 24h 时压力、含水饱和度、矿化度、地层电阻率随离井距离及深度的变化如图 6－51—图 6－54 所示。各二维剖面图下方为该井该时刻各深度点所得的一维径向变化曲线。

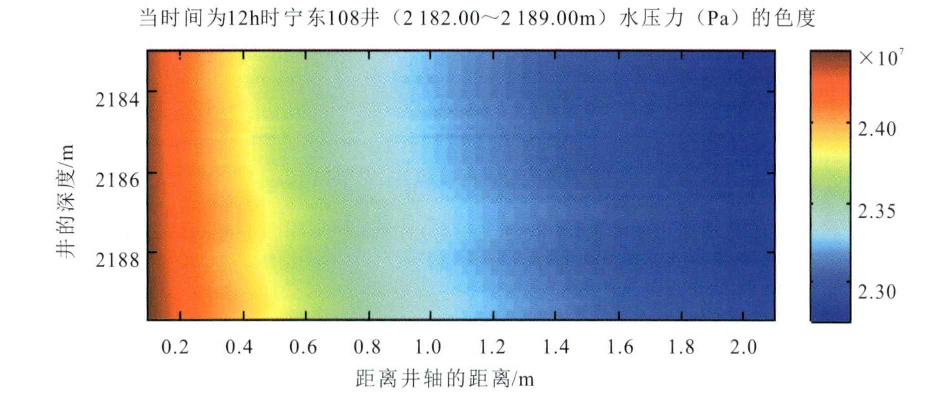

图 6－51　时间为 12h 时宁东 108 井水压力数值模拟结果

泥浆滤液的矿化度略小于地层水的矿化度，属于高侵剖面。二维剖面上，原状地层电阻率变化范围为 15～30Ω·m，侵入带电阻率远大于地层电阻率。

本井段深度为 2 182.90～2 189.50m，测井解释为油层，试油结论为油水同层。测井深感应电阻率为 9.1～15.0Ω·m，平均值为 13.1Ω·m；深侧向电阻率为 11～16Ω·m，平均值为 14.5Ω·m。数值模拟结果：原状地层电阻率为 15.9～28.0Ω·m，平均值为 22.4Ω·m；泥浆侵入较深，侵入半径范围为 0.33～0.52m。

7. 宁东 3－2 井

宁东 3－2 井的基本参数：岩石的压缩系数为 $0.42\times10^{-4}MPa^{-1}$，地层温度为 101℃，储层顶部参考点压力为 22.4MPa，泥浆密度为 $1.100g/cm^3$，地层水矿化度为 $15\ 400\times10^{-6}$，泥浆滤液矿化度

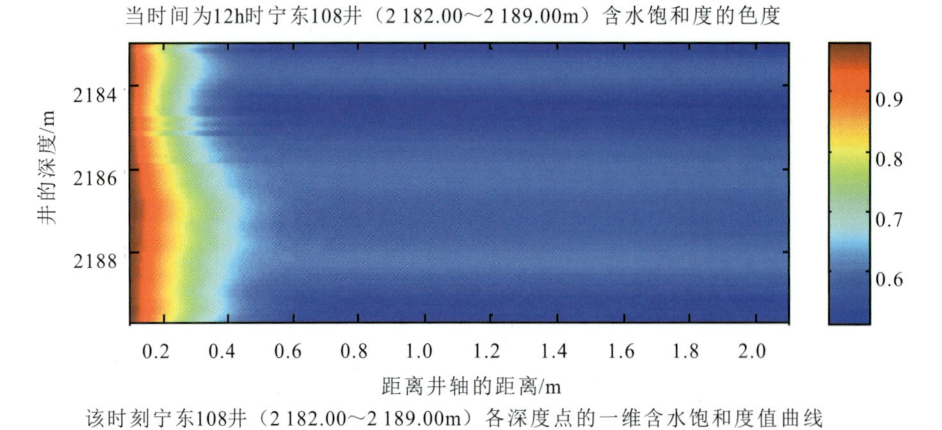

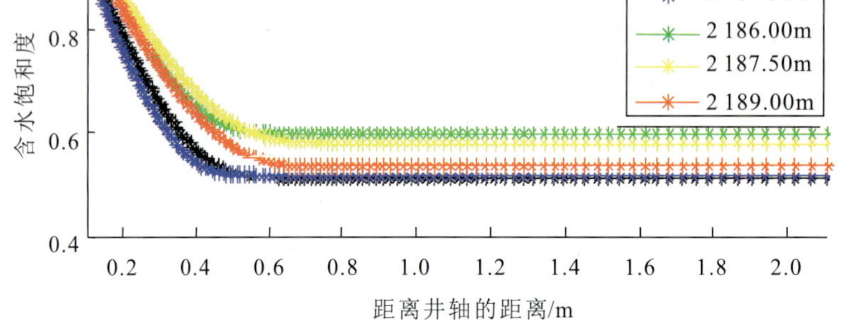

图 6-52　时间为 12h 时宁东 108 井含水饱和度数值模拟结果

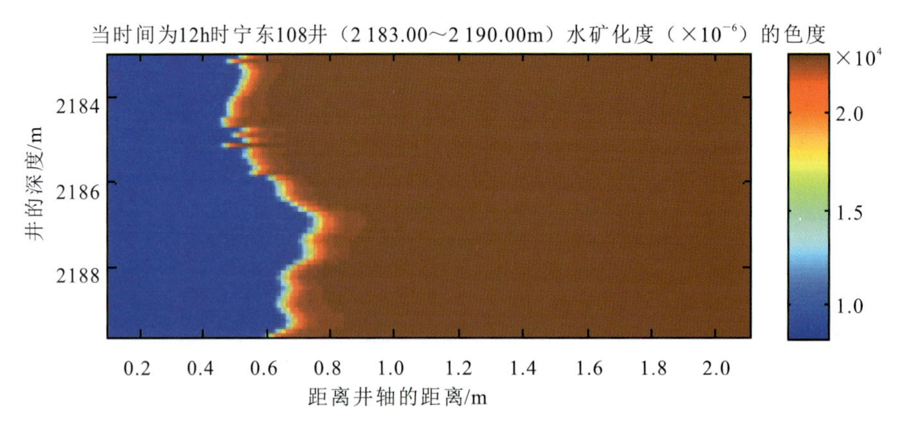

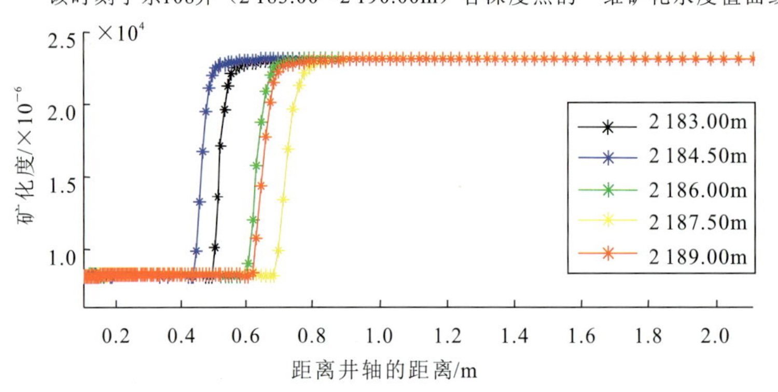

图 6-53　时间为 12h 时宁东 108 井水矿化度数值模拟结果

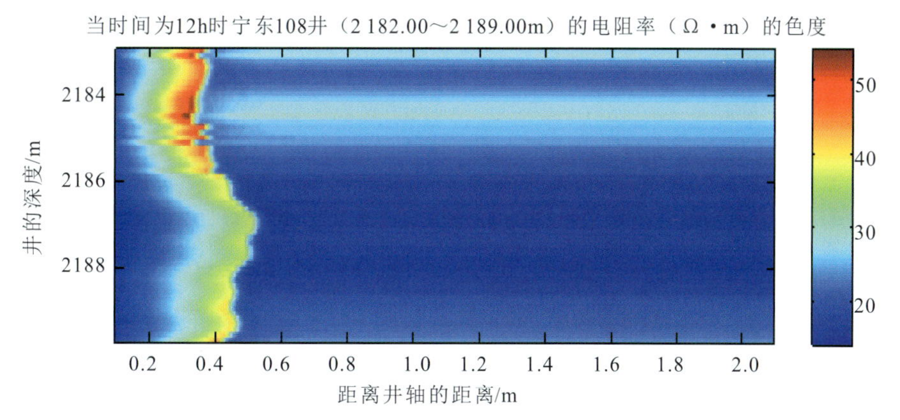

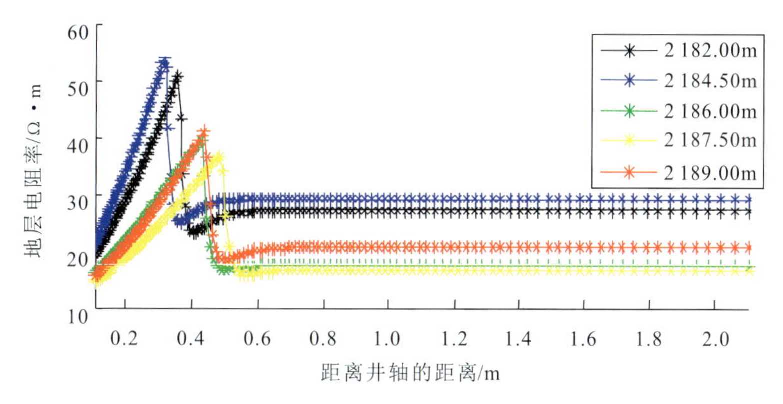

图 6－54 时间为 12h 时宁东 108 井电阻率数值模拟结果

为 4320×10^{-6}，地层电阻率因子 a 为 1.275 4，胶结指数 m 为 1.776 7，饱和度指数为 2.202 7，地层孔隙度、渗透率、含水饱和度由程序直接读入，地层孔隙度为 12.6%～13.9%，渗透率为$(1.47\sim2.30)\times10^{-3}\mu m^2$，含水饱和度为 40.1%～54.1%。

钻井日报显示该井完钻时间为 2006 年 6 月 4 日，测井时间为 6 月 4 日。时间为 12h 时压力、含水饱和度、矿化度、地层电阻率随离井距离及深度的变化如图 6－55—图 6－58 所示。各二维剖面图下方为该井该时刻各深度点所得的一维径向变化曲线。

泥浆滤液的矿化度略小于地层水的矿化度，属于高侵剖面。二维剖面上，原状地层电阻率变化范围为 10～20Ω·m，侵入带电阻率远大于地层电阻率。

本井段深度为 2 214.50～2 223.50m(垂直深度为 2 142.80～2 151.60m)。测井解释2 214.50～2 219.60m为油层，测试结论为油水同层；2 219.60～2 223.50 均为油水同层。测井深感应电阻率范围为 15.3～18.0Ω·m，平均值为 16.3Ω·m。数值模拟结果：原状地层电阻率为 10.3～20.1Ω·m，平均值为 15.2Ω·m；泥浆侵入较深，侵入半径范围为 0.52～0.85m。

8. 宁东 14 井

宁东 14 井的基本参数：岩石的压缩系数为 $0.45\times10^{-4}MPa^{-1}$，地层温度为 89.27℃，储层顶部参考点压力为 21.7MPa，泥浆密度为 $1.120g/cm^3$，地层水矿化度为 $93\ 975\times10^{-6}$，泥浆滤液矿化度为 6841×10^{-6}，地层电阻率因子 a 为 1.275 4，胶结指数 m 为 1.776 7，饱和度指数为 2.202 7，地层孔隙度、渗透率、含水饱和度由程序直接读入，地层孔隙度为 12.7%～15.2%，渗透率为$(1.52\sim3.33)\times10^{-3}\mu m^2$，含水饱和度为 45.2%～63.2%。

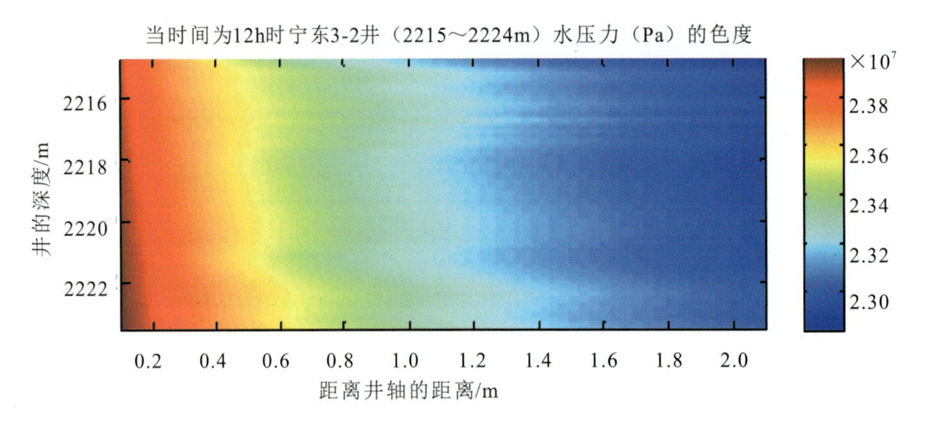

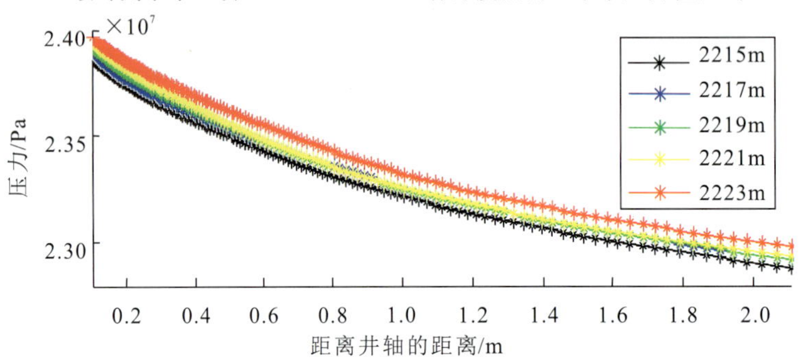

图 6-55　时间为 12h 时宁东 3-2 井水压力数值模拟结果

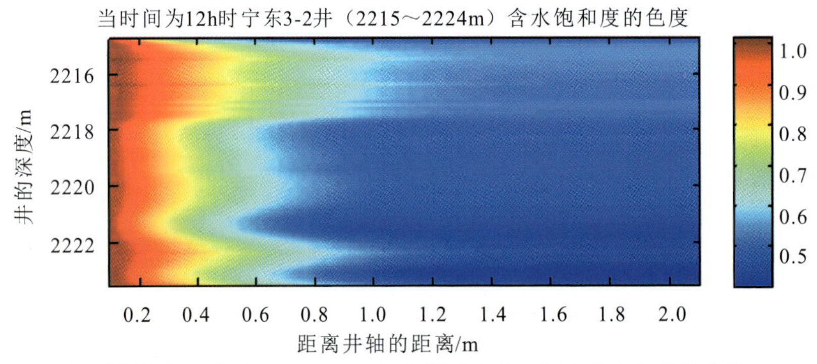

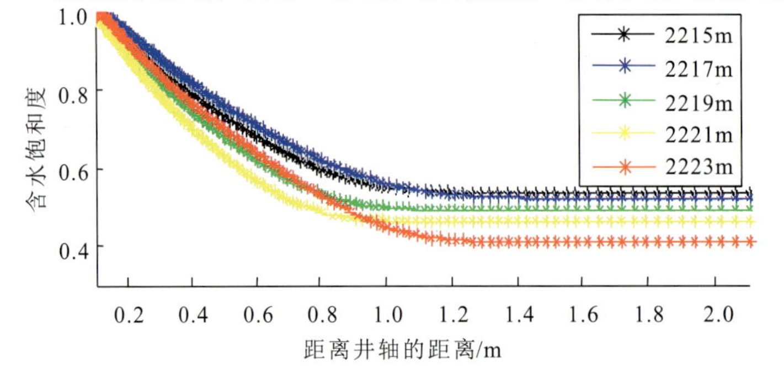

图 6-56　时间为 12h 时宁东 3-2 井含水饱和度数值模拟结果

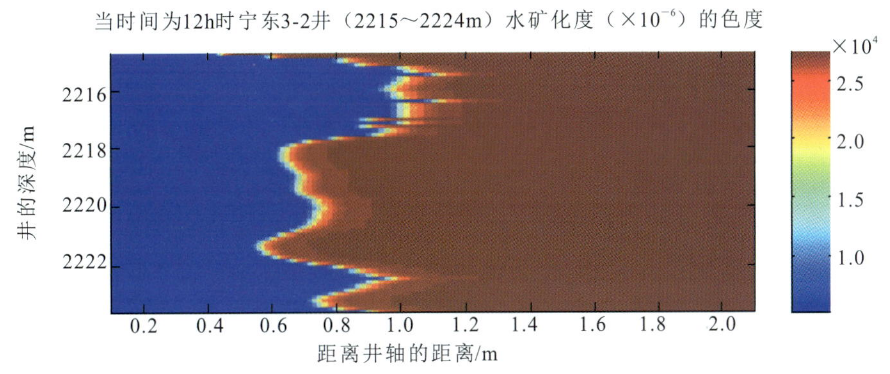

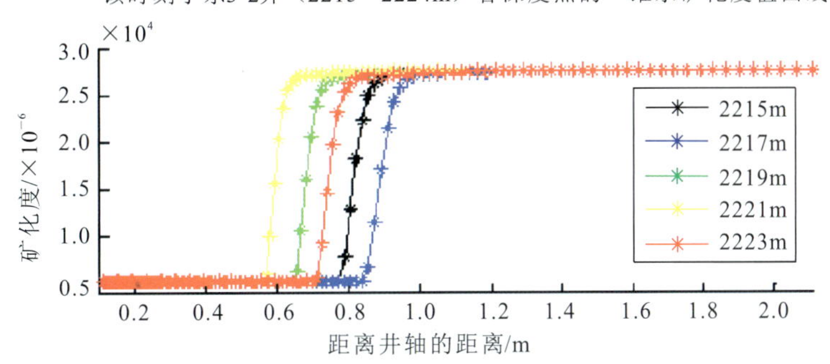

图 6－57　时间为 12h 时宁东 3－2 井水矿化度数值模拟结果

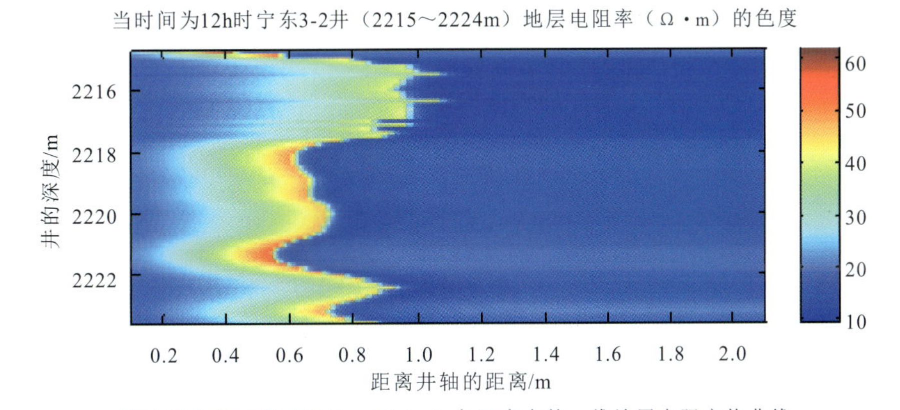

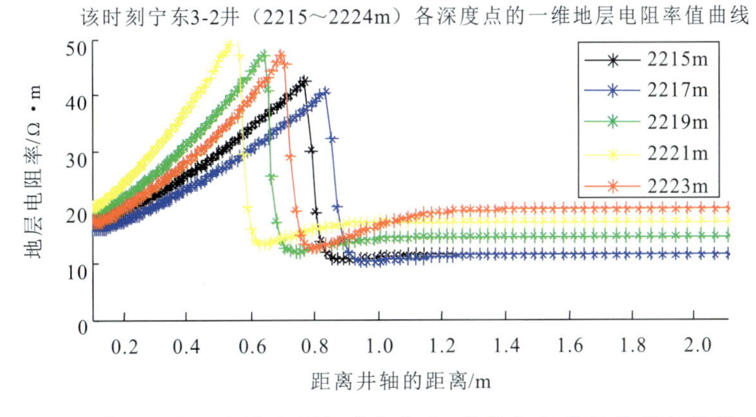

图 6－58　时间为 12h 时宁东 3－2 井电阻率数值模拟结果

钻井日报显示该井完钻时间为2006年9月8日，测井时间为9月8日—9日。时间为24h时压力、含水饱和度、矿化度、地层电阻率随离井距离及深度的变化如图6-59—图6-62所示。各二维剖面图下方为该井该时刻各深度点所得的一维径向变化曲线。

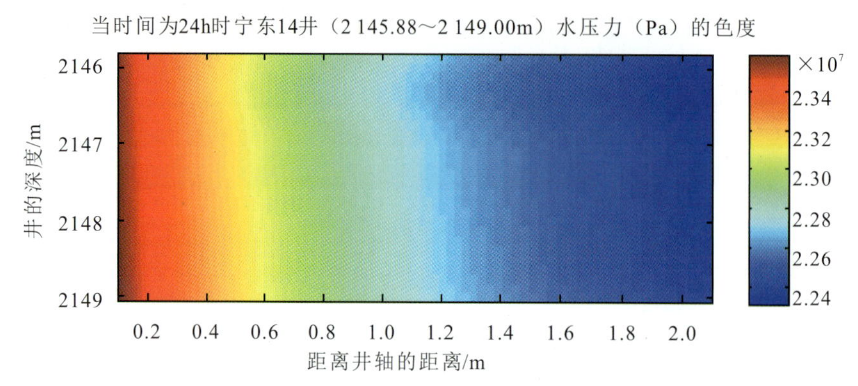

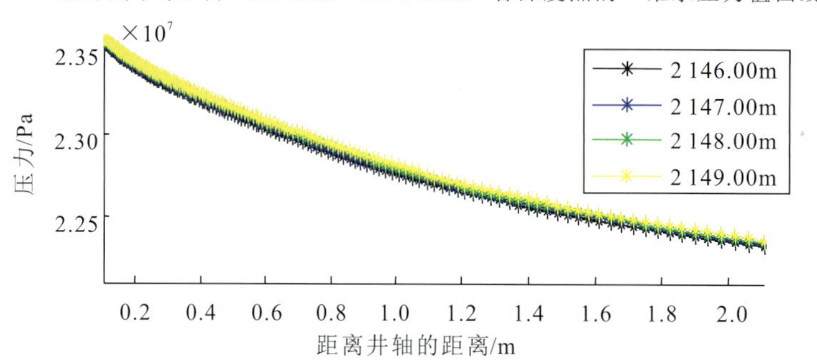

图6-59 时间为24h时宁东14井水压力数值模拟结果

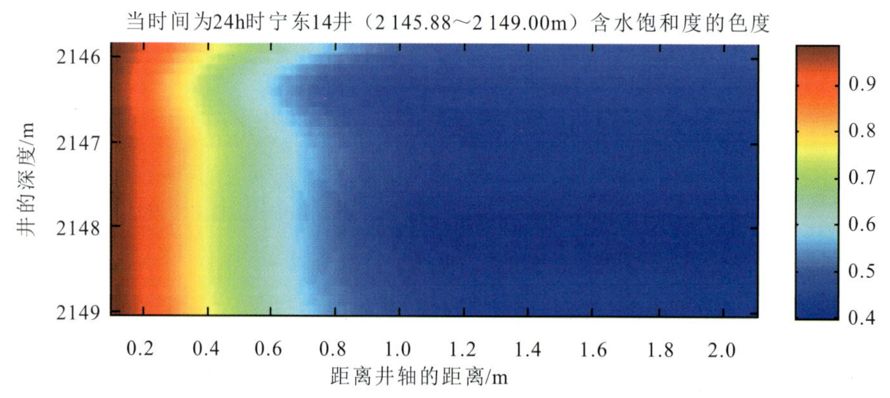

该时刻宁东14井（2 145.88～2 149.00m）各深度点的一维含水饱和度值曲线

含水饱和度

1.0
0.8
0.6
0.4

2 146.00m
2 147.00m
2 148.00m
2 149.00m

0.2 0.4 0.6 0.8 1.0 1.2 1.4 1.6 1.8 2.0

距离井轴的距离/m

图6-60 时间为24h时宁东14井含水饱和度数值模拟结果

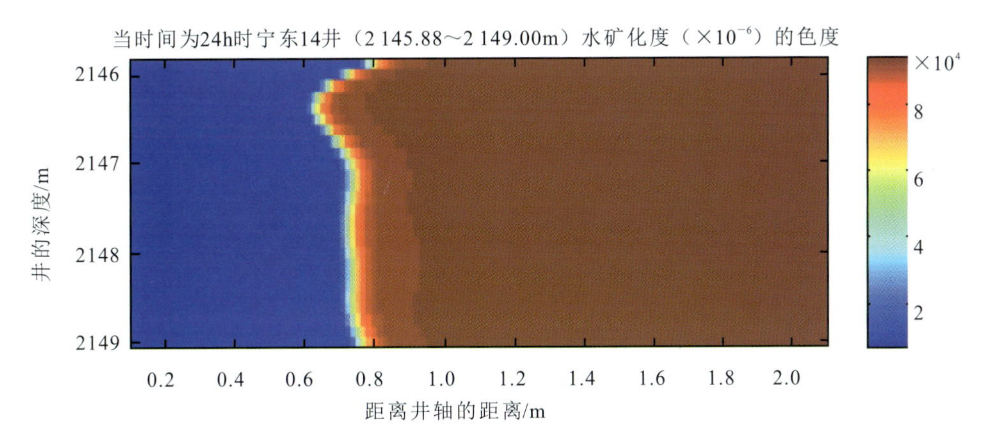

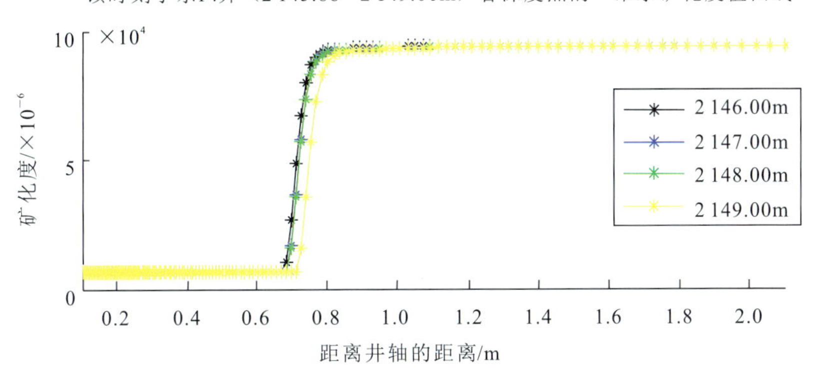

图 6－61　时间为 24h 时宁东 14 井水矿化度数值模拟结果

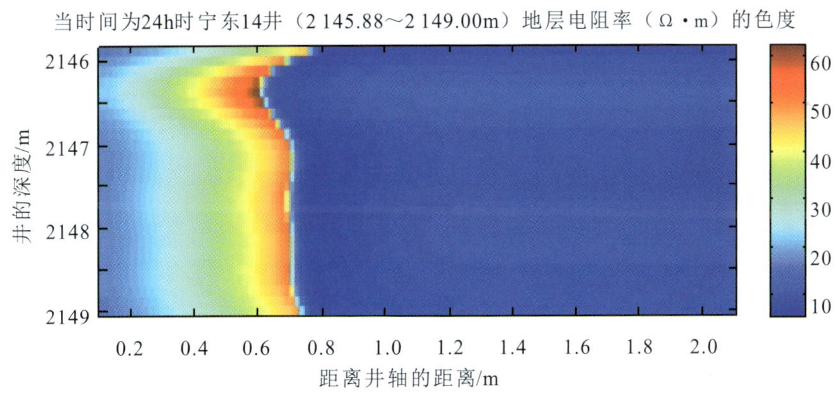

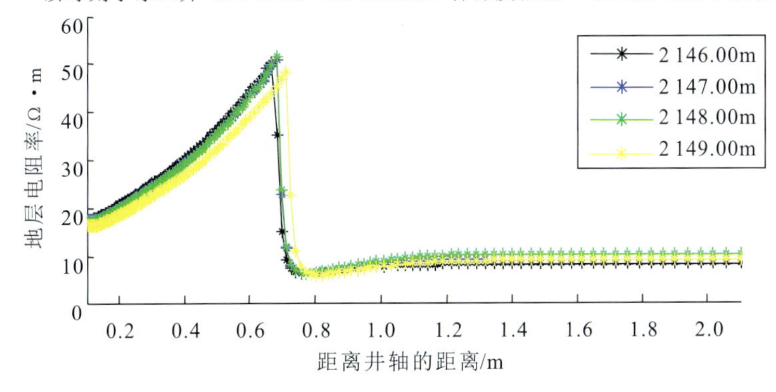

图 6－62　时间为 24h 时宁东 14 井电阻率数值模拟结果

电阻率剖面上反映该地层段电阻率变化不大，而且原状地层电阻率比较低，低阻环带几乎消失。

本井段深度 2 145.88～2 149.00m，测井解释为油层，测试结论为含油水层。测井深感应电阻率范围为 21.1～28.5Ω·m，平均值为 25Ω·m。数值模拟结果：原状地层电阻率为 7.1～10.8Ω·m，平均值为 9.6Ω·m；侵入半径范围为 0.61～0.75m。

9. 宁东 2－4 井

宁东 2－4 井的基本参数：岩石的压缩系数为 $0.42\times10^{-4}MPa^{-1}$，地层温度为 89.27℃，储层顶部参考点压力为 22.8MPa，泥浆密度为 $1.070g/cm^3$，地层水矿化度为 $27\ 909\times10^{-6}$，泥浆滤液矿化度为 5448×10^{-6}，地层电阻率因子 a 为 1.275 4，胶结指数 m 为 1.776 7，饱和度指数为 2.202 7，地层孔隙度、渗透率、含水饱和度由程序直接读入，地层孔隙度为 10.9%～12.9%，渗透率为 $(0.79\sim1.64)\times10^{-3}\mu m^2$，含水饱和度 77.5%～90.1%。

钻井日报显示该井完钻时间为 2006 年 10 月 7 日，测井时间为 10 月 7 日—8 日。时间为 24h 时压力、含水饱和度、矿化度、地层电阻率随离井距离及深度的变化如图 6－63—图 6－66 所示。各二维剖面图下方为该井该时刻各深度点所得的一维径向变化曲线。

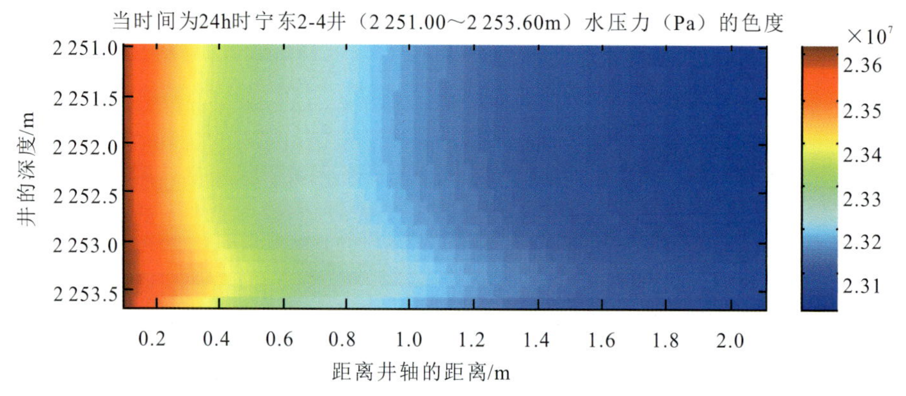

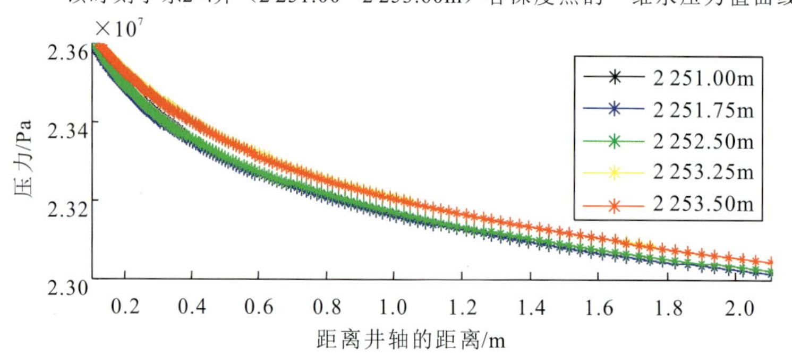

图 6－63　时间为 24h 时宁东 2－4 井水压力数值模拟结果

从电阻率剖面上可以看出，该段地层电阻率很低，多数在 10Ω·m 左右，且侵入深度变化不大，含水饱和度剖面上反映地层的含水饱和度很高。

本井段深度为 2 251.00～2 253.60m，测井解释和测试结论均为含油水层。测井深感应电阻率范围为 12.8～13.3Ω·m，平均值为 13.0Ω·m。数值模拟结果：原状地层电阻率为 7.5～12.8Ω·m，平均值为 9.4Ω·m；侵入半径范围为 0.41～0.6m。

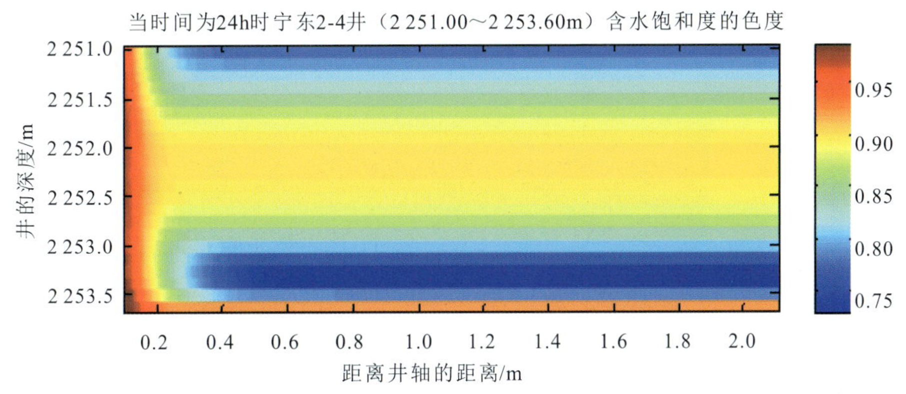

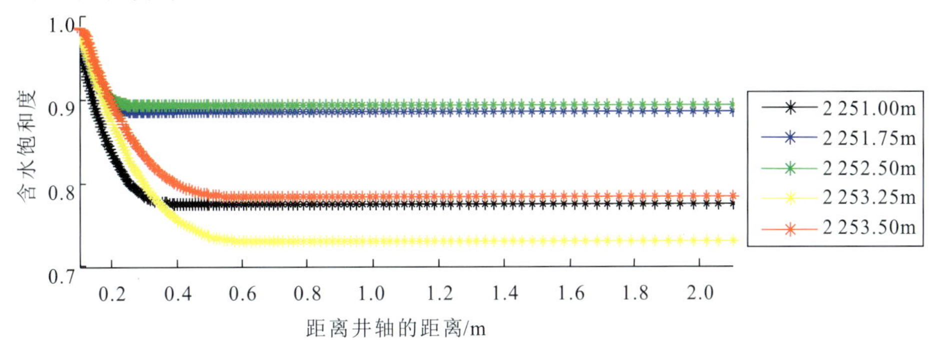

图 6－64　时间为 24h 时宁东 2－4 井含水饱和度数值模拟结果

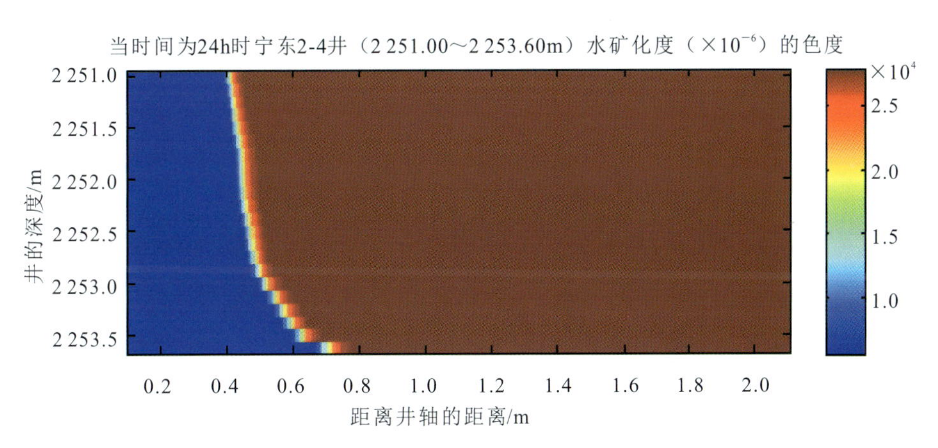

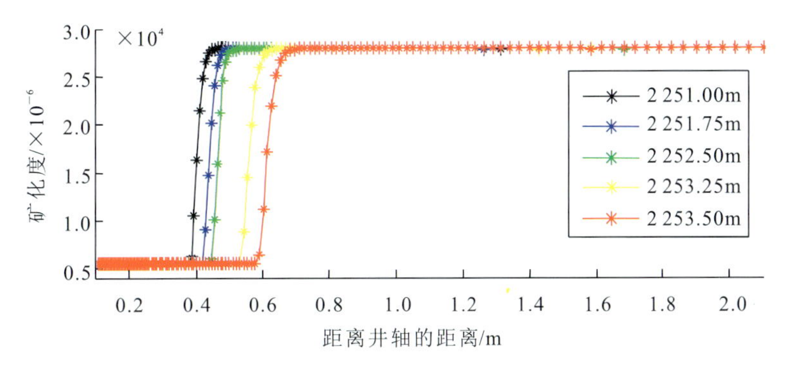

图 6－65　时间为 24h 时宁东 2－4 井水矿化度值模拟结果

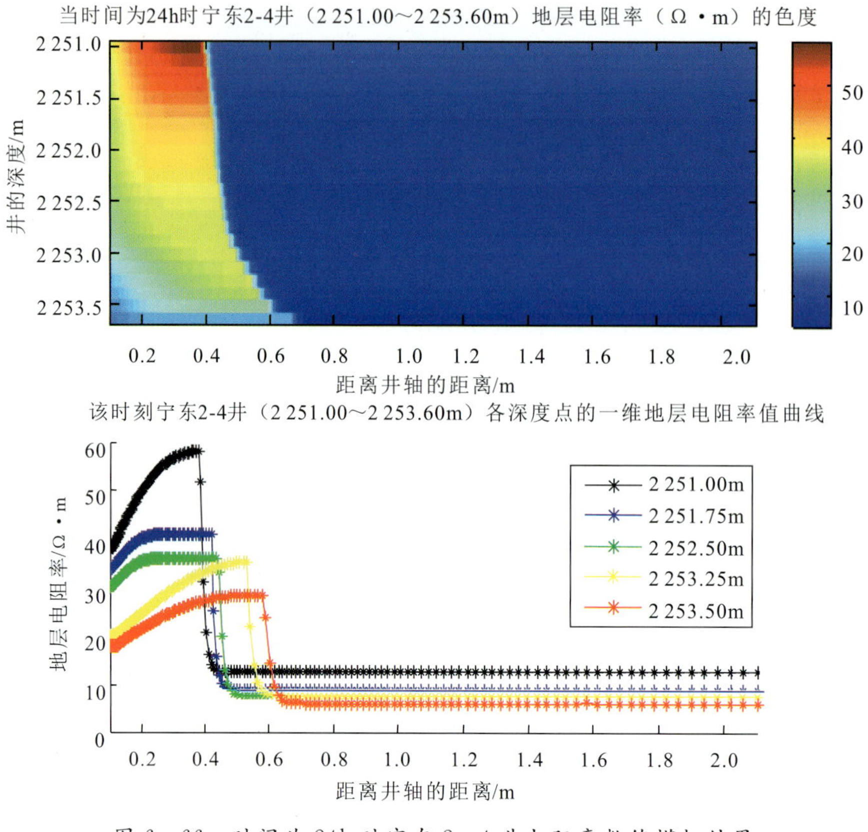

图 6－66　时间为 24h 时宁东 2－4 井电阻率数值模拟结果

10. 宁东 5－6 井

宁东 5－6 井的基本参数：岩石的压缩系数为 0.42×10^{-4}MPa，地层温度为 102.2℃，储层顶部参考点压力为 23.2MPa，泥浆密度为 1100g/cm^3，地层水矿化度为 $17\ 347\times10^{-6}$，泥浆滤液矿化度为 7650×10^{-6}，地层电阻率因子 a 为 1.275 4，胶结指数 m 为 1.776 7，饱和度指数为 2.202 7，地层孔隙度、渗透率、含水饱和度由程序直接读入，地层孔隙度为 11.3%～13.8%，渗透率为$(0.8\sim4.4)\times10^{-3}\mu m^2$，含水饱和度为 80%～94%。

钻井日报显示该井完钻时间为 2006 年 9 月 2 日，标准测井时间为 9 月 2 日。时间为 12h 时压力、含水饱和度、矿化度、地层电阻率随离井距离及深度的变化如图 6－67—图 6－70 所示。各二维剖面图下方为该井该时刻各深度点所得的一维径向变化曲线。

从电阻率剖面可以看出，由于该层含水饱和度较高，原状地层电阻率较低，低阻环带消失，侵入带电阻率的峰值也减小，并且尖峰变得平缓。

本井段深度为 2 288.10～2 290.60m，测井解释为油水同层，测试结论为水层。测井深感应电阻率范围为 19.8～23.2Ω·m，平均值为 20.7Ω·m；中感应电阻率范围为 18.4～26.2Ω·m，平均值为 19.2Ω·m。数值模拟结果：原状地层电阻率为 9.0～14.7Ω·m，平均值为 10.9Ω·m；侵入半径范围为0.49～0.82m。

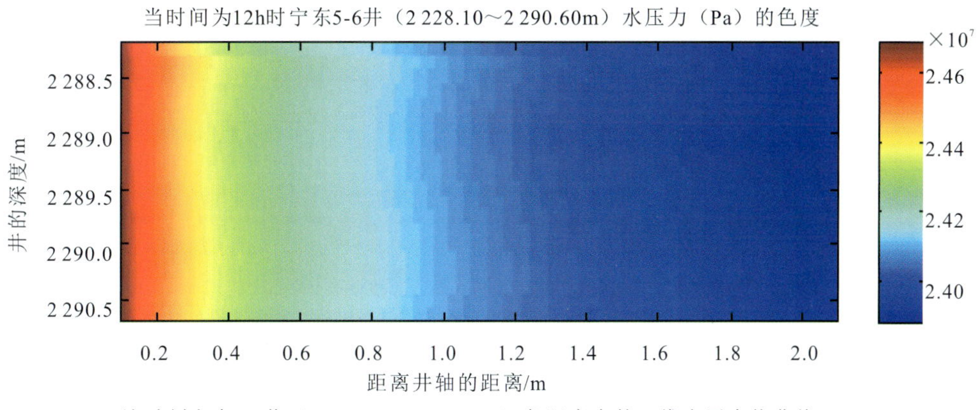

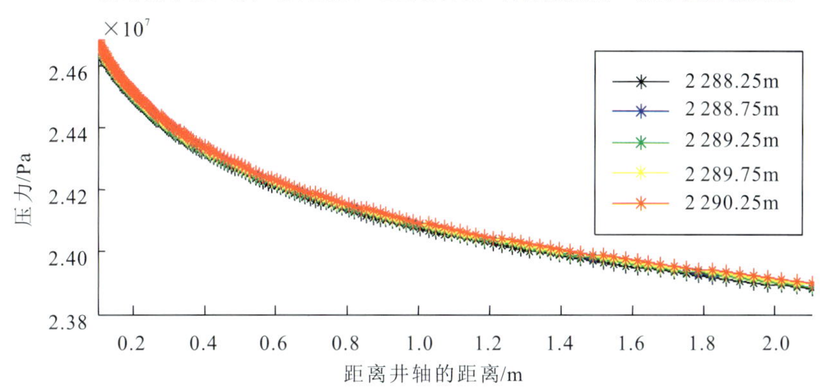

图 6－67　时间为 12h 时宁东 5－6 井水压力数值模拟结果

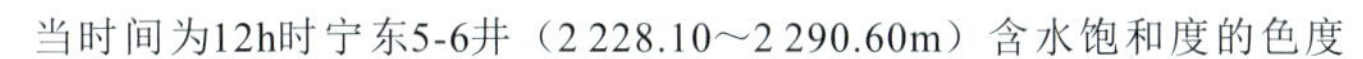

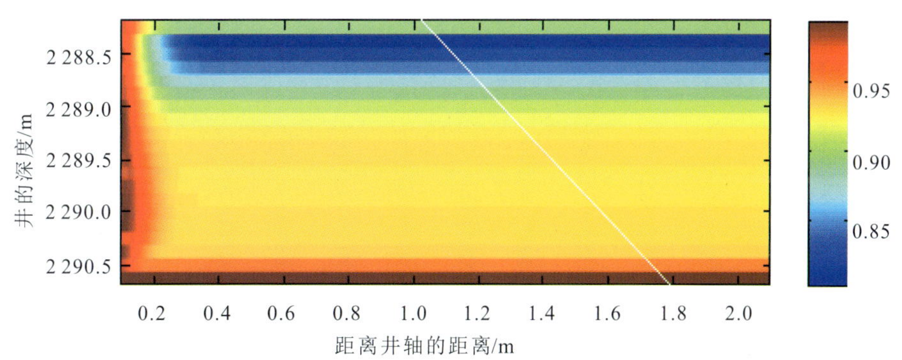

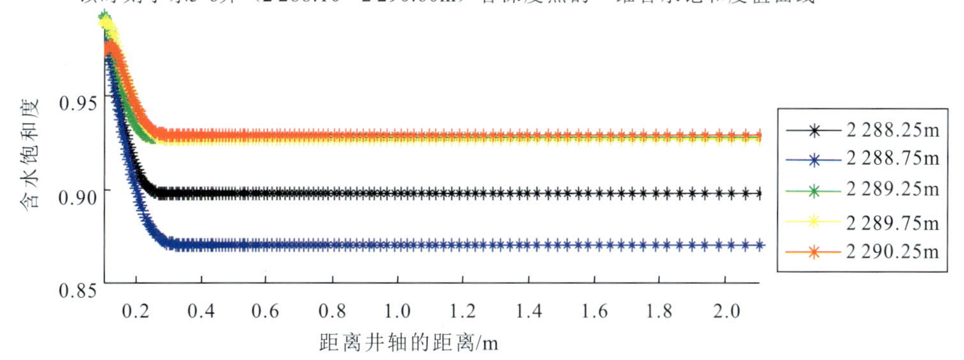

图 6－68　时间为 12h 时宁东 5－6 井含水饱和度数值模拟结果

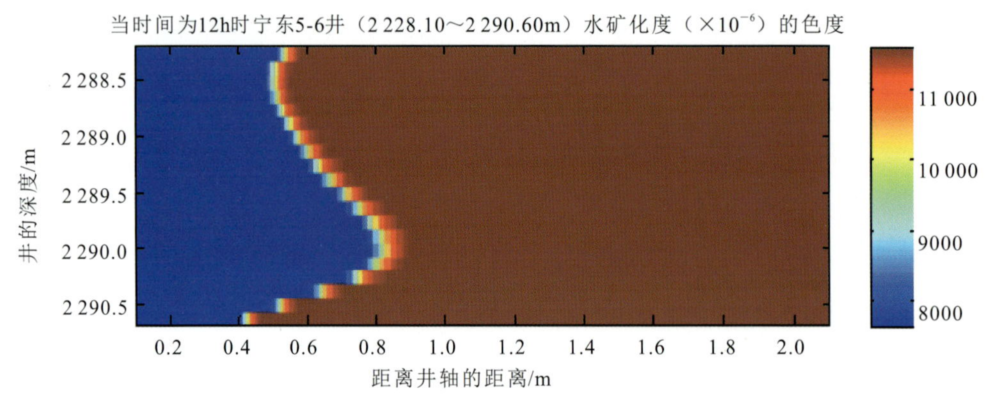

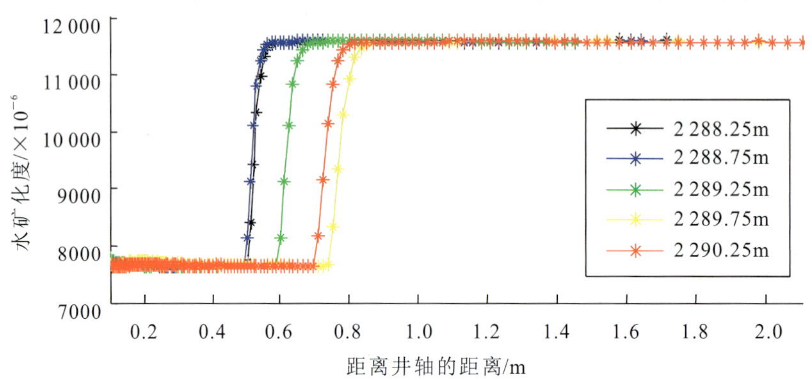

图 6-69　时间为 12h 时宁东 5-6 井水矿化度数值模拟结果

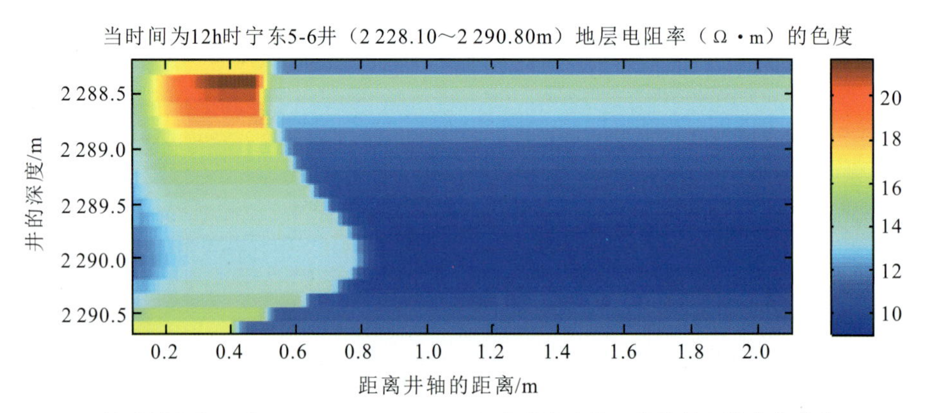

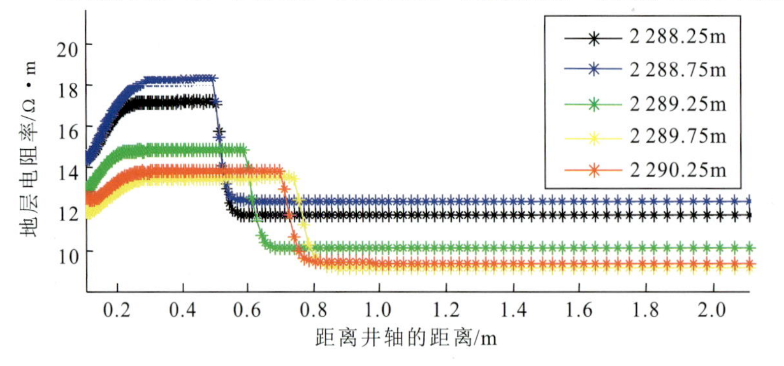

图 6-70　时间为 12h 时宁东 5-6 井地层电阻率数值模拟结果

第四节　感应测井泥浆侵入反演

电法测井读数常常受到井眼、泥浆侵入和围岩等的影响，而与地层真电阻率相差很大，尤其是在咸水泥浆侵入和薄互层的地层中更为严重。为了消除这些因素的影响，同时恢复地层真电阻率，电法测井反演方法成为首要的选择。由电法测井测量数据求取地层真电阻率的问题可归结为偏微分方程的反问题，通过求解包括井眼、泥浆侵入和围岩的影响因素在内的地层模型，可以得到电法测井的“理想测量数据”。在一般情况下，该“理想测量数据”不可能与实测数据相吻合，但通过不断调整假设的初始地层模型，可以使得对应某地层模型的“理想测量数据”与实测数据相吻合，此时所得到的地层模型中包括了所要求取的地层真电阻率和侵入深度等参数(杨韡和吴洪深，2005)。

反演问题往往可以转化为多参数的最优化选取问题。在用直线或曲线对观测数据进行数据拟合时，最小二乘法为最常用的方法之一，其实质是进行直线或曲线参数的反演。后来又提出了阻尼最小二乘法以解决反演中的发散问题。利用数学中矩阵的奇异分解理论，又发展了广义反演方法。以上各种方法都要求理论数据与观测数据的偏差最小，进而求取反演中理论模型的参数。主要反演模型如图 6－71 所示。

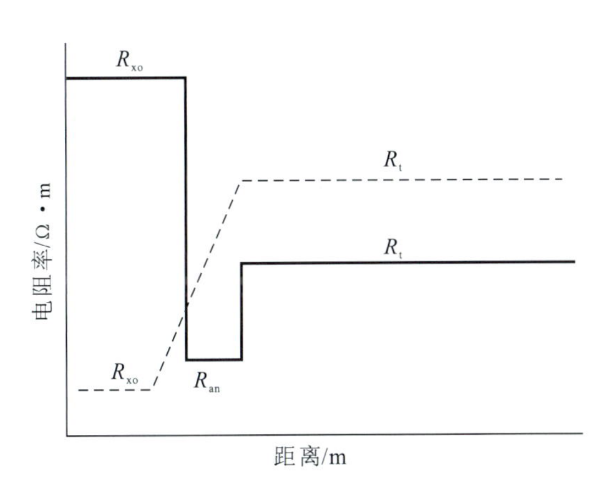

图 6－71　侵入阶跃模型

(实线为淡水泥浆增阻侵入，虚线为盐水泥浆减阻侵入)

泥浆侵入的存在使得不能简单根据深、浅电阻率曲线幅度的差异直接判断油、气和水层，必须结合研究区块地层水矿化度、泥浆性质和地层特性等因素进行综合判断。

泥浆滤液侵入渗透性地层影响储层测井评价精确度，为了得到地层真实电阻率，进而为油气评价提供较可靠的依据，有必要研究泥浆滤液侵入地层对测井结果的影响。由于地层具有非均质性，以及泥浆侵入储层受流体性质影响，两方面综合作用，导致同一地层的侵入带半径也常常不是恒定的，而是随深度变化。各种测井方法的径向分辨率不同，故常常不能区别突变性前缘和渐变性前缘，所以在实际简化模型中，往往把侵入带前缘看成单一阶梯状突变。

一、泥浆侵入反演算法

泥浆侵入的复杂性导致其反演过程同样复杂，由于反演目标函数中变量多，且不是同一数量级变量，如侵入深度和地层电导率的变化。这为同时反演岩层参数带来了很大的困难。笔者分析其变化特征，选用变量轮换法对各参数进行反演。

变量轮换法基本思想认为，有利的搜索方向是各坐标轴方向，因此它轮流按坐标轴方向搜索最优点，从某一给定点出发，按第 i 个坐标标轴 x_i 方向搜索时，在 n 个变量 x_i 在变化，其余$n-1$个变量都取给定点的坐标值保持不变，这样依次从 x_1 到 x_n 作了 n 次单变量的一维搜索，完成了变量轮换法的一次迭代，如果所得到的新点尚未满足给定精度的要求，则以新点为出发点进行新一轮的迭代，这个过程可以重复进行直到所得到的新点满足给定的精度为止。具体算法如下：

Step 1　确定初始值；

Step 2　从一个变量 x_1^1 出发，其他变量不变，对其进行一维搜索，寻求最优步长 λ，得到 $x_1^2=x_1^1+\lambda$，令 $x_1^1=x_1^2$；

Step 3　类似地，对另一个变量进行一维搜索，直到所有变量完成搜索，则完成轮换法的第一次迭代；

Step 4　转到 Step 2，进行下一次迭代，直到目标函数值达到给定精度，则结束算法。

泥浆侵入反演算法流程如图 6－72 所示。

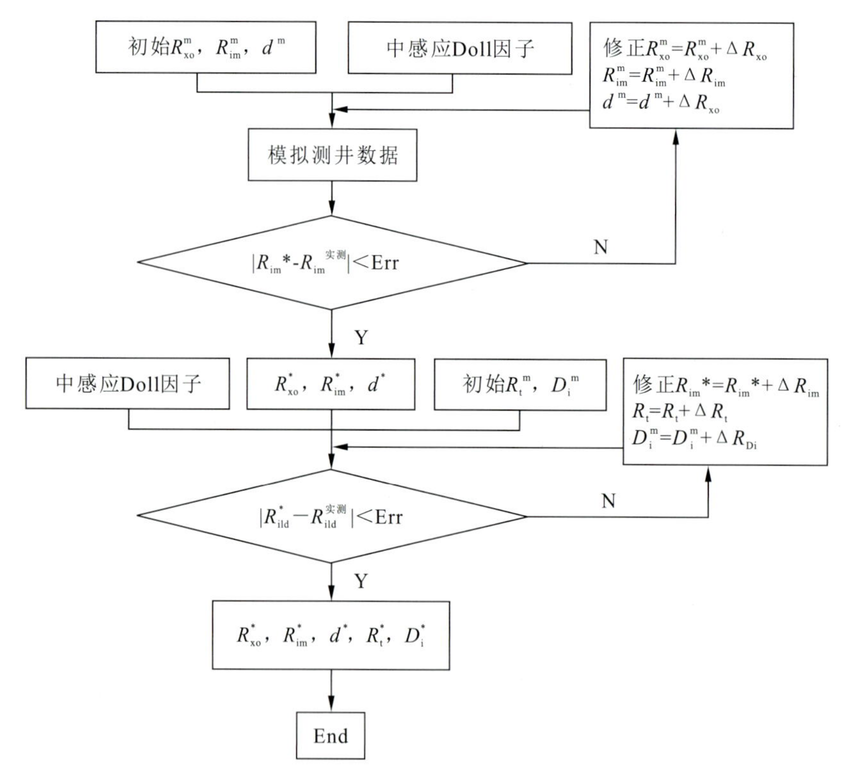

图 6－72　泥浆侵入反演流程图

二、泥浆侵入反演效果

为了将上述基于 Doll 几何因子理论感应测井反演方法应用到实际的测井解释中，首先必须利用人工模型（如 3 层厚层模型、3 层薄层模型和多层模型）检验算法的可行性。该方法能有效地消除井眼、泥浆、侵入和围岩的影响，从而恢复地层的真电阻率，尤其是对 3 层模型效果更佳。

人工设置模型的反演效果较好，电阻率的反演误差非常小。泥浆侵入深度的反演，在对薄层的反演中，还存在一点误差，不过大致情况相似，由于侵入带与原状地层的分界线本身就是一个范围，而不是一个点。因此，反演中泥浆侵入深度的微小误差是允许的，上述基于 Doll 几何因子理论感应测井反演方法是可行的。

1. 人工模型设置（3 层模型）

图 6-73—图 6-80 分别为有泥浆侵入的 3 层地层模型示例，井眼半径 0.1m，泥浆电阻率 $R_m=1.0\Omega\cdot m$，泥浆侵入深度初始值设为 0.1m，其他参数在图中给出。颜色线型不同的曲线分别表示电阻率反演结果与原始结果的比较，侵入半径的反演结果与原始结果的比较，原始模型的正演响应与反演处理后的地层模型的正演响应结果的比较。可以发现，此模型的处理结果误差较小，特别是厚层，反演误差很小，反演结果与模型吻合良好。因此可以认为，感应测井泥浆侵入及电阻率反演方法是合理可行的。

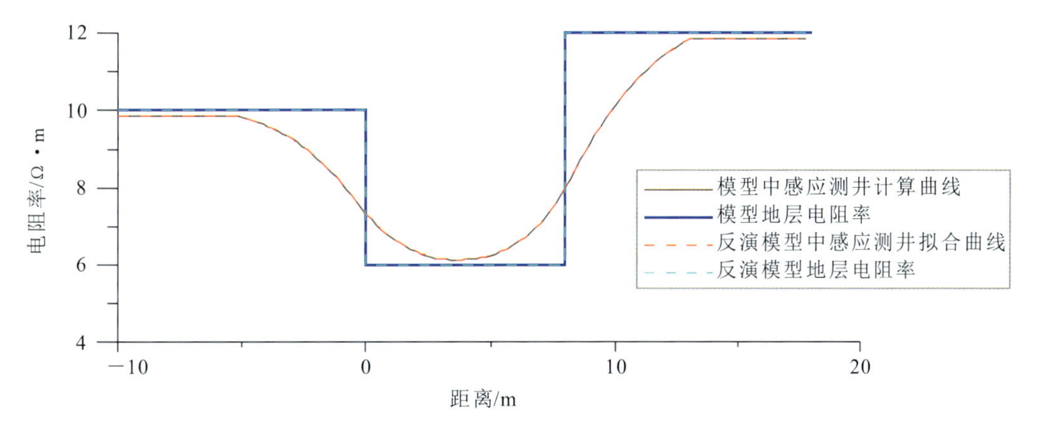

图 6-73　中感应测井人工模型厚层（3 层）电阻率反演效果图

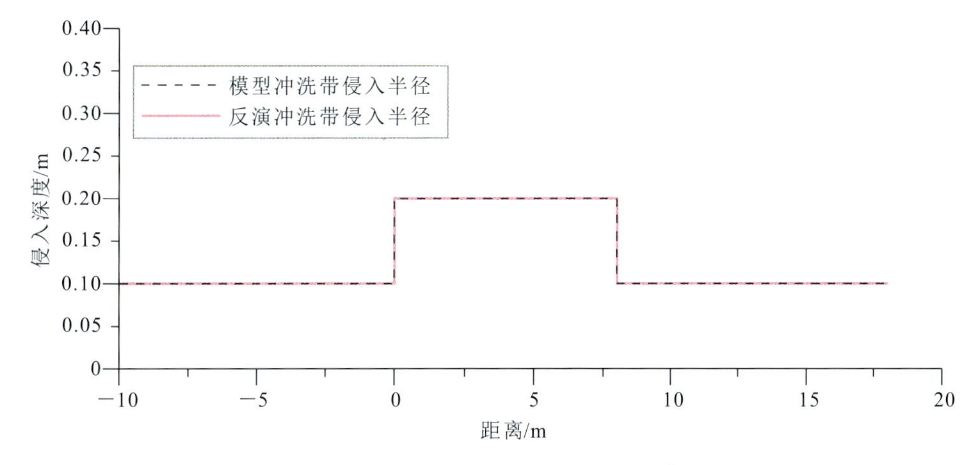

图 6-74　中感应测井人工模型厚层（3 层）冲洗带侵入反演效果图

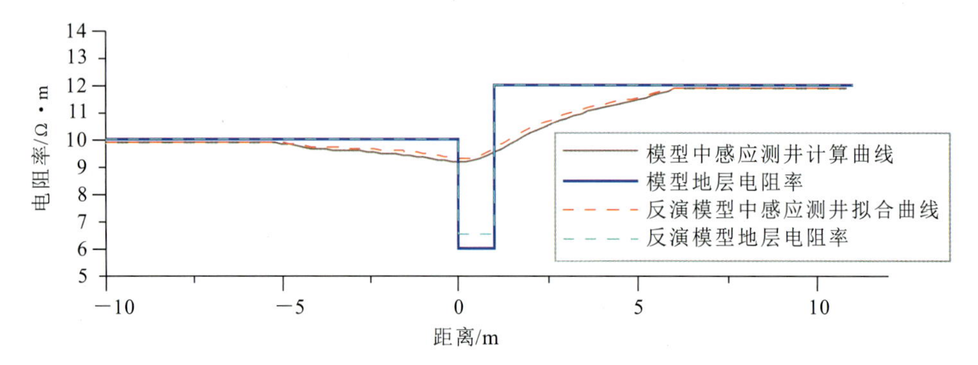

图 6-75 中感应测井人工模型薄层(3 层)电阻率反演效果图

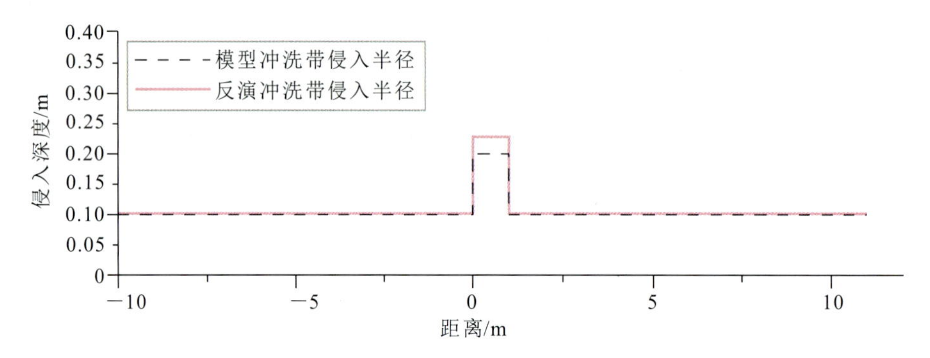

图 6-76 中感应测井人工模型薄层(3 层)泥浆侵入反演效果图

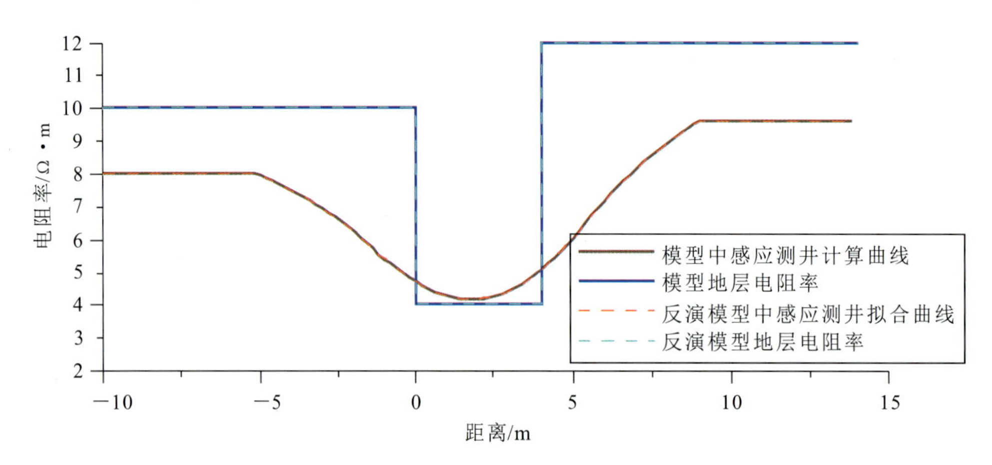

图 6-77 深感应测井人工模型厚层(3 层)电阻率反演效果图

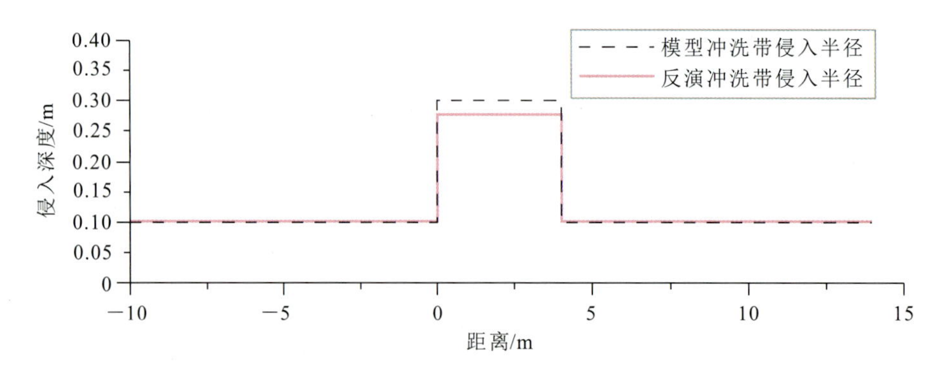

图 6-78 深感应测井人工模型厚层(3 层)泥浆侵入反演效果图

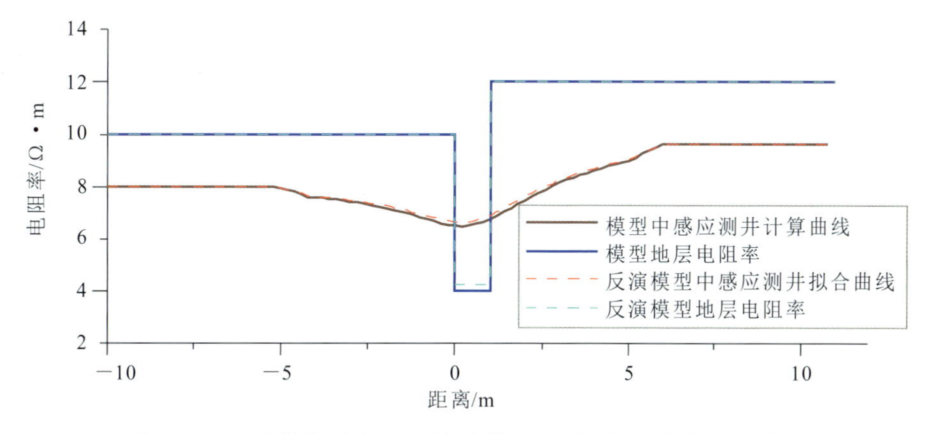

图 6-79　深感应测井人工模型薄层(3 层)电阻率反演效果图

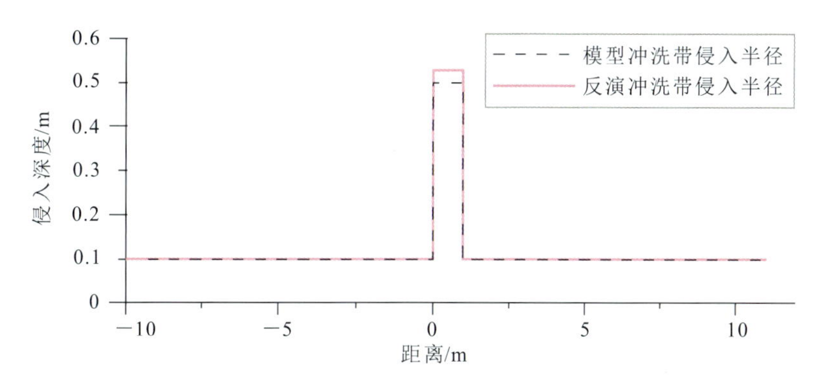

图 6-80　深感应测井人工模型薄层(3 层)泥浆侵入反演效果图

2. 人工模型设置(9 层模型)

图 6-81—图 6-84 为侵入多层地层模型示例，井眼半径 0.1m，泥浆电阻率 $R_m=1.0\Omega\cdot m$，泥浆侵入深度初始值设为 0.1m，其他参数在图中给出。颜色线型不同的曲线分别表示电阻率反演结果与原始结果的比较，侵入半径的反演结果与原始结果的比较，原始模型的正演响应与反演处理后的地层模型的正演响应比较。可以发现，此多层模型的处理结果误差较小，反演结果与模型吻合良好，因此可以认为，给出的感应测井泥浆侵入及电阻率反演方法是合理可行的。

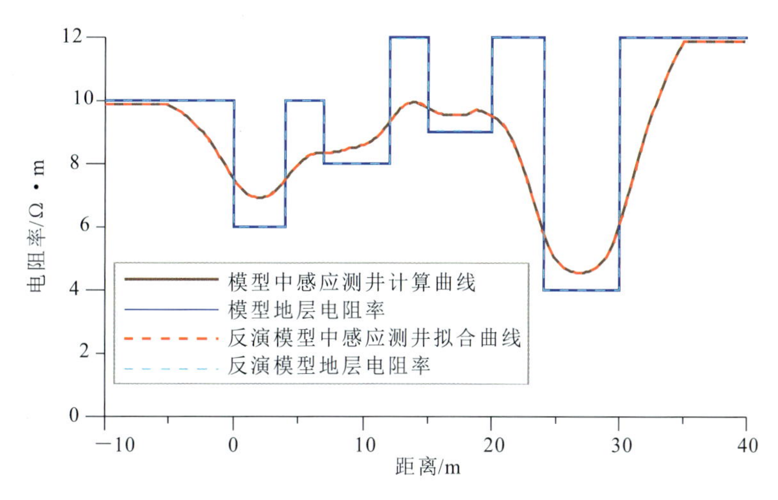

图 6-81　中感应测井人工模型(9 层)电阻率反演效果图

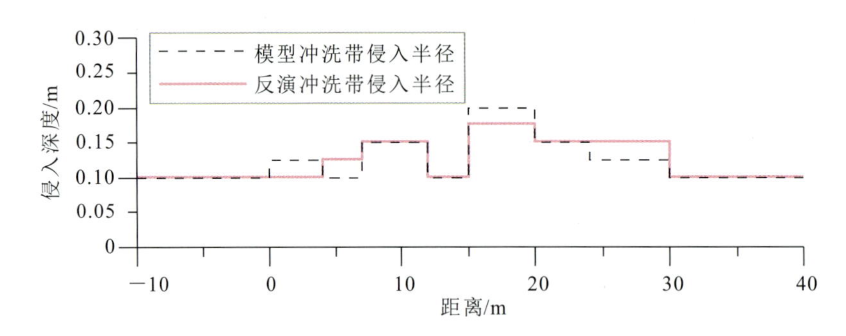

图 6－82　中感应测井人工模型(9 层)泥浆侵入反演效果图

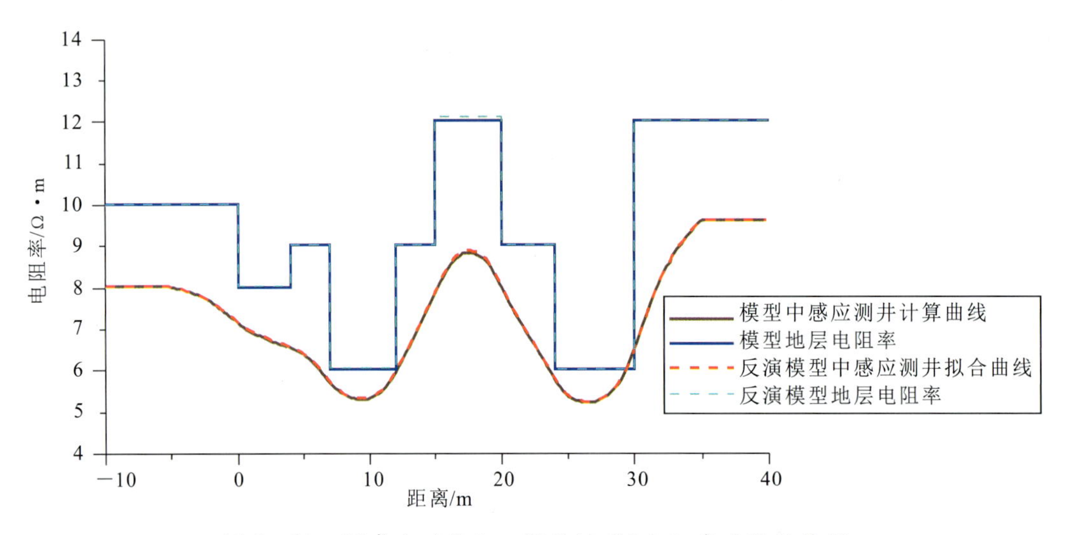

图 6－83　深感应测井人工模型(9 层)电阻率反演效果图

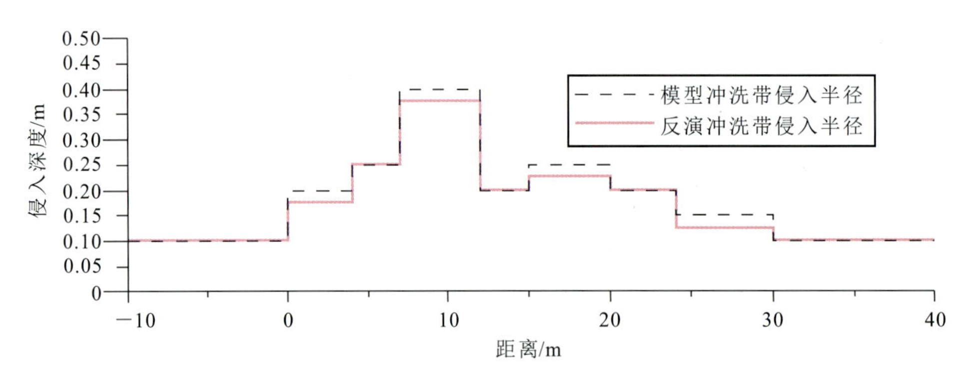

图 6－84　深感应测井人工模型(9 层)泥浆侵入反演效果图

三、泥浆侵入反演实例

麻黄山探区储层岩性以粗砂、中砂和细砂为主，泥质含量中等。由于该地区储层薄、岩性复杂和地层矿化度高的特点，因此测井曲线表现为“二高一低”的特征，即高声波时差、高中子孔隙度、低电阻率。特别是部分地层，物性差、岩性复杂，油层和水层的电性差别不明显，容易引起错判，因此有必要在地层评价之前进行电阻率校正，考虑泥浆侵入、井眼和围岩的影响。下面给出了该地区电阻率反演处理的实例。

根据自然伽马曲线和自然电位曲线，判断出储层地层，再根据图中反演得出的冲洗带电阻率及原状地层电阻率，判断储层的性质，本研究共选取宁东2井、宁东3井、宁东3-9井、宁东108井、宁东5井、宁东5-1井、宁东5-9井、宁东3-10井、宁东3-3井、宁东14井、宁东2-4井共11口具有重要储层资料的测井，共反演27个储层段，其中包括油水同层6个、干层6个、油层7个、差油层2个、水层2个、含油水层4个。结合双感应测井曲线及八侧向测井曲线，对每一层冲洗带电阻率、泥浆侵入半径及原状地层参数进行反演，取得了良好效果。拟合曲线与实测曲线误差小于0.001，并与通过渗流扩散数值模拟所得电阻率有着很好的一致性，进一步证明方法的可行性。

(一)实例反演效果判断原则

本研究反演效果判断是应用径向比值法，径向比值法是判断油层、油水同层、水层的常规方法之一，它主要是通过冲洗带电阻率与地层电阻率比值的大小来判断。

从阿尔奇公式出发，有：

$$S_w^n = \frac{R_w ab}{\varphi^m R_t} \tag{6-16}$$

$$S_{xo}^n = \frac{R_{mf} ab}{\varphi^m R_{xo}} \tag{6-17}$$

式中，R_w 为岩石中所含地层水的电阻率；R_t 为含油岩石电阻率；R_{mf} 为泥浆滤液电阻率；R_{xo} 为冲洗带电阻率；φ 为岩石有效孔隙度；a 为与岩石性质有关的岩性系数；m 为与岩石孔隙结构有关的孔隙指数；b 为与岩性有关的系数；n 为饱和度指数；S_w 为岩石含水饱和度；S_{xo} 为冲洗带含水饱和度。

根据上述两式，可得：

$$\left(\frac{S_w}{S_{xo}}\right)^n = \frac{R_{xo}}{R_t} \cdot \frac{R_w}{R_{mf}} \tag{6-18}$$

假设饱和度指数 $n=2$，同时在中等侵入地区 $S_{xo} \approx S_w^{1/5}$，所以二式相比可得：

$$S_w = \left(\frac{R_{xo}}{R_t} \cdot \frac{R_w}{R_{mf}}\right)^{5/8} \tag{6-19}$$

从上式可以看出，R_{xo}/R_t 越小，地层含油性越好，即：

$$\left(\frac{R_{xo}}{R_t}\right)_{油层} < \left(\frac{R_{xo}}{R_t}\right)_{油水同层} < \left(\frac{R_{xo}}{R_t}\right)_{水层} \tag{6-20}$$

因此，可通过该方法来判断反演效果的好坏。

(二)实例分析

1. 宁东2井

从宁东2井2 157.00～2 171.00m层段反演效果图(图6-85)可以看出，反演得出模型曲线与实测曲线有着很好的一致性。通过反演所得模型数据可以得出以下结论：2 157.00～2 159.40m层段为泥岩层，2 159.40～2 161.40m层段为油水同层，2 161.40～2 163.00m层段为干层，2 163.00～2 166.80m层段为油层，2 166.80～2 171.00m层段为泥岩层。

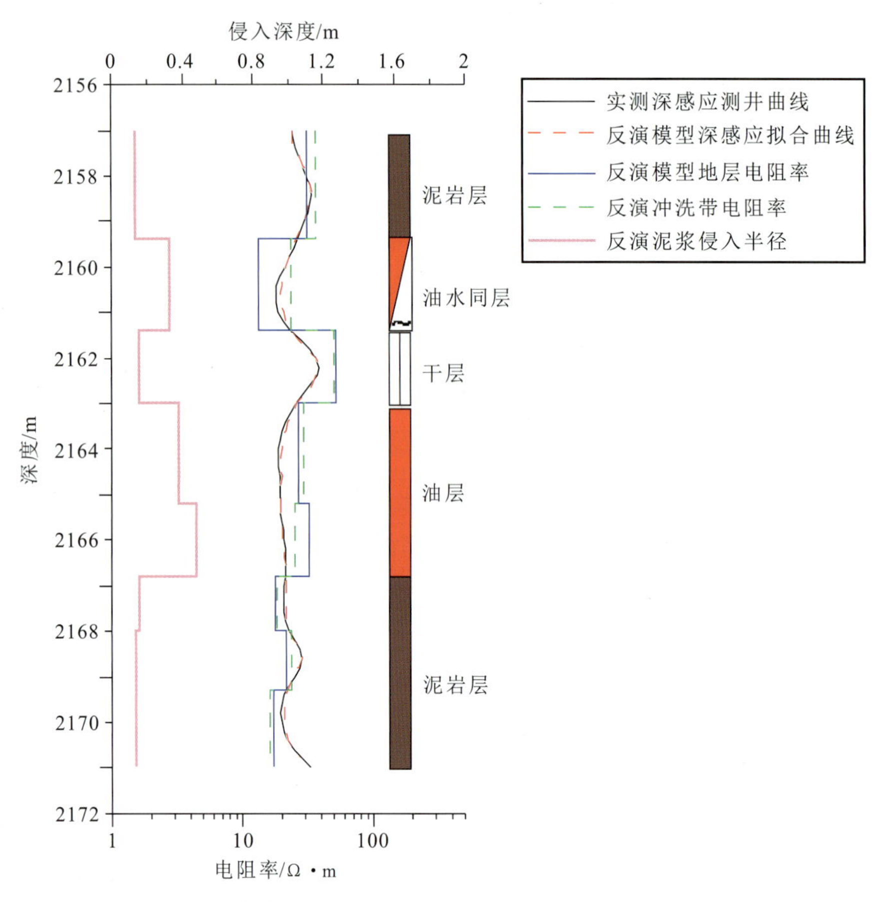

图 6-85　宁东 2 井 2 157.00～2 171.00m 层段反演效果图

岩石电阻率特性和泥浆侵入特征表明，两个泥岩层分别在油层的顶部和底部，形成很好的储盖层，对油层的聚集及保护起着很好的作用，泥浆侵入现象不明显，冲洗带电阻率与原状地层电阻率基本相等；油水同层原状地层电阻率偏低，与冲洗带电阻率大小相差不大，这为测井解释工作带来了很大的复杂性，测井曲线特征近似于泥岩段，但不同之处为油水同层往往会出现较明显的泥浆侵入现象，通过反演，能很好地解决这一问题。该层段泥浆侵入达到了 0.35m，因此可通过此反演结果及相关信息进行综合解释，找到油水同层；油层段则表现出高原状地层电阻率特性，原状地层的电阻率明显要高于冲洗带电阻率，出现低电阻率泥浆侵入现象，泥浆侵入深度达到 0.425m，泥浆侵入对感应测井电阻率的影响较大；干层表现为高冲洗带电阻率、高原状地层电阻率，无泥浆侵入现象。各参数如表 6-10 所示。

应用径向比值法有：油水同层，$R_t=13.2\Omega\cdot m$，$R_{xo}=23\Omega\cdot m$，$R_{xo}/R_t=1.7$；油层，出现低侵，$R_t=27\Omega\cdot m$，$R_{xo}=25\Omega\cdot m$，$R_{xo}/R_t=0.93$。可见，$(R_{xo}/R_t)_{油层}<(R_{xo}/R_t)_{油水同层}$。

若不通过反演方法得出原状地层电阻率，而只通过测井曲线来判断储层特性，八侧向测井曲线与实测深感应测井曲线的差异很小，容易导致漏判、误判的情况。反演结论与测试结论有很好的一致性，进一步证实反演方法的可行性。

表 6－10　宁东 2 井反演结果及解释结论

解释结论	起始深度/m	终止深度/m	地层电阻率/Ω·m	侵入半径/m	冲洗带电阻率/Ω·m
油水同层	2 159.40	2 161.40	13.2	0.325	23.1
油层	2 163.00	2 165.20	26.4	0.375	29.0
	2 165.20	2 166.80	32.0	0.475	25.0

2. 宁东 3 井

从宁东 3 井 2 134.00～2 154.00m 层段反演效果图(图 6－86)可以看出,反演得出模型曲线与实测曲线有着很好的一致性。通过反演所得模型数据可以得出以下结论:2 134.40～2 135.80m 层段为泥岩层,2 135.80～2 142.60m 层段为油层,2 142.60～2 148.40m 层段为油水同层,2 148.40～2 149.40m、2 151.00～2 152.60m 两个层段为干层,2 149.40～2 151.00m 层段为泥岩层。

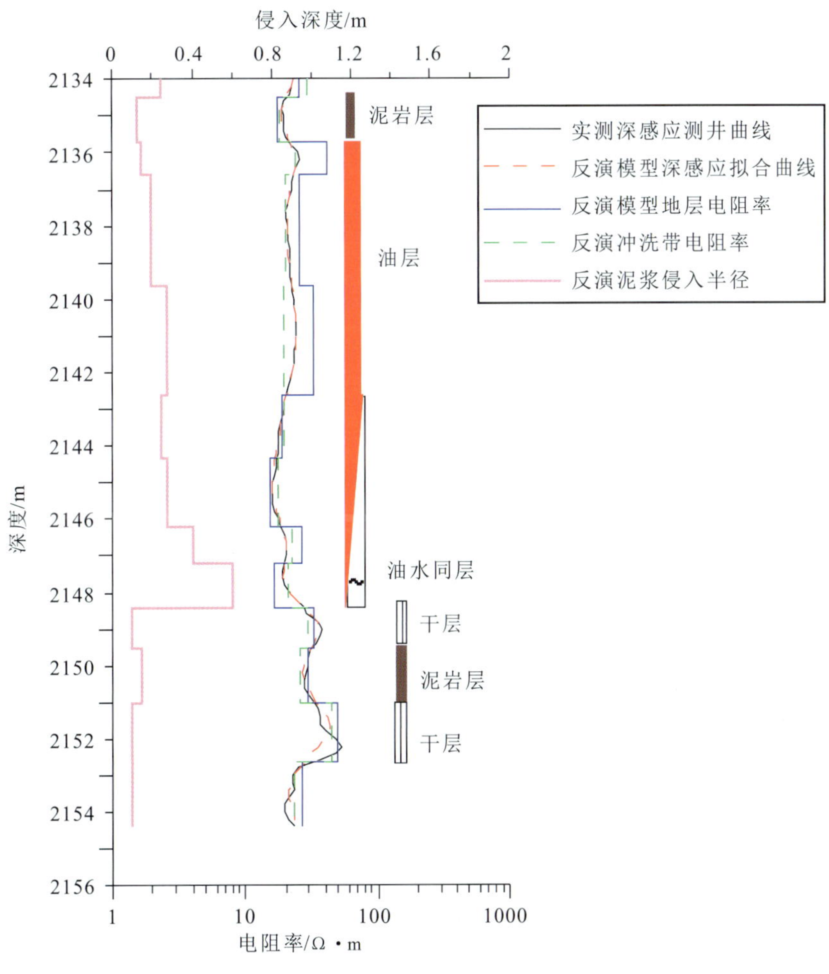

图 6－86　宁东 3 井 2 134.00～2 154.00m 层段反演效果图

岩石电阻率特性和泥浆侵入特征表明,两个泥岩段分别在油层的顶部和油水同层的底部,形成很好的储盖层,对油层的聚集及保护起着很好的作用,泥浆侵入现象不明显,冲洗带电阻率与原状地层电阻率基本相等;油层段则表现出较高原状地层电阻率特性,原状地层的电阻率略高于冲洗带电阻率,出现低电阻率泥浆侵入现象,侵入深度达到 0.3m,泥浆侵入对感应测井电阻率的影响较大;油水同层原状地层电阻率偏低,与冲洗带电阻率大小相差不大,这为测井解释工作带来了很大的复杂性,测井曲线特征近似于泥岩段,但不同之处为油水同层往往会出现较明显的泥浆侵入现象。通过反演能很好地解决这一问题,该层段泥浆侵入达到了 0.60m,因此可以通过此反演结果及相关信息进行综合解释,找到油水同层;干层表现为高冲洗带电阻率、高原状地层电阻率、无泥浆侵入现象。各参数见表 6-11。

表 6-11 宁东 3 井反演结果及解释结论

解释结论	起始深度/m	终止深度/m	地层电阻率/Ω·m	侵入半径/m	冲洗带电阻率/Ω·m
油层	2 135.70	2 136.60	41.2	0.150	24.1
	2 136.60	2 139.60	26.2	0.200	20.0
	2 139.60	2 142.60	32.6	0.275	19.7
油水同层	2 142.60	2 144.30	18.9	0.250	19.3
	2 144.30	2 146.20	15.4	0.275	17.7
	2 146.20	2 147.20	26.3	0.400	22.3
	2 147.20	2 148.40	16.7	0.600	21.0

应用径向比值法得出以下结论:油层,出现低侵现象,$R_t=35\Omega\cdot m$,$R_{xo}=22\Omega\cdot m$,$R_{xo}/R_t=0.63$;油水同层,$R_t=18.9\Omega\cdot m$,$R_{xo}=19.3\Omega\cdot m$,$R_{xo}/R_t=1.02$。可见,$(R_{xo}/R_t)_{油层}<(R_{xo}/R_t)_{油水同层}$。

若不通过反演方法得出原状地层电阻率,而只通过测井曲线来判断储层特性,八侧向测井曲线与实测深感应测井曲线的差异很小,容易导致漏判、误判的情况。反演结论与测试结论有很好的一致性,进一步证实反演方法的可行性。

3. 宁东 5 井

从宁东 5 井 2 290.00~2 310.00m 层段反演效果图(图 6-87)可以看出,反演得出模型曲线与实测曲线有着很好的一致性。通过反演所得模型数据可以得出以下结论:2 291.20~2 292.60m 层段为泥岩层,2 293.80~2 295.60m 层段为差油层,2 295.60~2 307.60m 层段为油层,2 307.60~2 309.00m层段为泥岩层。

岩石电阻率特性和泥浆侵入特征表明,两个泥岩段分别在差油层的顶部和油层的底部,形成很好的储盖层,对油层的聚集及保护起着很好的作用;泥浆侵入现象不明显,冲洗带电阻率与原状地层电阻率基本相等且都较低;差油层段出现高的原状地层电阻率,原状地层电阻率明显大于冲洗带电阻率,出现泥浆侵入现象,侵入深度达到了 0.4m;油层段则表现出较高原状地层电阻率特性,原状地层的电阻率略高于冲洗带电阻率,出现低电阻率泥浆侵入现象,侵入较深处达到 0.375m;侵入对感应测井电阻率的影响较大。各层反演参数见表 6-12。

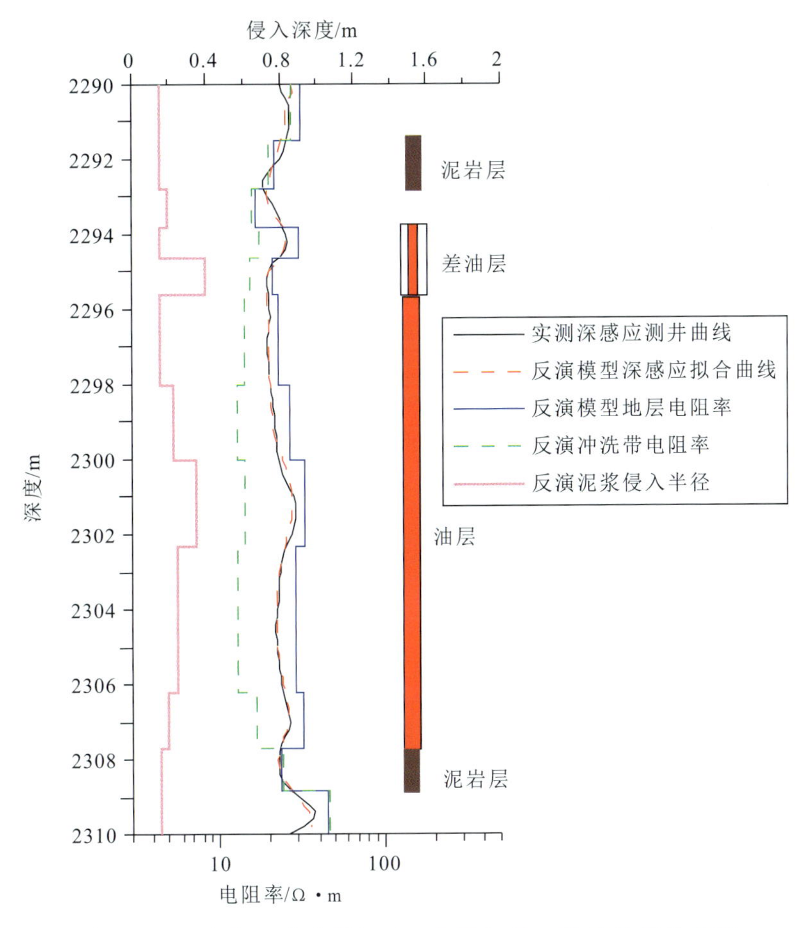

图 6-87　宁东 5 井 2 290.00～2 310.00m 层段反演效果图

表 6-12　宁东 5 井反演结果及解释结论

解释结论	起始深度/m	终止深度/m	地层电阻率/Ω·m	侵入半径/m	冲洗带电阻率/Ω·m
油层	2 295.60	2 298.00	22.8	0.150	14.3
	2 298.00	2 300.00	26.8	0.225	12.9
	2 300.00	2 302.30	33.0	0.350	14.5
	2 302.30	2 306.20	28.7	0.250	13.0
	2 306.20	2 307.70	32.4	0.200	16.8

4. 宁东 5-9 井

从宁东 5-9 井 2 234.00～2 255.00m 层段反演效果图(图 6-88)可以看出,反演得出模型曲线与实测曲线有着很好的一致性。通过反演所得模型数据可以得出以下结论:2 234.00～2 236.20m 层段为泥岩层,2 236.20～2 245.00m 层段为油层,2 245.00～2 252.00m 层段为油水同层。

岩石电阻率特性和泥浆侵入特征表明,泥岩段在油层的顶部,形成很好的储盖层,对油层的聚集及保护起着很好的作用,泥浆侵入现象不明显,冲洗带电阻率与原状地层电阻率基本相等;油层段则表现出较高原状地层电阻率特性,原状地层的电阻率略高于冲洗带电阻率,出现低电阻率泥浆侵入现象,侵入深度达到 0.35m,泥浆侵入对感应测井电阻率的影响较大;油水同层原状地层电阻率偏低，与冲洗带电阻率大小相差不大，这为测井解释工作带来了很大的复杂性，测井曲线特征近似于泥岩段，但不同之处为油水同层往往会出现较明显的泥浆侵入现象，通过反演能很好地解决这一问题，该层段泥浆侵入达到了0.60m，因此可通过此反演结果及相关信息进行综合解释，找到油水同层。各层反演参数见表6-13。

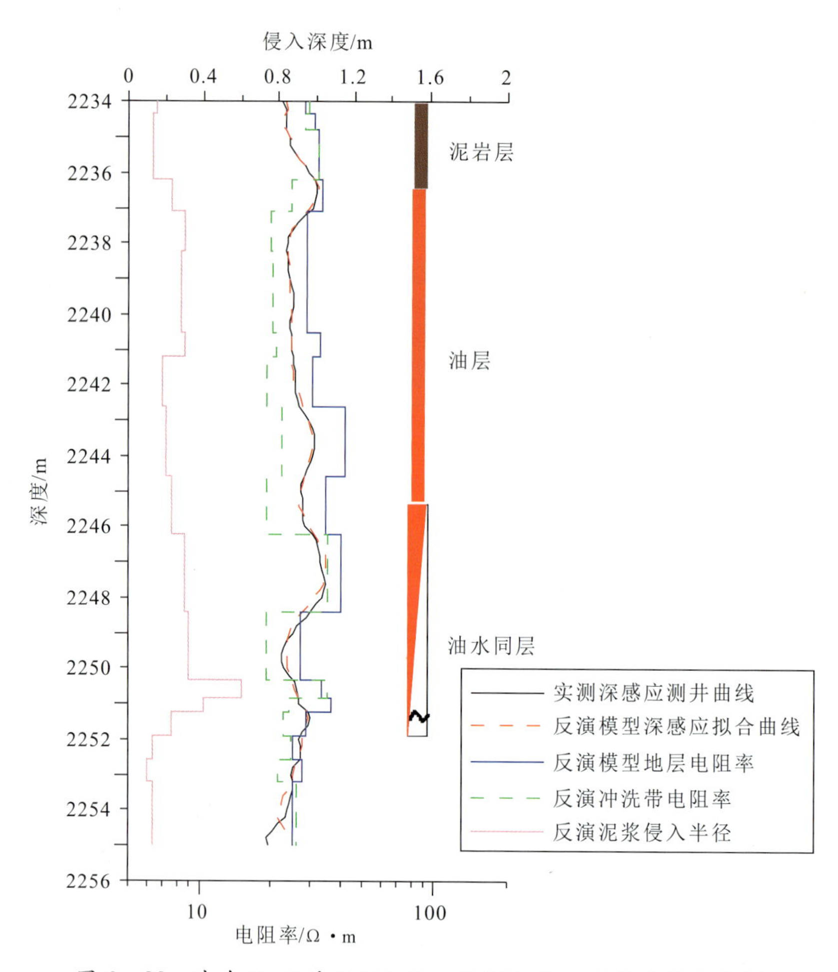

图6-88　宁东5-9井2 234.00～2 255.00m层段反演效果图

表6-13　宁东5-9井反演结果及解释结论

解释结论	起始深度/m	终止深度/m	地层电阻率/Ω·m	侵入半径/m	冲洗带电阻率/Ω·m
油层	2 236.20	2 237.10	33.5	0.225	25.0
	2 237.10	2 238.20	28.6	0.300	20.2
	2 238.20	2 240.50	29.0	0.275	20.7
	2 240.50	2 241.20	32.8	0.300	21.4
	2 241.20	2 242.60	30.3	0.175	19.4
	2 242.60	2 244.60	41.8	0.200	22.5
	2 244.60	2 246.20	34.7	0.225	19.6

续表 6-13

解释结论	起始深度/m	终止深度/m	地层电阻率/Ω·m	侵入半径/m	冲洗带电阻率/Ω·m
油水同层	2 246.20	2 248.40	40.1	0.300	35.1
	2 248.4	2 250.30	27.2	0.325	19.5
	2 250.30	2 250.80	33.5	0.600	35.1
	2 250.80	2 251.20	36.5	0.400	24.3
	2 251.20	2 251.90	28.9	0.225	23.2
	2 251.90	2 252.60	25.2	0.125	24.6

应用径向比值法有：油层，出现低侵现象，地层电阻率偏高，R_t=28～41Ω·m，R_{xo}=19～20Ω·m，R_{xo}/R_t=0.48～0.67；油水同层，R_t=35Ω·m，R_{xo}=35.1Ω·m，R_{xo}/R_t=1.0。可见，$(R_{xo}/R_t)_{油层}<(R_{xo}/R_t)_{油水同层}$。

5. 宁东 5-1 井

从宁东 5-1 井 2 210.00～2 330.00m 层段反演效果图(图 6-89)可以看出，反演得出模型曲线与实测曲线有着很好的一致性。通过反演所得模型数据可以得出以下结论：2 310.00～2 311.80m 层段为泥岩层，2 311.80～2 316.00m 层段为差油层，2 316.00～2 324.60m 层段为油层，2 324.60～2 325.20m层段为泥岩层，2 325.20～2 326.00m 层段为干层，2 326.00～2 330.00m 层段为泥岩层。

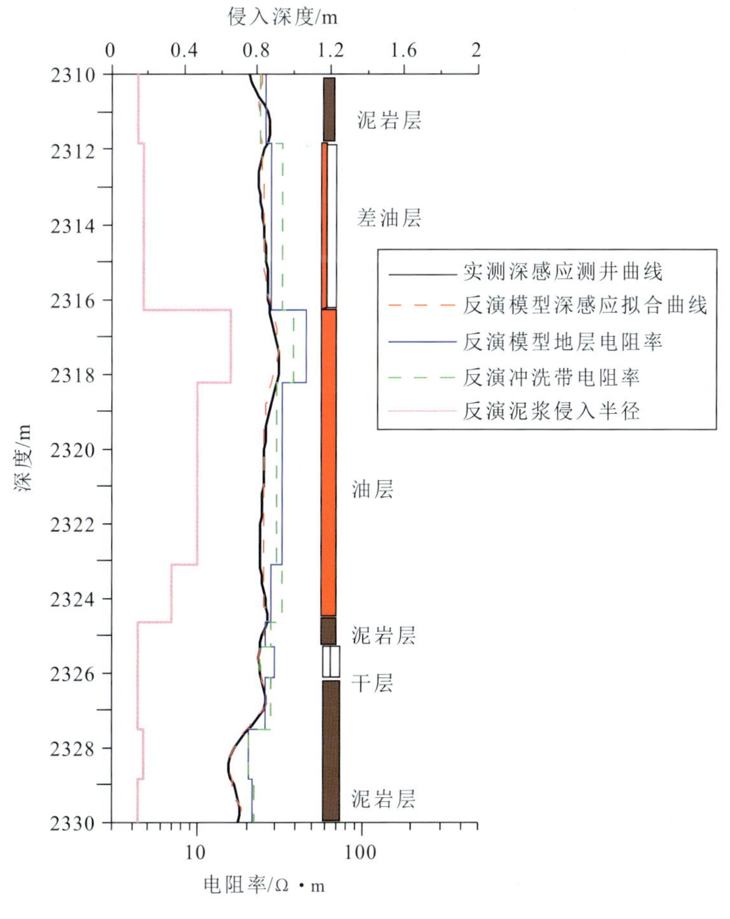

图 6-89　宁东 5-1 井 2 310.00～2 330.00m 层段反演效果图

岩石电阻率特性和泥浆侵入特征表明，两个泥岩段分别在油层的顶部和油水同层的底部，形成很好的储盖层，对油层的聚集及保护起着很好的作用，无泥浆侵入现象，冲洗带电阻率与原状地层电阻率基本相等；差油层段出现较低的原状地层电阻率，原状地层电阻率略小于冲洗带电阻率，出现泥浆侵入现象，但不明显，侵入深度为 0.2m；油层段则表现出较高或略高原状地层电阻率特性，原状地层的电阻率略高于冲洗带电阻率，出现低电阻率泥浆侵入现象，侵入深度达到 0.625m，泥浆侵入对感应测井电阻率的影响较大；干层表现为高冲洗带电阻率、高原状地层电阻率，无泥浆侵入现象。各层反演参数如表 6－14 所示。

表 6－14　宁东 5－1 井反演结果及解释结论

解释结论	起始深度/m	终止深度/m	地层电阻率/Ω·m	侵入半径/m	冲洗带电阻率/Ω·m
差油层	2 311.80	2 316.30	28.3	0.175	32.7
油层	2 316.30	2 318.20	46.7	0.650	38.3
	2 318.20	2 323.10	32.6	0.475	30.5
	2 323.10	2 324.60	28.6	0.325	32.7

6. 宁东 108 井

从宁东 108 井 2 180.00～2 197.00 层段反演效果图（图 6－90）可以看出，反演得出模型曲线与实测曲线有着很好的一致性，通过反演所得模型数据可以得出以下结论：2 180.00～2 182.00m 层段为泥岩层，2 182.00～2 190.20m 层段为油层，2 190.20～2 192.00m 层段为泥岩层，2 192.00～2 194.00m层段为干层，2 194.00～2 195.60m 层段为泥岩层。

岩石电阻率特性和泥浆侵入特征表明，两个泥岩段分别在油层的顶部和油水同层的底部，形成很好的储盖层，对油层的聚集及保护起着很好的作用，无泥浆侵入现象，冲洗带电阻率与原状地层电阻率基本相等；油层段则表现出低原状地层电阻率特性，原状地层的电阻率要低于冲洗带电阻率，出现高电阻率泥浆侵入现象，侵入深度达到 0.45m，泥浆侵入对感应测井电阻率的影响较大；干层表现为高冲洗带电阻率、高原状地层电阻率，无泥浆侵入现象。各层反演参数如表 6－15 所示。

宁东 108 井出现油层双感应测井电阻率值比较低，并且明显低于冲洗带电阻率，出现泥浆侵入现象。可以看出，泥浆侵入只是该井出现低阻油的原因之一，低阻油形成是多个因素共同作用的结果，需要更深入的研究。

表 6－15　宁东 108 井反演结果及解释结论

解释结论	起始深度/m	终止深度/m	地层电阻率/Ω·m	侵入半径/m	冲洗带电阻率/Ω·m
低阻油层	2 182.10	2 183.70	10.7	0.475	13.4
	2 183.70	2 188.70	8.8	0.400	12.6
	2 188.70	2 190.30	8.0	0.250	12.0

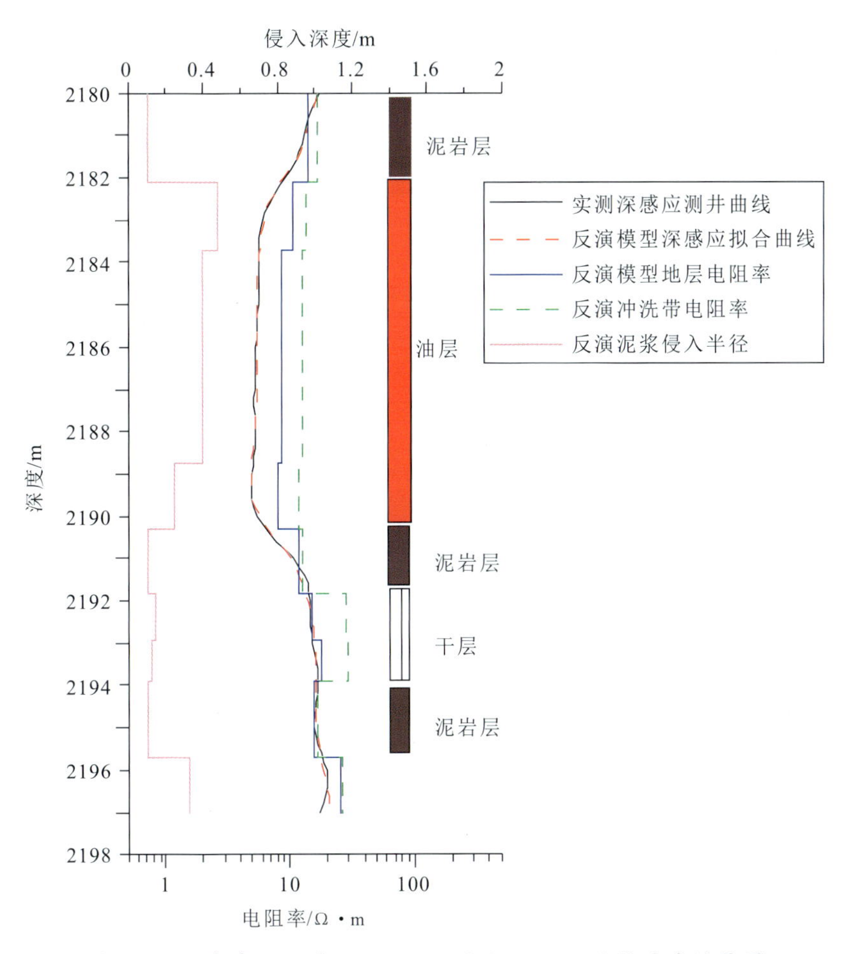

图 6-90 宁东 108 井 2 180.00～2 197.00m 层段反演效果图

7. 宁东 3-9 井

从宁东 3-9 井 2 176.00～2 188.00m 层段反演效果图(图 6-91)可以看出,反演得出模型曲线与实测曲线有着很好的一致性。通过反演所得模型数据可以得出以下结论:2 177.60～2 178.40m 层段为泥岩层、2 178.40～2 181.80m 层段为油水同层、2 181.80～2 185.60m 层段为水层、2 185.60～2 188.00m 层段为泥岩层。

岩石电阻率特性和泥浆侵入特征表明,两个泥岩段分别在油层的顶部和油水同层的底部,形成很好的储盖层,对油层的聚集及保护起着很好的作用,无泥浆侵入现象,冲洗带电阻率与原状地层电阻率基本相等;油水同层原状地层电阻率偏低,与冲洗带电阻率大小相差不大,这为测井解释工作带来了很大的复杂性,测井曲线特征近似于泥岩段,但不同之处为油水同层往往会出现较明显的泥浆侵入现象,通过反演能很好地解决这一问题,该层段泥浆侵入达到了 0.40m,因此可通过此反演结果及相关信息进行综合解释,找到油水同层;水层电阻率较低,常出现高侵现象,导致冲洗带电阻率比地层电阻率要高,可以通过这一信息进行水层的识别。各层反演参数如表 6-16 所示。

应用径向比值法得出以下结论:油水同层,$R_t=12.4\Omega\cdot m$,$R_{xo}=17.1\Omega\cdot m$,$R_{xo}/R_t=1.37$;水层,$R_t=4.3\Omega\cdot m$,$R_{xo}=12.6\Omega\cdot m$,$R_{xo}/R_t=2.93$,出现高侵现象。可见,$(R_{xo}/R_t)_{油水同层}<(R_{xo}/R_t)_{水层}$。

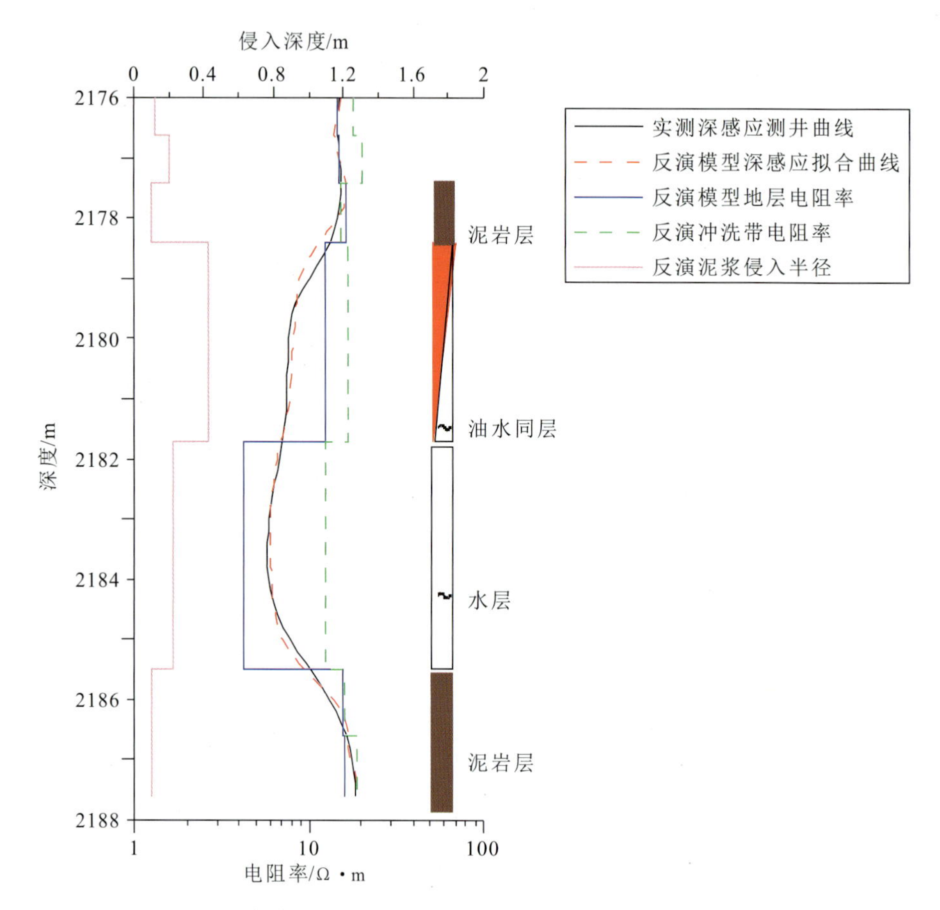

图 6-91　宁东 3-9 井 2 176.00～2 188.00m 层段反演效果图

表 6-16　宁东 3-9 井反演结果及解释结论

解释结论	起始深度/m	终止深度/m	地层电阻率/Ω·m	侵入半径/m	冲洗带电阻率/Ω·m
油水同层	2 178.40	2 181.70	12.40	0.425	17.1
水层	2 181.70	2 185.50	4.30	0.225	12.6

8. 宁东 3-10 井

从宁东 3-10 井 2 139.00～2160.00m 层段反演效果图(图 6-92)可以看出,反演得出模型曲线与实测曲线有着很好的一致性。通过反演所得模型数据可以得出以下结论:2 139.60～2 141.20m和 2 156.40～2 157.00m 层段为泥岩层,2 141.20～2 147.0m 层段为油层,2 147.00～2 150.80m层段为油水同层,2 150.80～2 156.40m 层段为含油水层。

岩石电阻率特性和泥浆侵入特征表明,两个泥岩段分别在油层的顶部和油水同层的底部,形成很好的储盖层,对油层的聚集及保护起着很好的作用,无泥浆侵入现象,冲洗带电阻率与原状地层电阻率基本相等;油层段则表现出较高或略高于原状地层电阻率特性,原状地层的电阻率略高于冲洗带电阻率,出现低电阻率泥浆侵入现象,侵入深度达到 0.4m,泥浆侵入对感应测井电阻率的影响较大;油水同层原状地层电阻率偏低,与冲洗带电阻率大小相差不大,这为测井解释工作带来了很大的复杂性,测井曲线特征近似于泥岩段,但不同之处为油水同层往往会出现较明显的泥浆侵入现象,通过反演能很好地解决这一问题,该层段泥浆侵入达到了 0.425m,因此可通过此反演结果及相关信息进行综合解释，找到油水同层；含油水层地层电阻率较低，常出现高电阻率泥浆侵入现象，导致冲洗带电阻率比地层电阻率要高，可以通过这一信息进行含油水层的识别。各层反演参数如表6－17所示。

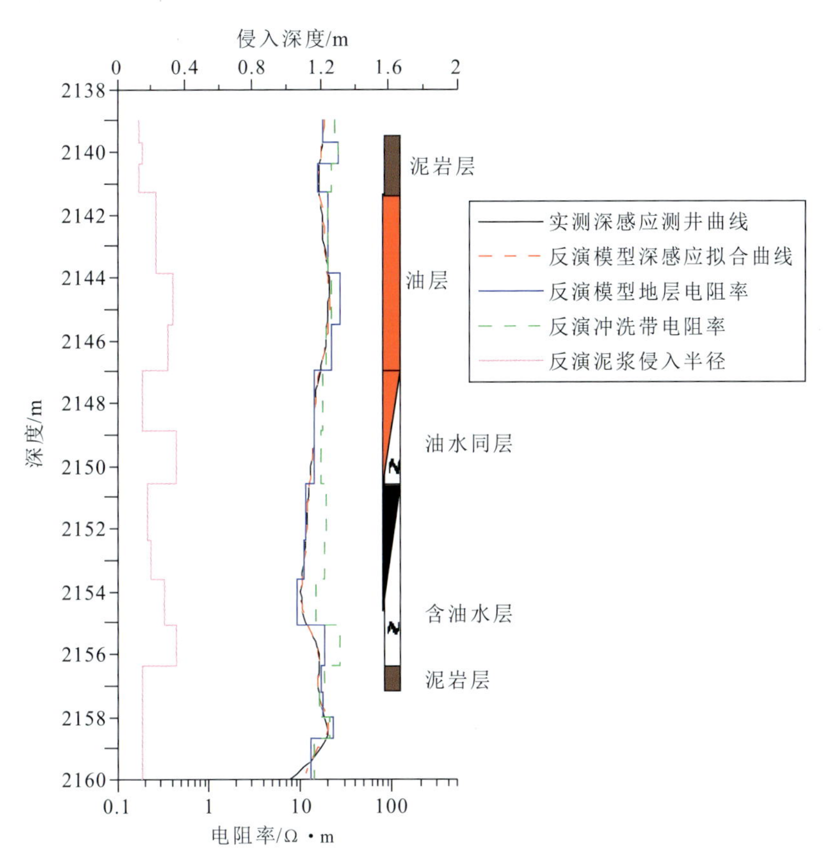

图6－92　宁东3－10井2 139.00～2 160.00m层段反演效果图

表6－17　宁东3－10井反演结果及解释结论

解释结论	起始深度/m	终止深度/m	地层电阻率/Ω·m	侵入半径/m	冲洗带电阻率/Ω·m
油层	2 141.30	2 143.90	19.7	0.225	20.2
	2 143.90	2 145.50	26.5	0.325	21.5
	2 145.50	2 147.00	21.9	0.300	18.8
油水同层	2 147.00	2 148.90	14.3	0.150	17.5
	2 148.90	2 150.60	14.2	0.350	16.7
含油水层	2 150.60	2 152.40	11.5	0.175	19.3
	2 152.40	2 153.60	10.8	0.200	18.2
	2 153.60	2 155.10	9.0	0.275	14.5
	2 155.10	2 156.40	17.9	0.350	26.3

应用径向比值法得出以下结论：油层，$R_t=19.7\sim26.5\Omega\cdot m$，$R_{xo}=17.5\sim21.5\Omega\cdot m$，$R_{xo}/R_t=0.81\sim0.88$，出现低侵现象；油水同层，$R_t=14.3\Omega\cdot m$，$R_{xo}=17.5\Omega\cdot m$，$R_{xo}/R_t=1.22$；含油水层，

$R_t=9\sim11.5\Omega\cdot m$，$R_{xo}=14.5\sim19.3\Omega\cdot m$，$R_{xo}/R_t=1.61\sim1.67$，出现高侵现象。可见，$(R_{xo}/R_t)_{油层}<(R_{xo}/R_t)_{油水同层}<(R_{xo}/R_t)_{含油水层}$。

综上所述，当地层出现泥浆侵入时，冲洗带电阻率与深感应电阻率都与没有泥浆侵入时有很大的差异。在测井常规解释中建立的一套解释方法，通常只适用于无泥浆侵入时的测井曲线，若不对曲线进行相应的校正，会给测井解释带来很大的困难。泥浆侵入影响主要表现在以下7个方面。

(1)水层常出现高侵，冲洗带电阻率要大于原状地层电阻率，但电阻率都比较低。

(2)油层出现低侵或侵入不明显，原状地层电阻率要大于冲洗带电阻率，冲洗带电阻率和原状地层电阻率的大小与侵入深度及钻井液有关。

(3)油水同层出现高侵时，总体冲洗带电阻率和原状地层电阻率通常会比相邻的油层要低；当出现低侵，冲洗带电阻率和原状地层电阻率通常会比相邻的水层要高。

(4)煤层出现井壁脱落，在反演中表现为高地层电阻率、深泥浆侵入(钻井液替代井壁所脱落的部分)。

(5)纯泥岩厚层原状地层电阻率与冲洗带电阻率基本重合，无泥浆侵入现象出现。

(6)部分泥质砂岩段、砂质泥岩段的原状地层电阻率与冲洗带电阻率并不重合。理论上讲在没有泥浆侵入的情况下，原状地层电阻率与冲洗带电阻率是应当重合的，但是泥质砂岩段、砂质泥岩段并不是绝对没有泥浆侵入的，只是侵入带非常小，不作考虑，这种侵入能影响到冲洗带的电阻率，从而导致部分泥质砂岩段、砂质泥岩段原状地层电阻率与冲洗带电阻率是出现不重合现象。

(7)泥浆侵入及电阻率反演结果与测试结果一致性很好，并且完善了常规测井中油水层的解释。

结合实例的反演可以看出，双感应测井泥浆侵入及原状地层电阻率反演在测井解释中的必要性。对油水层的判定，常规方法是通过冲洗带电阻率与原状地层电阻率的大小来判定的，当地层存在泥浆侵入时，深感应测井测得的电阻率与原状地层电阻率的偏差较大，这就会导致油水层的误判，降低解释精度。通过上述反演方法，对地层各参数进行反演校正，能很好地解决这一问题，提高解释精度。

(三)各井区综合分析

通过基于Doll几何因子的感应测井反演，能根据双感应测井曲线及八侧向测井曲线反演出每一口井重要储层段的相关地层参数，包括泥浆侵入、冲洗带电阻率以及原状地层电阻率。根据反演所得各地层参数进行以下分析：为消除地层水矿化度在不同井的差异性，对反演所得数据进行相应处理，利用每个储层的地层电阻率与该层段的水层电阻率的比值与径向电阻率比值(冲洗带电阻率/地层水电阻率)进行相应的交会图处理。

1. 宁东2井区

宁东2井区共用了7口重要储层井的42个储层反演数据，对延7段、延8段、延9段的反演参数进行交会图处理。

根据交会图(图6-93)，可以很明显地看出水层、油层及油水同层之间的差异，因此可得出该区相应的油、水层判别标准，如表6-18所示。

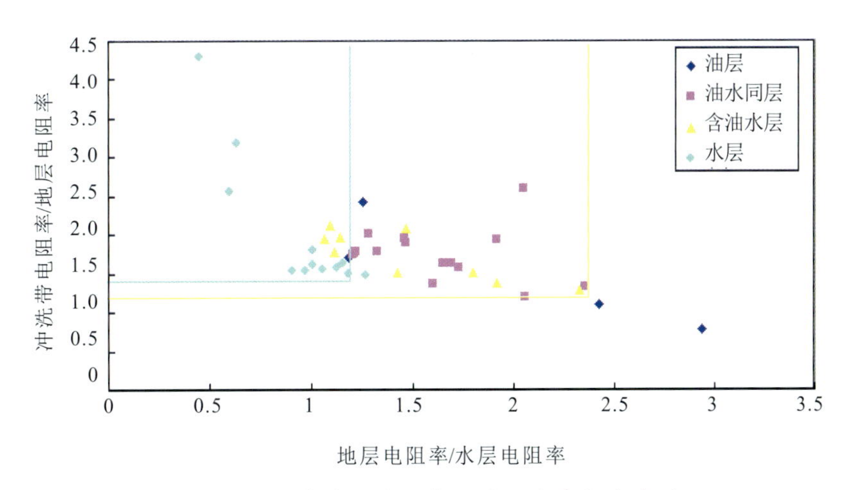

图 6－93　宁东 2 井区部分井反演参数交会图

表 6－18　宁东 2 井区反演参数油、水层判别标准

储层特征	地层电阻率/水层电阻率	冲洗带电阻率/地层电阻率
油层	>2.45	<1.2
油水同层	2.45～1.2	1.2～2.5
含油水层	1.95～1	1.4～2.1
水层	<1.2	>1.45

2. 宁东 3 井区

宁东 3 井区共用了 4 口重要储层井的 23 个储层反演数据，对延 7 段、延 8 段、延 9 段的反演参数进行交会图处理。

根据交会图(图 6－94)，可以很明显地看出水层、油层及油水同层之间的分区差异，因此可得出该区相应的油、水层判别标准，如表 6－19 所示。

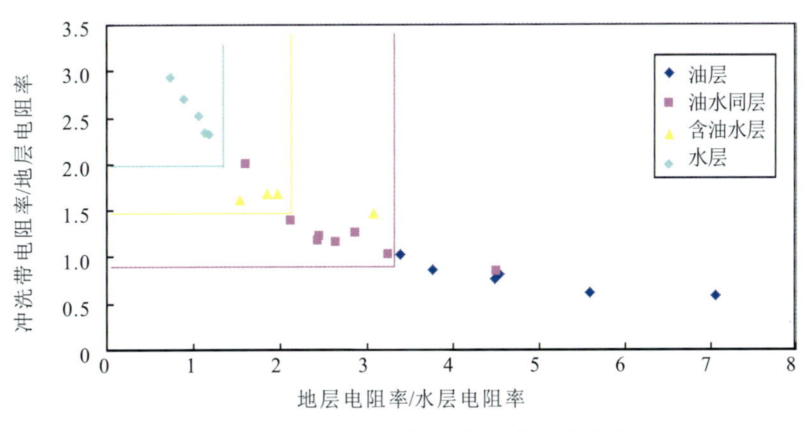

图 6－94　宁东 3 井区部分井反演参数交会图

表 6-19　宁东 3 井区反演参数油、水层判别标准

储层特征	地层电阻率/水层电阻率	冲洗带电阻率/地层电阻率
油层	>3.3	<1
油水同层	3.3～2.08	0.85～1.5
含油水层	2.08～1.3	1.5～2
水层	<1.3	>2

3. 宁东 5 井区

宁东 5 井区共用了 8 口重要储层井的 34 个储层反演数据，对延 7 段、延 8 段、延 9 段的反演参数进行交会图处理。

根据交会图(图 6-95)，可以很明显地看出水层、油层及油水同层之间的分区差异，因此可得出该区相应的油、水层判别标准，如表 6-20 所示。

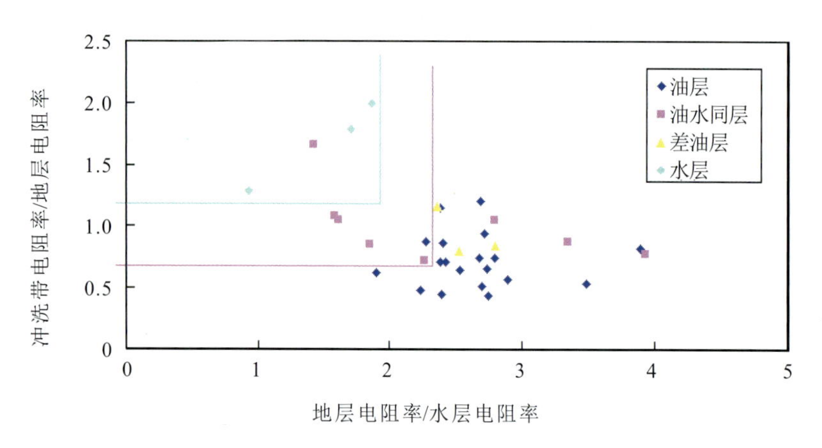

图 6-95　宁东 5 井区部分井反演参数交会图

表 6-20　宁东 5 井区反演参数油、水层判别标准

储层特征	地层电阻率/水层电阻率	冲洗带电阻率/地层电阻率
油层(含差油层)	>2.4	<1
油水同层	2.4～1.95	0.7～1.2
水层	<1.95	>1.2

4. 宁东 2 井、3 井区

根据地理位置，我们知道宁东 2 井、3 井区都位于麻黄山的东北方向处，将两个井区共同作交会图处理，可以看出反演后的参数进行交会处理后，油、水层特性差异较为明显，只是油水同层与含油水层之间还存在部分重叠(图 6-96)。宁东 2 井、3 井区的油水判别标准如表 6-21 所示。

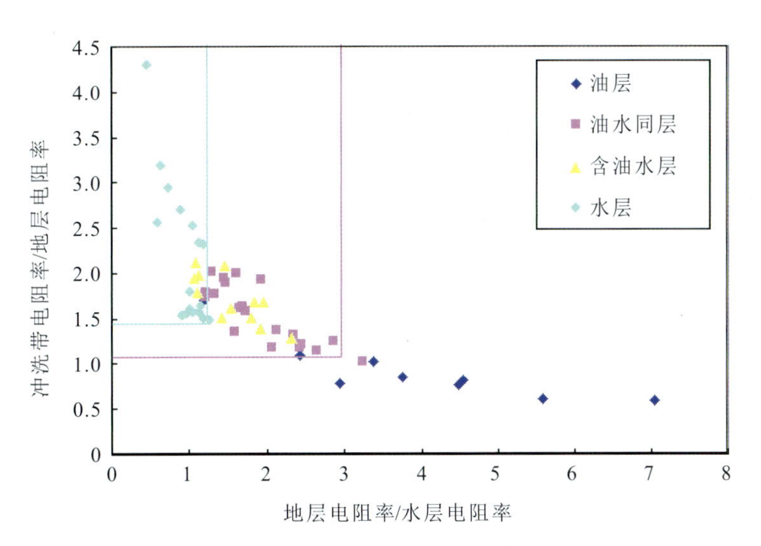

图 6-96　宁东 2 井、3 井区反演参数交会图

表 6-21　宁东 2 井、3 井区反演参数油、水层判别标准

储层特征	地层电阻率/水层电阻率	冲洗带电阻率/地层电阻率
油层	>2.8	<1.2
油水同层	2.8～1.2	1.2～2.1
含油水层	2.2～1.0	1.4～2.3
水层	<1.2	>1.45

储层参数计算方法研究

通过前面的研究，已经形成了一套针对于麻黄山地区延安组砂岩储层的测井解释方法和模型，并按照这些方法进行了处理解释。本章重点介绍在测井解释过程中使用到的一些储层参数及其计算方法的研究，并对前述模型的处理结果进行了解释和评价。

第一节　泥质含量的计算

延安组砂岩储层泥质含量计算公式为：

$$V_{sh}=\frac{GR-GR_{min}}{GR_{max}-GR_{min}} \tag{7-1}$$

式中，GR、GR_{min}、GR_{max}分别为实测、纯砂岩和纯泥岩的自然伽马测井值。并对V_{sh}作非线性校正：

$$V_{sh}'=\frac{2^{c}\times V_{sh}-1}{2^{c}-1} \tag{7-2}$$

式中，c为非线性校正系数（Hilchie指数），当地层为前古近纪地层时取值2，当地层为古近纪—第四纪地层时取值3.7；V_{sh}'为非线性校正后的泥质含量。

另外，也可以用自然电位来计算泥质含量，但是SP曲线因受矿化度、岩性等因素影响，导致不能在鉴别岩性和反映地层泥质含量方面发挥较好的作用。

第二节　孔隙度和渗透率的计算

一、模型的建立

粒间孔隙度φ就是通常所说的有效孔隙度，通常利用孔隙度测井方法（DEN、AC、CNL）确定，包括单孔隙度测井方法、双孔隙度测井交会方法，以及根据岩心资料回归的公式计算孔隙度等方法。

1. 单孔隙度测井方法确定孔隙度

（1）对泥质砂岩，密度测井响应方程为：

$$DEN=\rho_{\varphi}\varphi+\rho_{sh}V_{sh}+\rho_{ma}V_{ma} \tag{7-3}$$

式中，DEN 为密度测井值；ρ_{φ}、ρ_{sh}、ρ_{ma}分别为孔隙流体、泥质和石英的体积密度。φ、V_{sh}、V_{ma}分别为孔隙度、泥质和石英的相对体积。由上式可得密度孔隙度 φ_{den}：

$$\varphi_{den}=\frac{DEN-\rho_{ma}}{\rho_{\varphi}-\rho_{ma}}-V_{sh}\frac{\rho_{sh}-\rho_{ma}}{\rho_{\varphi}-\rho_{ma}} \tag{7-4}$$

（2）对声波测井，有：

$$\Delta t=\Delta t_{\varphi}\varphi+\Delta t_{sh}V_{sh}+\Delta t_{ma}V_{ma} \tag{7-5}$$

式中，Δt 为声波时差测井值；Δt_{φ}、Δt_{sh}、Δt_{ma}分别为孔隙流体、泥质和石英的声波时差。由上式可得孔隙度 φ_{ac}：

$$\varphi_{ac}=\frac{\Delta t-\Delta t_{ma}}{\Delta t_{\varphi}-\Delta t_{ma}}\frac{1}{C_p}-V_{sh}\frac{\Delta t_{sh}-\Delta t_{ma}}{\Delta t_{\varphi}-\Delta t_{ma}} \tag{7-6}$$

值得注意的是，利用声波时差确定孔隙度时，对非压实或疏松地层需进行压实校正，C_p 为压实校正系数。

（3）对中子测井，有：

$$CNL=CNL_{\varphi}\varphi+CNL_{sh}V_{sh}+CNL_{ma}V_{ma} \tag{7-7}$$

式中，CNL 为中子测井值；CNL_{φ}、CNL_{sh}、CNL_{ma}分别为孔隙流体、泥质和石英的中子孔隙度值。由于 CNL_{ma}近似为 0，CNL_{φ} 近似为 1，所以中子孔隙度 φ_{CNL}：

$$\varphi_{CNL}=(CNL-CNL\times V_{sh})/100 \tag{7-8}$$

2. 利用双孔隙度测井交会方法确定孔隙度

双孔隙度测井交会方法可以确定孔隙度。以下简述利用双孔隙度测井交会确定孔隙度的原理。孔隙度测井的响应方程组和平衡方程为：

$$LOG_i=\varphi\times MAT_{\varphi}+\sum_{j=1}^{m}(MAT_{ij}\times V_j),i=1,2,\cdots,n\text{（响应方程组）} \tag{7-9}$$

$$1=\varphi+\sum_{j=1}^{m}V_j\text{（平衡方程）} \tag{7-10}$$

在响应方程组中，n 为孔隙度测井方法数；LOG_i 为第 i 种孔隙度测井值；m 为岩性成分种类数；V_j 为第 j 种岩性成分的相对体积；MAT_{ij}为第 i 种孔隙度测井方法，第 j 种岩性成分的响应系数；MAT_{φ} 是粒间孔隙流体响应系数；V 是总相对体积，设 $V=1$；响应方程组中，MAT_{φ}、MAT_{ij}对一个地区来说是已知的，未知数是各岩性成分的相对体积 V_j 和粒间孔隙度 φ（未知数个数为 $m+1$，方程个数为 $n+1$），利用迭代等方法求解这些粒间孔隙度 φ 和其他未知数。

3. 利用声波密度交会法确定孔隙度

用双孔隙度测井交会方法可以确定孔隙度，现采用声波密度交会法计算孔隙度，首先建立平衡方程：

$$\begin{cases}AC=\varphi\Delta t_{\varphi}+V_{sh}\Delta t_{sh}+V_{ma}\Delta t_{ma}\\DEN=\varphi\rho_{\varphi}+V_{sh}\rho_{sh}+V_{ma}\rho_{ma}\\\varphi+V_{sh}+V_{ma}=1\end{cases} \tag{7-11}$$

式（7-11）中各变量含义同上。

4. 建立岩心分析孔隙度与AC、DEN、V_{sh}的关系

根据前面章节的分析，总结的孔隙度POR、渗透率 K 回归公式及模型见表7-1—表7-3。

表7-1 宁东2井区孔隙度POR、渗透率 K 模型表

宁东2井区			
延8段	$POR=0.035\times AC+1.414\times DEN-0.027\times V_{sh}-0.648$		$(R=0.88)$
	$\lg(K)=0.0074\times POR^2-0.0307\times POR-0.7663$		$(R=0.83)$
延9段	$POR=0.173\times AC-1.713\times DEN-0.052\times V_{sh}-24.683$		$(R=0.94)$
	$\lg(K)=0.0023\times POR^2+0.0812\times POR-1.1616$	$(POR<13.5)$	$(R=0.92)$
	$\lg(K)=0.5073\times POR-6.6706$	$(POR>13.5)$	$(R=0.88)$
延安组	$POR=0.130\times AC-6.007\times DEN-0.006\times V_{sh}-5.394$		$(R=0.76)$
	$\lg(K)=0.1258\times POR-1.4242$	$(POR<15.3)$	$(R=0.90)$
	$\lg(K)=0.4548\times POR-5.7528$	$(POR>15.3)$	$(R=0.75)$

表7-2 宁东3井区孔隙度POR、渗透率 K 模型表(R 值为拟合优度)

宁东3井区			
延8段	$POR=0.164\times AC-28.456\times DEN-0.013\times V_{sh}+43.107$		$(R=0.91)$
	$\lg(K)=0.2961\times POR-3.2141$		$(R=0.91)$
延9段	$POR=-0.005\times AC-39.810\times DEN+0.137\times V_{sh}+107.993$		$(R=0.87)$
	$\lg(K)=0.0109\times POR^2-0.0272\times POR-1.2634$		$(R=0.99)$
延安组	$POR=0.162\times AC-17.339\times DEN-0.032\times V_{sh}+16.872$		$(R=0.79)$
	$\lg(K)=0.0098\times POR^2-0.0291\times POR-1.1448$	$(POR<15.4)$	$(R=0.82)$
	$\lg(K)=6.1004\times \mathrm{Ln}(POR)-15.309$	$(POR>15.4)$	$(R=0.70)$

表7-3 宁东5井区孔隙度POR、渗透率 K 模型表(R 值为拟合优度)

宁东5井区		
延8段	$POR=0.184\times AC-16.197\times DEN-0.015\times V_{sh}+8.713$	$(R=0.83)$
	$\lg(K)=0.3157\times POR-3.5308$	$(R=0.96)$
延9段	$POR=0.190\times AC-47.574\times DEN-0.057\times V_{sh}+81.635$	$(R=0.72)$
	$\lg(K)=0.3137\times POR-3.6426$	$(R=0.93)$
延安组	$POR=0.097\times AC-18.935\times DEN-0.023\times V_{sh}+36.453$	$(R=0.81)$
	$\lg(K)=0.0123\times POR^2-0.0207\times POR-1.4101$	$(R=0.97)$

按不同岩性所得孔渗模型见表7-4。

表 7-4　不同岩性孔隙度 POR、渗透率 K 模型表

岩性	模型	相关系数
粗砂岩	$POR=0.161\times AC+2.195\times DEN-0.042\times V_{sh}-31.678$	($R=0.82$)
粗砂岩	$\lg(K)=0.0806\times POR-0.903$	($R=0.84$)
中砂岩	$POR=0.089\times AC-21.18\times DEN+0.008\times V_{sh}+43.956$	($R=0.64$)
中砂岩	$\lg(K)=0.0143\times POR^2-0.0856\times POR-0.8374$	($R=0.93$)
细砂岩	$POR=0.113\times AC-22.314\times DEN+0.011\times V_{sh}+38.576$	($R=0.79$)
细砂岩	$\lg(K)=0.0081\times POR^2-0.02\times POR-0.9862$	($R=0.86$)
粉砂岩	$POR=0.099\times AC-7.755\times DEN-0.04\times V_{sh}+6.728$	($R=0.76$)
粉砂岩	$\lg(K)=0.0105\times POR^2-0.0242\times POR-1.316$	($R=0.92$)

二、模型的选取

本研究在划分三大井区的前提下，建立了多个孔渗模型，我们要选取一种便捷、高效的模型应用到生产中。

从所建模型的适用条件来看，岩性资料的获取不如层位资料获取方便、准确，所以分组段建立的模型要优于分岩性建立的模型，但分岩性建立的模型可根据实际情况用于检验其他方法计算的孔隙度和渗透率。

与分组建立的模型相比较，分段的拟合优度略高于分组的拟合优度，但相差不大；再者，参与分段建模的数据均来自岩心测试资料，由于测试资料有限，故未能覆盖全井段，所以出现了有些段没有模型的情况。鉴于本研究主要面向于生产实际，从处理程序的可操作性角度来看，要求拟合优度较高、覆盖面广的模型，因此选择分组建立的孔渗模型，而分段建立的模型用于辅助性的检验。

在随后实际处理中所计算出来的孔隙度和渗透率值与岩心测试得到的结果符合率很高，说明分井区分组建立的模型是行之有效的。

三、模型的适用范围

根据前面研究所得，将研究区域分为 3 个区块，通过已钻井的方位勾勒出一个大致的范围，在下一步的勘探开发中，所钻新井可根据分区示意图划分到相应的区块，在计算孔隙度和渗透率的过程中选择相对应的计算模型。

第三节　处理成果

宁东 2-3 井在延 9 段 2 222.1～2 223.1m 试油，日产油 7.28m^3，日产水 1.6m^3；第 17 层原解释为差油层，二次解释的含油饱和度为 69.8%，渗透率为 $1.2\times10^{-3}\mu m^2$，认定为油层，二次解释与试油结论相符(图 7-1)。

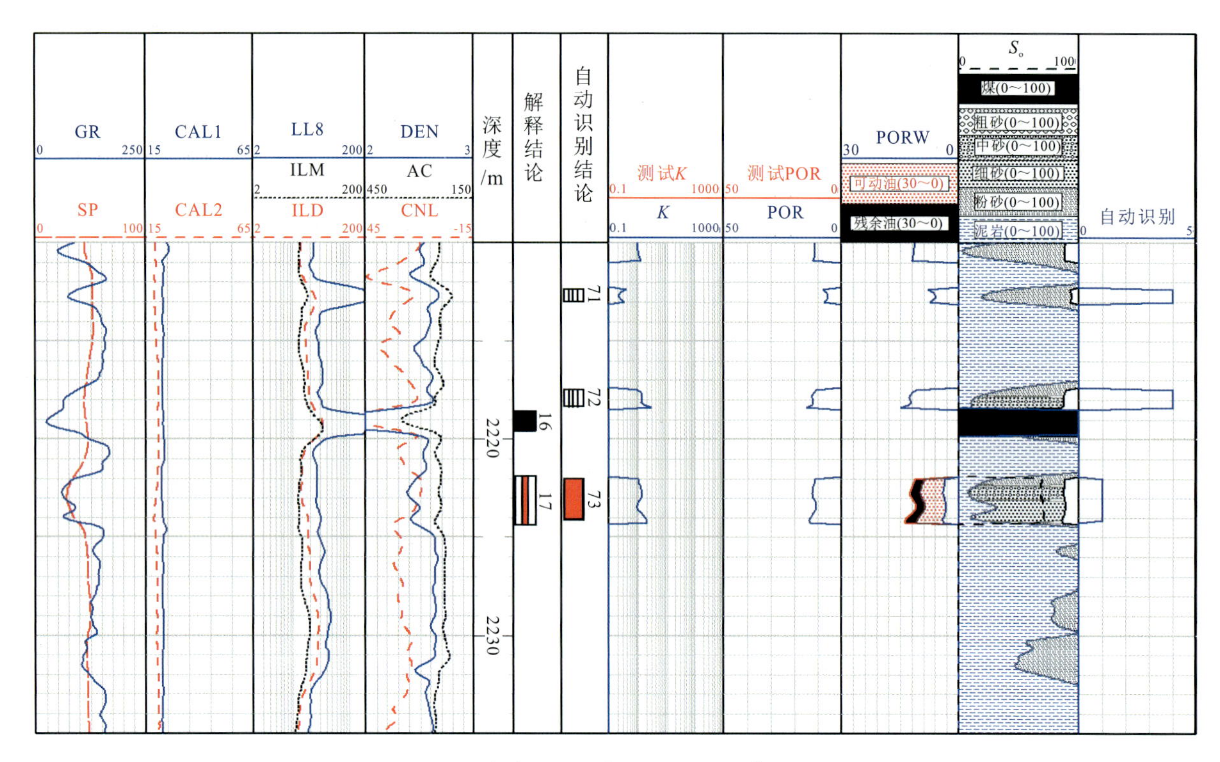

图 7-1　宁东 2-3 井延 9 段二次解释结果

宁东 2-5 井在延 9 段 2 197.5～2 199.5m 试油，日产油 0m³，日产水 3.52m³；第 23 层原解释为油水同层，二次解释的含油饱和度为 20%，但都为残余油，没有可动油，认定为水层，二次解释与试油结论相符(图 7-2)。

宁东 3 井在延 8 段 2137～2140m 试油，日产油 23.23m³，日产水 0.72m³；原解释为油层，二次解释的含油饱和度为 62%，认定为油层，自动识别结果为油层，二次解释与试油结论相符(图7-3)。

宁东 3 井在延 9 段 2137～2140m 试油，日产水 0.63m³；原解释为水层，二次解释的含油饱和度为 0，认定为水层，自动识别结果为水层，二次解释与试油结论相符(图 7-4)。

宁东 3-3 井在延 8 段 2243～2245m 试油，日产油 17.96m³，日产水 0m³；第 16(1)层原解释为油层，二次解释的含油饱和度为 68.8%，认定为油层，二次解释与试油结论相符(图 7-5)。

宁东 5 井在延 8 段 2 295.9～2 307m 试油，日产油 18.32m³，日产水 0.18m³；二次解释认定为油层，二次解释的孔隙度、渗透率及含油饱和度与分析化验结果及试油结论相符(图 7-6)。

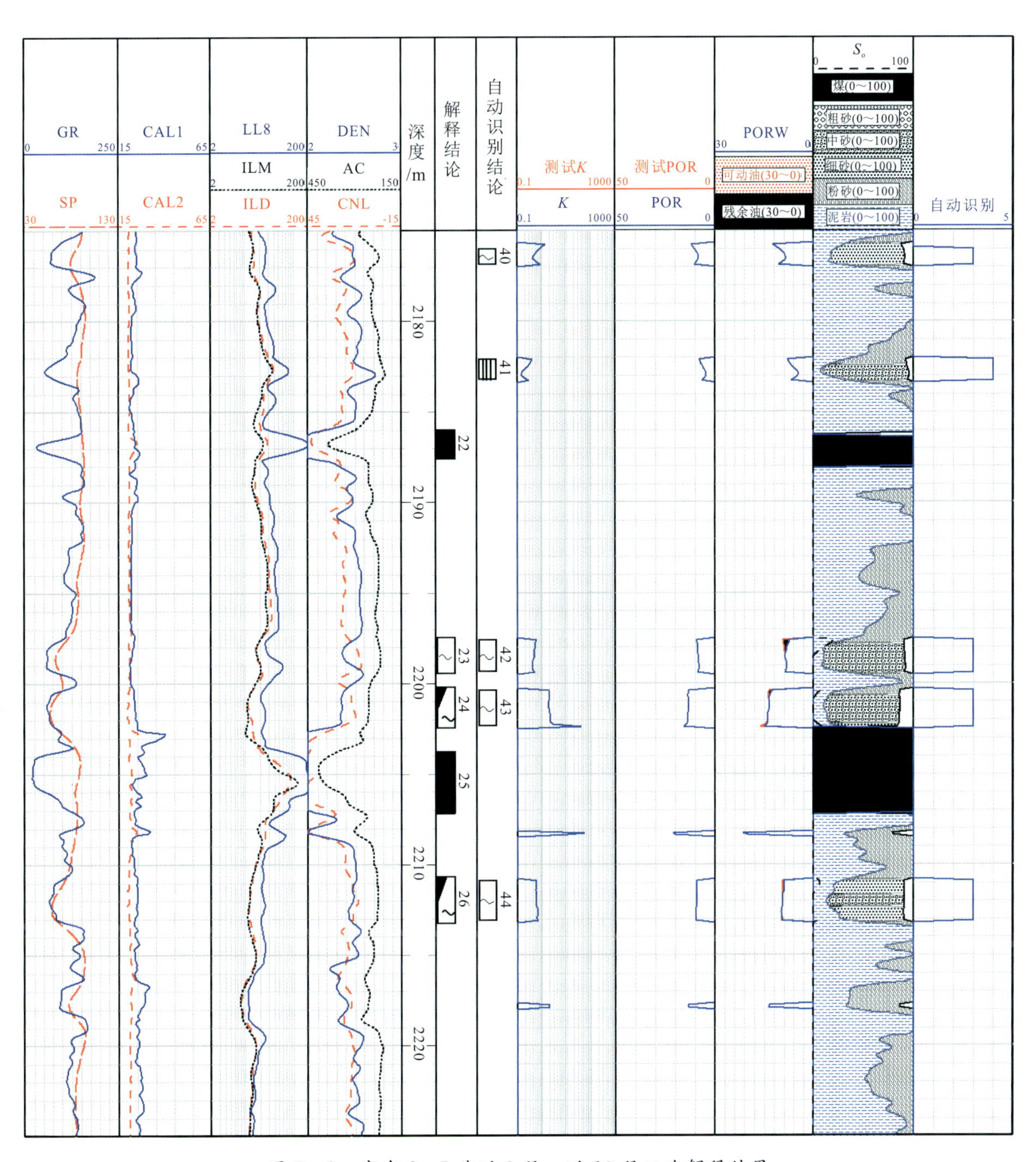

图 7-2　宁东 2-5 井延 9 段～延 10 段二次解释结果

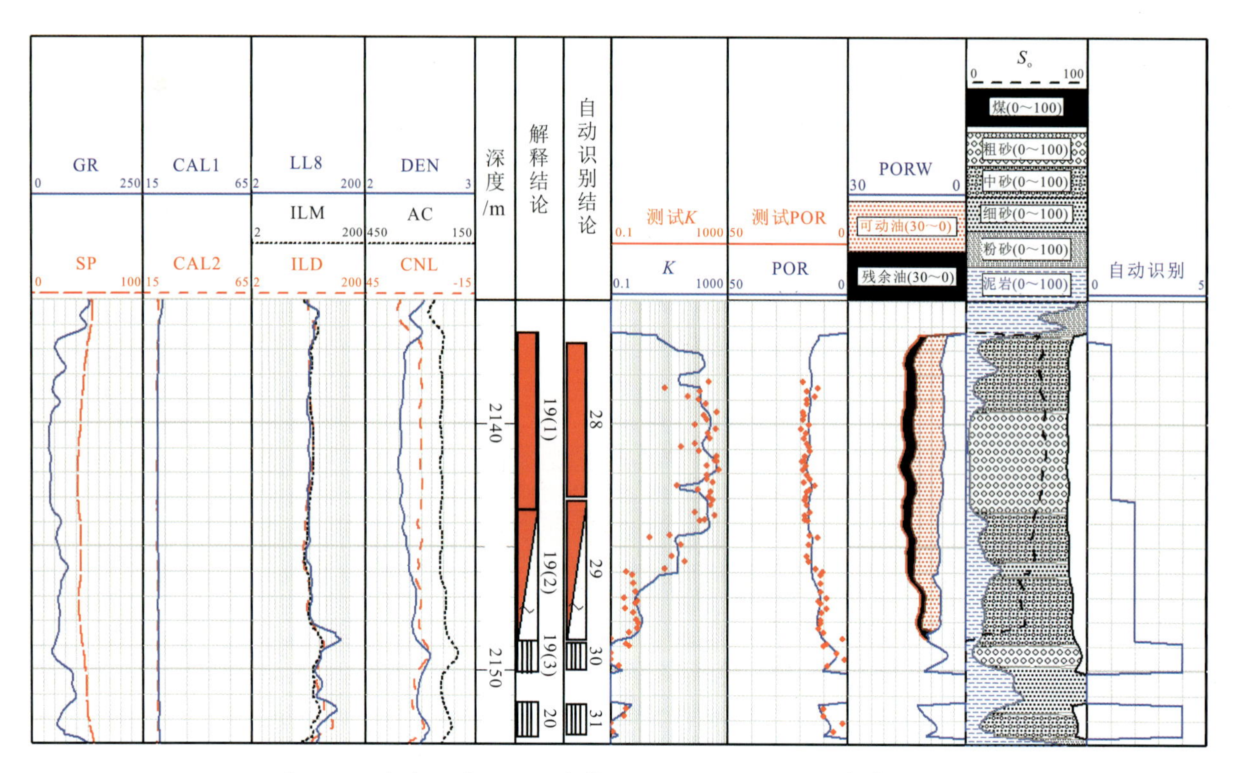

图 7-3 宁东 3 井延 8 段计算 POR、PERM 与测试资料对比图

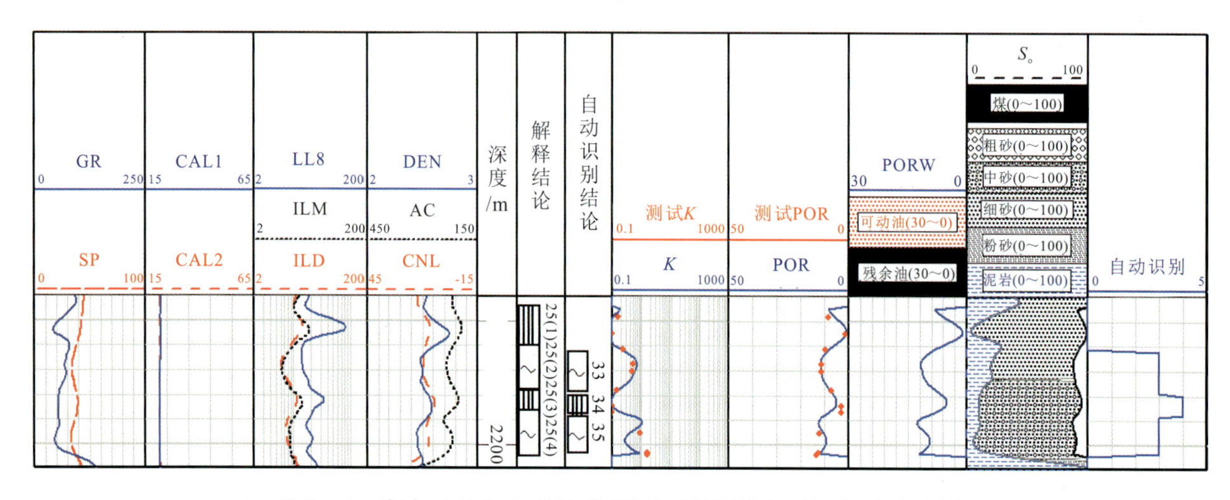

图 7-4 宁东 3 井延 9 段计算 POR、PERM 与测试资料对比图

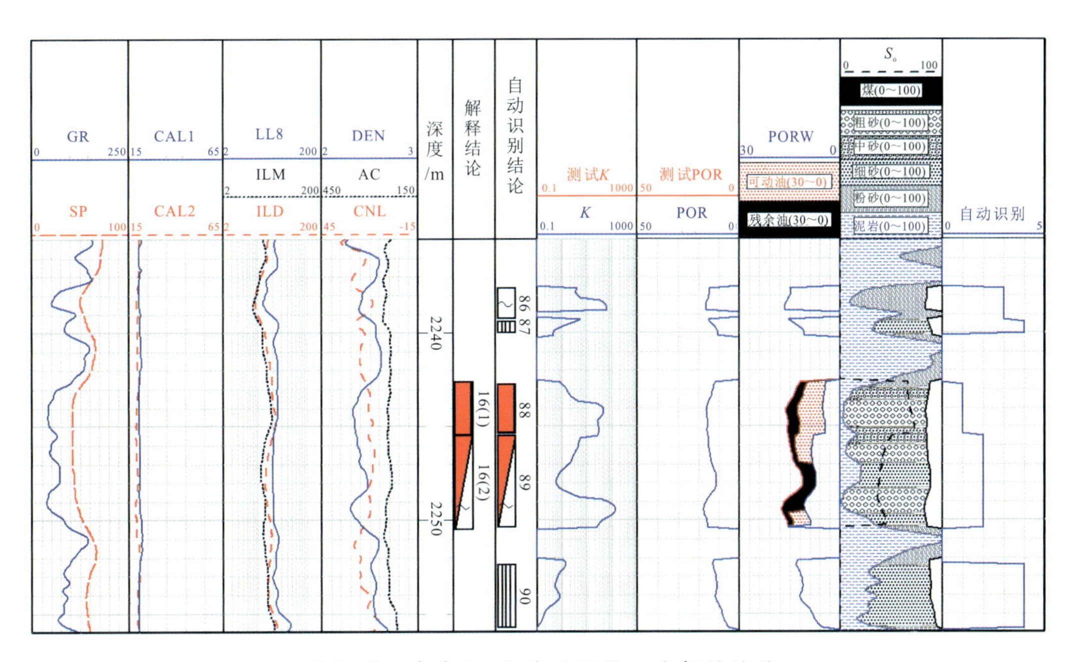

图 7-5　宁东 3-3 井延 8 段二次解释结果

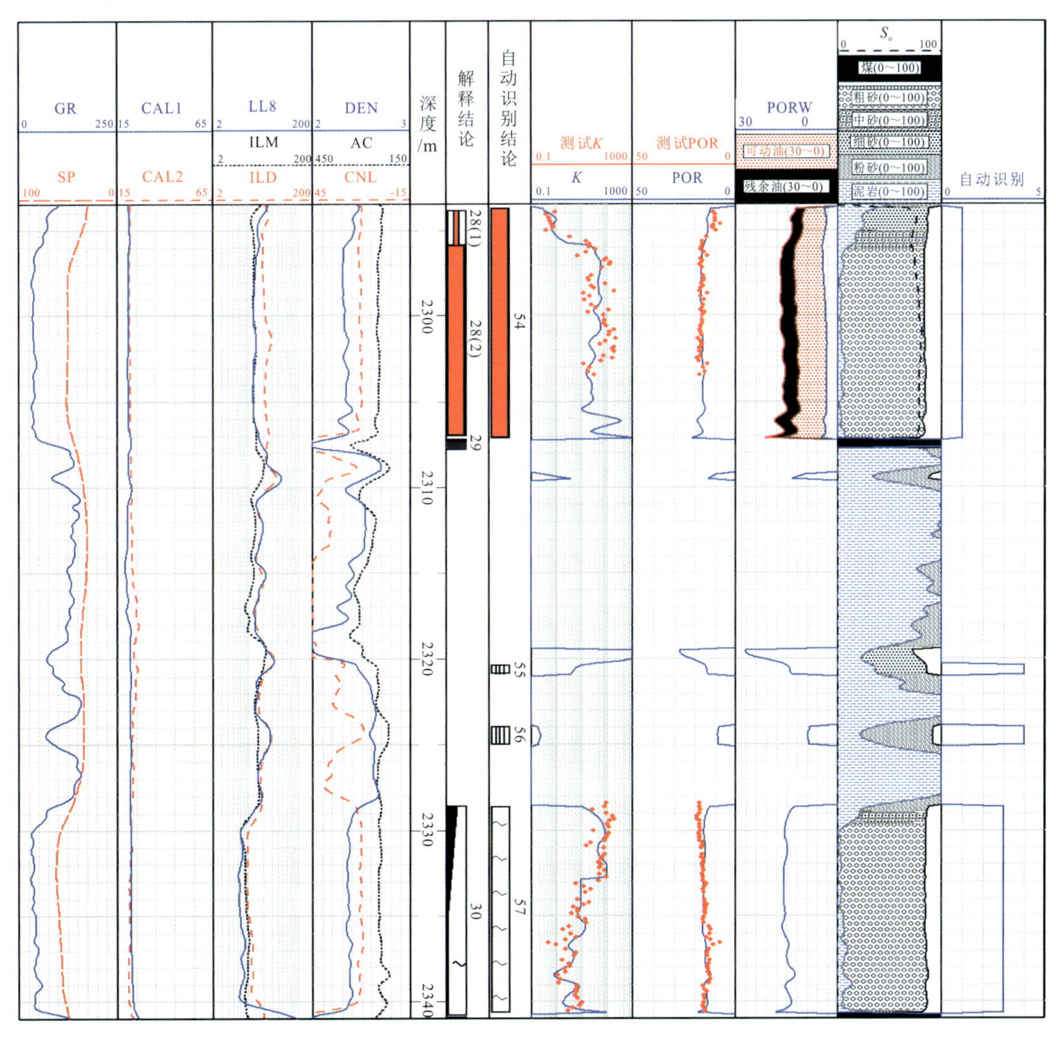

图 7-6　宁东 5 井延 8 段计算 POR、PERM 与测试资料对比图

流体性质识别方法研究

本章根据试油资料研究油层、油水同层、水层、干层等储层的测井响应区间，对研究区分别分井区、分组段建立油水层识别标准，以满足精细测井解释与评价的要求。

第一节　流体性质识别方法

一、径向电阻率比值法

1. 高侵剖面

R_{xo}明显大于R_t，称为泥浆高侵或增阻侵入，高侵地层电阻率的径向变化称为高侵剖面，如图 8－1所示。一般在泥浆滤液电阻率大于地层水电阻率时，发生泥浆高侵或增阻侵入。因此，淡水泥浆钻井的水层一般是高侵，部分具有高矿化度地层水的油气层也可能出现高侵，但R_{xo}与R_t差别较小。

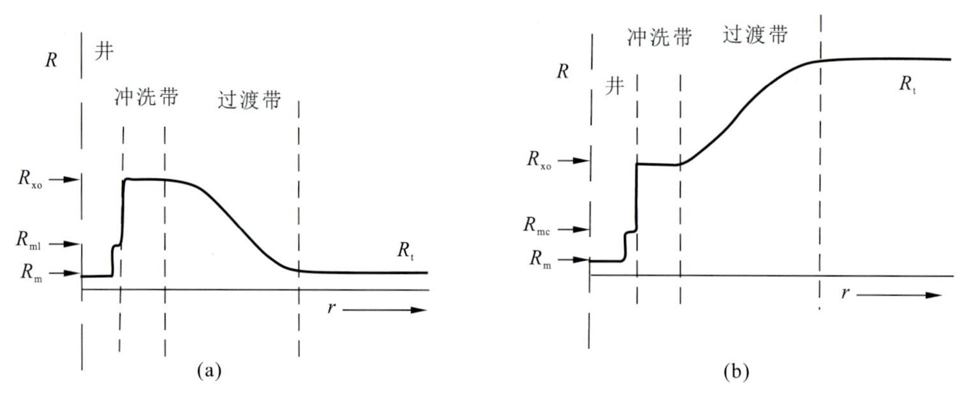

图 8－1　泥浆侵入特性示意图

(a)高侵剖面；(b)低侵剖面

2. 低侵剖面

R_{xo}明显小于R_t，称为泥浆低侵或减阻侵入，低侵地层电阻率的径向变化称为低侵剖面，如图 8-2(b)所示。一般在泥浆滤液电阻率小于地层水电阻率时，发生泥浆低侵或减阻侵入。油气层多为低侵或侵入不明显(R_{xo}与 R_t 差别小)，部分水层特别是用盐水泥浆钻井的水层也可能低侵(当泥浆滤液电阻率明显小于地层水电阻率)，但 R_{xo}与 R_t 差别较小。

表 8-1 列出了含油气层与纯水层的侵入剖面特点。

表 8-1　油气层与纯水层在侵入性质上的差别(淡水泥浆)

		油气层	纯水层
孔隙流体	冲洗带	含盐量相对较低的滤液、残余水和油气	含盐量相对较低的滤液、残余地层水
	未侵入带	油气为主，含盐量相对较高的地层水	含盐量相对较高的地层水
含水饱和度	冲洗带	大于 50%	100%
	未侵入带	一般小于 40%	100%
电阻率		$R_{xo}<R_t$	$R_{xo}>R_t$
侵入性质		泥浆低侵或侵入不明显	泥浆高侵

3. 径向电阻率比值法

对于纯(不含泥质)岩层，含水饱和度 S_w 和冲洗带含水饱和度 S_{xo}可用下式表示：

$$S_w^n=\frac{aR_w}{\varphi^m R_t} \tag{8-1}$$

$$S_{xo}^n=\frac{aR_{mf}}{\varphi^m R_{xo}} \tag{8-2}$$

二式相比得到：

$$\left(\frac{S_w}{S_{xo}}\right)^n=\frac{R_{xo}}{R_t}\cdot\frac{R_w}{R_{mf}} \tag{8-3}$$

假设饱和度指数 $n=2$，同时在中等侵入地区 $S_{xo}\approx S_w^{1/5}$，有：

$$S_w=\left(\frac{R_{xo}}{R_t}\cdot\frac{R_w}{R_{mf}}\right)^{5/8} \tag{8-4}$$

上式说明，同一地层不同径向范围电阻率的差别，即冲洗带电阻率与原状地层电阻率的差别，取决于 R_{xo}/R_t 和 $R_w\cdot R_{mf}$，因此 R_{xo}/R_t 的值直接反映地层的含水饱和度。

4. 应用效果

宁东 4 井 2116～2128m 是测试的水层(图 8-2)，测试结果为：产水 $1.2m^3/d$，不产油，利用以上径向电阻率比值法得到，$R_w=0.1\Omega\cdot m$，$R_{mf}=0.372\Omega\cdot m$，$S_w$(ILD)=90%，$S_w$(LLD)=45%。

宁东 3 井 2136～2145m 测试为油层(图 8-3)，测试结果为：产油 $23.23m^3/d$，产水 $0.72m^3/d$，利用径向电阻率比值法得到，$R_w=0.1\Omega\cdot m$，$R_{mf}=0.229\Omega\cdot m$，$S_w$(ILD)=55%，$S_w$(LLD)=54%。

宁东 3 井 2190～2200m 是水层，利用径向电阻率比值法得到，$R_w=0.1\Omega\cdot m$，$R_{mf}=0.226\Omega\cdot m$，$S_w$(ILD)=80%～90%，$S_w$(LLD)=59%～63%。

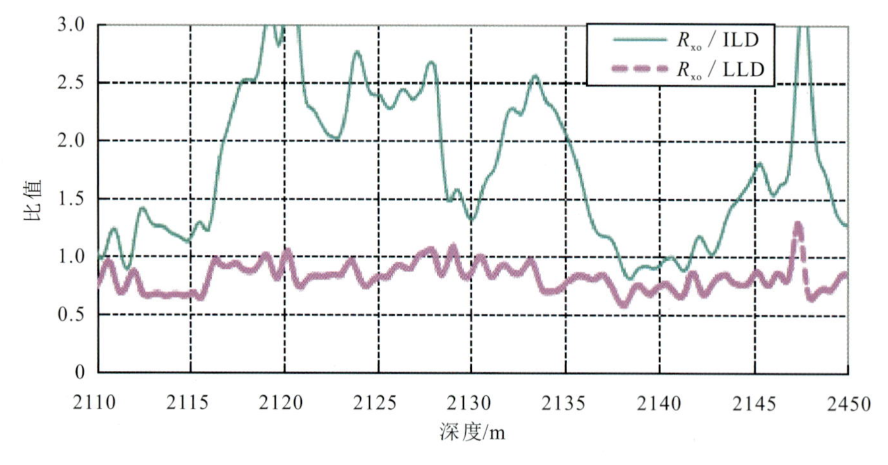

图 8-2 宁东 4 井 2110～2150m 井段的径向电阻率比值法

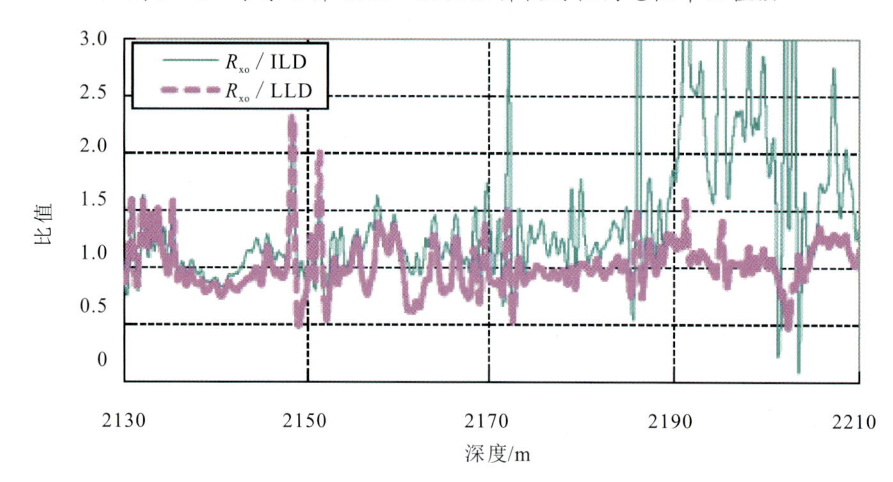

图 8-3 宁东 3 井 2130～2210m 井段的径向电阻率比值法

宁东 3 井 2495～2500m 是含油水层(图 8-4),测试结果为:产油 0.08m^3/d,产水 2.2m^3/d,利用径向电阻率比值法得到,R_w=0.1Ω·m,R_{mf}=0.209Ω·m,S_w(ILD)=60%～87%,S_w(LLD)=55%～68%。

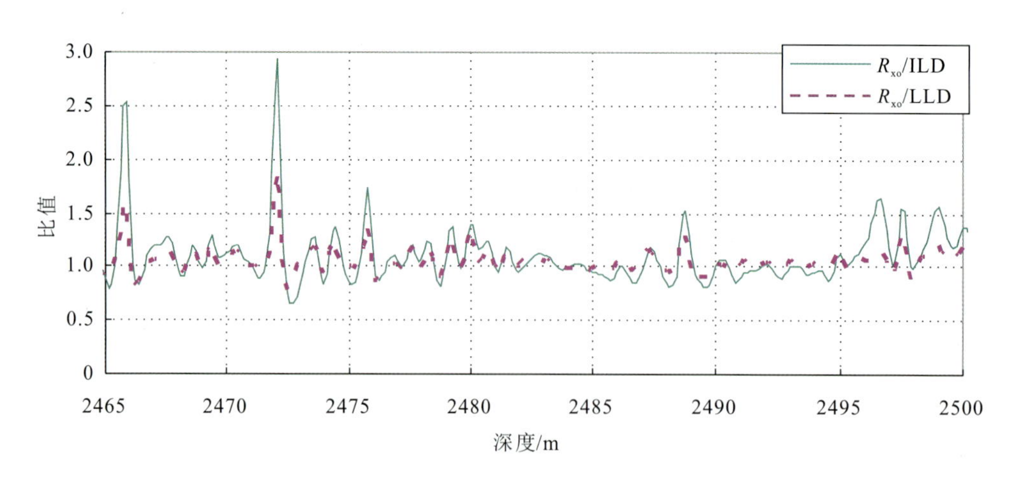

图 8-4 宁东 3 井 2465～2500m 井段的径向电阻率比值法

宁东2井2163～2166m是油水同层（图8-5），测试结果为：产油5.93m^3/d，产水2.94m^3/d。利用径向电阻率比值法得到，R_w=0.1Ω·m，R_{mf}=0.371Ω·m，S_w(ILD)=48%～58%，S_w(LLD)=33%～38%。

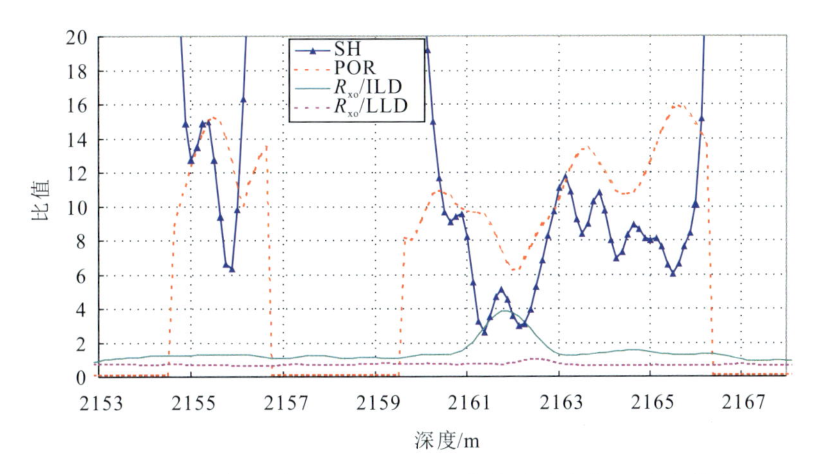

图8-5 宁东2井2153～2167m井段的径向电阻率比值法

从以上实际分析得出如下结论。

(1)泥浆电阻率0.40～1.87Ω·m，比地层水电阻率(0.1Ω·m左右)大。

(2)淡水泥浆导致油层上ILD>R_{xo}；水层上ILD<R_{xo}。

(3)淡水泥浆导致深侧向电阻率测井的影响大，深感应电阻率测井的影响小。以上几个利用径向电阻率比值法示例表明，利用深感应电阻率测井计算的S_w符合实际，而利用深侧向电阻率测井计算的S_w与实际差别大。

(4)一般地，低阻环带的存在降低了井内感应仪器的径向探测深度，因此影响了对原始含烃饱和度的精确评价。但是，从以上计算示例表明，低阻环带在该地区虽有影响，但影响不大。

(5)需要特别说明：以上4点适合于该地区$R_{mf}\gg R_w$的情况下（一般$R_{mf}>R_w$），该地区大部分井的泥浆也满足该条件。但是，当R_{mf}虽然大于R_w，但二者差别不大的情况下，感应测井存在较大的误差，例如：宁东108井，R_w为0.13Ω·m，R_{mf}在地面22℃的情况下为0.66Ω·m，在2182～2190m（测试油层处）R_{mf}<0.2Ω·m，显然远不能满足$R_{mf}>3R_w$的淡水泥浆条件，测量结果：ILD=5Ω·m，LLD=13.5Ω·m，此时感应电阻率测井的测量结果受到的影响明显大于侧向电阻率测井。因此，建议该地区当目的层段的$R_{mf}<2R_w$时，应该同时测量双感应电阻率和双侧向电阻率。

二、视地层水与地层水电阻率差值法

由阿尔奇公式（式8-1）可知，在完全含水地层上$R_t=R_0$，$S_w=1$，于是$R_w=\frac{R_t\varphi^m}{ab}$，在油气地层上$R_t>R_0$，$S_w\ll1$，由此引入视地层水电阻率$R_{wa}$：

$$R_{wa}=\frac{R_t\varphi^m}{ab} \tag{8-5}$$

视地层水电阻率法说明，在完全含水地层上$R_{wa}=R_w$，在油气地层上$R_{wa}\gg R_w$。

图 8-6 中宁东 3 井的油层(2 136.30～2 143.50m):测试产油 23.23m³/d,产水 0.72m³/d;宁东 3 井的含油水层(2 492.7～2 498.0m):测试产油 0.08m³/d,产水 2.2m³/d。

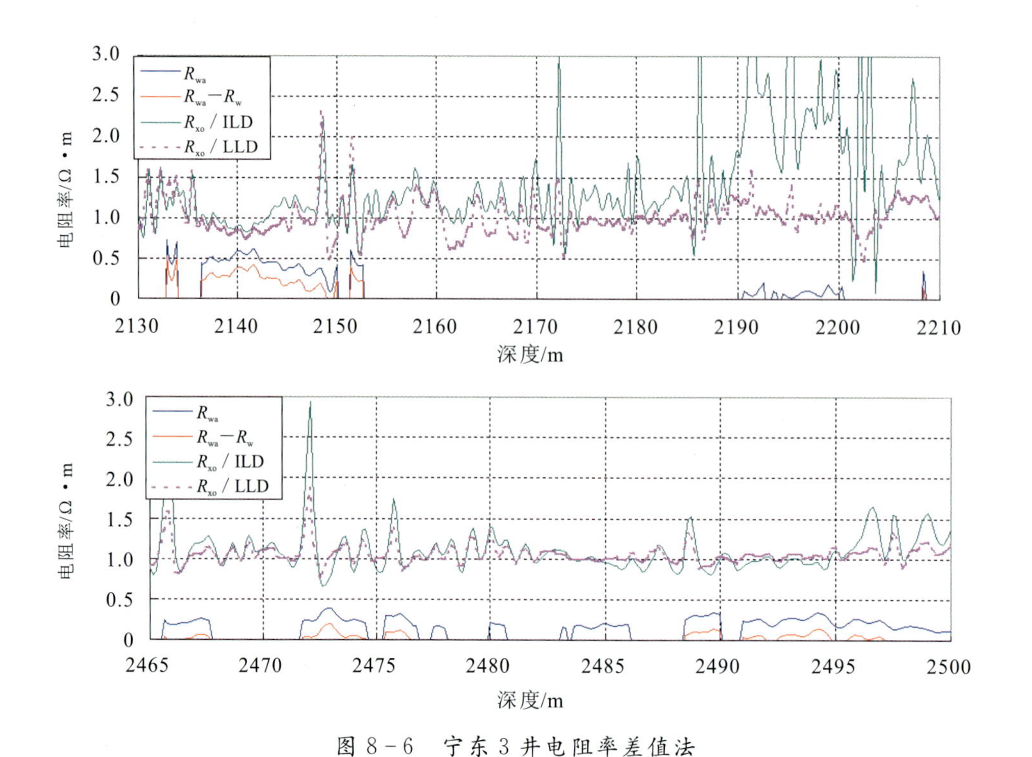

图 8-6 宁东 3 井电阻率差值法

图 8-7 中宁东 4 井的水层(2 116.20～2 127.50m):测试产水 1.2m³/d,不产油。

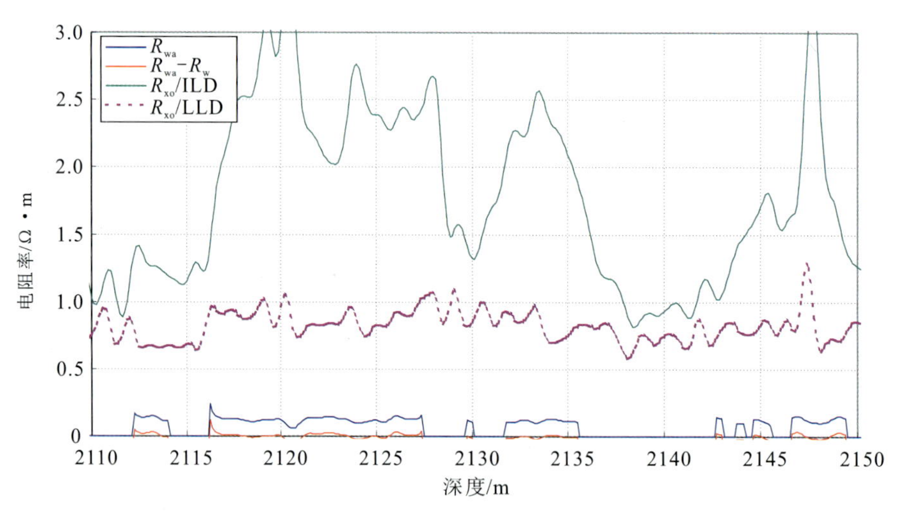

图 8-7 宁东 4 井电阻率差值法

图 8-8 中宁东 2 井的油水同层(2 162.60～2 166.40m):测试产油 5.93m³/d,产水 2.94m³/d。

图 8-6—图 8-8 中,R_{wa}是视地层水电阻率,$R_{wa}-R_w$ 为视地层水电阻率与地层水电阻率的差值,由图可以得出以下结论。

(1)油层:$R_{wa}-R_w$ 一般大于 4Ω·m;

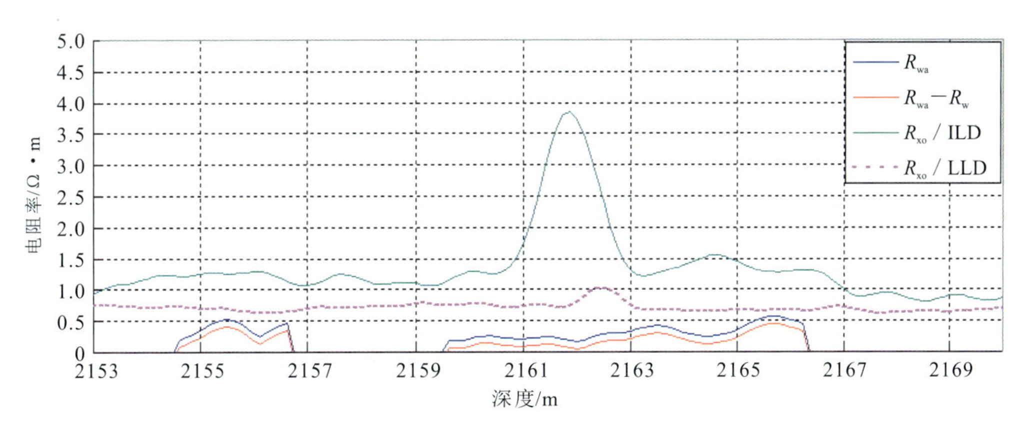

图 8-8　宁东 2 井电阻率差值法

(2)油水同层：$R_{wa}-R_w$ 为 0.25～4Ω·m；

(3)含油水层：$R_{wa}-R_w$ 小于 0.05Ω·m；

(4)水层：$R_{wa}-R_w$ 接近 0。

三、地层电阻率与完全含水地层电阻率比值法

对于孔隙中 100%含水，其电阻率为 R_0，则含水饱和度为 1，结合阿尔奇公式(式 8-1)可得：

$$1=\frac{abR_w}{R_0\varphi^m} \tag{8-6}$$

式(8-1)与式(8-6)相比得：

$$\left(\frac{1}{S_w}\right)^n=\frac{R_t}{R_0} \tag{8-7}$$

即 R_t/R_0 反映了含油性的好坏，其比值越大，含油性越好。

图 8-9 宁东 3 井中的油层(2 136.30～2 143.50m)：测试产油 23.23m^3/d，产水 0.72m^3/d。

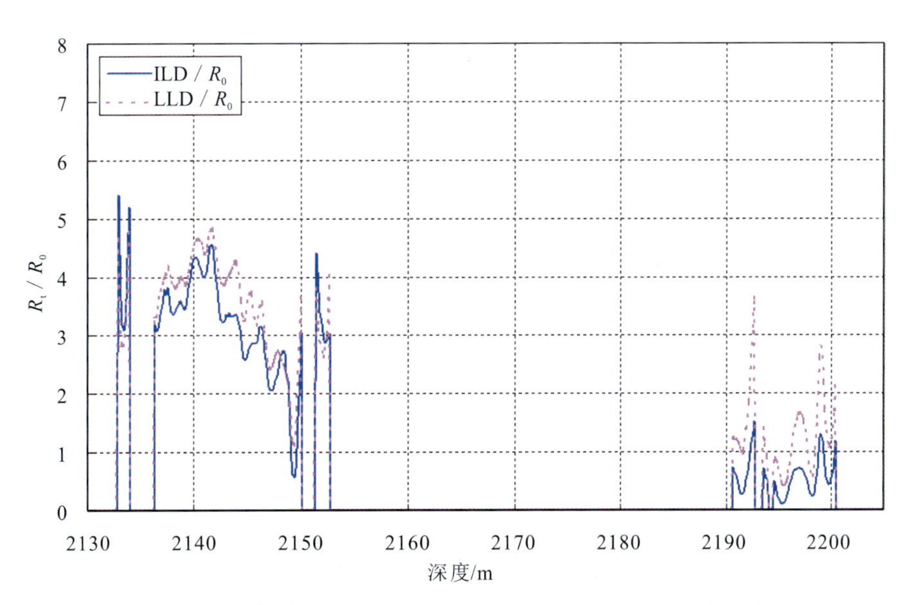

图 8-9　宁东 3 井(2 136.30～2 143.50m)电阻率比值法

图 8-10 宁东 3 井中的含油水层(2 492.7～2 498.0m):测试产油 0.08m^3/d,产水 2.2m^3/d。

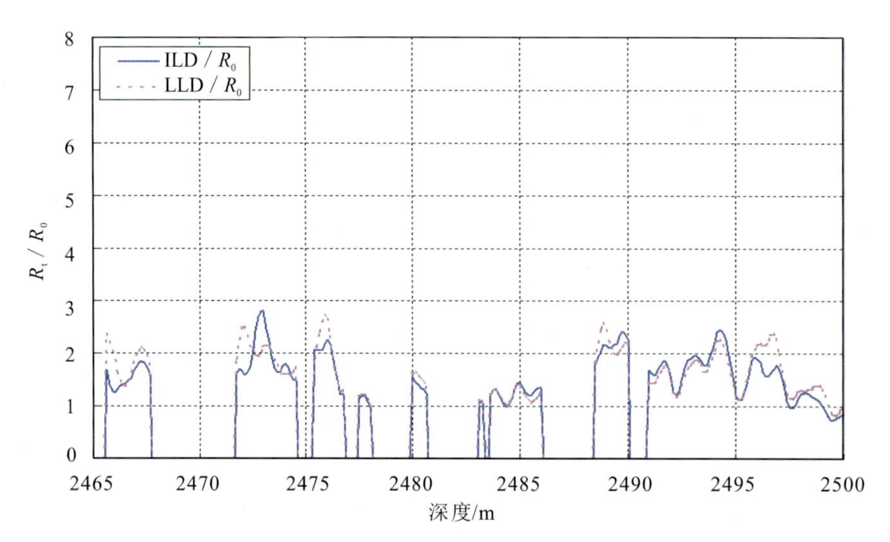

图 8-10　宁东 3 井(2 492.7～2 498.0m)电阻率比值法

图 8-11 宁东 2 井中的油水同层(2 162.60～2 166.40m):测试产油 5.93m^3/d。

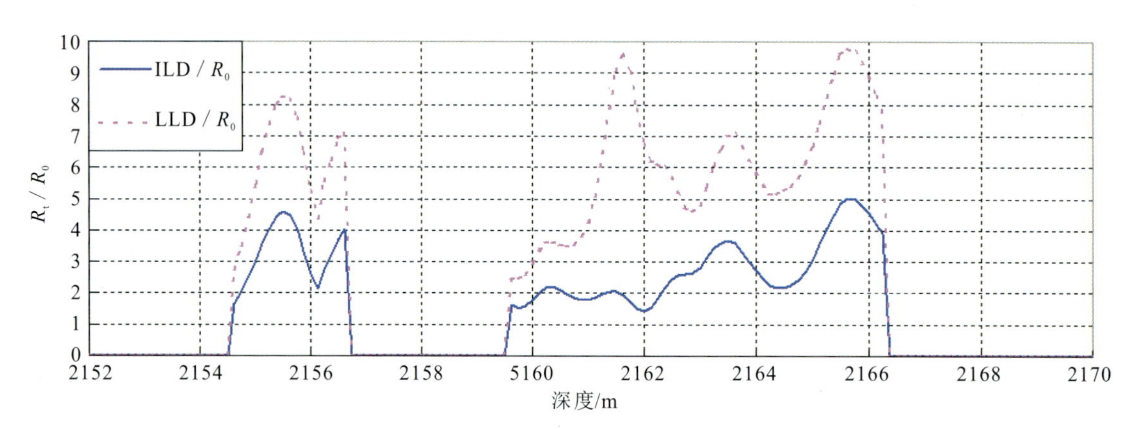

图 8-11　宁东 2 井电阻率比值法

图 8-12 宁东 4 井中的水层(2 116.20～2 127.50m):测试产水 1.2m^3/d,不产油。

图 8-9—图 8-12 中,R_0 是完全含水地层电阻率,R_t/R_0(ILD/R_0、LLD/R_0)是地层电阻率与完全含水地层电阻率的比值,由图可得出以下结论。

(1)油层:R_t/R_0 大,一般大于 3;

(2)油水同层:R_t/R_0 较大,一般为 2～3;

(3)含油水层:R_t/R_0 很小,一般小于 2;

(4)水层:R_t/R_0 很小,一般小于 2。

四、双孔隙差异法

设 V_w 为岩石孔隙中含水部分的体积,V_φ 为岩石孔隙总体积,则含水饱和度 S_w 定义为:

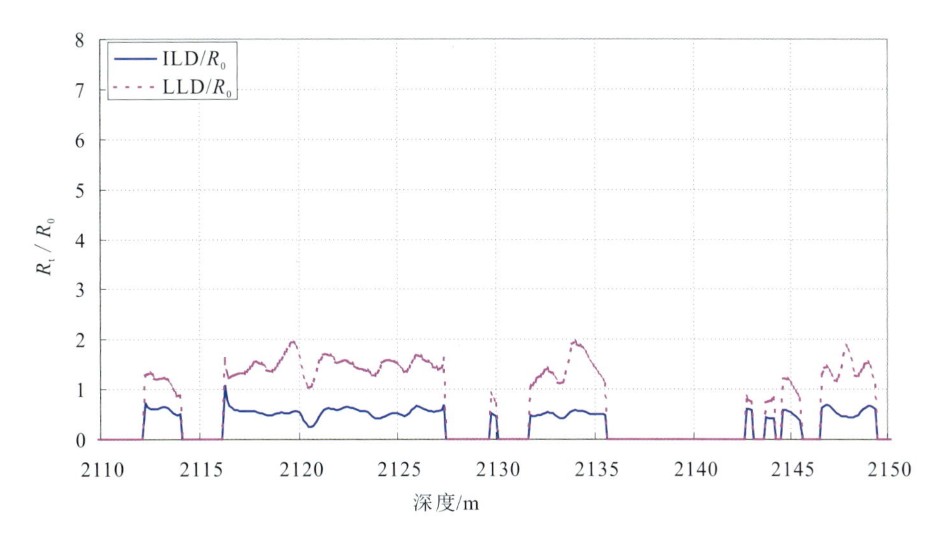

图 8-12 宁东 4 井电阻率比值法

$$S_w=\frac{V_w}{V_\varphi} \tag{8-8}$$

对等式右边的分子、分母同除以岩石总体积 V，则：

$$S_w=\frac{V_w}{V_\varphi}=\frac{V_w/V}{V_\varphi/V}=\frac{\varphi_w}{\varphi} \tag{8-9}$$

式中，φ 为岩石孔隙度；φ_w 为岩石含水部分的孔隙度，简称为含水孔隙度。

将 $S_w=1-S_h$（S_h 为含油饱和度）代入式（8-9），并整理得到：

$$\varphi S_h=\varphi-\varphi_w \tag{8-10}$$

以上 φ 与 φ_w 之差反映了地层的含油情况（φS_h）。

图 8-13 宁东 3 井中的油层（2 136.30～2 143.50m）：测试产油 23.23m^3/d，产水 0.72m^3/d。

图 8-13 宁东 3 井中的含油水层（2 492.7～2 498.0m）：测试产油 0.08m^3/d。

图 8-14 宁东 2 井中的油水同层（2 162.60～2 166.40m）：测试产油 5.93m^3/d，产水 2.94m^3/d。

图 8-13 和图 8-14 中，$POR-POR_w$ 是双孔隙差异，由图可以得出以下结论。

（1）油层：双孔隙差异大，值为 6 以上；

（2）油水同层：双孔隙差异较大，值为 4 左右；

（3）含油水层：双孔隙差异很小，值在 2 以下；

（4）水层：双孔隙差异很小。

五、声波地层因素法与其他方法对比分析

1. 阿尔奇公式法

1）地层因素 F

$$F=\frac{R_t}{R_f}=\frac{a}{\varphi^m} \tag{8-11}$$

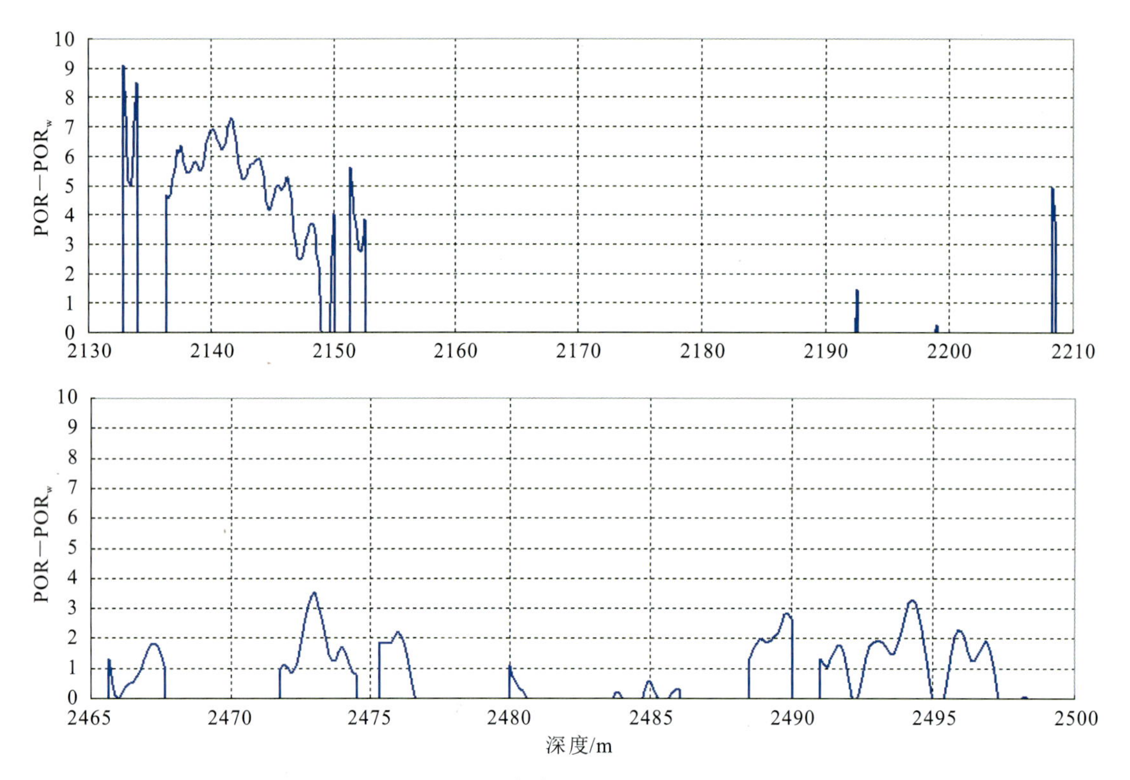

图 8-13　宁东 3 井双孔隙差异

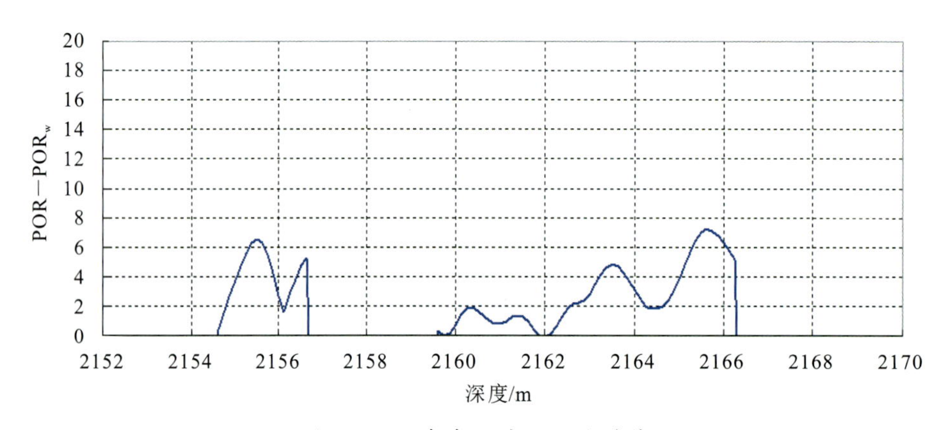

图 8-14　宁东 2 井双孔隙差异

式中，a 为比例系数，与岩性有关；m 为胶结系数，与岩石结构及胶结程度有关；φ 为孔隙度。当岩石 100%饱和地层水时，地层水的电阻率为 R_w，饱水岩石的电阻率为 R_0，公式为：

$$F=\frac{R_0}{R_w}=\frac{a}{\varphi^m} \tag{8-12}$$

2）电阻率增大系数 I

$$I=\frac{b}{S_w^n} \tag{8-13}$$

式中，b 为比例系数，与岩性有关。

3)含水饱和度 S_w

$$S_w^n=\frac{abR_w}{\varphi^m R_t} \tag{8-14}$$

2. 声波地层因素法

Raiga 在总结前人成果的基础上进一步研究声波地层因素 F_{ac}：

$$F_{ac}=\frac{\Delta t}{\Delta t_{ma}}=\frac{1}{(1-\varphi)^x} \tag{8-15}$$

式中，Δt、Δt_{ma}分别为实测声波时差和骨架声波时差；x 为地区经验系数，Raiga 求得其值为 1.6 左右。该式虽是在经验统计的基础上得到的，但它具有明确的理论和物理意义，即介质两点间声波取决于岩石的骨架声波时差和骨架占岩石总体积的相对大小$(1-\varphi)$。由此得到：

$$\varphi=1-F_{ac}^{-1/x} \tag{8-16}$$

因此有：

$$F=\frac{a}{\varphi^m}=\frac{a}{(1-F_{ac}^{-1/x})^m} \tag{8-17}$$

因为：

$$F=\frac{R_0}{R_w} \tag{8-18}$$

所以：

$$R_0=\frac{aR_w}{(1-F_{ac}^{-1/x})^m} \tag{8-19}$$

又因为：

$$I=\frac{R_t}{R_0}=\frac{b}{(1-S_w)^n} \tag{8-20}$$

于是有：

$$S_w=\sqrt[n]{\frac{R_w ab}{R_t(1-F_{ac}^{-1/x})^m}} \tag{8-21}$$

为了得到声波地层因素的系数 x，必须用岩心资料来进行回归，将式(8-15)两边同时取对数，得到：

$$\lg(1-\varphi)=-\frac{1}{x}\lg(\Delta t)+\frac{1}{x}\lg(\Delta t) \tag{8-22}$$

利用实际样品点数据对 $\lg(1-\varphi)$和 $\lg(\Delta t)$作回归分析，由回归的系数可以确定岩性特征指数及砂岩骨架声波时差。代入上式得到：

$$\varphi=1-\left(\frac{\Delta t_{ma}}{\Delta t}\right)^{1/x} \tag{8-23}$$

对于本地区岩心分析数据，采用了 133 个样本点，经回归分析(图 8-15)得到关系式 $\lg(1-\varphi)=-0.733\ 28\lg(\Delta t)+1.678\ 97$(样本数 $N=133$，拟合优度 $R=0.704\ 82$)，然后得到 $x=1.363\ 7$。

3. 分散泥质法

分散泥质砂岩模型假设：黏土矿物只分散在孔隙空间内，分散泥质砂岩中的黏土或泥质均匀充填在孔隙空间中，可视为一部分液体，其等效体积模型和等效电路如图 8-16 所示。根据电阻并联

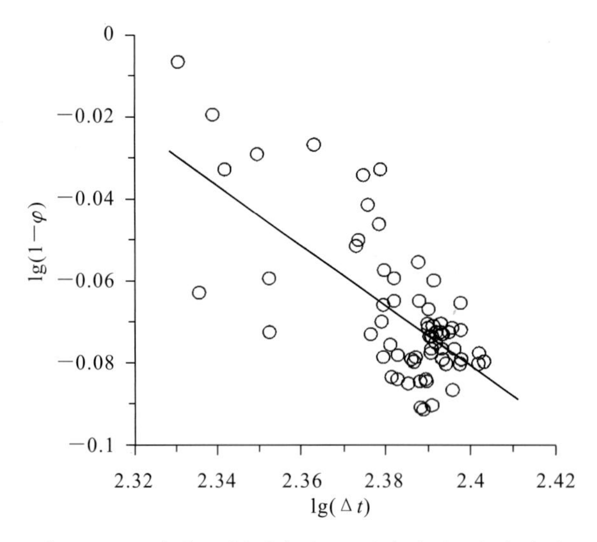

图 8-15　麻黄山探区 lg(1−φ)与 lg(Δt)的关系

概念提出：

$$\frac{V_{zr}}{R_z}=\frac{V_w}{R_w}+\frac{V_{sh}}{R_{sh}} \tag{8-24}$$

式中，V_{zr}、V_w、V_{sh}分别为混合导电液、盐水、黏土相对体积；R_z、R_w、R_{sh}分别为混合导电液、盐水、黏土的电阻率。

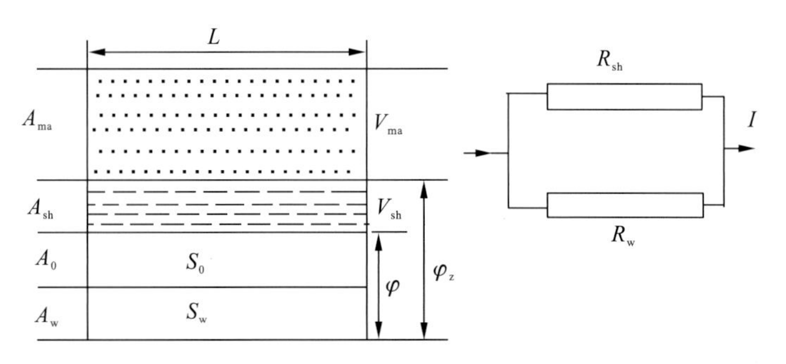

图 8-16　分散泥质砂岩等效体积模型和等效电路

式(8-24)中各变量与 S_w 之间存在以下关系：

$$S_w=\sqrt{\frac{aR_w\ (1-q)^{m-2}}{R_t\varphi^m}+\left(\frac{(R_w-R_{sh})V_{sh}}{2R_{sh}\varphi}\right)^2}-\left(\frac{(R_w+R_{sh})V_{sh}}{2R_{sh}\varphi}\right) \tag{8-25}$$

当 $R_w \ll R_{sh}$时：

$$S_w=\left[\sqrt{\frac{0.81R_w}{R_t\varphi^2}+\left(\frac{q}{2}\right)^2}-\frac{q}{2}\right]/(1-q) \tag{8-26}$$

其中：

$q=V_{sh}/\varphi_z$

$\varphi_z=\varphi+V_{sh}$。

4. 效果对比

图 8-17 宁东 3 井中油层(2 136.30～2 143.50m)：测试产油 23.23m³/d，产水 0.72m³/d。

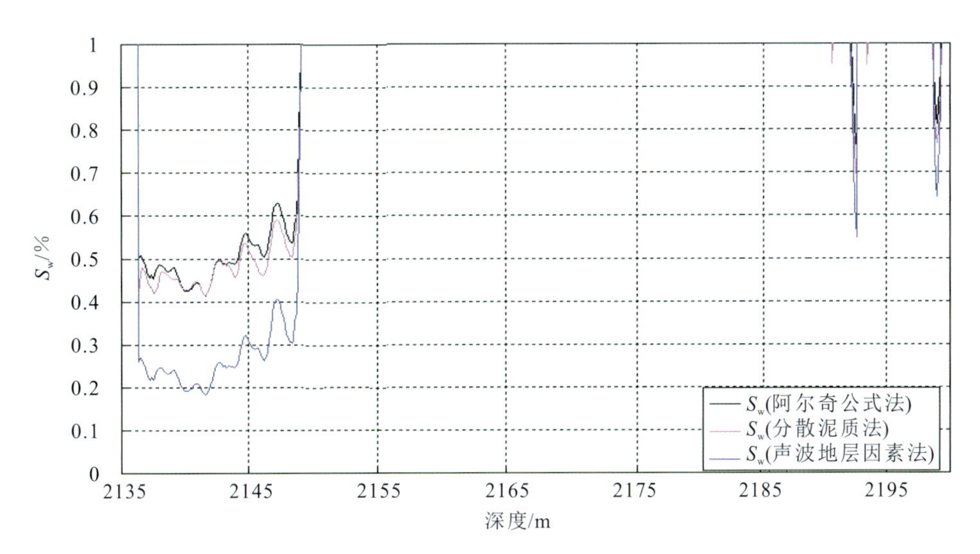

图 8-17　宁东 3 井(2 136.30～2 143.50m)含水饱和度计算

图 8-18 宁东 3 井中含油水层(2 492.7～2 498.0m)：测试产油 0.08m³/d。

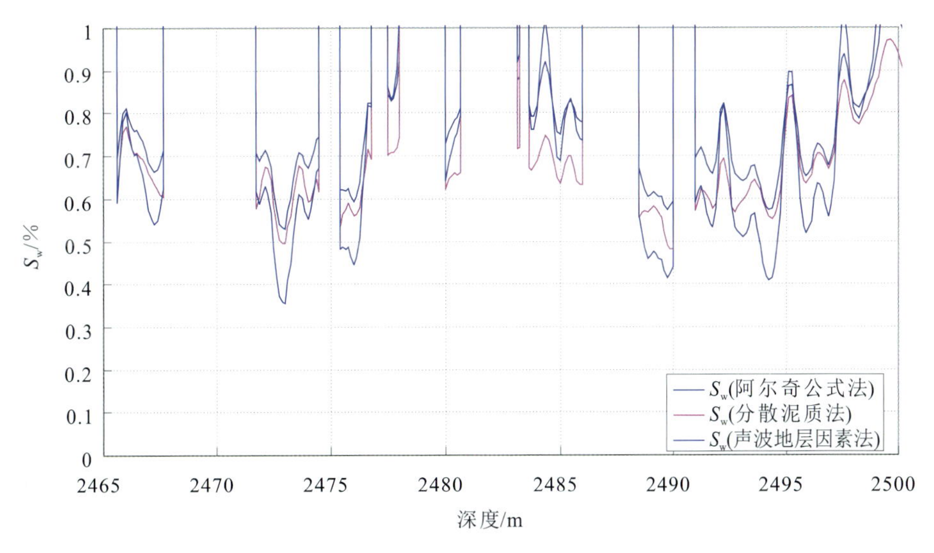

图 8-18　宁东 3 井(2 492.7～2 498.0m)含水饱和度计算

图 8-19 宁东 4 井中水层(2 116.20～2 127.50m)：测试产水 1.2m³/d。

图 8-20 宁东 2 井中油水同层(2 162.60～2 166.40m)：测试产油 5.93m³/d。

以上几个计算 S_w 的实例说明：

(1)S_w(阿尔奇公式法)、S_w(分散泥质法)在油层上计算的 S_w 偏高；

(2)S_w(声波地层因素法)在含油水层、油水同层上计算的 S_w 偏低；

(3)整体上 S_w(声波地层因素法)计算的 S_w 效果好一些；

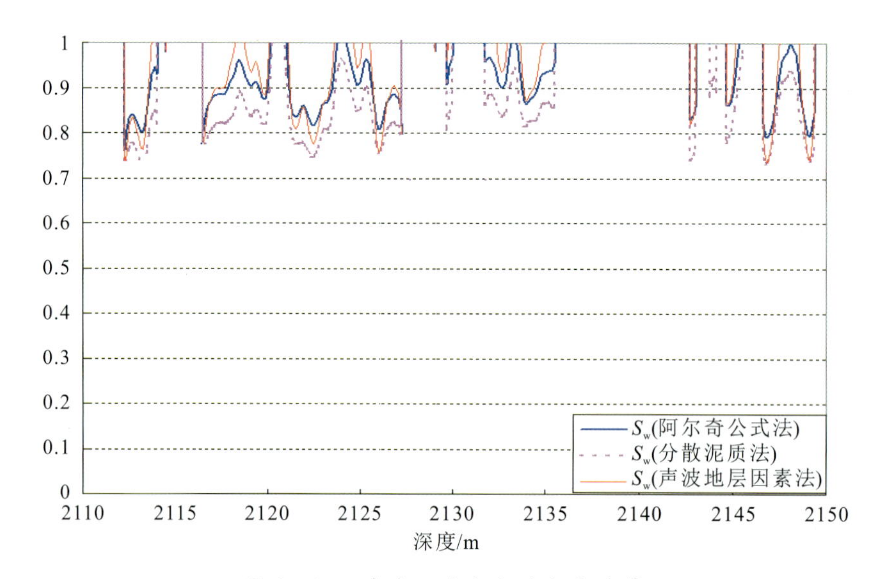

图 8-19 宁东 4 井含水饱和度计算

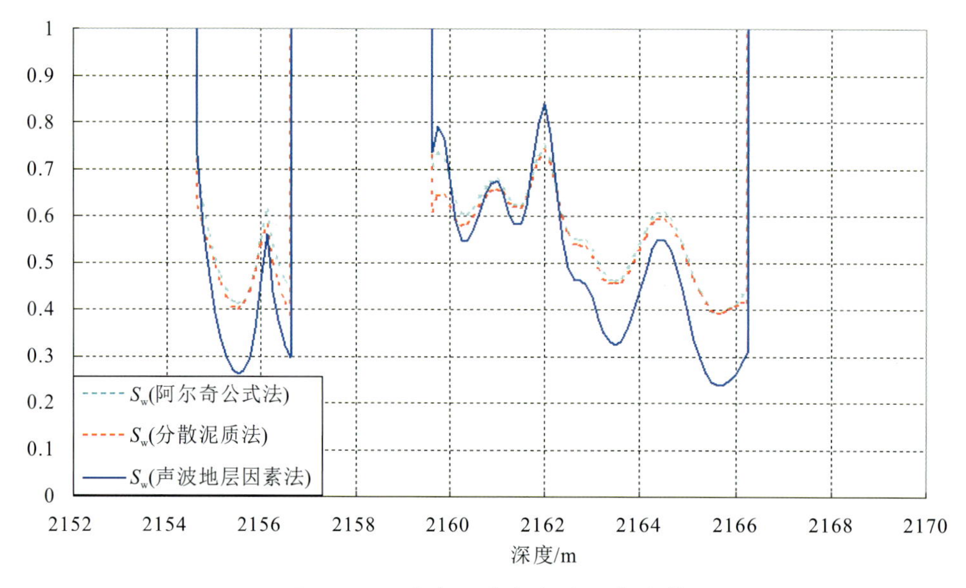

图 8-20 宁东 2 井含水饱和度计算

(4)前面所述的径向电阻率计算的 S_w 效果好一些。

综上所述,应该选择径向电阻率比值法、声波地层因素法确定含水饱和度。

第二节 分井区建立油水标准

根据麻黄山探区的构造特点和井位部署情况,把研究区域分为 3 个井区分别进行了油层、油水同层、水层、干层划分标准的研究。

一、宁东 2 井区

根据宁东 2 井区的试油与测井数据，对宁东 2 井区的油层、油水同层、水层、干层的测井响应区间进行了分析。测井响应特征交会图见图 8－21 和图 8－22，评价标准表见表 8－2。

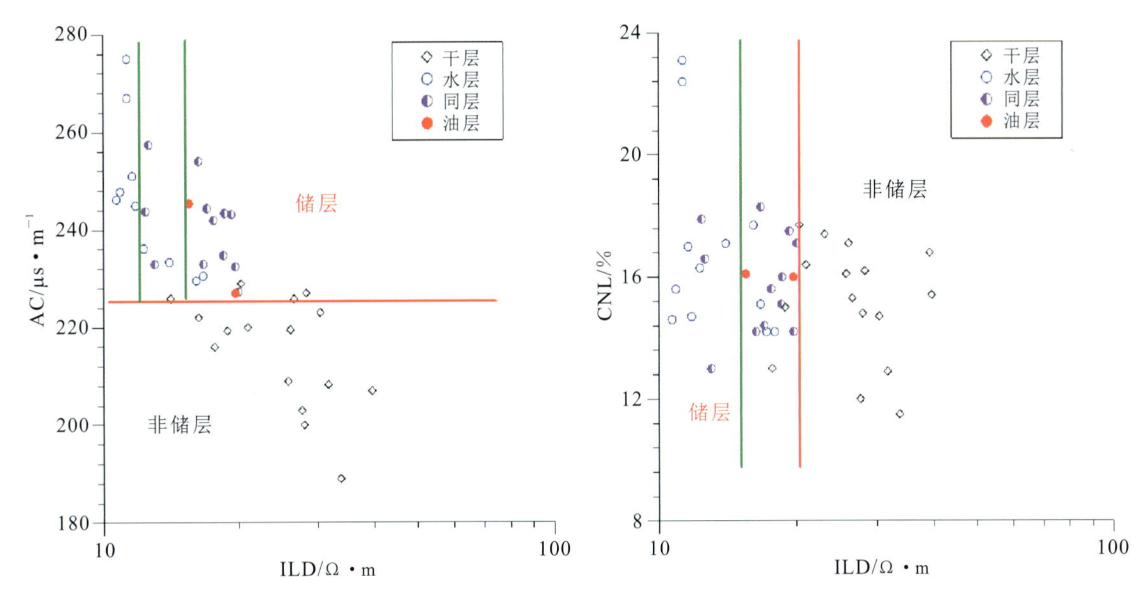

图 8－21　宁东 2 井区不同储层 ILD 与 AC、ILD 与 CNL 的交会图

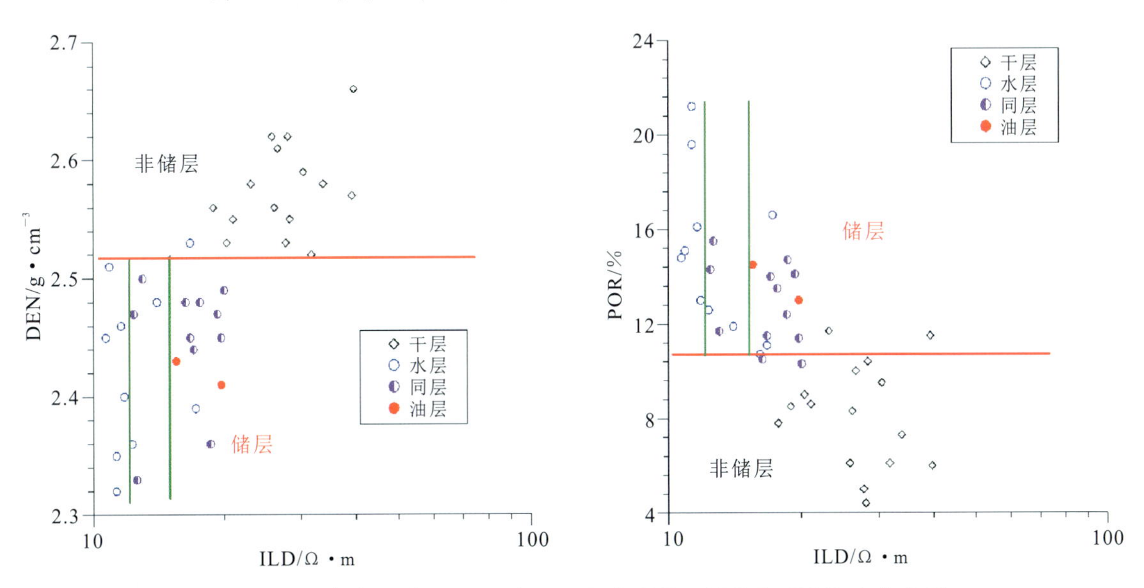

图 8－22　宁东 2 井区不同储层 ILD 与 DEN、ILD 与 POR 的交会图

表 8－2　宁东 2 井区各类储层的物性及电性特征标准

类别	POR/%	ILD/Ω·m	AC/μs·m^{-1}	DEN/g·cm^{-3}	CNL/%
油层	＞10	＞16	＞225	＜2.52	＜16
油水同层	＞10	＞11	＞225	＜2.52	＜20
水层	＞10	＜11	＞225	＜2.52	＜23
干层	＜10	＞17	＜225	＞2.52	＜18

由于宁东2井区目前已确认的油层只有两个，油层数据太少，所以还不能得到很好的油水划分统计规律。

二、宁东3井区

根据宁东3井区的试油资料与测井数据，对宁东3井区的油层、油水同层、水层、干层的测井响应区间进行了分析。测井响应特征交会图见图8－23和图8－24，评价标准见表8－3。

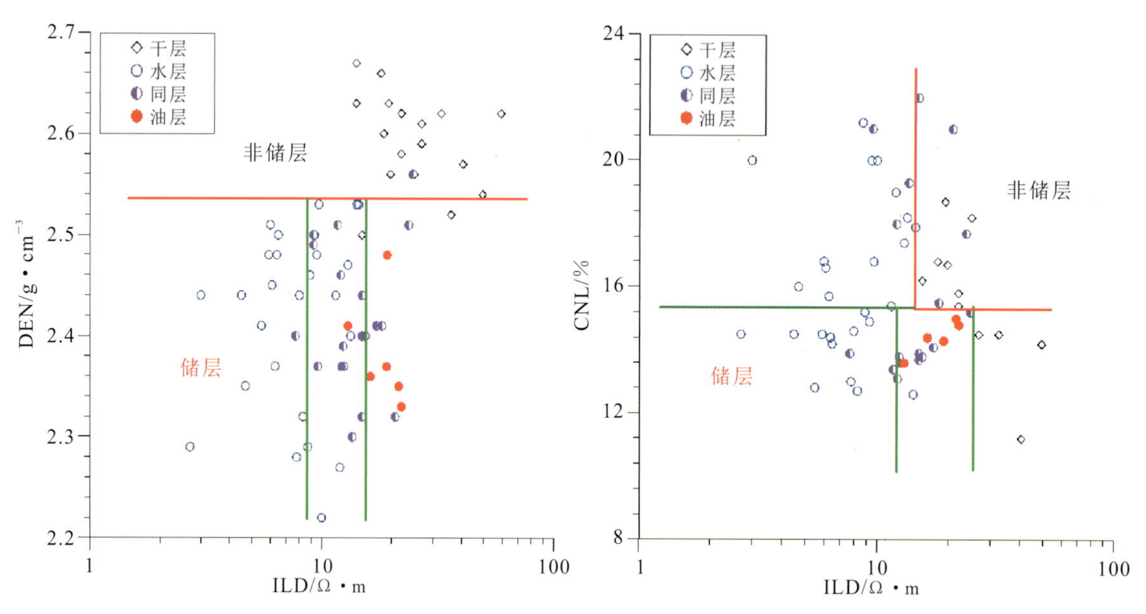

图8－23　宁东3井区不同储层ILD与DEN、ILD与CNL的交会图

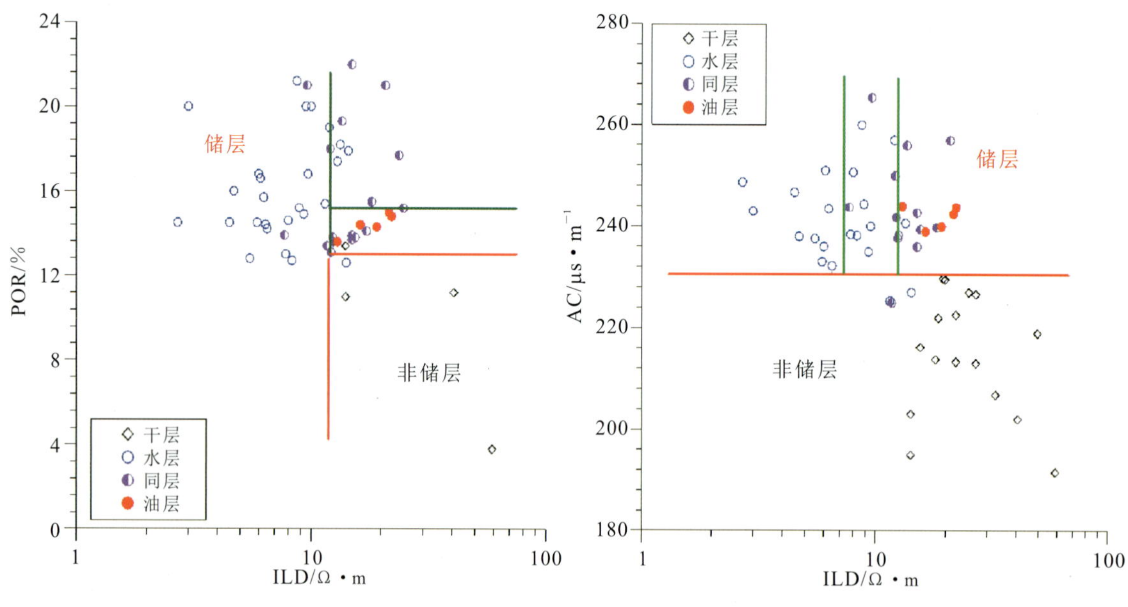

图8－24　宁东3井区不同储层ILD与POR、ILD与AC的交会图

表 8-3　宁东 3 井区各类储层的物性及电性标准

类别	POR/%	ILD/Ω·m	AC/μs·m⁻¹	DEN/g·cm⁻³	CNL/%
油层	>11.0	>16	>228	<2.54	<20
油水同层	>11.0	>10	>228	<2.54	<20
水层	>11.0	<10	>228	<2.54	<20
干层	<11.0	>15	<228	>2.54	<20

三、宁东 5 井区

根据宁东 5 井区试油资料与测井数据，对宁东 5 井区的油层、油水同层、水层、干层的测井响应区间进行了分析。测井响应特征交会图见图 8-25 和图 8-26，评价标准表见表 8-4。

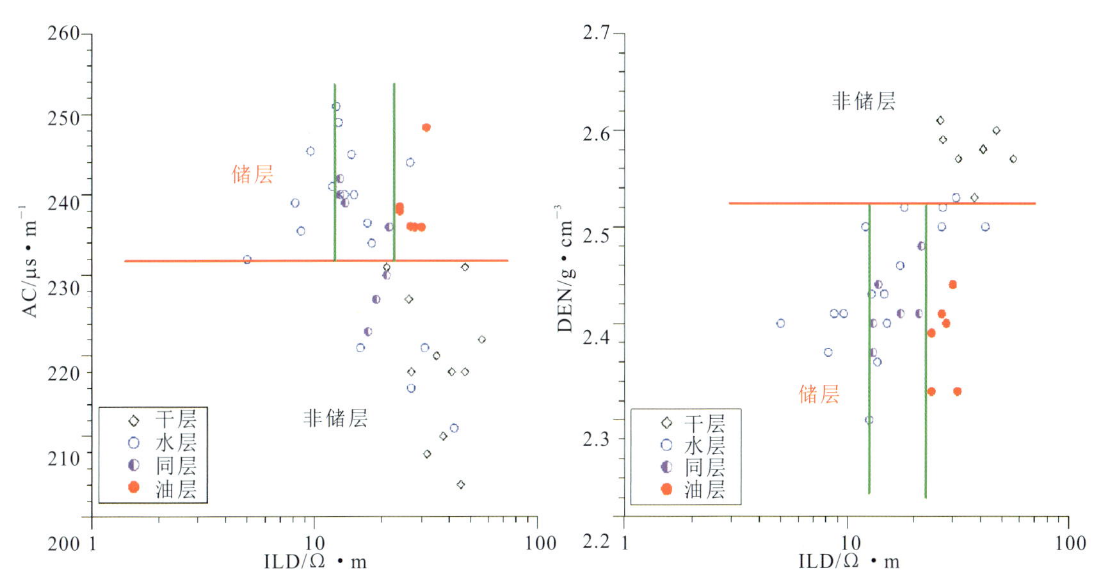

图 8-25　宁东 5 井区不同储层 ILD 与 AC、ILD 与 DEN 的交会图

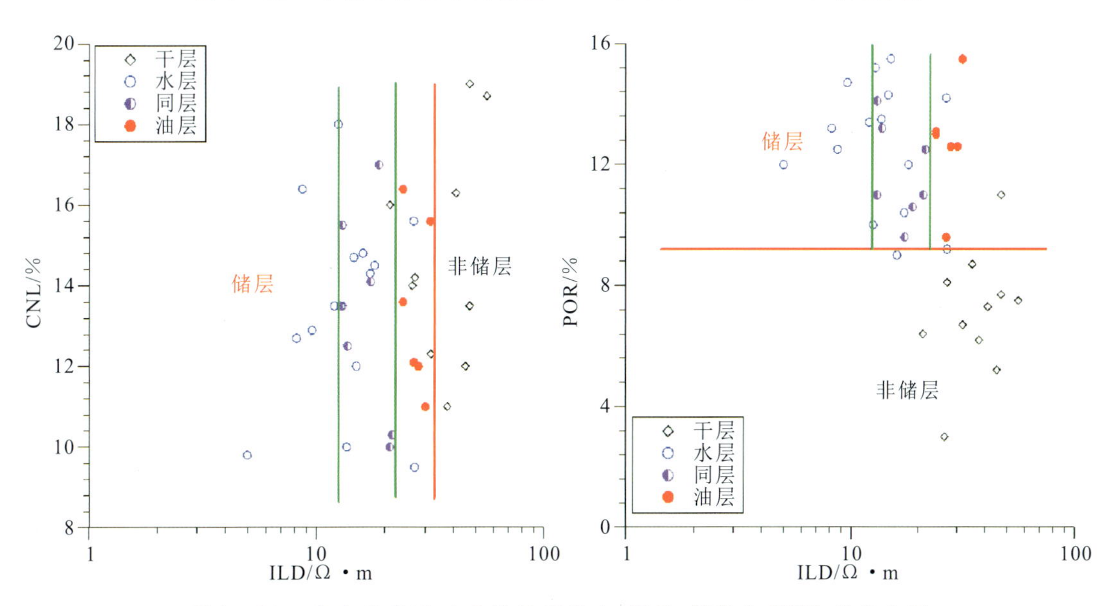

图 8-26　宁东 5 井区不同储层 ILD 与 CNL、ILD 与 POR 的交会图

表 8－4　宁东 5 井区各类储层的物性及电性标准

类别	POR/%	ILD/Ω·m	AC/μs·m^{-1}	DEN/g·cm^{-3}	CNL/%
油层	＞9.0	＞23	＞220	＜2.50	＜17
油水同层	＞9.0	＞13	＞220	＜2.50	＜17
水层	＞9.0	＜13	＞220	＜2.50	＜17
干层	＜9.0	＞21	＜220	＞2.50	＜19

从上面的图和表中可以发现：宁东 2 井区水层与油层电阻率接近，宁东 3 井区油层电阻率高于水层电阻率，宁东 5 井区油层电阻率明显高于水层电阻率。

第三节　分段建立油水标准

根据麻黄山探区油气储层的开发情况，延安组的延 8、延 9 油层组成为该区域的主力储层，所以对这两个油层组分别进行了油层、油水同层、水层、干层划分标准的研究。

一、延 8 储层油水标准

根据研究区域所有已试油井的资料以及部分测井解释资料，对整个研究区域延 8 段的油层、油水同层、水层、干层的测井响应区间进行了分析。测井响应特征交会图见图 8－27 和图 8－28，评价标准表见表 8－5。

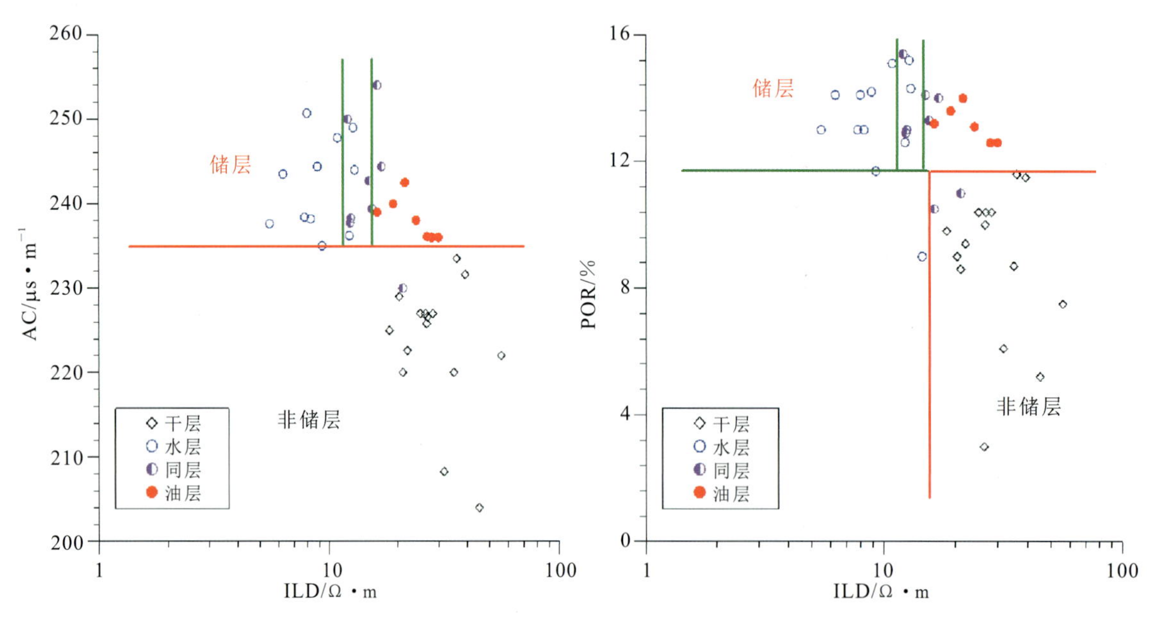

图 8－27　延 8 段不同储层 ILD 与 AC、ILD 与 POR 的交会图

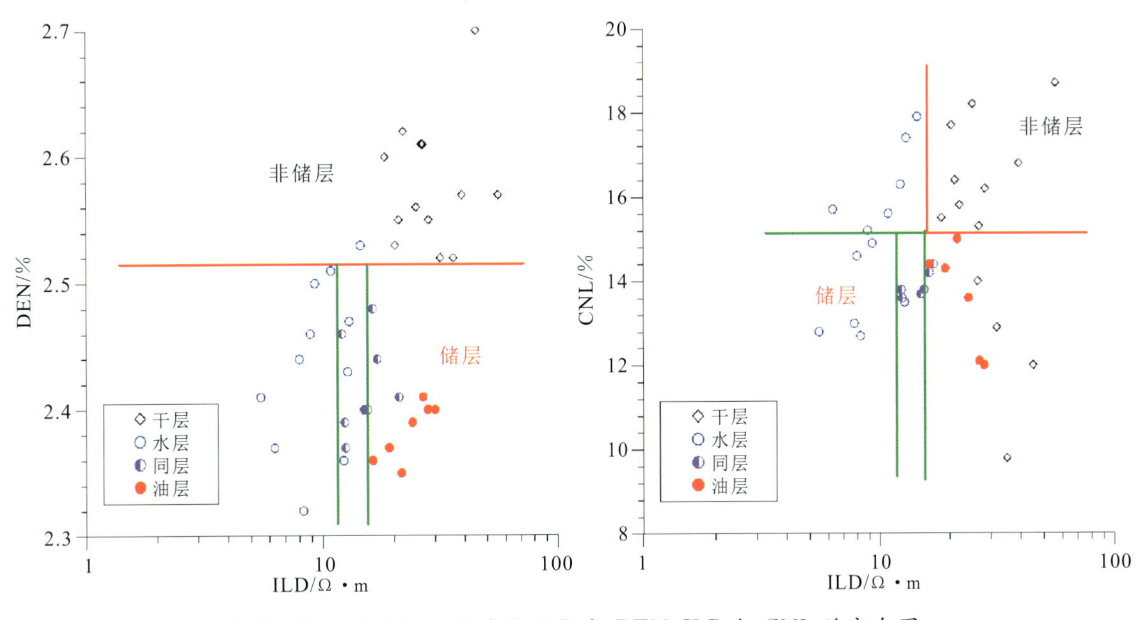

图 8-28　延 8 段不同储层 ILD 与 DEN、ILD 与 CNL 的交会图

表 8-5　延 8 段各类储层与干层的物性及电性标准

类别	POR/%	ILD/Ω·m	AC/μs·m⁻¹	DEN/g·cm⁻³	CNL/%
油层	>11.5	>17.0	>230	<2.41	<15.0
油水同层	>11.5	>12.0	>230	<2.48	<15.0
水层	>11.5	<12.0	>230	<2.52	<18.0
干层	<11.5	>19.0	<230	>2.52	<19.0

二、延 9 储层油水标准

根据研究区域所有已试油井的资料以及部分测井解释资料，对整个研究区域延 9 段的油层、油水同层、水层、干层的测井响应区间进行了分析。测井评价标准见表 8-6，响应特征交会图见图 8-29 和图 8-30。

表 8-6　延 9 段各类储层与干层的物性及电性标准

类别	POR/%	ILD/Ω·m	AC/μs·m⁻¹	DEN/g·cm⁻³	CNL/%
油层	>9.0	>12.0	>225	<2.50	<18.0
油水同层	>9.0	>12.0	>225	<2.50	<18.0
水层	>9.0	<12.0	>225	<2.50	<18.0
干层	<9.0	>14.0	<225	>2.50	<19.0

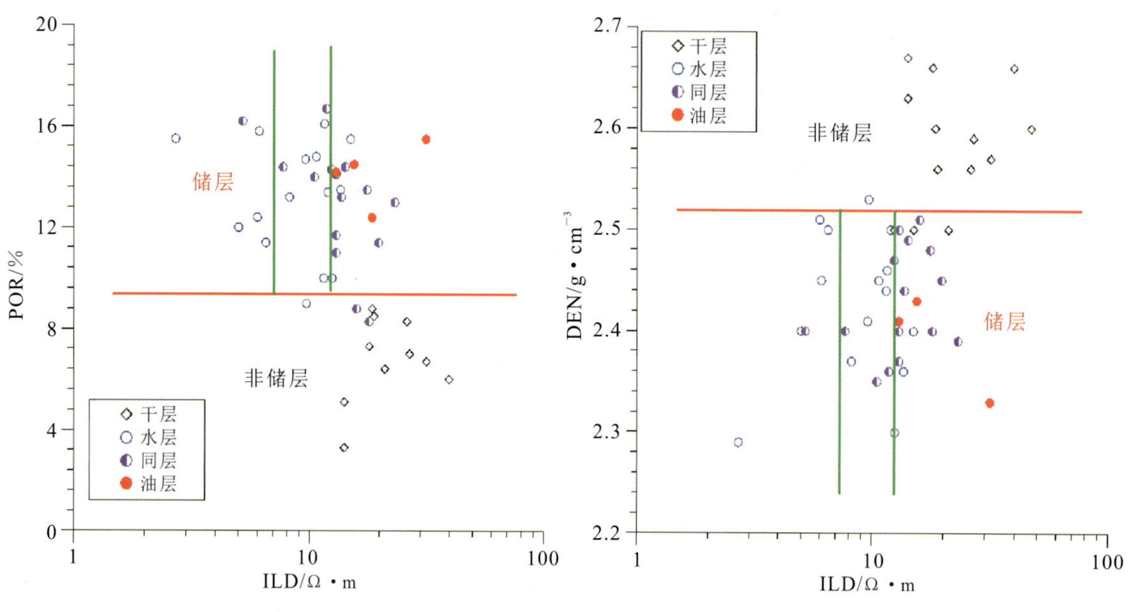

图 8-29　延 9 段不同储层 ILD 与 POR、ILD 与 DEN 的交会图

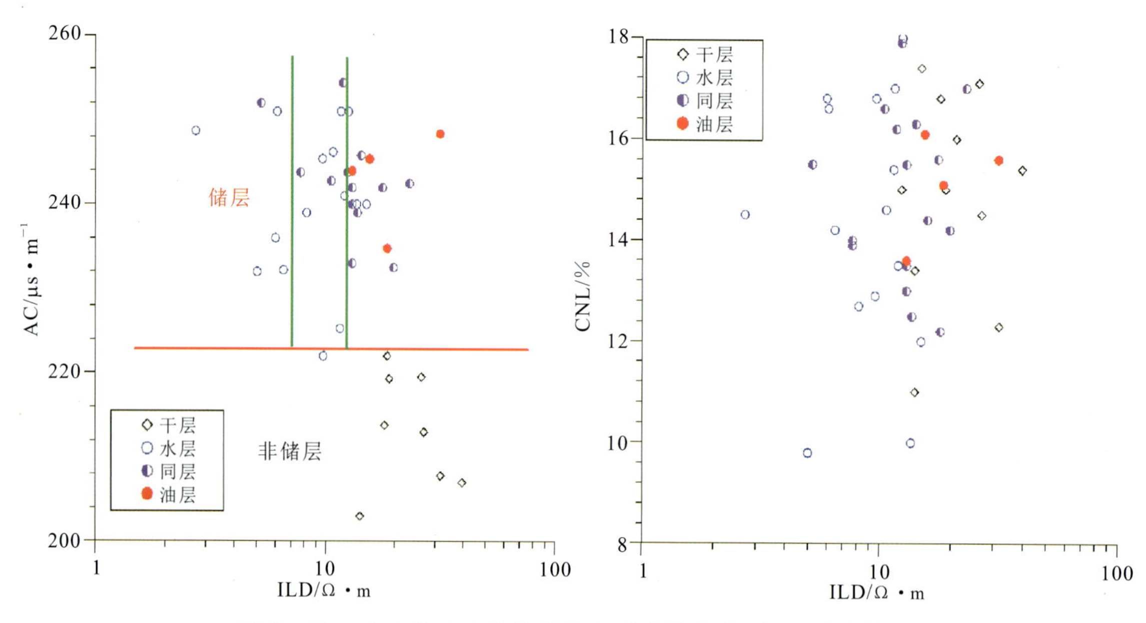

图 8-30　延 9 段不同储层 ILD 与 AC、ILD 与 CNL 的交会图

根据研究区域所有已试油井的资料以及部分测井解释资料，对整个研究区域的油层、油水同层、水层、干层的测井响应区间进行了分析。测井响应特征交会图见图 8-31 和图 8-32，评价标准表见表 8-7。

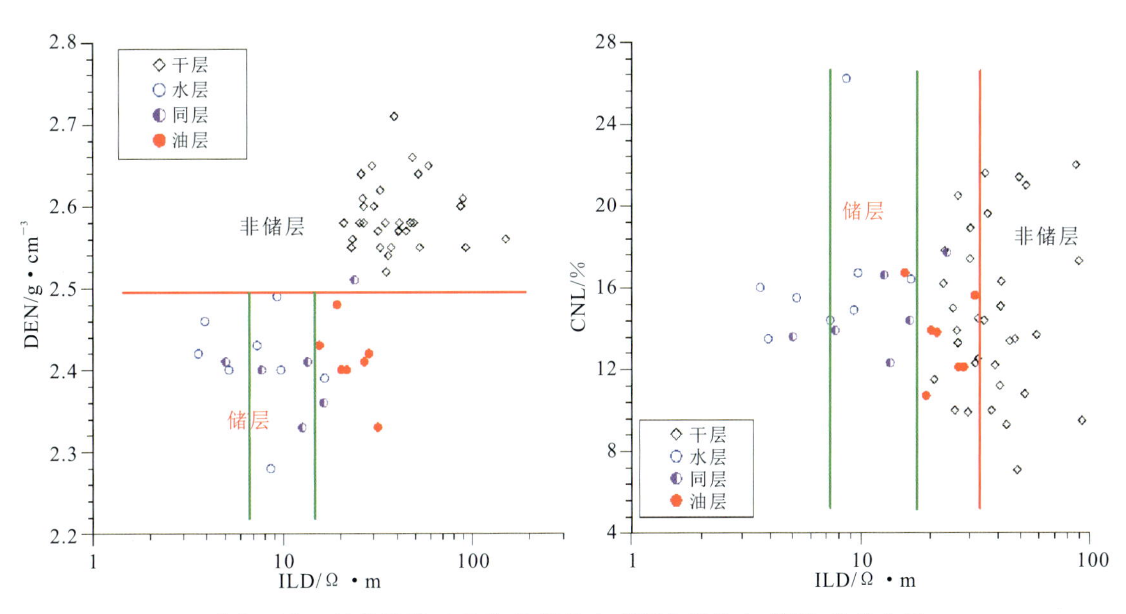

图 8－31　研究区域不同储层 ILD 与 DEN、ILD 与 CNL 的交会图

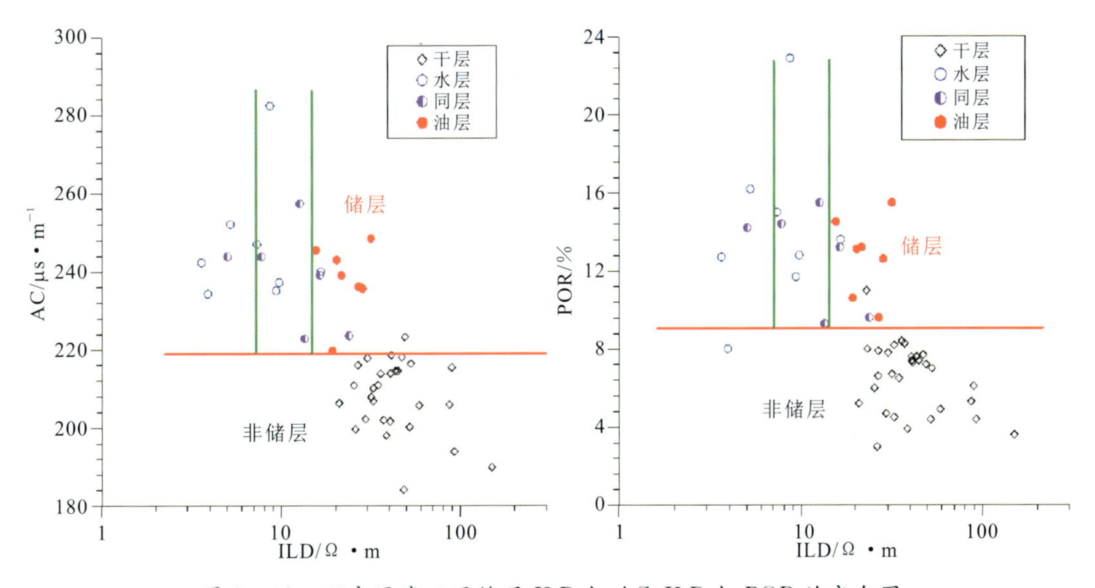

图 8－32　研究区域不同储层 ILD 与 AC、ILD 与 POR 的交会图

表 8－7　研究区域各类储层与干层的测井响应区间

类别	POR/%	ILD/Ω·m	AC/μs·m⁻¹	DEN/g·cm⁻³	CNL/%
油层	>9.0	>18.0	>220.0	<2.52	<18.0
油水同层	>9.0	>15.0	>220.0	<2.52	<18.0
水层	>9.0	<12.0	>220.0	<2.52	<18.0
干层	<9.0	>20.0	<220.0	>2.52	<20.0

第四节　油水层快速识别方法研究

一、交会图法

利用各种交会图法对快速识别油层、水层、干层有一定的作用。

二、双孔隙度差比法

在麻黄山探区，利用密度孔隙度 POR_d 与中子孔隙度 POR_{cnl} 的差比上中子孔隙度 POR_{cnl} 所得到的值 Q，与孔隙度 POR 交会，可以快速识别储集层和干层，如图 8－33 所示。

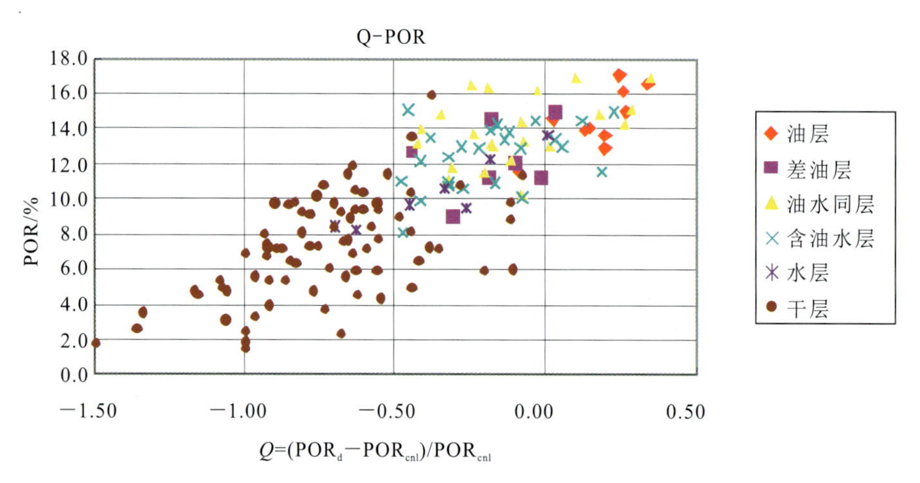

图 8－33　双孔隙度差比法快速识别储集层和干层

三、视油柱高度法

视油柱高度法是通过对井区测井资料和测试资料的统计，用卡奔软件将该井区内部分的测井曲线幅度加权对比或曲线频率加权对比，并结合录井岩性，寻找各组段内用于对比的标志层，制作连井剖面图，寻找出含油有利区的深度和厚度的方法。新井测井时，可利用已计算出的油柱高度快速寻找含油有利层位。

(一)东区

1. 宁东 3 井区

自西往东，通过对宁东 3－5 井、宁东 3－6 井、宁东 3－2 井、宁东 3－4 井、宁东 108 井、宁东 9 井、宁东 3 井、宁东 3－3 井、宁东 3－7 井的统计和剖面作图得出，该井区延 8 段砂体比延 9 段砂体发育，该区主要含油层位为延 8 段顶部砂体，其延 8 段油柱高度为 13.0m，含油性有利深度为

2 135.0～2 148.0m。该井区延 9 段主要含油层位也分布在延 9^1 段。

2. 宁东 2 井区

自西往东，通过对宁东 2－6 井、宁东 8 井、宁东 2－1 井、宁东 2－2 井、宁东 2－3、宁东 2－5 井、宁东 2 井、宁东 2－4 井的统计和剖面作图得出，该井区含油有利区为延 9^2 段顶部砂体，其延 9^1 段砂体含油性不好（延 9 段中部一层煤将延 9 段分为延 9^1 小层、延 9^2 小层）。其油柱高度为 15.0m，含油有利区深度为 2 155.0～2 177.0m。通过对该井区东南和西北方向的对比，可得知该井区整体上东南方向的含油性好于西北方向。

（二）西区

宁东 5 井区

该井区断层密集，高差较大，自西往东，西低东高，自北往南，北高南低。通过对该井区宁东 10 井、宁东 105 井（开发）、宁东 5－5 井、宁东 5－2 井、宁东 5－3 井、宁东 5 井、宁东 5－1、宁东 5－4 井、宁东 5－4（侧）井、宁东 5－6 井的连井剖面对比，可以得出，该井区延 8 段和延 9 段都是底部砂体较发育，延 9 段含油性不好，延 8 段顶部砂体不发育，延 8 段底部砂体发育且含油性较好。该井区延 8 段油柱高度为 67.0m，含油有利区深度为 2 270.0～2 337.0m。

四、油层、水层、干层自动识别方法

（一）贝叶斯判别原理

进行判别分析时，许多时候遇到的是要判别多个总体，如根据测井资料要判别某一层位是油层、水层还是干层，而在多组判别中用得最多的就是贝叶斯判别。贝叶斯判别的基本思想是：假定对所研究的对象（总体）在抽样前已有一定的认识，常用先验概率分布来描述这种认识，然后基于抽取的样本再对先验认识作修正，得到后验概率分布，再基于后验概率分布作各种统计判断，将贝叶斯统计的思想应用于判别分析，就得到贝叶斯判别方法。

例如，设有 m 个总体，第 g 个总体取得的样品个数为 $n_g(g=1,2,\cdots,m)$，每个样品都观测了 p 个指标，用 x_{gjk} 表示第 g 组第 j 个样品的第 k 个指标之观测值。现有一新样品 Y 来自上述几个总体中的某一个，其 p 项指标值为 $y_1,y_2,\cdots,y_p$，用 $Y=(y_1,y_2,\cdots,y_p)'$ 表示，在贝叶斯意义下建立的判别模型，是要计算 Y 属于各组的概率 $p\{g/Y\}(g=1,2,\cdots,m)$，然后比较 $p\{1/Y\},p\{2/Y\},\cdots,p\{m/Y\}$ 的大小。最后将 Y 归于概率最大的那一组。

根据贝叶斯公式，样品 Y 属于第 g 组的概率（条件概率）$p\{g/Y\}$ 为：

$$p\{g/Y\}=\frac{q_g\cdot f_g(y_1,y_2,\cdots,y_p)}{\sum_{j=1}^{m}q_j\cdot f_j(y_1,y_2,\cdots,y_p)} \tag{8-27}$$

式中，q_g 为第 g 组的先验概率，实际中常用样本频率作为它的估计值，即 $q_g=n_g/N$（N 是全部样品总数）；$f_g(y_1,y_2,\cdots,y_p)$ 为样品在第 g 组的概率密度。

当 m 个总体均服从正态分布时，判别方法就有所不同，如有一组测井数据样品，x_{132} 表示第 1 组（第 1 地层属性）第 3 个样品（第 3 层）的第 2 个指标（第 2 条测井曲线）的观测值。则利用贝叶斯判别方法建立的判别函数为：

$$F_g(x) = \ln q_g + \sum_{k=1}^{p} C_{kg} x_k + C_{0g} \tag{8-28}$$

其中：

$$q_g = \frac{n_g}{N}, C_{kg} = \sum_{t=1}^{p} S_{kt}^{-1} x_{gt}, C_{0k} = -0.5 \sum_{k=1}^{p} C_{kg} x_{gk}。$$

式中，x_{gk} 为每组各个变量的平均值，即 $x_{gk} = \frac{1}{n_g}\sum_{j=1}^{n_g} X_{gjk}$；$N$ 为样品的总个数；S_{kt}^{-1} 为 S 的逆矩阵 $\boldsymbol{S}^{-1}$ 中的第 k 行第 t 列元素，$\boldsymbol{S}$ 为综合协方差矩阵，其计算方法如下：

$$\boldsymbol{S} = \sum_{g=1}^{m} \frac{\boldsymbol{S}_g}{N-m} \tag{图 8-29}$$

其中：

$$\boldsymbol{S}_g = [S_{kt}^{(g)}]_{p \times p}, S_{kt}^{(g)} = \sum_{j=1}^{n_g} (x_{gjk} - x_{gk})(x_{gjt} - x_{gt})。$$

将原有的分组样品代入判别函数，计算判对率，以检验判别函数的有效性。

利用判别函数对待识别地层[测井曲线值为 $x = (x_1, x_2, \cdots, x_p)$]作判别归类，如果有 $F_G(x) = \max[F_g(x)] (1 \leqslant g \leqslant m)$ 存在，则待判别地层属于第 G 类。

（二）计算步骤

现将贝叶斯多组判别的计算步骤归纳如下。

（1）计算每一组各个变量的平均值：

$$x_{g \cdot k} = \frac{1}{n_g} \sum_{j=1}^{n_g} X_{gjk}, (g = 1, 2, \cdots, m; k = 1, 2, \cdots, p) \tag{8-30}$$

（2）计算各组的离差矩阵：

$$\boldsymbol{S}_g = [S_{kt}^{(g)}]_{p \times p}, (g = 1, 2, \cdots, m) \tag{8-31}$$

其中：$S_{kt}^{(g)} = \sum_{j=1}^{n_g} (x_{gjk} - x_{gk})(x_{gjt} - x_{gt})$

（3）计算综合协方差矩阵：

$$\boldsymbol{S} = \sum_{g=1}^{m} \boldsymbol{S}_g / (N - m) \tag{8-32}$$

式中，N 是全部样品数。

（4）求 $\boldsymbol{S}$ 的逆阵：

$$\boldsymbol{S}^{-1} = [S_{kt}^{-1}]_{p \times p} \tag{8-33}$$

（5）计算判别函数并对样品 $Y = (y_1, y_2, \cdots, y_p)$ 作判别归类 ：

按 $F_g(Y) = \ln(q_g) + \sum_{k=1}^{p} C_{kg} x_k + C_{0g}$，计算出各判别函数 $F_g(Y)$ 之值，找出其中最大的，即若 $F_G(Y) = \max\limits_{1 \leqslant g \leqslant m} F_g(Y)$，则将样品 Y 归于第 G 组。

（6）计算样品 Y 属于 g 组 $(g = 1, 2, \cdots, m)$ 的后验概率 ：

$$p(g/Y) = \frac{\exp\{F_g(Y)\}}{\sum_{j=1}^{m} \exp\{F_j(Y)\}} = \frac{\exp\{F_g(Y) - \max\limits_{1 \leqslant h \leqslant m} F_k(Y)\}}{\sum_{j=1}^{m} \exp\{F_j(Y) - \max\limits_{1 \leqslant h \leqslant n} F_k(Y)\}} \tag{8-34}$$

(7)将原有的分组样品代入判别函数进行回判，计算出判对率，以检验判别的有效性。

(三)参数提取与判别模型的建立

在本研究中，利用测井资料和试油资料，对油层、油水同层、水层、干层进行了统计，从中得出了对地层和流体反映效果比较理想的参数。这些参数通过贝叶斯判别方法进行数学建模，建立判别函数，即可快速识别地层。

1. 提取特征参数

从部分曲线的交会图中可以看出，将 GR、DEN、R_t、R_t/R_0、R_{xo}/R_t 及 POR(D－N)结合起来，可以很好地区分油层、油水同层、水层和干层(图 8－34—图 8－39)，其中 R_0 为当岩石 100%饱和地层水时岩石的电阻率，计算公式为：

$$R_0=\frac{a\cdot R_w}{\varphi^m} \tag{8-35}$$

式中，a 和 m 为地区经验系数；R_w 为地层水电阻率；φ 为孔隙度。

POR(D－N)为密度和中子计算出来的孔隙度的差值，考虑到地层中泥质对孔隙度的计算会产生影响，所以需进行泥质校正，密度和中子的校正公式为：

$$POR_{DEN}=\frac{DEN-DEN_{ma}}{DEN_f-DEN_{ma}}-V_{sh}\frac{DEN_{sh}-DEN_{ma}}{DEN_f-DEN_{ma}} \tag{8-36}$$

$$POR_{CNL}=(CNL-CNL_{sh}\times V_{sh})/100 \tag{8-37}$$

式中，DEN、DEN_{ma}、DEN_f 分别为密度测井值、骨架的体积密度、孔隙流体的体积密度；CNL、CNL_{sh} 分别为中子测井值、泥质的中子孔隙值；V_{sh} 为泥质含量。

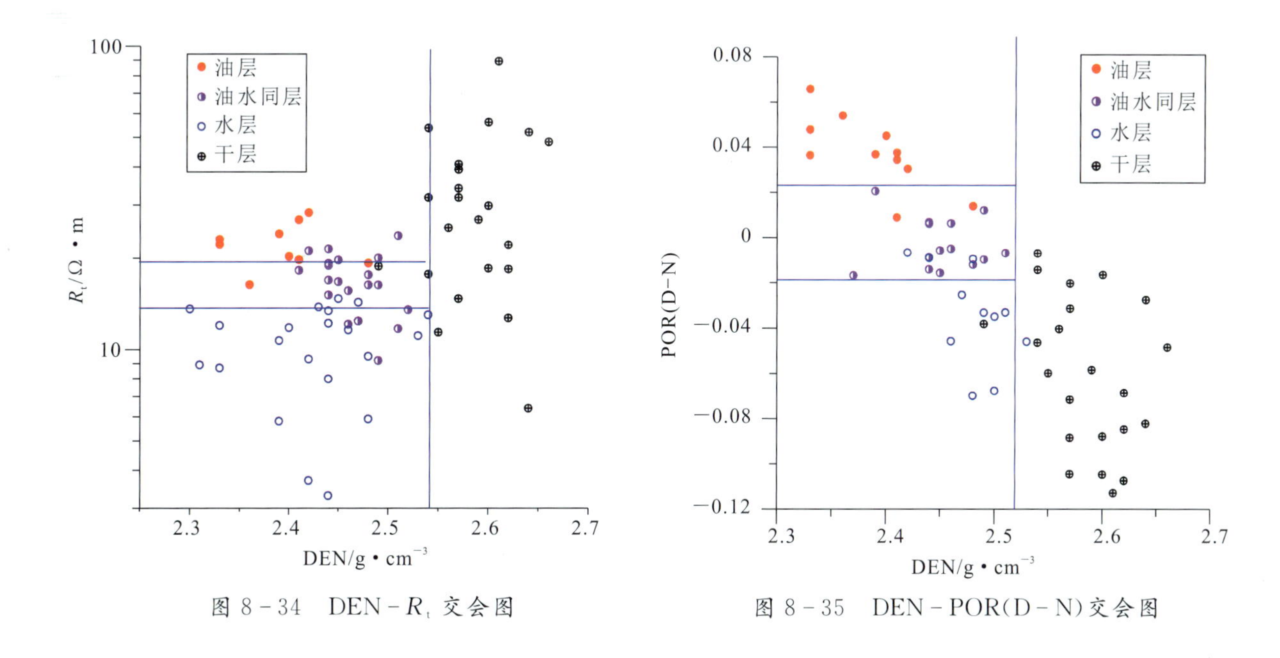

图 8－34　DEN－R_t 交会图　　图 8－35　DEN－POR(D－N)交会图

2. 建立模型

从麻黄山探区的测井资料中共提取了 85 个样品数据，分为油层、油水同层、水层和干层，分别用“1”“2”“3”“4”表示，测井数据见表 8－8。

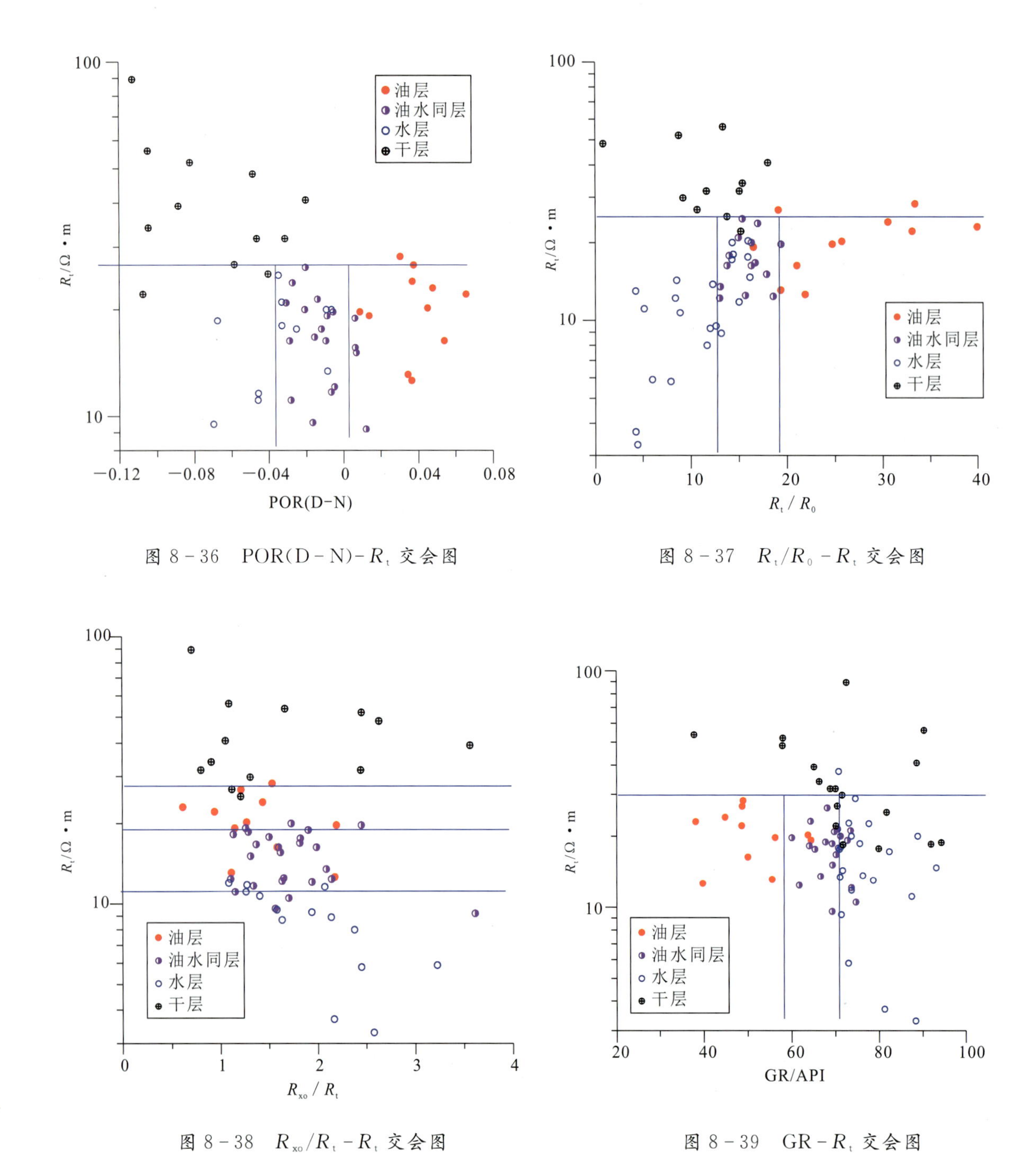

图 8-36 POR(D-N)-R_t 交会图

图 8-37 R_t/R_0-R_t 交会图

图 8-38 R_{xo}/R_t-R_t 交会图

图 8-39 GR-R_t 交会图

表 8-8 测井数据表

分组	回代结果	GR/API	DEN/g·cm^{-3}	$R_t/\Omega \cdot m$	R_{xo}/R_t	R_t/R_0	POR(D-N)
		x_1	x_2	x_3	x_4	x_5	x_6
1	1	48.6	2.3	22.1	0.938 054	33.049 02	0.065 627 27
1	1	50.0	2.4	16.3	1.582 822	21.015 50	0.053 872 73
1	1	38.1	2.3	23.0	0.611 478	39.933 84	0.047 648 49

续表 8-8

分组	回代结果	GR/API	DEN/g·cm^{-3}	R_t/Ω·m	R_{xo}/R_t	R_t/R_0	POR(D-N)
		x_1	x_2	x_3	x_4	x_5	x_6
1	1	48.7	2.4	26.7	1.211 685	19.080 44	0.037 400 00
1	1	48.9	2.4	28.2	1.532 518	33.355 26	0.030 260 61
1	1	39.7	2.3	12.6	2.172 063	21.876 80	0.036 300 00
1	1	44.8	2.4	24.0	1.435 000	30.510 10	0.036 678 79
1	1	55.5	2.4	13.1	1.109 466	19.337 05	0.034 266 67
2	3	72.7	2.4	19.2	1.258 732	20.110 70	−0.008 945 50
2	2	70.5	2.4	21.4	1.763 152	22.768 32	−0.014 069 70
2	2	69.2	2.4	18.6	1.285 882	29.273 9	0.056 560 61
2	2	73.4	2.4	21.1	1.811 048	23.867 41	0.076 142 42
2	2	64.3	2.4	23.1	1.106 821	29.365 97	0.020 557 58
2	3	70.1	2.5	16.7	1.366 837	16.677 01	−0.015 669 70
2	2	68.1	2.4	26.3	1.072 433	46.210 88	−0.020 490 90
2	3	71.1	2.5	20.0	1.727 750	16.283 43	−0.020 900 00
2	2	57.7	2.5	15.6	1.616 987	20.396 25	0.006 312 12
2	2	65.3	2.5	17.6	1.821 023	23.656 46	−0.011 975 80
2	2	64.0	2.4	18.2	1.131 264	23.465 16	0.035 493 94
2	3	75.5	2.5	11.7	1.338 205	8.361 09	−0.006 809 10
2	3	69.3	2.4	15.1	1.309 205	17.860 44	0.006 881 82
2	2	90.1	2.3	12.4	1.103 468	35.169 52	0.035 124 24
2	2	77.7	2.3	11.1	1.149 730	32.062 42	−0.028 336 40
2	2	69.2	2.4	9.6	1.562 917	20.871 29	−0.016 760 60
2	2	74.6	2.3	10.5	1.701 619	30.605 38	0.053 824 24
2	2	83.9	2.4	16.9	1.814 793	24.946 27	0.034 784 85
2	2	60.0	2.5	19.7	2.448 731	19.357 07	−0.005 684 80
2	2	67.7	2.4	18.9	1.901 111	27.174 76	0.006 187 88
2	2	51.1	2.5	16.3	1.985 092	13.752 45	−0.028 990 90
2	2	73.6	2.5	12.1	1.938 347	20.758 21	−0.004 975 80

续表 8-8

分组	回代结果	GR/API	DEN/g·cm^{-3}	R_t/Ω·m	R_{xo}/R_t	R_t/R_0	POR(D-N)
		x_1	x_2	x_3	x_4	x_5	x_6
2	2	59.0	2.5	16.3	1.597 055	16.277 56	−0.009 645 50
2	2	39.9	2.5	9.2	3.613 152	6.574 54	0.012 084 85
2	2	61.7	2.5	12.4	2.138 629	18.543 34	−0.043 478 80
3	3	77.6	2.4	22.6	1.106 195	20.784 41	0.041 542 42
3	3	93.1	2.5	14.7	1.021 539	16.130 48	0.035 424 24
3	3	73.6	2.4	11.8	1.271 186	15.000 80	0.055 487 88
3	3	64.9	2.4	12.2	1.177 500	8.384 832	0.026 018 18
3	3	70.9	2.5	17.6	1.653 409	15.914 48	−0.025 321 20
3	2	73.0	2.4	22.7	1.070 485	28.857 47	0.028 100 00
3	3	56.9	2.4	24.2	1.157 025	17.629 18	0.014 636 36
3	3	81.2	2.4	3.7	2.162 162	4.248 55	0.030 109 09
3	3	71.2	2.5	18.0	0.994 444	14.392 53	−0.033 069 70
3	3	67.3	2.4	13.8	1.855 072	12.267 10	0.001 551 52
3	3	71.6	2.5	14.3	2.097 902	8.515 18	0.030 130 30
3	3	66.4	2.3	8.7	1.632 184	17.925 44	0.010 336 36
3	3	61.9	2.4	8.0	2.375 000	11.655 25	0.011 478 79
3	3	72.9	2.4	5.8	2.448 276	7.903 22	0.052 639 39
3	3	66.0	2.5	25.0	0.840 000	18.913 88	−0.034 918 20
3	3	88.8	2.4	20.0	0.700 000	24.710 49	0.031 621 21
3	3	68.2	2.5	33.4	1.164 671	18.636 51	0.050 836 36
3	3	82.3	2.5	17.2	1.395 349	14.256 73	0.041 463 64
3	3	71.0	2.4	13.4	1.828 358	17.764 73	−0.008 790 90
3	3	73.6	2.5	20.0	1.725 000	14.292 47	−0.009 369 70
3	3	71.3	2.4	9.3	1.935 484	11.990 44	0.043 669 70
3	3	76.2	2.3	13.6	1.088 235	24.754 63	0.065 654 55
3	3	78.6	2.5	13.0	1.384 615	4.256 47	0.009 145 46
3	2	64.5	2.5	21.0	2.095 238	24.113 39	−0.033 151 50
3	2	59.5	2.4	20.0	1.415 000	26.149 04	−0.006 581 80
3	2	68.0	2.4	22.0	1.668 182	24.885 45	0.028 506 06

续表 8-8

分组	回代结果	GR/API	DEN/g·cm^{-3}	R_t/Ω·m	R_{xo}/R_t	R_t/R_0	POR(D-N)
		x_1	x_2	x_3	x_4	x_5	x_6
3	3	63.9	2.5	5.9	3.220 339	5.987 17	0.020 060 61
3	3	88.3	2.4	3.3	2.575 758	4.435 59	−0.008 630 30
3	2	50.5	2.5	11.6	2.068 966	21.609 01	−0.045 757 60
3	2	74.5	2.4	28.8	1.239 583	33.565 67	0.011 481 82
3	3	65.6	2.5	9.5	1.578 947	12.594 40	−0.069 854 50
4	4	57.1	2.6	14.7	1.522 482	15.397 26	−0.071 575 80
4	4	88.6	2.6	40.8	1.054 568	18.000 11	−0.020 257 60
4	4	91.5	2.6	12.7	1.291 339	8.557 19	−0.068 618 20
4	4	70.0	2.5	31.7	0.801 987	15.054 11	−0.046 406 10
4	4	72.5	2.6	89.3	0.706 607	27.542 05	−0.112 887 90
4	4	91.9	2.6	18.5	1.562 162	11.251 92	−0.087 912 10
4	4	64.6	2.6	6.4	3.078 125	0.205 65	−0.027 560 60
4	4	82.7	2.6	11.4	1.824 561	6.083 18	−0.059 881 80
4	4	90.3	2.6	56.1	1.090 909	13.334 44	−0.104 742 40
4	4	66.3	2.6	34.0	0.908 824	15.377 87	−0.104 533 30
4	4	57.9	2.7	48.3	2.633 540	0.849 21	−0.048 472 70
4	4	68.8	2.6	31.7	2.444 795	11.633 34	−0.031 363 60
4	4	79.9	2.5	17.7	1.757 062	8.405 61	−0.014 248 50
4	4	71.7	2.6	18.4	1.858 696	13.661 18	−0.084 766 70
4	4	94.3	2.5	18.8	1.835 106	15.032 20	−0.038 154 50
4	4	70.1	2.6	22.1	3.226 244	15.188 92	−0.107 454 50
4	4	58.0	2.6	52.0	2.453 846	8.754 87	−0.082 251 50
4	4	71.5	2.6	29.8	1.308 725	9.190 96	−0.016 500 00
4	4	81.7	2.6	25.2	1.210 317	13.752 47	−0.040 369 70
4	4	65.1	2.6	39.2	3.563 776	39.146 03	−0.088 500 00
4	4	70.4	2.6	26.8	1.119 403	10.666 70	−0.058 472 70

根据以上数据表进行贝叶斯判别，建立的判别函数为：

$$F_1(x)=-2\ 919.340+1.329x_1+2\ 330.564x_2-3.664x_3-9.927x_4+9.779x_5+1\ 566.046x_6 \tag{8-38}$$

$$F_2(x)=-2\ 985.091+1.671x_1+2\ 348.718x_2-3.659x_3-7.520x_4+9.783x_5+1\ 513.161x_6 \tag{8-39}$$

$$F_3(x)=-2\ 969.343+1.707x_1+2\ 342.280x_2-3.612x_3-7.713x_4+9.628x_5+1\ 514.292x_6 \tag{8-40}$$

$$F_4(x)=-3\,134.711+1.886x_1+2\,400.584x_2-3.537x_3-6.772x_4+9.723x_5+1\,470.328x_6 \tag{8-41}$$

式中：$F_1(x)$、$F_2(x)$、$F_3(x)$、$F_4(x)$分别为油层、油水同层、水层和干层的判别函数；x_1、x_2、x_3、x_4、x_5 和 x_6 分别为 GR、DEN、R_t、R_{xo}/R_t、R_t/R_0 和 POR(D－N)。

将建模数据代入判别函数进行重新分类，85 个样品中判对 74 个，回代精度可以达到 87.1%。从表中可以看出，25 个油水同层中，5 个误判为水层；31 个水层中，6 个误判为油水同层；而油层和干层则全部判断正确，所以误判主要集中在油水同层和水层上。

（四）快速识别模块介绍与实例分析

1. 程序模块功能及使用流程介绍

本模块是在 windows 环境下，利用 Visual Basic 语言开发的，具有系统界面友好、使用方便等优点。模块采用逐点解释的方法，即读取某点的各条曲线值代入判别函数。若识别结论与前一点的结论相同，则继续往下运行；若不同则前一点为上一层的截止点，该点为下一层的起始点，将起始点与截止点之间的各条曲线值分别取平均，得到该层的参数值。依次循环，最后再按深度输出各层位的识别结论。

模块界面如图 8－40 所示，读入数据文件、参数卡文件并选择好输出文件的路径，点击“执行”键即可输出结果。参数卡文件中存放的是通过贝叶斯判别所形成的判别函数中的系数。

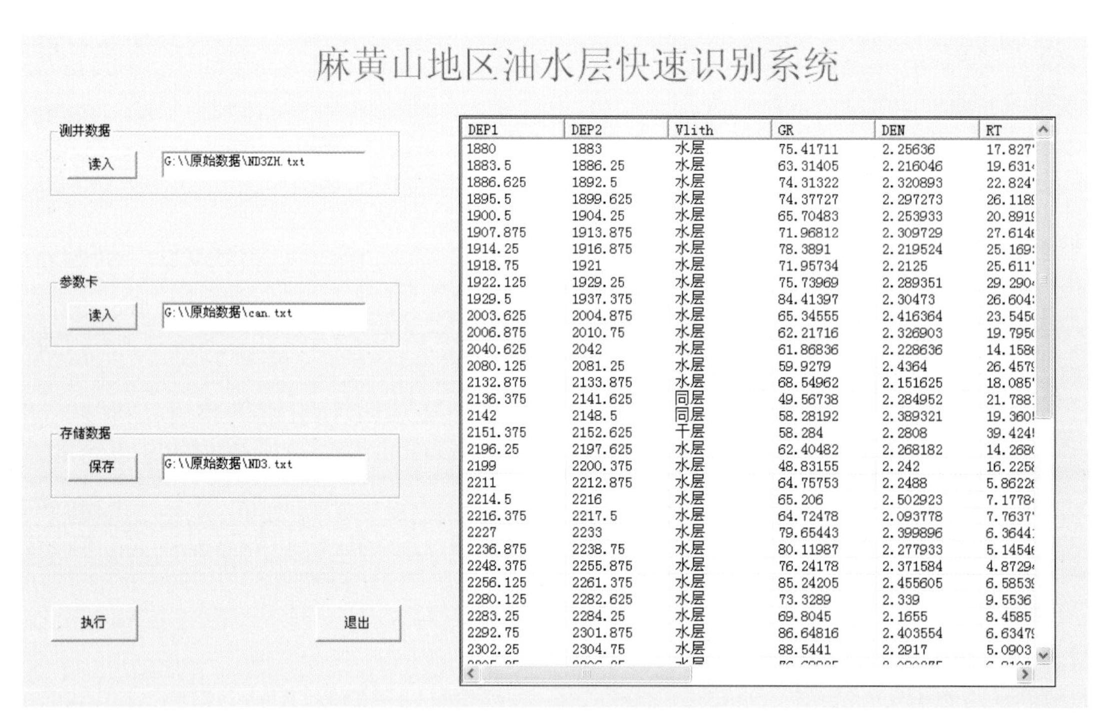

图 8－40　快速识别模块界面

2. 应用实例

下面列举了含有油层并已得到试油证实的两口井的识别结果，如表 8－9 和表 8－10 所示。表中 $D1$、$D2$、$D3$、$D4$ 分别表示油层、油水同层、水层、干层的判别函数值，D_{max}为最大函数值。

表 8-9 宁东 9 井贝叶斯判别方法识别油气层实例

Dep1/m	Dep2/m	解释结论	GR/API	DEN/g·m^{-3}	Rt/Ω·m	R_{xo}/R_t	R_t/R_0	POR(D-N)	$D1$	$D2$	$D3$	$D4$	D_{max}
1880	1883	水层	77.669 28	2.348 840	18.505 56	0.772 981	3.680 098	0.007 080	2106	2174	2219	2212	2219
1 883.5	1 886.25	水层	66.316 59	2.321 409	20.463 82	0.742 288	3.530 735	0.029 400	2084	2150	2198	2189	2198
1 886.625	1 892.5	水层	75.733 92	2.370 255	23.301 95	0.746 725	3.969 008	0.016 600	2088	2156	2201	2196	2201
1 895.5	1 899.625	水层	76.495 86	2.367 394	26.924 24	0.749 474	4.069 839	0.005 870	2088	2155	2201	2196	2201
1 900.5	1 904.25	水层	67.937 60	2.331 200	21.562 17	0.759 761	3.767 302	0.018 127	2080	2146	2193	2186	2193
1 907.875	1 913.875	水层	73.479 65	2.358 041	28.172 40	0.744 420	4.134 085	0.003 710	2068	2136	2182	2176	2182
1 914.25	1 916.875	水层	83.646 14	2.331 762	26.791 67	0.735 424	4.544 750	0.012 800	2054	2122	2168	2161	2168
1 918.75	1921	水层	76.024 39	2.341 055	27.072 17	0.713 521	4.049 176	0.011 000	2065	2133	2179	2173	2179
1 922.125	1 929.25	水层	77.034 72	2.329 912	29.773 63	0.722 957	4.002 944	0.027 000	2061	2128	2175	2168	2175
1 929.5	1 937.375	水层	85.558 95	2.341 365	27.027 62	0.782 83	4.295 386	0.041 800	2124	2192	2238	2231	2238
2 003.625	2 004.875	水层	67.790 28	2.408 273	22.988 54	1.249 252	2.958 073	0.006 730	2169	2237	2282	2278	2282
2 006.875	2 010.75	水层	64.470 93	2.404 580	20.521 55	1.136 112	2.743 170	0.000 915	2187	2254	2300	2295	2300
2 040.625	2042	水层	68.801 18	2.452 091	15.461 45	1.241 822	1.979 397	0.007 030	2309	2376	2420	2416	2420
2 080.125	2 081.25	水层	60.058 60	2.436 100	25.009 70	1.043 904	3.715 310	0.042 200	2162	2229	2274	2272	2274
2 132.875	2 133.875	水层	78.295 25	2.454 125	20.733 12	1.232 077	3.741 678	0.028 900	2238	2306	2349	2347	2349
2 137.875	2 141.625	油层	46.280 24	2.327 767	22.628 90	0.889 813	3.844 563	0.035 484	2330	2317	2235	2229	2330
2142	2143	油层	41.664 44	2.325 778	20.962 11	0.948 943	3.410 045	0.036 100	2325	2314	2235	2228	2325
2 143.125	2 148.5	油水同层	61.318 56	2.398 932	18.888 30	1.166 790	2.765 370	0.006 010	2357	2370	2319	2316	2370
2 151.375	2 152.625	干层	65.987 40	2.528 000	43.087 20	0.982 470	3.357 767	0.068 000	2222	2290	2334	2337	2337
2 196.25	2 197.625	水层	69.081 73	2.496 636	15.486 91	1.252 892	1.526 707	0.026 000	2334	2401	2444	2442	2444
2199	2 200.375	水层	53.916 55	2.469 273	17.779 54	0.362 777	1.643 997	0.014 000	2309	2373	2419	2415	2419
2211	2 212.875	水层	69.638 34	2.412 000	6.375 00	0.518 175	0.885 199	0.010 736	2235	2301	2345	2339	2345

续表 8-9

Dep1/m	Dep2/m	解释结论	GR/API	DEN/g·m^{-3}	Rt/Ω·m	R_{xo}/R_t	R_t/R_0	POR(D-N)	$D1$	$D2$	$D3$	$D4$	D_{max}
2 214.5	2216	水层	64.961 85	2.499 923	7.142 000	0.627 926	0.853 032	0.058 000	2322	2388	2430	2428	2430
2 216.375	2 217.5	水层	72.858 89	2.369 222	8.618 889	0.416 941	0.781 766	0.006 940	2171	2237	2283	2275	2283
2227	2233	水层	81.471 14	2.451 854	6.525 042	2.023 035	0.730 236	0.012 100	2285	2353	2396	2393	2396
2 236.875	2 238.75	水层	85.827 53	2.441 400	5.690 934	2.251 050	0.668 959	0.019 400	2248	2318	2360	2357	2360
2 248.375	2 255.875	水层	77.678 74	2.412 451	4.969 533	2.341 758	0.680 150	0.012 400	2204	2273	2317	2312	2317
2 256.125	2 261.375	水层	85.882 80	2.453 140	6.464 303	2.198 272	0.691 328	0.004 9500	2297	2366	2409	2405	2409
2 280.125	2 282.625	水层	77.515 20	2.459 550	9.946 950	1.882 768	1.041 161	0.002 960	2309	2377	2420	2417	2420
2 283.25	2 284.25	水层	79.996 63	2.478 250	9.349 500	1.472 483	0.888 112	0.007 250	2347	2415	2458	2455	2458
2 292.75	2 301.875	水层	86.530 11	2.402 865	6.629 134	2.264 524	0.930 747	0.019 900	2241	2310	2354	2348	2354
2 302.25	2 304.75	水层	92.472 85	2.417 550	5.519 050	2.814 440	0.724 119	0.020 800	2265	2336	2379	2374	2379
2 305.25	2 306.25	水层	88.760 37	2.391 375	7.654 875	2.453 937	1.153 780	0.021 100	2213	2283	2327	2322	2327
2 307.875	2 309.125	水层	75.503 30	2.439 000	9.043 900	1.842 766	1.067 753	−0.019 545	2240	2309	2352	2348	2352
2 311.125	2316	水层	73.195 49	2.413 846	11.870 250	1.257 249	1.607 682	0.015 300	2257	2324	2369	2364	2369
2 316.5	2319	水层	90.217 99	2.341 950	3.247 900	2.668 596	0.606 763	0.041 300	2160	2230	2275	2267	2275
2 328.625	2 329.75	水层	83.751 22	2.512 556	8.693 555	1.196 486	0.677 194	0.025 800	2388	2456	2498	2496	2498
2 332.875	2 334.125	水层	85.210 69	2.515 000	10.922 600	1.191 502	0.827 886	0.026 800	2383	2451	2493	2491	2493
2 335.125	2 337.625	水层	75.885 21	2.407 350	5.450 650	2.143 729	0.766 880	0.000 512	2218	2287	2331	2326	2331
2 338.375	2 343.25	水层	84.884 06	2.448 743	5.341 000	1.417 609	0.590 339	0.001 780	2312	2380	2423	2418	2423
2 343.625	2 345.375	水层	81.254 43	2.389 500	4.874 000	1.646 087	0.724 766	0.002 940	2198	2267	2311	2304	2311
2 348.75	2 353.625	水层	87.103 04	2.435 231	6.329 924	1.853 870	0.725 410	0.008 700	2293	2362	2405	2400	2405
2 354.625	2 358.375	水层	88.996 03	2.424 933	9.061 567	1.892 013	1.158 739	0.041 000	2324	2392	2436	2431	2436
2 362.625	2 366.875	水层	78.792 82	2.449 471	9.025 058	2.109 471	1.001 258	0.023 000	2250	2319	2362	2359	2362

续表 8-9

Dep1/m	Dep2/m	解释结论	GR/API	DEN/g·m^{-3}	Rt/Ω·m	R_{xo}/R_t	R_t/R_0	POR(D-N)	$D1$	$D2$	$D3$	$D4$	D_{max}
2 368.375	2 371.375	水层	77.797 09	2.434 667	8.389 709	2.386 322	1.026 770	0.038 700	2188	2258	2301	2297	2301
2385	2386	水层	85.025 74	2.503 375	18.211 500	1.141 317	1.475 515	0.010 800	2364	2432	2475	2473	2475
2 410.75	2 413.875	水层	72.738 49	2.427 385	11.305 880	2.333 903	1.430 130	0.023 700	2194	2263	2307	2303	2307
2 444.25	2 445.375	干层	85.745 33	2.525 445	33.202 560	0.914 637	2.346 963	0.042 500	2297	2366	2408	2410	2410
2 448.75	2 450.125	水层	76.237 46	2.466 909	10.729 910	2.228 640	1.106 520	0.024 100	2275	2344	2387	2385	2387
2 466.625	2 467.625	水层	73.799 13	2.494 000	20.383 250	1.201 771	1.776 179	−0.038 712	2286	2354	2397	2396	2397
2 472.875	2 474.5	水层	79.077 00	2.492 384	21.803 920	1.085 655	1.938 899	0.019 200	2316	2384	2427	2426	2427
2 475.375	2 476.375	干层	74.138 13	2.541 000	34.236 130	1.199 438	2.175 488	0.030 900	2341	2409	2453	2455	2455
2 488.5	2 489.5	干层	75.352 89	2.544 778	35.890 110	1.127 891	2.212 516	−0.037 632	2331	2399	2442	2445	2445
2 492.625	2494	油水同层	73.860 66	2.506 167	24.665 080	0.963 825	1.989 925	0.029 600	2483	2494	2441	2443	2494
2 495.375	2 497.25	油水同层	61.729 75	2.463 625	16.309 130	1.271 341	1.683 772	0.002 460	2484	2494	2436	2434	2494
2 497.875	2499	油水同层	67.440 99	2.484 700	13.252 100	1.245 230	1.209 151	0.026 700	2445	2468	2437	2436	2468
2 499.125	2501	水层	78.617 81	2.517 625	12.619 000	1.229 845	0.944 872	0.039 700	2358	2425	2467	2466	2467

表 8-10 宁东 5 井贝叶斯判别方法识别油气层实例

Dep1/m	Dep2/m	解释结论	GR/API	DEN/g·m^{-3}	Rt/Ω·m	R_{xo}/R_t	R_t/R_0	POR(D-N)	$D1$	$D2$	$D3$	$D4$	D_{max}
1920	1 922.25	水层	61.888 21	2.344 053	14.442 42	0.552 595	2.663 192	0.002 250	2093	2159	2205	2197	2205
1924	1 927.25	水层	75.637 31	2.378 077	21.157 54	0.624 669	3.373 047	0.024 700	2095	2163	2207	2202	2207
1 928.25	1 930.75	水层	68.603 85	2.348 450	19.830 15	0.535 979	3.599 073	0.003 180	2085	2151	2197	2190	2197
1 931.875	1 941.375	水层	66.070 76	2.349 750	16.565 11	0.585 321	2.985 013	0.008 090	2117	2183	2229	2221	2229
1 943.5	1 958.875	水层	74.460 29	2.355 179	20.290 50	0.591 161	3.586 256	0.003 300	2107	2174	2220	2213	2220
1 960.375	1 961.875	水层	75.525 25	2.342 833	21.535 08	0.534 149	4.006 710	0.016 600	2106	2173	2219	2212	2219
1 962.375	1 967.5	水层	71.890 66	2.342 146	18.841 76	0.561 605	3.503 160	0.007 590	2095	2161	2208	2200	2208
1 967.75	1 972.875	水层	70.064 21	2.343 293	17.731 83	0.579 660	3.264 401	0.009 320	2103	2169	2216	2208	2216
1 973.625	1 975.25	水层	68.954 84	2.354 769	19.234 39	0.540 044	3.397 038	0.002 990	2161	2227	2273	2266	2273
1978	1 987.125	水层	71.657 41	2.382 438	21.924 41	0.571 559	3.435 917	0.011 700	2127	2194	2239	2234	2239
1 989.375	1 990.5	水层	77.875 66	2.408 556	23.486 44	0.718 467	3.292 506	0.036 300	2123	2191	2235	2232	2235
2 045.5	2 053.375	水层	66.013 98	2.391 556	26.019 84	0.615 450	3.920 045	0.003 420	2148	2214	2261	2256	2261
2054	2 062.625	水层	62.902 16	2.411 757	31.877 18	0.515 023	4.329 902	0.004 610	2168	2234	2280	2277	2280
2 064.625	2 068.375	干层	61.698 87	2.473 433	60.435 70	0.539 099	5.843 329	0.056 500	2088	2155	2201	2204	2204
2 068.875	2 072.75	干层	63.317 50	2.480 906	82.022 01	0.596 383	7.737 089	0.075 800	1990	2058	2105	2111	2111
2073.5	2 074.875	干层	63.720 37	2.489 546	114.664 80	0.395 739	10.26 763	0.035 900	1968	2037	2086	2096	2096
2 116.625	2 120.25	水层	62.388 33	2.444 900	26.378 07	0.648 309	3.014 325	0.062 400	2137	2204	2248	2246	2248
2 123.125	2 124.25	水层	65.166 11	2.416 667	24.412 89	0.840 516	3.262 711	0.073 000	2066	2133	2178	2175	2178
2 135.375	2 138.5	水层	56.548 80	2.331 680	12.561 12	0.824 562	2.440 748	−0.011 602	2052	2118	2164	2156	2164
2 150.375	2152	油水同层	74.598 21	2.359 000	16.395 50	0.665 065	2.847 084	0.022 400	2300	2319	2284	2279	2319

续表 8－10

Dep1/m	Dep2/m	解释结论	GR/API	DEN/g·m^{-3}	Rt/Ω·m	R_{xo}/R_t	R_t/R_0	POR(D－N)	$D1$	$D2$	$D3$	$D4$	D_{max}
2 152.125	2 155.625	水层	67.209 59	2.375 483	13.735 00	0.636 854	2.221 224	0.000 308	2158	2224	2270	2263	2270
2 156.625	2 159.125	水层	67.584 82	2.368 905	13.668 86	0.614 159	2.261 065	0.003 770	2139	2205	2251	2244	2251
2 179.875	2181	水层	76.422 00	2.426 111	12.350 00	0.827 584	1.571 268	0.083 100	2102	2170	2213	2210	2213
2187	2 188.375	水层	73.451 36	2.436 455	22.303 36	0.722 961	2.692 724	－0.048 627	2158	2225	2269	2266	2269
2244	2 245.375	干层	84.109 92	2.510 364	26.268 00	0.858 692	2.068 187	0.077 100	2230	2299	2340	2341	2341
2294	2 305.875	油层	43.073 45	2.346 579	22.708 96	0.633 072	4.166 741	0.017 300	2360	2341	2248	2243	2360
2 329.25	2 335.5	水层	38.440 33	2.367 490	12.018 27	0.602 831	2.011 559	0.000 243	2152	2216	2264	2255	2264
2 336.25	2 339.75	水层	45.431 10	2.388 276	12.280 76	0.634 761	1.875 963	0.006 450	2179	2243	2290	2283	2290
2 357.25	2 358.75	水层	54.383 54	2.398 769	21.475 08	0.922 013	3.171 493	－0.032 531	2117	2183	2229	2224	2229
2 376.75	2378	水层	75.302 64	2.425 273	18.654 18	0.747 221	2.383 710	0.019 800	2201	2268	2313	2308	2313
2419	2 420.375	水层	68.359 67	2.418 000	19.663 75	0.674 756	2.598 820	0.027 200	2172	2238	2283	2279	2283
2 433.5	2 434.875	水层	71.536 83	2.467 417	30.987 42	0.770 857	3.177 740	0.025 300	2232	2299	2343	2342	2343
2 436.75	2 440.875	水层	80.723 17	2.471 879	25.381 79	0.776 420	2.529 455	0.016 800	2274	2341	2385	2383	2385
2 459.625	2 461.625	水层	57.347 24	2.440 471	21.056 00	0.773 067	2.489 285	0.036 300	2194	2259	2305	2301	2305
2 466.875	2 467.875	干层	79.878 25	2.531 875	26.558 38	0.898 158	1.837 130	－0.146 825	2139	2209	2249	2252	2252
2 476.875	2 478.125	水层	75.544 36	2.451 273	22.214 27	0.727 813	2.478 973	0.019 300	2241	2308	2353	2350	2353
2 483.5	2485	水层	69.316 54	2.422 539	23.389 54	0.683 694	3.029 508	0.044 700	2136	2203	2247	2244	2247
2487	2488	水层	70.171 67	2.418 445	22.718 11	0.638 146	3.018 961	0.009 440	2197	2264	2309	2305	2309
2 496.875	2 497.875	干层	79.867 76	2.529 500	37.112 25	0.781 337	2.563 948	0.049 400	2281	2349	2392	2394	2394
2 510.875	2514	水层	62.575 89	2.441 115	25.855 54	0.671 818	3.001 08	0.022 300	2207	2273	2318	2315	2318

续表 8-10

Dep1/m	Dep2/m	解释结论	GR/API	DEN/g·m^{-3}	Rt/Ω·m	R_{xo}/R_t	R_t/R_0	POR(D-N)	D1	D2	D3	D4	D_{max}
2 555.125	2 556.125	水层	81.739 89	2.483 222	28.153 22	0.789 937	2.612 783	0.031 300	2258	2326	2370	2369	2370
2 600.5	2 602.375	水层	47.461 06	2.477 812	27.564 25	0.876 839	2.668 458	0.020 400	2273	2338	2384	2382	2384
2 609.125	2 610.625	水层	71.285 54	2.456 461	18.429 00	0.982 468	1.982 901	0.032 100	2236	2303	2347	2344	2347
2 619.875	2 621.5	水层	53.956 42	2.469 429	14.349 93	0.865 135	1.445 197	0.038 800	2267	2332	2377	2373	2377
2 621.625	2 623.5	干层	73.566 33	2.534 733	22.213 94	0.905 400	1.473 829	0.069 200	2307	2375	2417	2418	2418
2 626.875	2 628.25	水层	53.404 17	2.485 167	18.863 33	0.803 929	1.734 750	0.046 900	2268	2333	2378	2376	2378
2 634.75	2636	干层	40.860 30	2.534 700	30.039 20	0.918 354	2.001 268	0.081 600	2258	2323	2368	2370	2370
2 700.625	2 702.75	水层	84.593 56	2.441 777	14.287 94	0.819 996	1.682 519	0.043 800	2200	2268	2311	2308	2311
2 724.375	2726	水层	90.784 70	2.420 692	19.927 39	0.710 861	2.590 477	0.018 200	2190	2259	2302	2298	2302
2 726.375	2 742.5	水层	88.034 18	2.402 993	18.016 67	0.688 003	2.527 812	0.005 840	2185	2253	2297	2292	2297
2 742.875	2 744.5	水层	89.090 00	2.405 846	20.556 61	0.655 490	2.890 916	0.001 950	2199	2267	2311	2306	2311
2 744.875	2 746.5	水层	84.037 00	2.466 715	30.301 71	0.611 052	3.079 533	0.000 901	2283	2350	2394	2393	2394

3. 效果分析

将识别结果与试油资料进行比较，可以很清晰地看出识别的效果。该地区共射孔试油了 14 层，有 12 层与识别结果相符，符合率达到 86%。其中，在对宁东 2 井、宁东 3－2 井、宁东 8 井的延安组段识别中，都把原解释的油层识别为油水同层，这与试油结果相符，数据如表 8－4 所示。从表中可以看出，误判的 2 层都是将水层识别为油水同层，但该识别结果与原解释结果一致，所以说本方法对油层和油水同层的区分效果不错，但对油水同层与水层的区分效果还有待提高，随着以后井的资料越来越多，可以用更多的数据参与建模，识别效果将会有更大的改善。应用效果图见图 8－41—图 8－48。

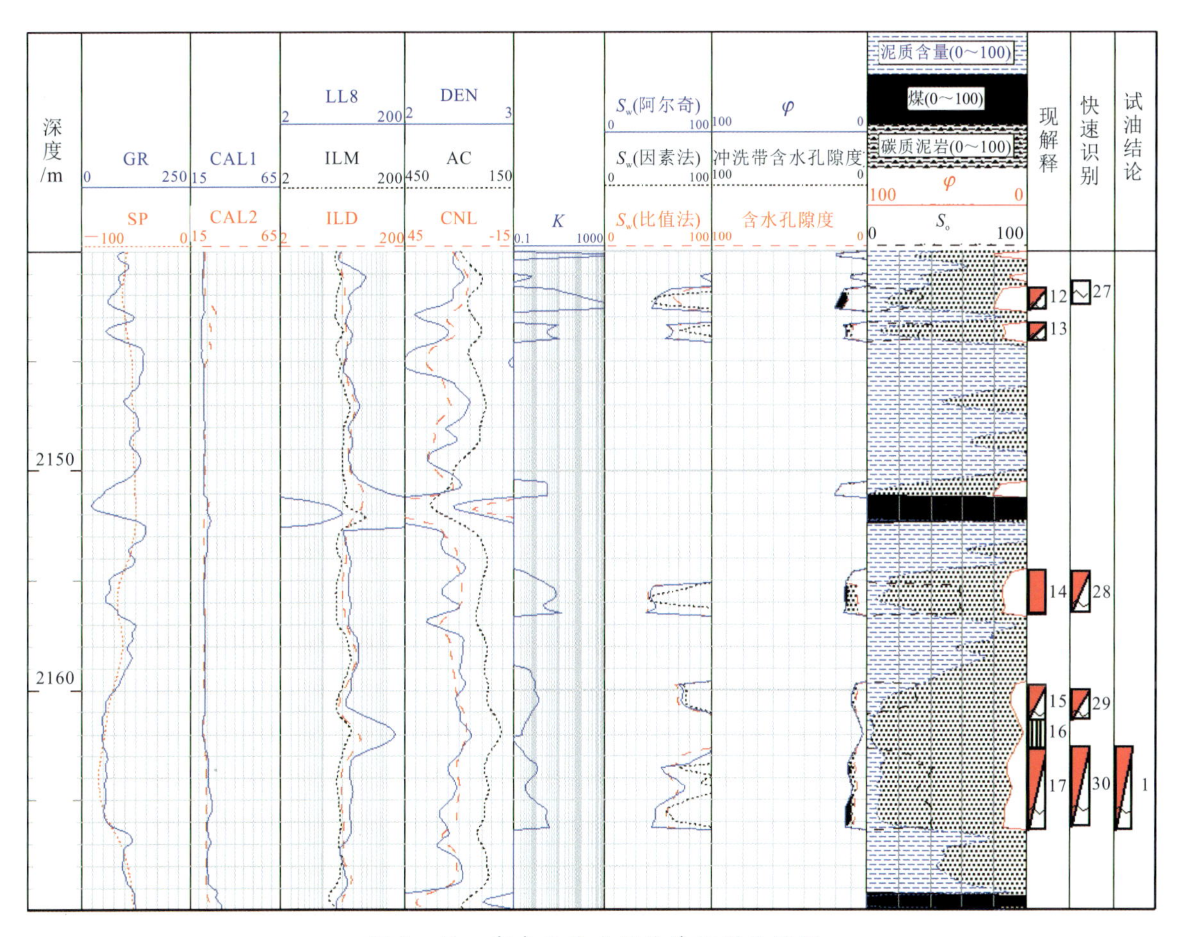

图 8－41　宁东 2 井应用快速识别效果图

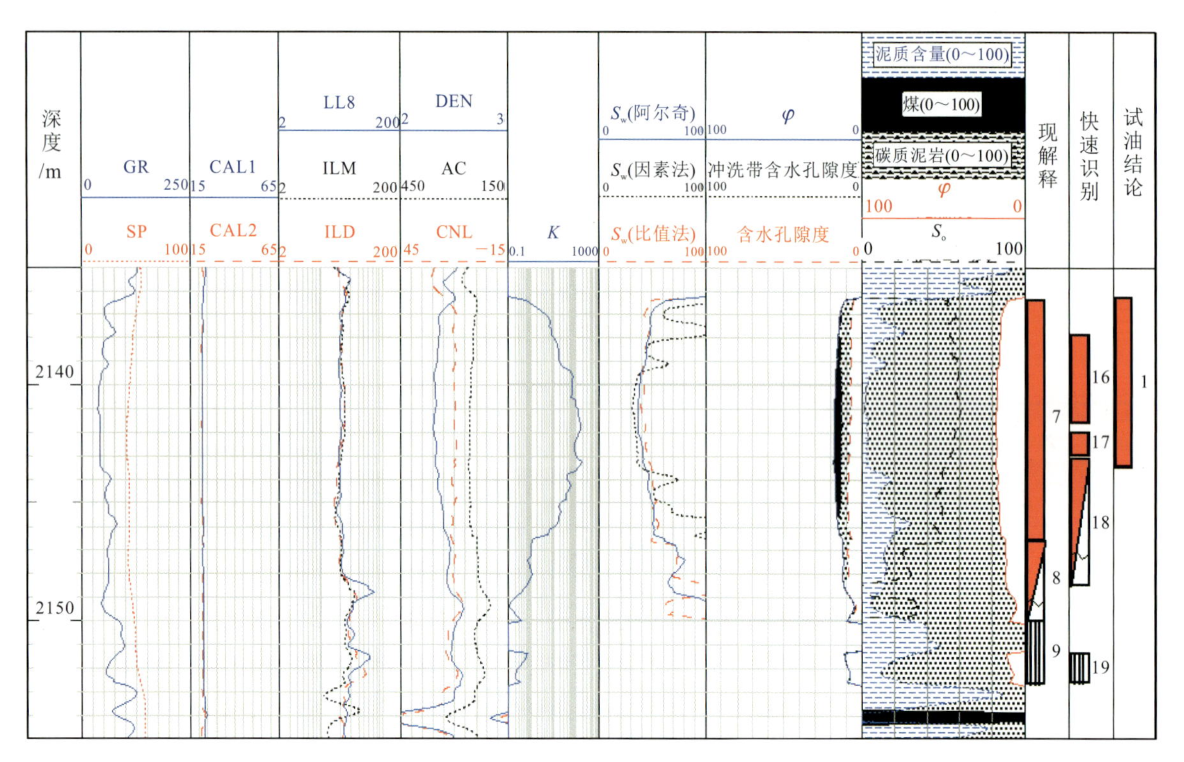

图 8-42　宁东 3 井应用快速识别效果图

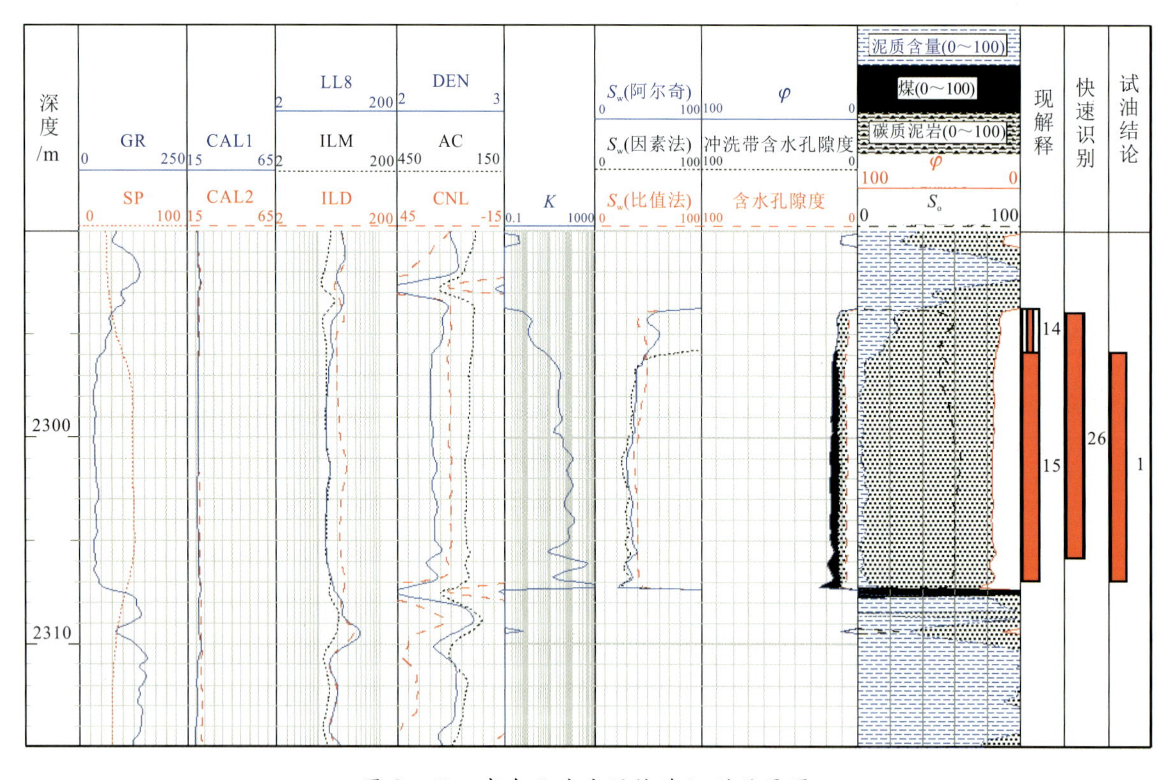

图 8-43　宁东 5 井应用快速识别效果图

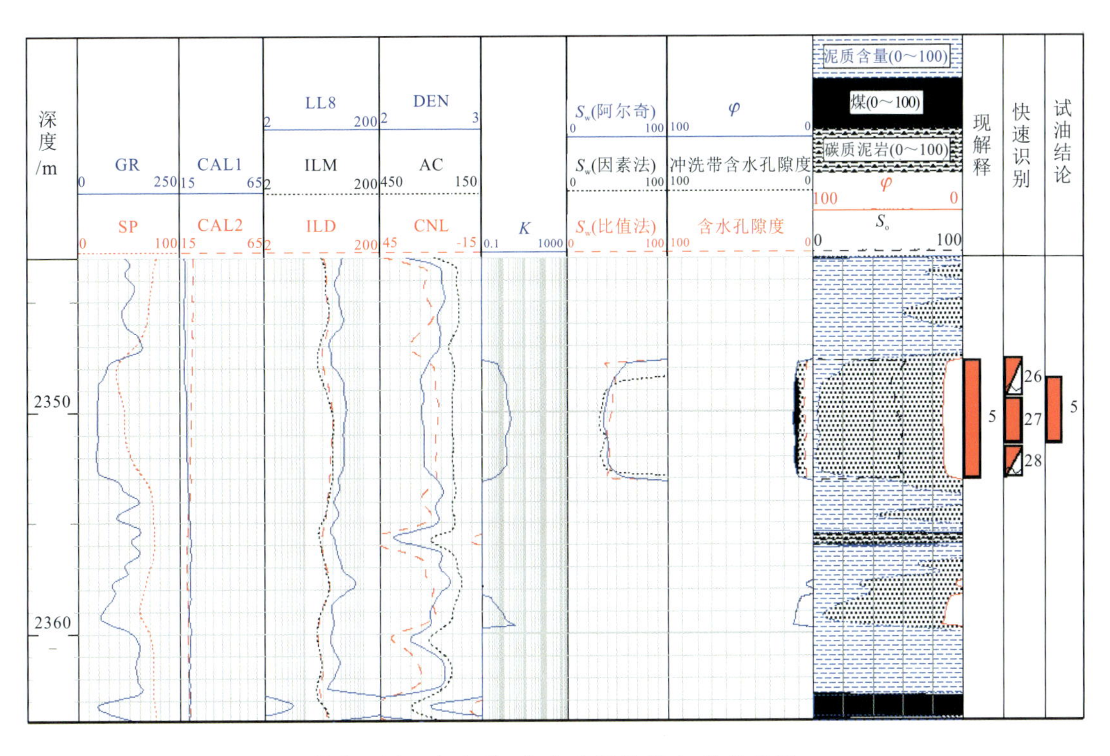

图 8-44　宁东 5-2 井应用快速识别效果图

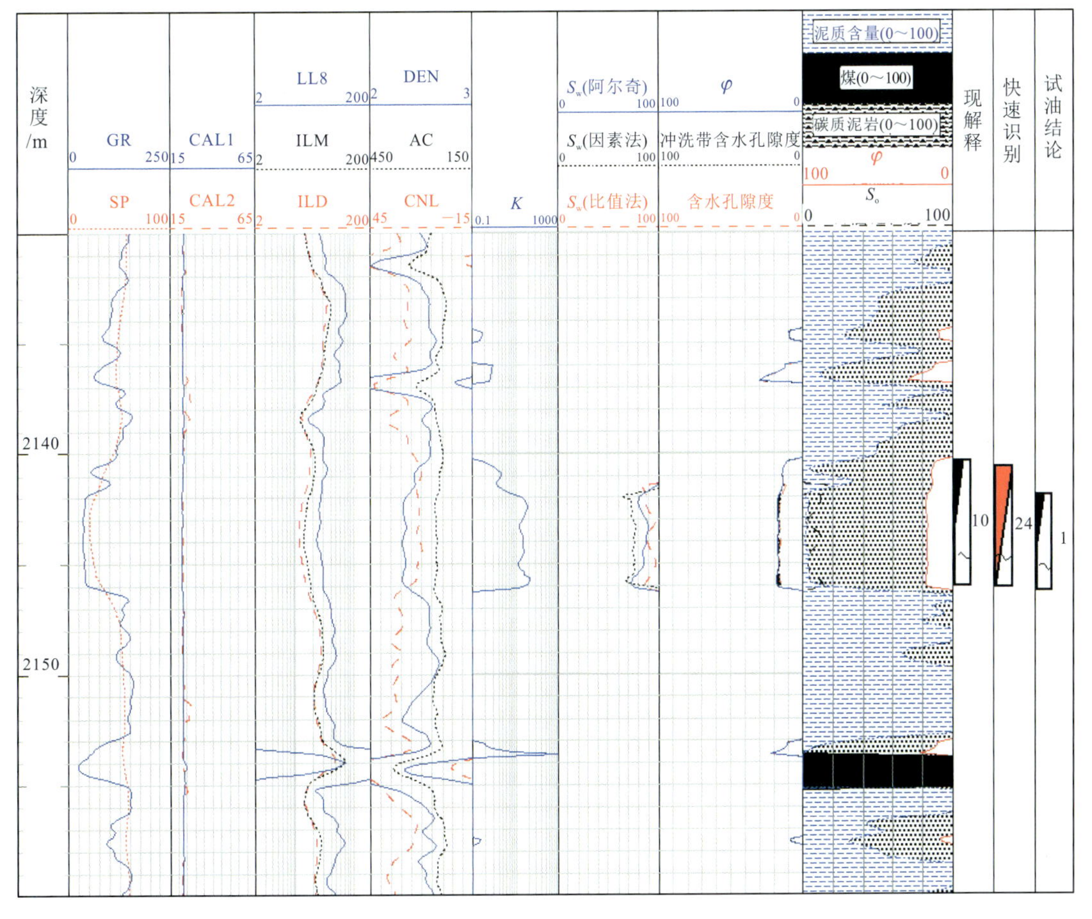

图 8-45　宁东 8 井应用快速识别效果图

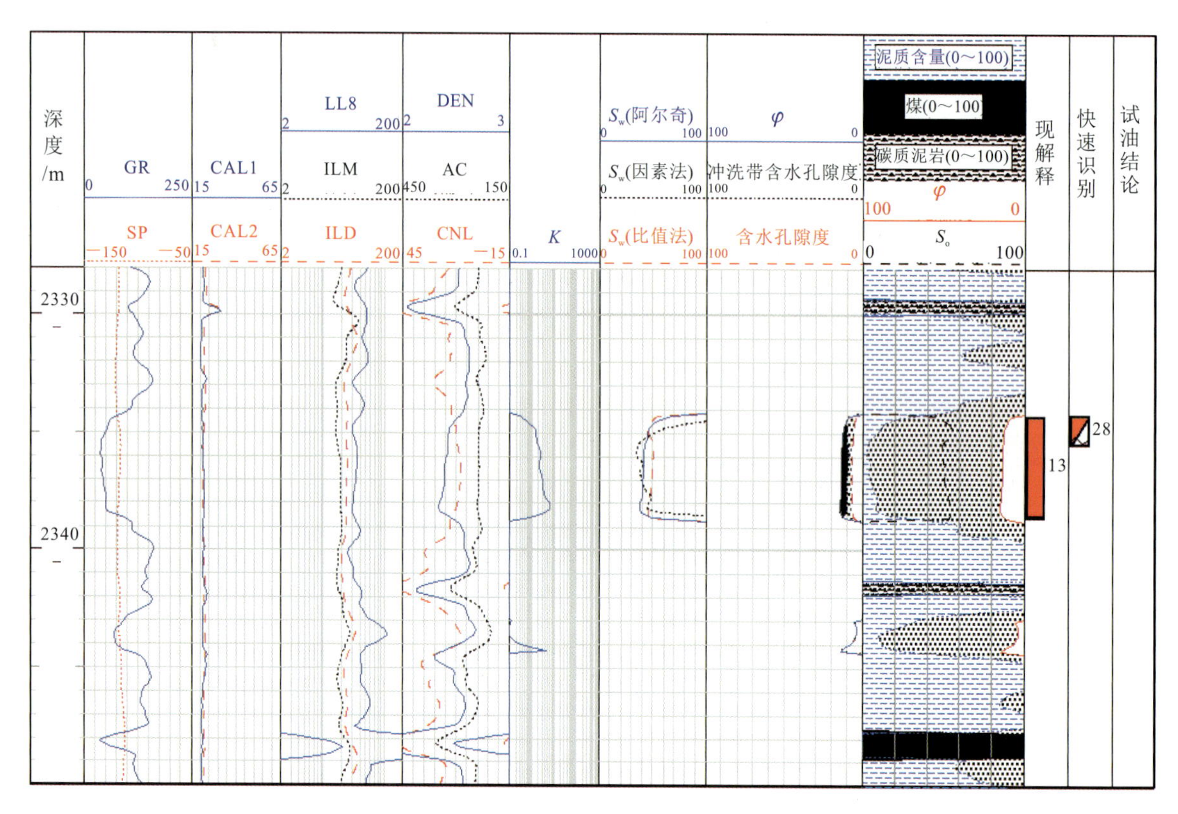

图 8-46　宁东 10 井应用快速识别效果图

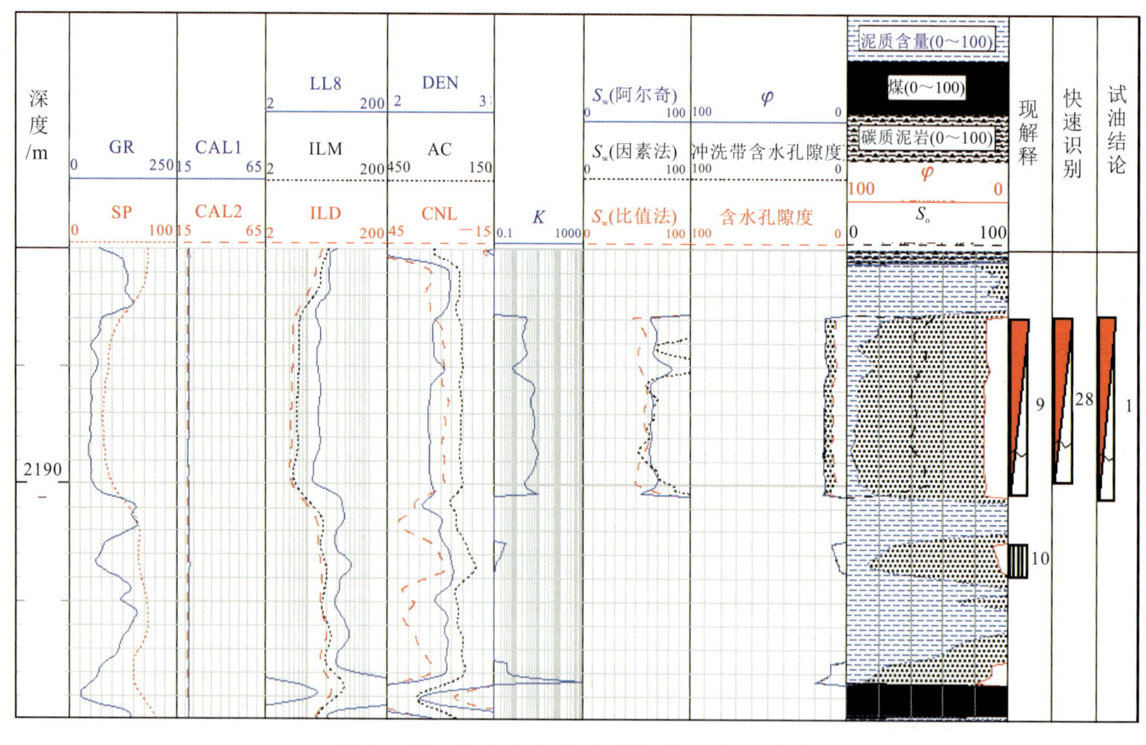

图 8-47　宁东 108 井应用快速识别效果图

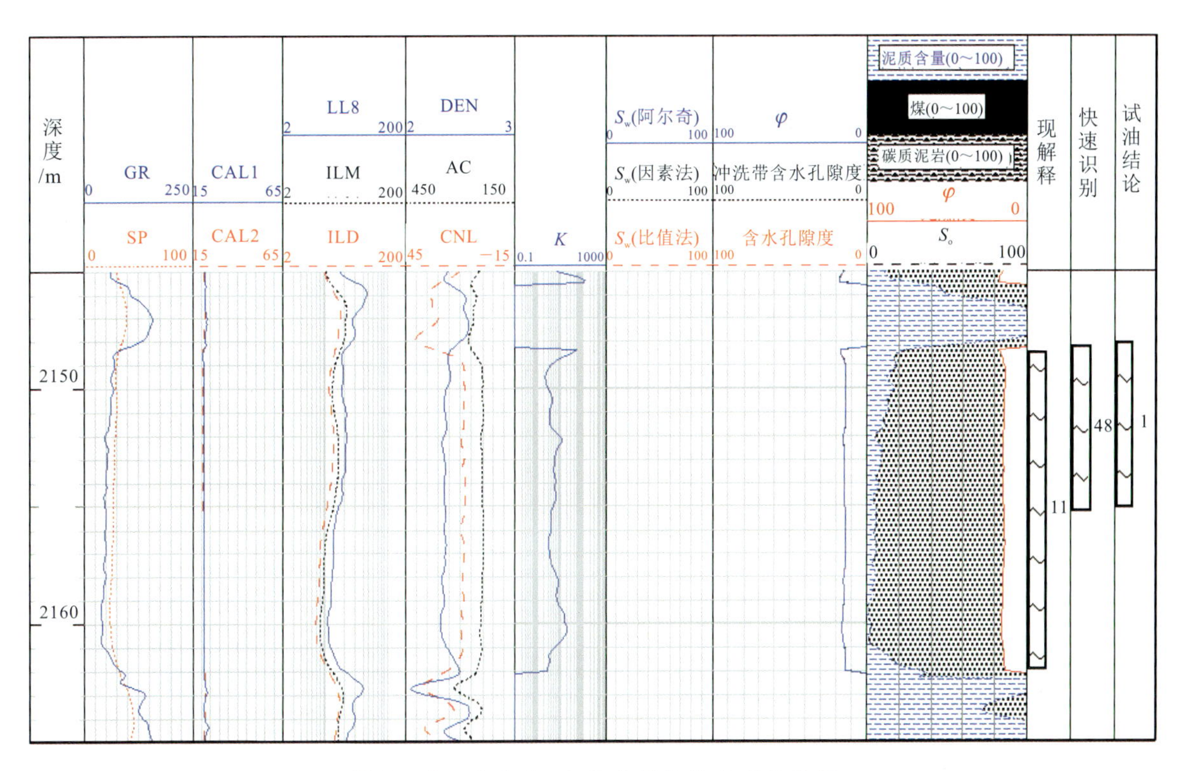

图 8-48　宁东 3-4 井应用快速识别效果图

结合录井和岩心资料，对研究区域储层的岩性情况进行了统计和分析，结果见表 8-9。从图 8-49和图 8-50 可以看出，绝大多油层分布在延 8 段的中砂岩中。

表 8-11　研究区域油层的岩性

井名	层位	解释结论	日产油/m³	日产水/m³	岩心	录井	岩性
宁东 3 井	延 8 段	油层	23.23	0.72	中砂	中砂	中砂岩
宁东 3 井-3 井	延 8 段	油层	17.96	0		中砂	中砂岩
宁东 5 井-2 井	延 8 段	油层	14.57	0.68		中砂	中砂岩
宁东 5-1 井	延 8 段	油层	5.69	0.85		中砂	中砂岩
宁东 5 井	延 8 段	油层	18.32	0.18	中砂	细砂	中砂岩
宁东 2 井	延 9 段	油层	5.93	2.54	粗砂	粗砂	粗砂岩
宁东 2-3 井	延 9 段	差油层	7.28	1.60		细砂	细砂岩
宁东 105 井	延 8 段	油层	2.58	0.39		中砂	中砂岩
宁东 3-9 井	延 9 段	油水同层	3.11	0		细砂	细砂岩

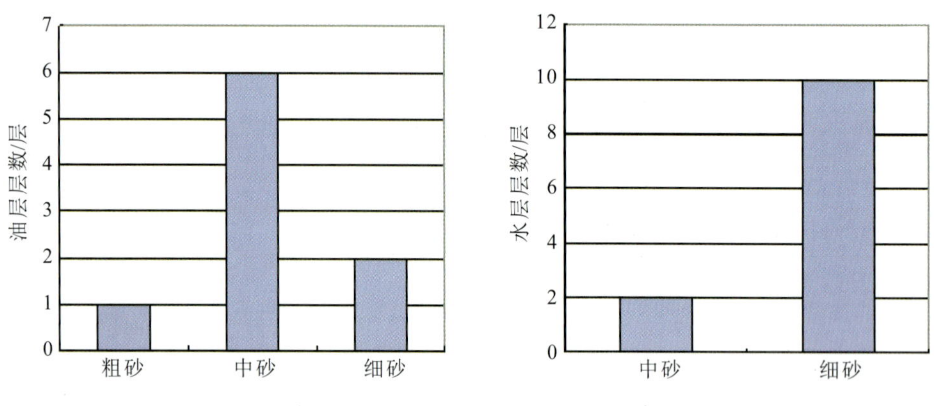

图 8-49　油层和水层的岩性分布

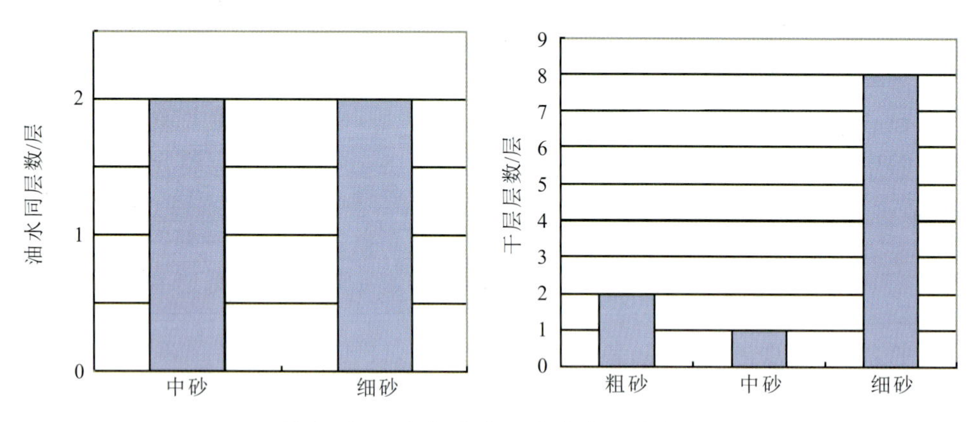

图 8-50　油水同层及干层的岩性分布

第九章

结论与建议

第一节　主要研究成果

通过此次研究，得到以下认识和成果。

(1)在研究区域选取延7段中部的泥岩层作为标准层，各个井区的井与标准层的测井值偏差都很小，表明该区测井仪器响应稳定，测井资料一致性好。通过环境校正，可以在很大程度上消除井眼扩大、泥浆侵入等非地层因素对测井资料的影响。

(2)按照沉积演化的旋回性，对麻黄山探区西区块的延1、延2、延3、延4+5、延6、延7、延8、延9、延10油层组进行了层组划分与对比。其中，延8油层组和延9油层组在原分层的基础上，重新按等时地层单元的概念，将延8油层组分成延8^1、延8^2两个时间地层单元，延9油层组分成延9^1、延9^2两个时间地层单元。

(3)明确了麻黄山探区西区块4个明显的标志层。延2段顶部煤层较厚，多数钻井可对比，分布广泛稳定，其顶部煤层典型的电性特征(低伽马、低密度、高电阻、高时差、高中子)易于识别，是全区最明显的标志层，为标志层1；延3段、延4+5段和延10段的顶部煤层电性特征较为明显，分布较稳定，分别为标志层2、标志层3、标志层4。

(4)对各组段粗砂岩、中砂岩、细砂岩、粉砂岩的视厚度统计结果表明，延9段砂体以细砂岩为主(＞80%)；延8段以中砂岩和细砂岩为主(＞80%)。

(5)砂岩骨架成分分析表明，宁东4井的砂岩石英含量较低，长石含量较多，而宁东2井、宁东3井、宁东5井均是以石英为主，仅含少量岩屑。宁东2井相对于宁东3井、宁东5井岩屑含量较高。总的来看，研究区域砂岩骨架很纯，主要以石英为主(大于85%)。

(6)砂岩的粒度对储层的物性有较大控制作用，研究砂岩粒度与测井响应之间的潜在关系，选择GR、POR、V_{sh}、DEN、ILD这5个参数作为识别不同粒度砂岩类型的变量，采用贝叶斯判别方法建立了麻黄山探区的砂岩类别判断方程，进行了砂岩类型的判别，判别效果理想(对原始样本的交叉确认回判正确率为88.9%)。在此基础上实现了带有不同粒度砂岩分类的岩性剖面的输出，为测井解释提供了更多的信息。

(7)本地区的低阻油成因比较复杂，储层的低电阻率是许多因素共同作用的结果，主要有构造、沉积相、高矿化度地层水、钻井液侵入等的影响。

(8)探索性地研究了泥浆侵入对储集层电性的影响。研究表明,随着泥浆侵入作用的增强,水层的电阻率受其影响较大,但油层的电阻率受其影响较小。对侵入后的曲线进行环境校正,通过交会图发现,油水层的区分能力比校正前有了提高,达到了预期设计的目标。

(9)对不同井区的不同组、不同段分别建立了孔隙度和渗透率的计算方程,又按不同岩性分别建立了孔隙度和渗透率的计算方程,一共得到28个孔隙度的计算方程和渗透率的计算方程。在实际应用中,考虑到操作的简便和解释精度,分井区分组建立的模型为优选模型。

(10)分井区、分组段分别建立了油层、油水同层、水层、干层的划分标准,为储层流体类型识别提供了依据。

(11)将贝叶斯统计的思想应用于油气水层的判别分析,获得不同井区、不同组段的储层参数计算模型,对研究区域的测井资料进行了二次处理,处理结果与试油结论一致。

第二节　存在问题与建议

一、存在问题

(1)研究区地质构造复杂,纵、横向测井曲线电性特征变化大,而同时井网密度小且岩心资料数量有限,制约了储层横向展布特征的研究。

(2)油水层电性特征差异小,关系复杂,增加了判别油水层的难度。

二、建议

(1)建议部分井加测自然伽马能谱曲线,以便确定黏土类型,区分高放射性矿物,更有效地计算泥质或黏土含量,并能指示沉积环境,帮助分析烃源岩。

(2)需要结合地震资料和地层倾角测井资料进一步进行构造、断块的划分和有利油气储层展布的研究。

(3)重点井加测高分辨率阵列感应测井,以研究侵入特性,有效识别流体性质,更好地反映出薄层的电阻率特征。

(4)建议对该区主要产油层(延8、延9)的储集体形态、性能及空间分布特征进行研究。

主要参考文献

陈安宁,韩永林,2000.鄂尔多斯盆地三叠系延长统成藏地质特征及油藏类型[J].低渗透油气田,5(3):30-39.

陈安宁,韩永林,杨阳,等,2002.鄂尔多斯盆地晚三叠世延长期大型三角洲沉积[J].低渗透油气田,7(2):1-4.

陈钢花,王永刚,2005.水基泥浆的侵入对声波测井曲线的影响及校正[J].石油物探,15(6):609-611.

陈丽虹,李舟波,1999.侵入带对视电阻率的影响[J].长春科技大学学报,14(3):295-298.

陈启艳,范晓敏,王斌,2008.泥浆滤液侵入带的感应测井响应及环境影响[J].新疆石油地质(1):61-64.

陈全红,李文厚,郭艳琴,等,2006.鄂尔多斯盆地南部延长组浊积岩体系及油气勘探意义[J].地质学报,80(5):656-663.

陈五泉,陈凤陵,2008.鄂尔多斯盆地渭北地区延长组沉积特征及石油勘探方向[J].石油地质与工程,22(4):10-13.

崔利凯,孙建孟,陈彦竹,等,2019.基于数字岩心的泥浆侵入数值模拟及微观机理[J].西安石油大学学报(自然科学版),34(3):27-34,93.

丁晓琪,张哨楠,2007.用油水相对渗透率确定镇泾油田长6储层的产液情况[J].物探化探计算技术,29(5):411-414.

丁晓琪,张哨楠,刘朋坤,2008.镇泾区块延长组层序地层格架下油层富集规律[J].西南石油大学学报,30(2):49-54.

丁晓琪,张哨楠,刘岩,2008.鄂尔多斯盆地南部镇泾油田前侏罗纪古地貌与油层分布规律[J].地球科学与环境学报,30(4):385-388.

窦伟坦,侯明才,陈洪德,等,2008.鄂尔多斯盆地三叠系延长组油气成藏条件及主控因素研究[J].成都理工大学学报(自然科学版),35(6):686-693.

杜旭东,顾伟康,周开凤,等,2004.低阻油气层成因分类和评价及识别[J].世界地质(3):255-260.

范翔宇,夏宏泉,陈平,等,2004.测井计算钻井泥浆侵入深度的新方法研究[J].天然气工业,22(5):68-70,151.

付金华,罗安湘,喻建,等,2004.西峰油田成藏地质特征及勘探方向[J].石油学报,25(2):25-30.

付金华,2018.鄂尔多斯盆地致密油勘探理论与技术[M].北京:科学出版社.

傅强,吕苗苗,刘永斗,2008.鄂尔多斯盆地晚三叠世湖盆浊积岩发育特征及地质意义[J].沉积学报,26(2):186-192.

高霞,谢庆宾,2006.低电阻率油气藏研究方法评述[J].内蒙古石油化工,2(8):144-145.

郭彦如,刘化清,李相博,等,2008.大型坳陷湖盆层序地层格架的研究方法体系:以鄂尔多斯盆地中生界延长组为例[J].沉积学报,26(3):384-391.

郭艳琴,李文厚,等,2016.鄂尔多斯盆地三叠系延长组致密储层特征及油藏富集规律[M].北京:石油工业出版社.

郭正权,张立荣,楚美娟,等,2008.鄂尔多斯盆地南部前侏罗纪古地貌对延安组下部油藏的控制作用[J].古地理学报,10(1):63-72.

何自新,2003.鄂尔多斯盆地演化与油气[M].北京:石油工业出版社.

侯雨庭,郭清娅,李高仁,2003.西峰油田有效厚度下限研究[J].中国石油勘探,8(2):51-54.

胡启,张建华,1994.泥浆侵入储集层的导电性研究[J].西安石油学院学报(自然科学版),3(1):35-39.

黄龙,鲍志东,张文瑞,等,2008.淡水泥浆侵入引起的低阻油气层实例分析[J].西南石油大学学报(自然科学版),3(2):14-18,184.

黄思静,张萌,朱世全,2004.砂岩孔隙成因对孔隙度/渗透率关系的控制作用:以鄂尔多斯盆地陇东地区三叠系延长组为例[J].成都理工大学学报,31(6):648-653.

惠潇，张海峰，张东阳，等，2008.鄂尔多斯盆地延长组湖盆中部长6厚层砂体成因分析[J].中国地质，35(3)：482-488.

焦红岩，全宏，李雪梅，等，2004.史南油田浊积砂岩低电阻油层成因及定性解释方法研究[J].海洋石油(4)：75-79.

李长喜，欧阳健，周灿灿，等，2005.淡水钻井液侵入油层形成低电阻率环带的综合研究与应用分析[J].石油勘探与开发，11(6)：82-86.

李德生，2004.重新认识鄂尔多斯盆地油气地质学[J].石油勘探与开发，31(6)：1-7.

李国欣，欧阳健，周灿灿，等，2006.中国石油低阻油层岩石物理研究与测井识别评价技术进展[J].中国石油勘探，14(2)：43-50，72.

梁春秀，2003.松辽盆地南部低阻油层形成机理与定量评价[D].成都：成都理工大学.

蔺宏斌，姚径利，2000.鄂尔多斯盆地南部延长组沉积特征与物源探讨[J].西安石油学院学报，15(5)：7-10.

陆先亮，李琴，栾志安，等，2003.基于米兰柯维奇理论的地层划分新方法[J].石油大学学报(自然科学版)，15(5)：4-7，1.

罗利，1998.用测井资料计算油/气层泥浆侵入深度[J].测井技术(S1)：3-5.

毛志强，朱卫红，汪如军，1999.塔里木盆地油气层低阻成因实验研究(Ⅱ)[J].测井技术，16(6)：404-410，479.

牟泽辉，朱宏权，张克银，等，2001.鄂尔多斯盆地南部中生界成油体系[M].北京：石油工业出版社.

潘和平，黄坚，樊政军，等，2002.低电阻率油气层测井评价[J].勘探地球物理进展，20(6)：11-17.

庞军刚，国吉安，2019.鄂尔多斯盆地西南部长8沉积相及砂体展布[M].北京：石油工业出版社.

任好，章成广，刘晓梅，2006.泥浆侵入对阵列感应电阻率测井影响的数值模拟与校正[J].石油天然气学报(江汉石油学院学报)，9(3)：82-84，445.

宋凯，吕剑文，凌升阶，等，2003.鄂尔多斯盆地定边-吴旗地区前侏罗纪古地貌与油藏[J].古地理学报，5(4)：497-508.

唐民安，孙宝岭，2000.鄂尔多斯盆地泾川地区中生界油气富集受控因素及勘探方向[J].河南石油，14(4)：4-6.

田鑫，章成广，2005.泥浆侵入条件下的电阻率校正方法初探[J].石油天然气学报(江汉石油学院学报)，14(S5)：749-750，7.

田中元，闫伟林，秦开明，2003.淡水泥浆侵入条件下储层电阻率的变化研究[J].测井技术，11(2)：113-117，177.

王光付，战春光，刘显太，等，2000.精细地层对比技术在油藏挖潜中的应用[J].石油勘探与开发，27(12)：56-57.

王建民，2006.鄂尔多斯盆地南部中生界大中型油田形成条件与勘探策略[J].石油勘探与开发，33(2)：145-150.

王瑞飞，陈明强，孙卫，2008.鄂尔多斯盆地延长组超低渗透砂岩储层微观孔隙结构特征研究[J].地质论评，54(2)：270-277.

王毅，杨伟利，张刘平，等，2016.鄂尔多斯盆地油气成藏规律与主控因素[M].北京：石油工业出版社.

王正付，李显路，曾小阳，2000.S_{wi}与φ关系及其油气层识别作用[J].河南石油，15(1)：1-3，59.

温亮，冷桂芳，孙海涛，2010.小层划分对比技术方法[J].内蒙古石油化工，36(19)：104-105.

吴金龙，孙建孟，耿生臣，2005.低电阻率油气层宏观地质影响因素与微观机理的匹配关系[J].测井技术(5)：461-464.

吴永平，王允诚，李仲东，等，2008.镇泾地区地层异常压力与油气运聚关系[J].西南石油大学学报(自然科学版)，30(1)：47-51.

席胜利，刘新社，王涛，2004.鄂尔多斯盆地中生界石油运移特征分析[J].石油实验地质，26(3)：229-237.

杨华，窦伟坦，喻建，2003.鄂尔多斯盆地低渗透油藏勘探新技术[J].中国石油勘探，8(1)：32-40.

杨华，付金华，袁效奇，2016.鄂尔多斯盆地南缘地质剖面图集[M].北京：石油工业出版社.

杨韡，吴洪深，2005.双感应测井反演方法及其在莺歌海盆地的应用[J].中国海上油气，8(1)：21-24.

杨俊杰，2002.鄂尔多斯盆地构造深化与油气分析规律[M].北京：石油工业出版社.

杨震，邓少贵，范宜仁，等，2007.非正交坐标系统下斜井泥浆侵入数值模拟[J].西南石油大学学报(6)：97-100，211-212.

喻建，宋江海，向惠，2004.鄂尔多斯盆地中生界隐蔽性油气藏成藏规律[J].天然气工业，24(12)：35-37.

曾联波,李忠兴,史成恩,等,2007.鄂尔多斯盆地上三叠统延长组特低渗透砂岩储层裂缝特征及成因[J].地质学报,81(2):174-180.

曾文冲,1991.油气藏储集层测井评价技术[M].北京:石油工业出版社.

翟光明,1996.中国石油地质志[M].北京:石油工业出版社.

张开洪,陈一健,1994.泥浆滤液侵入对岩石物性及电性影响的实验研究[J].西南石油学院学报,13(4):51-55.

张哨楠,胡江奈,2002.鄂尔多斯盆地南部镇径地区延长组的沉积特征[J].矿物岩石,20(12):4-8.

张晓莉,谢正温,2006.鄂尔多斯盆地陇东地区三叠系延长组长8储层特征[J].矿物岩石,6(4):83-88.

赵俊兴,陈洪德,付锁堂,等,2008.鄂尔多斯盆地南部延长组中几个重要事件沉积及其油气聚集关系[J].矿物岩石,28(3):90-95.

钟祖兰,郭于津,吉雪松,1996.低阻油层测井解释方法研究[J].国外测井技术,11(1):77-83.

周鼎武,2002.区域地质综合研究的方法与实践[M].北京:科学出版社.

周荣安,焦创赟,李志伟,等,2005.鄂尔多斯盆地高电阻率水层的成因分析[J].测井技术,29(4):333-336.

周文,刘飞,戴建文,等,2008.镇泾地区中生界油气成藏影响因素[J].油气地质与采收率,15(2):5-8.

左银卿,郝以岭,安霞,等,2000.高束缚水饱和度低阻油层测井解释技术[J].西南石油学院学报,12(2):27-31,4-3.

附表

书中涉及到的常用变量符号及其单位

测井曲线变量符号	测井曲线变量名称	单位
GR	自然伽马	API
SP	自然电位	mV
CAL1	井径1	cm
CAL2	井径2	cm
DEN	补偿密度、密度	g/cm^3
AC	声波时差	μs/m
CNL	补偿中子、中子孔隙度	%
LLD	深侧向(电阻率)	Ω·m
LLS	浅侧向(电阻率)	Ω·m
ILD	深感应(电阻率)	Ω·m
ILM	中感应(电阻率)	Ω·m
LL8	八侧向(电阻率)	Ω·m
MSFL	微球形聚焦电阻率	Ω·m
V_{sh}	泥质含量	%
S_w	含水饱和度	%
S_{xo}	冲洗带含水饱和度	%
S_o	含油饱和度	%
S_{wi}	束缚水饱和度	%
POR或φ	孔隙度	%
K	渗透率	$\times 10^{-3}\mu m^2$
R_w	地层水电阻率	Ω·m
R_{xo}	冲洗带电阻率	Ω·m
R_t	地层电阻率	Ω·m
R_m	泥浆电阻率	Ω·m
R_{mf}	泥浆滤液电阻率	Ω·m
R_o	100%饱水岩石电阻率	Ω·m
σ	电导率	mS/m